普通高等教育农业农村部“十四五”规划教材

普通高等教育“十四五”规划教材
生 物 科 学 类 专 业 系 列 教 材

基因工程原理与实验

第 2 版

易继财　主编

中国农业大学出版社
· 北京 ·

内 容 简 介

本书由基因工程原理篇和基因工程实验篇两大部分组成，全面而系统地介绍了基因工程领域的理论和实践知识。在基因工程原理篇中，详细探讨了基因工程的基本原理与技术，涵盖绪论、工具酶、载体、基因连接、转化、筛选等核心内容，并关注了其最新发展动态。此外，深入剖析了基因工程在农业作物、园艺植物、林木及植物性食品等领域中的实际应用，同时对转基因作物的研究现状及未来发展趋势进行了重点探讨。本篇旨在帮助读者全面把握基因工程领域的前沿动态，并深化对其科学原理的理解。基因工程实验篇则充分展现了基因工程作为高度实践性学科的特点。编者依托自身的科研实践经验，紧密结合农林生物类研究人员的实际需求，精心整理并收录了教研室多年来为本校师生及相关研究人员开设的一系列具有代表性的基因工程实验。通过本篇的实际操作指导，旨在帮助读者更加直观且深入地理解和掌握基因工程的实验原理与操作方法，从而提升本书的实用性和指导意义。

图书在版编目(CIP)数据

基因工程原理与实验 / 易继财主编．--2 版．--北京：中国农业大学出版社，2024.5
ISBN 978-7-5655-3201-6

Ⅰ.①基…　Ⅱ.①易…　Ⅲ.①基因工程－高等学校－教材　Ⅳ.①Q78

中国国家版本馆 CIP 数据核字(2024)第 065338 号

农业农村部教材办公室审定编号：NY-1-0087

书　　名　基因工程原理与实验　第 2 版
Jiyin Gongcheng Yuanli yu Shiyan
作　　者　易继财　主编

策划编辑　赵　艳　　**责任编辑**　赵　艳
封面设计　李尘工作室
出版发行　中国农业大学出版社
社　　址　北京市海淀区圆明园西路 2 号　　**邮政编码**　100193
电　　话　发行部 010-62733489，1190　　读者服务部 010-62732336
编辑部 010-62732617，2618　　出　版　部 010-62733440
网　　址　http://www.caupress.cn　　**E-mail** cbsszs@cau.edu.cn
经　　销　新华书店
印　　刷　河北虎彩印刷有限公司
版　　次　2024 年 5 月第 2 版　　2024 年 5 月第 1 次印刷
规　　格　185 mm×260 mm　　16 开本　　21 印张　　524 千字
定　　价　66.00 元

第2版编审人员

主　　编　易继财　（华南农业大学）

副 主 编　周　海　（华南农业大学）
　　　　　赵均良　（广东省农业科学院水稻研究所）
　　　　　刘振兰　（华南农业大学）
　　　　　陈乐天　（华南农业大学）

编　　者（按姓氏笔画排序）
　　　　　刘祖培　（华南农业大学）
　　　　　刘振兰　（华南农业大学）
　　　　　阮小蕾　（华南农业大学）
　　　　　李　静　（华南农业大学）
　　　　　杨美艳　（华南农业大学）
　　　　　余红兵　（广东医科大学）
　　　　　张群宇　（华南农业大学）
　　　　　陈　亮　（华南农业大学）
　　　　　陈长明　（华南农业大学）
　　　　　陈乐天　（华南农业大学）
　　　　　陈忠正　（华南农业大学）
　　　　　林　同　（华南农业大学）
　　　　　易继财　（华南农业大学）
　　　　　周　峰　（华南农业大学）
　　　　　周　海　（华南农业大学）
　　　　　周玲艳　（仲恺农业工程学院）
　　　　　郑少燕　（华南农业大学）
　　　　　赵均良　（广东省农业科学院水稻研究所）
　　　　　姜大刚　（华南农业大学）
　　　　　祝钦泷　（华南农业大学）
　　　　　谢先荣　（华南农业大学）
　　　　　谢勇尧　（华南农业大学）

主　　审　庄楚雄　（华南农业大学）

第 1 版编写人员

主　　编　易继财　（华南农业大学）

副 主 编　刘振兰　（华南农业大学）
　　　　　赵均良　（广东省农业科学院水稻研究所）

编写人员　（按姓氏笔画排序）
　　　　　刘振兰　（华南农业大学）
　　　　　李　静　（华南农业大学）
　　　　　余红兵　（广东医科大学）
　　　　　张群宇　（华南农业大学）
　　　　　陈　亮　（华南农业大学）
　　　　　易继财　（华南农业大学）
　　　　　周　峰　（华南农业大学）
　　　　　周　海　（华南农业大学）
　　　　　周玲艳　（仲恺农业工程学院）
　　　　　赵均良　（广东省农业科学院水稻研究所）
　　　　　谢先荣　（华南农业大学）
　　　　　穆　虹　（华南农业大学）

顾　　问　庄楚雄　（华南农业大学）

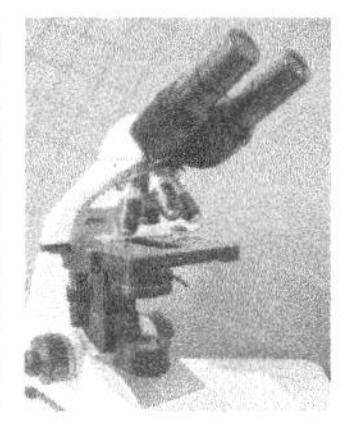

第2版前言

进入新时代以来，党和国家多次强调教材建设是国家事权和铸魂工程，要求用心打造培根铸魂、启智增慧、适应时代要求的中国特色高质量教材，全面提高人才自主培养的质量，着力造就拔尖创新人才。此外，党的二十大报告明确提出要“加强教材建设和管理”。作为一所以农业科学和生命科学为特色的学府，华南农业大学秉承着强农兴农的使命，以创新引领发展，为农业现代化贡献力量。为加快构建高质量教育体系，创造条件培养德智体美劳全面发展的社会主义建设者和接班人，华南农业大学牢牢以习近平新时代中国特色社会主义思想为指导，全面贯彻党的二十大精神，围绕立德树人根本任务，积极探索高等教育的新实践。特别是将教材建设视为深化教育领域综合改革的重要环节，以确保党的二十大精神融入教材，真正取得实效。

21世纪被誉为生物技术的世纪，其中基因工程作为重要领域早已深入到分子（基因）水平，影响着生命科学的方方面面。在这个科技与社会交织的时代，华南农业大学农林生物类专业以“双一流”建设为引导，积极探索并推进适应时代发展的高质量教育。基因工程相关课程因其在农业科学和生命科学领域的重要性，已成为各专业的核心课程之一。为此，我们于2020年出版了《基因工程原理与实验》（获普通高等教育农业农村部“十三五”规划教材立项），旨在为学生提供与我校专业特色相契合的高质量教材，推动基因工程课程教学和学科发展。经过两年多的实际教学应用，该教材受到同行和学生的一致好评。然而，我们深知时代不断进步，科学发展日新月异。在新时代背景下，为了更好地满足教育培养需求，推动基因工程教育深入发展，我们决定对该教材进行修订和完善。

第2版教材沿袭第1版的优势，以学科交叉和实践导向为特点，更加精细地呈现基因工程领域的核心知识和最新进展。新版教材仍分为基因工程原理篇和基因工程实验篇两部分，但在内容和结构上进行了更深入的调整和补充，以满足新时代的需求。基因工程原理篇继续介绍基因工程研究的基本原理、方法和应用，致力对基因工程领域的前沿科研成果进行更深入的剖析。在内容方面，增加了无缝克隆、STI-PCR、Ω-PCR、合成生物学等新兴技术，并加强了基因工程技术在农业作物、园艺植物、林木、植物性食品等领域的应用介绍，以及对转基因作物研究现状与展望的探讨。基因工程实验篇继续强调实践性，旨在培养学生的实验操作能力、科研思维和问题解决能力。基于编者的研究实践，继续以水稻基因克隆与表达为背景，编排了一系列连贯实验，包括核酸提取（质粒DNA、基因组DNA、RNA）、酶切、回收、连接（传统连接、无缝连接）、转化（化学法）、PCR（常规PCR、RT-PCR、定量PCR）、电泳（琼脂糖凝胶电泳、PAGE）、基因表达（原核表达、真核表达）、分子杂交（Southern杂交、Northern杂交、Western

杂交)、分子标记(SSR)等实验,以及综合性设计性实验(如作物中转基因成分的检测)。此外,还在教材中多方面引入科学简史或科学小故事,凸显我国科技工作者在基因工程领域的贡献,并融入思政教育理念,引导学生理解科技与社会的关系。我们邀请了我校农林生物类学院和合作单位在基因工程领域的专家、学科带头人和优秀教师共同参与教材的修订,以确保教材的质量和适用性。在新版教材的编写过程中,我们严格遵循教育教学规律和课程思政理念,将前沿科研成果与教材内容有机结合,努力为学生提供一本内容丰富、深度独特、实践操作明确的优质教材。

最后,我要由衷感谢参与此次教材修订的所有专家和教师!正是有了你们的辛勤付出和支持,才有了这本教材的面世。同时,也要感谢广大师生对教材建设的关心和支持!正是有了你们的期待与反馈,我们才能不断前行,不断创新。我们坚信,《基因工程原理与实验》(第2版)教材的推出,必将为广大读者提供更为精彩的知识阅读,为农林生物类专业的基因工程教学事业锦上添花。虽然本书经过多次审核校对,仍难免有不足之处,敬请广大读者不吝指正!

于华南农业大学　广州

2023年12月

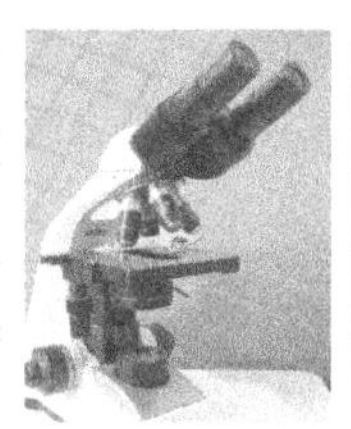

第1版前言

根据国家对高等教育的要求，各个高校应依据其不同的特色来培养学生独立思考和创新实践的能力。华南农业大学地处我国南方，具有鲜明的热带、亚热带区域农业科学和生命科学特色，是广东省和农业农村部共建的“211 工程”大学，也是广东省高水平大学重点建设高校。华南农业大学致力于创新人才培养模式，着力培养知识丰富、本领过硬的高素质专业人才和拔尖创新人才。但是多年以来，华南农业大学的基因工程课程长期采用校外教材，缺乏适合本校师生特点的教学用书，与华南农业大学高等素质教育的要求及热带、亚热带区域的特色也不完全吻合。

21 世纪是生物技术的时代，而基因工程是生物技术的重中之重。当今的生物学研究早已发展至基因(分子)水平，分子操作技术也已渗透到生物学的各个研究领域，掌握基因工程的原理和技术对于生物技术应用及分子生物学研究十分重要。

实践性强是基因工程的重要特点，随着基因工程学科自身的发展，其各种新技术与方法层出不穷，更新换代非常快。对农林生物类专业的学生而言，他们不仅要求掌握基因(分子)操作的原理，而且还要求锻炼实践应用能力。目前，与基因工程相关的教材种类较多，但是基因工程原理与实验并重的教材却很少，况且现有的教材已跟不上华南农业大学自身建设和发展的需求。因此，编者决心编撰一部既符合农业科学和生命科学院校特色，又适合华南农业大学未来建设和发展的教材，以供农林生物类专业的师生使用。

基因工程自诞生以来，飞速发展，但是万变不离其宗，基因工程相关的基本原理和技术仍然是基础。因此，本书将以基因工程入门知识为起点，系统介绍基因工程必备的基本原理与技术，以及基因工程研究的最新发展。本书编者还将自身的科研实践经验融于教材中，力争使读者能牢固掌握基因工程研究的相关原理与技术，以此为广大师生从事生物技术应用开发或科学研究打下坚实基础。

基于上述想法，编者将本书的内容分为两部分，即基因工程原理篇和基因工程实验篇。其中，基因工程原理篇主要阐述基因工程研究相关的原理和技术，其内容包括绪论，基因工程的工具酶，基因工程载体，DNA 连接、转化和重组子筛选，基因工程技术与方法。另外，基因工程原理篇还对基因工程在农业作物上的应用进行了专门介绍。基因工程实验篇则整理并收录了编者所在的遗传工程研究室和生物化学与分子生物学教研室历年来为华南农业大学师生及校外研究人员开发出的各种实验课内容。

结合编者自身的科研实践经验进行基因工程实验篇的编撰是本书的一大特色。基因工程实验篇围绕水稻基因的克隆与表达，把核酸(基因组 DNA、质粒 DNA、RNA)提取、酶切、电

泳、PCR、Southern 杂交、Northern 杂交、反转录 PCR、原核表达、真核表达、Western 杂交及分子标记等技术融入其中。所有的实验内容都是前后连贯的，因此，本书也可作为学生掌握基因操作技术的训练手册。

本教材的另一大特色是在基因工程实验篇中收入了综合性、设计性实验。在综合性、设计性实验中，要求学生首先查阅文献，提交方案（方案包括实验原理、仪器设备、试剂、溶液配方、准备工作、实验步骤、预期结果、注意事项和参考文献等内容），然后经教师审阅通过后才可实施，以此提高学生的动手能力，训练学生独立思考和创新实践的能力。此部分内容还可供从事基因工程课程教学的教师参考。

在本书的编写中，尤其是基因工程实验部分得到了编者所在研究室前辈和同行老师的大力帮助，书中的许多实验是各位老师多年来科研实践的总结和心血。

本书既适合农林生物类专业的本科生和研究生使用，也适合农林生物类专业的教师和研究人员参考。虽然本书经过多次审定校对，但限于编者的水平，难免有疏漏之处，敬请广大读者批评指正。

于华南农业大学　广州

2020 年 6 月

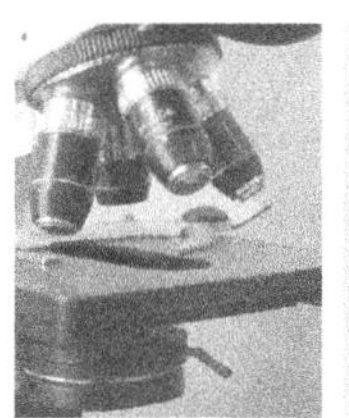

目　录

第一部分　基因工程原理篇

第二部分　基因工程实验篇

第一部分

基因工程原理篇

第1章

绪　论

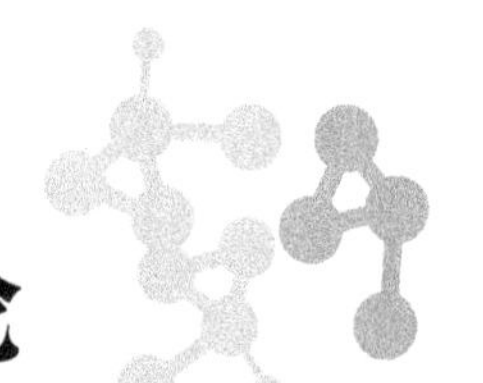

基因工程的研究对象是基因，因此关于基因的一些问题首先有待读者思考。基因可以断裂吗？基因能重叠吗？基因能重复吗？基因可以移动吗？基因都有蛋白质产物吗？染色体上的所有核苷酸序列都编码基因吗？基因可以人工“拼接组装”吗？

基因的定义是什么？基因是存在于染色体上的一段特定核苷酸序列，既有起点，也有终点，还有阅读框。基因组的定义是什么？基因组是某种生物单倍体细胞内核苷酸的总称。基因组有多大？一般为数十千碱基对(kb)到数千兆碱基对(Mb)。基因在基因组中所占的比例有多大？在低等生物中，基因组绝大部分是编码基因，而在高等生物中，基因组绝大部分是非编码基因。例如，在人类基因组中，外显子覆盖区域仅占约1%。

那么，怎样才能从犹如汪洋大海的基因组序列中找到我们所需要的基因呢？或者说，基因的分离是怎样实现的呢？当然，我们可以根据前人的研究结果，从中寻找一定的线索，然后顺藤摸瓜，对这种有一定研究背景或研究基础的基因，该怎样进行分离？除此之外，自然界中还有大量未知或“无迹可寻”的基因，甚至还不能确定自然界中是否真正存在所谓的“基因”，如“抗衰老基因”“肥胖基因”“长寿基因”等，有待我们去探索。那么，对于这种未知“基因”，我们该如何进行分离？总体上有两种策略：一种是可以从DNA水平出发，首先，对包含目的基因在内的遗传座位进行分子标记定位；其次，在分子标记的辅助下进行图位克隆。另一种是从RNA水平出发，根据基因表达的差异来对目的基因进行分离。那么与这些策略相关的技术是怎样进行的？

基因工程研究的对象是目的基因，所获得的产品则是改变了遗传性的细胞和个体。基因要“安居”才能“乐业”，也就是说基因需要在宿主细胞中工作和表达。基因工程和一般土建工程的根本差别在于，它需要在体外进行操作，即基因克隆，然后送到受体细胞中去表达。那么这些工作又是如何实现的呢？基因克隆你了解多少？基因工程你了解多少？想要更多地了解基因工程研究究竟包含哪些内容吗？

基因工程是20世纪70年代发展起来的遗传学的一个分支学科。基因工程技术是一项实践性很强的综合性高新科学技术，必须具备扎实的分子生物学、分子遗传学、生物化学、遗传学的基础知识，同时也需要具备较强的动手能力和独立思考能力。为了学好基因工程这门课程，我们必须打好基础，系统、全面、牢固地掌握基因工程研究有关的原理与技术知识。

1.1　基因学说与基因的现代概念

在讨论基因工程之前，我们需要简单回顾一下与基因学说研究有关的进展。对控制生物性状的基因，20世纪50年代以前，主要是从细胞染色体水平进行研究，而50年代以后，主要是从DNA分子水平进行研究。

1865年，孟德尔发表了以豌豆为材料的研究论文《植物杂交实验》，首次提出了“遗传因子”的概念。但是很遗憾，孟德尔的研究成果被埋没了相当长时间。直到1900年，世界上三个不同地方的实验室，几乎同时独立重新发现了孟德尔的遗传定律，从而奠定了现代遗传学的发展基础。后来，在1909年，丹麦植物学家和遗传学家约翰逊首次提出以“基因”术语代替“遗传因子”。但是，此时的“基因”和“遗传因子”都不代表一个物质实体，而只是一个抽象名词或抽象单位，它不与细胞的任何可见形态结构有关联，仅仅是遗传性状的符号，还没有具体涉及基因的物质概念。

1910年，美国著名遗传学家摩尔根以果蝇为材料，发现了连锁与交换遗传定律，第一次把代表某一特定性状的基因与特定的染色体联系起来，证明基因就是染色体上线性排列的遗传单元，并据此创立了基因学说，对现代遗传学做出了卓越的贡献，并为以基因研究为基础的分子遗传学的发展奠定了基础。但是，当时人们只是知道基因的行为跟染色体的行为有关，仍然不知道基因的本质是什么？基因的物质基础是什么？

直到1944年，美国著名生物学家Avery首次通过肺炎双球菌的转化实验证明了遗传物质是脱氧核糖核酸(DNA)，这在当时引起了极大的轰动，因为当时的研究者普遍认为只有蛋白质这样复杂的大分子才能决定细胞的遗传特性。Avery敢于打破这种信条，在遗传学理论上树立起了全新的观点，即DNA是遗传信息的载体，基因的本质(物质基础)是DNA，从而让人们对遗传物质的研究步入了正确的轨道。

20世纪50年代，DNA是遗传分子已经越来越明确，然而必须知道DNA的结构才能解释DNA在遗传过程中是如何发挥作用的，也才能进一步对其进行操作。1953年，Watson和Crick提出的DNA右手双螺旋模型，探明了DNA遗传的方式和机制，从而直接促进了现代分子生物学的诞生。从此之后，基因不再是一种神秘的物质，基因的研究也进入分子生物学时代。随后的半个多世纪，人们对分子遗传的本质和基因的内涵有了进一步更精确的认识，从而为基因操作提供了牢固的理论和物质基础，推动了基因工程的诞生。下面归纳一下不同时代关于基因学说的一些观点。

1.1.1 经典遗传学阶段的基因学说

基因是以串珠状直线排列在染色体上，它们之间由非遗传物质连接。基因作为一个整体实体进行交换与重组，即交换与重组是以基因为单位进行的。基因是最小的遗传功能单位，也是最小的突变与重组单位。基因决定性状是通过控制蛋白质或酶的合成来起作用的，一个基因产生一个相应的酶，基因与酶一一对应。基因通过酶控制一定的代谢过程，从而控制生物性状，“一个基因一个性状”的理论发展成为“一个基因一个酶”的学说。

1.1.2 分子遗传学阶段的基因学说

随着DNA作为基因的化学本质以及DNA双螺旋结构的发现，基因学说进入分子遗传学阶段。人们在研究两个突变型噬菌体共同感染大肠杆菌构建的二倍体时，发现有时互补能产生野生型有时却不能互补，从而提出了顺反子的概念。若两个突变体在功能上互补，则属于不同的顺反子；若不能互补，则属同一顺反子。这说明，在同一基因内部也可能发生突变，甚至可以小到一个碱基对。属于同一个顺反子(此处等同于一个基因)的突变类型都不能互补,而属于不同顺反子的突变类型都能互补。同样,重组也可以小到一个碱基对。

基因的概念发展到"基因是 DNA 分子上一段特定的核苷酸序列",基因不是最小的结构单位,但仍然是最小的功能单位。最小的突变单位(突变子)和最小的重组单位(交换子)是一个碱基对。因此,在经典的基因学说基础上增添了新的内容:基因是 DNA 分子上的一段特定核苷酸序列,不是所有的序列都被认定为基因,而只有其中的某些特定序列才会编码基因。基因不是最小的结构单位,它仍然可分。最小的突变单位和重组单位应是一个碱基对。关于基因的功能,也从"一个基因一个酶"的学说发展成为"一个基因决定一条多肽链"的学说。遗传信息则按照"中心法则"传递,即遗传信息由 DNA 转录到 RNA 再翻译成蛋白质;对于一些遗传物质是 RNA 的生物,则先由 RNA 反转录成 DNA,然后按 DNA 到 RNA 再到蛋白质的流向传递;DNA 和 RNA 本身通过自我复制来保证遗传信息准确传递给下一代;也有人认为可能存在遗传信息直接从 DNA 流向蛋白质的过程,但迄今为止仍无确凿证据。

1.1.3 现代的基因学说

随着移动基因、断裂基因、重叠基因、假基因等新概念的提出,人们对基因的概念有了更丰富、更深刻的认识,这些认识是目前基因工程的理论基础。现在发现,基因不仅在结构上可分,而且在功能上也有分工,有的基因甚至没有直接的产物。譬如,在原核生物中发现了操纵子,从而提出结构基因、调节基因、操纵基因的概念。在操纵子中,调节基因合成调节蛋白或称阻遏蛋白,操纵基因相当于"开关",它与阻遏蛋白结合,控制下游结构基因的转录。在原核生物中,已发现有很多操纵子,不少人认为真核生物中也有操纵子,但至今仍未发现。经典的基因学说只强调结构基因控制性状,我们通常所说的基因也是指结构基因,而调节基因和操纵基因都不直接控制性状,"一个基因决定一条多肽链"的学说被修正为"一个顺反子一条多肽链"可能更为准确。在真核生物中,人们还发现了一些其他类型的基因。

1. 移动基因(mobile gene)

移动基因也叫转座因子(transposable element)或跳跃基因(jumping gene)。最早的移动基因是 20 世纪 60 年代末期在大肠杆菌中发现的一种 DNA 大片段插入序列(insertion sequence),现在一般叫作 IS 因子(IS element)。IS 因子的长度一般在几百至几千碱基对(bp),其共同特征是末端具有反向重复(inverted repeat,IR)序列,正是这种反向重复序列使得 IS 因子具有在基因组上跳跃、转移或迁移位置的特性。自从 IS 因子被发现后,又发现了另一类移动基因,即转座子(transposon)。转座子的两端分别带有 IR 序列,中间则含有转座酶基因。IS 因子实质上是一类简单的转座子,若两个 IS 之间除了转座酶基因外,还存在一些其他的基因,如抗生素抗性基因,则构成复合转座子。现在人们对转座子的研究已经相当广泛深入,在酵母、果蝇、玉米、哺乳动物等许多真核生物中也都相继发现了转座子。在玉米中发现的 Ac/Ds 转座子,可使玉米籽粒的颜色产生色斑,在基因工程研究中 Ac/Ds 转座子可被用来开发成为能使基因组产生随机插入突变的载体。

2. 断裂基因(split gene)

过去认为,基因是由遗传密码子连续不断地串联一起,形成一条没有间隔的基因实体。现在认为,基因的核苷酸序列内部有与氨基酸编码无关的 DNA 间隔序列,或称内含子(intron),而编码氨基酸的 DNA 序列则称为外显子(exon)。最初由 DNA 转录形成的 mRNA 不表达,无功能,称为前体 mRNA,而前体 mRNA 只有去掉内含子的转录片段后才能形成有功能的成熟 mRNA。我们把这种内含子删除和外显子连接形成成熟 mRNA 的过程,叫作 RNA 剪辑(RNA splicing)。

3. 重叠基因(overlapping gene)

长期以来,人们一直认为基因之间是不可能存在重叠现象的,但是,后来在原核生物噬菌体(如 ϕX174 噬菌体、G4 噬菌体)和动物病毒(如 SV40)中发现不同基因的核苷酸序列存在重叠现象。重叠基因的发现颠覆了基因彼此分离、互不重叠的传统观念。造成重叠现象的原因是不同基因的读码框互不相同,导致在转录时阅读框不一样,因此编码着不同的蛋白质。重叠基因提高了原核生物基因组的编码效率,但是真核生物中是否也存在着重叠基因,尚需进一步研究。

4. 假基因(pseudogene)

与正常基因的结构相似,但是不具备功能的基因称为假基因。假基因的核苷酸序列绝大部分与正常基因相似,但是由于存在许多突变而阻碍了自身的表达。假基因和正常能表达的基因可以认为属于同一基因家族。一个基因家族包含功能和结构相似的一系列基因,它们往往集中在一处,不过有时也并非集中在一起,甚至可能分散在不同的染色体上。属于一个基因家族的成员不一定都有功能,其中没有功能的成员即是假基因。人们猜测可能是由于 mRNA 反转录后形成 cDNA,然后重新插入基因组中而形成假基因,但假基因的具体作用目前仍不清楚。

5. 重复基因(repeated gene)或重复序列(repeated sequence)

原核生物基因组中通常不包含重复序列,而真核生物中,除酵母以外大多数都具有重复序列。在真核生物基因组中,存在 4 种类型的 DNA 序列:非重复序列(单拷贝序列)、低度重复序列(少于十个拷贝)、中度重复序列(十至几百个拷贝)、高度重复序列(几百至几百万个拷贝)。真核基因组中,大部分都是重复序列,单拷贝序列在整个基因组所占的比例很低,但是细胞中许多重要的蛋白质(约 70%)都是由单拷贝序列编码的。重复序列的功能之一,可能是通过多拷贝的形式来增加基因的数量,以提高蛋白质合成的速度和效率。但是,大部分重复序列不编码任何蛋白质,仅仅是序列的简单重复,其功能尚不十分清楚。

1.2 基因工程的诞生与发展

生物技术(biotechnology)又称生物工艺学或生物工程学,是根据生物学、化学和工程学的原理进行工业规模的经营和开发微生物、动植物细胞及其亚细胞组分,进而利用生物体含有的功能元件(如基因、蛋白质等)来提供商品或社会服务的一门综合性科学技术。遗传工程(基因工程)、细胞工程、酶工程和发酵工程等都是生物技术的研究内容,而遗传工程是其中最重要的一项内容。

遗传工程(genetic engineering)一词产生于 19 世纪 20 年代,是遗传学和工程学相结合的一门科学技术。遗传工程是指借用工程技术上的设计思想,在离体条件下对生物细胞、细胞器、染色体或 DNA 分子进行“按图施工”的遗传操作,以求定向地改造生物的遗传性。遗传工程已成为当今一个新兴的重大技术领域和带头学科,有人称它为“生命加工技术”。在发达国家,遗传工程的研究日益受到重视。

遗传工程可以分为广义和狭义两种。从广义上讲,它是指以改变生物有机体性状特征为目标,采用类似工程技术手段对遗传物质进行操作,达到改良品质或创造新品种的效果,从而更好地为人类服务。广义的遗传工程包括细胞工程、染色体工程、细胞器工程、基因工程等不同的技术层次。从狭义上讲,遗传工程实质就是基因工程,从分子水平上二者是等同的。

基因工程的产生源于基因学说的发展。自从 1865 年孟德尔发现基因遗传的基本规律以来,经过 100 多年的研究和发展,人们对基因的认识愈发深入。关于基因的学说,已从经典的遗传学水平深入到现代分子遗传学的水平。特别是在 1953 年,Watson 和 Crick 提出 DNA 的双螺旋结构模型,探明了 DNA 自我复制和传递的机制,从此基因不再是一种神秘的东西,关于基因的研究进入了分子生物学时代。

DNA 分子生物学的发展,为基因工程的诞生提供了牢固的理论基础,其中主要包括两个重大事件的发生,即 DNA 双螺旋结构模型的建立和遗传密码的破译。早期的基因学说发展到一定阶段后,人们的兴趣似乎都集中在对基因结构的研究。随着物理学和放射生物学等技术的发展,导致了 DNA 双螺旋结构模型的建立,这一理论顿时轰动全球。DNA 双螺旋结构被发现后,立即以遗传学问题为中心开展了大量的分子生物学研究,人们把兴趣逐渐转移到对基因功能的研究上,从而促使遗传密码陆续被破译。这一成就在生物学上具有非常重要的意义,它不仅解释了遗传物质如何起作用的问题,也使基因工程的实现成为可能。此后,人们对基因的行为和功能认识达到了很深的程度,对基因的精细结构深入到单个碱基的水平,从而为基因工程的诞生提供了非常重要的理论基础。

重组 DNA 的成功为基因工程提供了技术支撑,直接推动了基因工程的诞生。遗传密码解决了遗传信息本身的物质基础及含义,人们开始设想,能否在体外重复 DNA 在体内发生的同样过程?随着生物化学的发展,限制性核酸内切酶(restriction endonuclease)、DNA 连接酶(DNA ligase)等一些工具酶陆续被发现,为重组 DNA 技术提供了必要的前提条件。限制性核酸内切酶就像一把剪刀,DNA 连接酶则像黏合剂,使人们可以随心所欲地对 DNA 进行剪切、连接等重组操作。

总的来说,基因工程的诞生需要三个理论基础:首先,要清楚遗传的物质基础问题,20 世纪 40 年代,肺炎双球菌转化及噬菌体侵染现象证明了遗传信息的携带者,即基因的载体是 DNA 而不是蛋白质;其次,要清楚基因的自我复制和传递的问题,20 世纪 50 年代,Watson 和 Crick 创立了 DNA 分子的双螺旋结构模型,由此揭示了 DNA 的半保留复制机理和传递的基本规律;最后,还必须清楚遗传信息的流向和表达问题,而 20 世纪 50 年代末 60 年代初“中心法则”的提出,以及操纵子的发现、遗传密码的破译等重大事件相继发生,这一难题也最终得到解决。另外,基因工程的诞生还需解决四个技术问题:首先是 DNA 分子的切割与连接技术;其次是 DNA 分子扩增技术,若在体内扩增将涉及转化技术,而在体外扩增将涉及 PCR 技术;再次是核苷酸序列测定技术;最后是 DNA 分子的分离与鉴定技术。

20 世纪 60 年代末 70 年代初,一些基因工程所需的工具酶陆续被发现、研究和生产,包括限制性核酸内切酶和 DNA 连接酶,从而解决了 DNA 分子的切割和连接等问题。大肠杆菌的转化实验获得成功,同时载体的作用也被发现,构建了 pBR322、pUC 等系列载体。1977 年 Maxam 和 Gilbert 发明了基于化学法的基因测序技术,同年,Sanger 等又发明了双脱氧法或末端终止法,解决了 DNA 的测序问题。琼脂糖凝胶电泳技术及 Southern 杂交技术也在同时代同步发展。在此背景之下,基因工程科学呼之欲出。

1972 年,美国斯坦福大学的 Berg 研究组创造了科学史上的一项划时代成就。他们首次成功地在体外将 λ 噬菌体和猿猴空泡病毒 40(SV40)的 DNA 连接在一起,这标志着基因工程的诞生。Berg因这项成就于1980年被授予诺贝尔化学奖。在此之前，斯坦福大学的Boyer研究组已于1968年成功分离出了限制性核酸内切酶*Eco*R Ⅰ，显著提升了实验效率。1972年11月，Boyer得知同校的Cohen成功分离出了携带抗生素抗性基因的大肠杆菌质粒。Boyer受到启发，在会后与Cohen等讨论了一个有趣的想法：是否可以通过将抗生素抗性基因从一个质粒剪切出来，然后将其转移到另一个质粒上，使携带这一新质粒的大肠杆菌获得抗生素抗性，而不携带该质粒的大肠杆菌则被抗生素杀死，从而实现重组DNA的鉴别？他们将这一大胆构想记录下来，并计划使用新发现的*Eco*R Ⅰ进行质粒克隆实验。在1973年，Boyer与Cohen合作，利用*Eco*R Ⅰ成功切割了两种质粒，分别携带四环素抗性基因和卡那霉素抗性基因。然后，通过DNA连接酶将这些质粒DNA片段连接在一起，并导入大肠杆菌，最终成功获得了双抗性的重组菌株。这一实验结果证明了不同的质粒酶切片段可以在体外成功重组，一旦引入细胞，同样具备生物学功能。这是真正具有生物学意义的基因工程重组体，进一步完善了Berg开创的基因重组技术。然而，还存在一个关键问题需要解决：不同物种的外源DNA片段是否可以在大肠杆菌中增殖？为验证这一点，Boyer和Cohen将非洲爪蟾的基因通过质粒载体导入大肠杆菌，证明非洲爪蟾的基因能够进入细菌并产生相应的RNA产物。这一发现表明，即使是不同来源的DNA也能成功重组并在细胞内表达。基因工程技术一经出现，引起了媒体和投资界的广泛关注。1976年，Boyer与一位投资人合作创立了全球首家生物技术公司Genentech（基因泰克），并于1977年首次在其他物种（大肠杆菌）中成功表达了人类蛋白质（生长激素释放抑制激素），这是人类历史上重要的里程碑之一。随后，他们又在1978年、1979年和1980年分别成功生产出人的胰岛素、生长素和干扰素。这些成就不仅凸显了基因工程的巨大潜力和商业价值，还使基因工程得以为社会提供真正有益的服务。

此后，随着科学技术的发展，一系列新的基因操作技术得以建立，使得基因工程向更高效、更深入、更广泛的方向发展。譬如，物理化学、电化学等技术的发展，使电泳技术在基因工程中得到广泛的应用，我们可以借助电泳技术检测到肉眼看不见的DNA分子。生物物理学的发展，使我们能够利用放射自显影技术把DNA分子在凝胶中的“足迹”转换到X线片上，从而建立起具有良好应用前景的分子标记技术。DNA核苷酸序列的测定是基因工程研究发展到一定阶段必须解决的一项技术，那么生物化学、电泳技术和放射自显影技术就在其中起了关键作用。当今的电子计算机技术和自动化技术也应用到了DNA测序中，以前需要几个星期或几个月甚至几年才能完成测定的一段DNA序列，现在利用DNA自动测序仪在1 h之内就可以完成。利用自动化热冷循环装置创建的聚合酶链式反应（polymerase chain reaction，PCR）技术，可以在体外大量扩增目的基因，应用于实践中则可用于检测各种微量甚至痕量的DNA，因而PCR技术在基因工程研究中得到了充分应用。此外，多种可供原核生物、植物和动物细胞转化的载体也被开发出来。在基因工程诞生和发展过程中的一些重大事件参见表1-1。

表1-1 基因工程诞生和发展过程中的重大事件

年份	重大事件
1972	Berg等获得第一个重组DNA分子（基因工程诞生）
1975	Southern杂交、基因文库及菌落原位杂交技术建立
1977	Sanger酶法、Maxam和Gilbert化学法测序技术建立

续表1-1

年份	重大事件
1978	大肠杆菌表达人脑激素和人胰岛素成功，Smith 等建立 DNA 定点突变技术
1981	Palmiter 和 Brinster 进行转基因小鼠(第一例转基因动物)获得成功，Spradling 和 Rubin 进行转基因果蝇获得成功
1982	Sanger 等完成 λ 噬菌体基因组序列(48 502 bp)测定，第一例转基因植物(转基因烟草)培育成功
1983	Mullis 发明 PCR 技术
1987	Burke 等开发出酵母人工染色体(YAC)载体
1990	人类基因组计划(HGP)提出
1992	转基因玉米和小麦获得成功
1994	基因工程番茄上市
1995	人类基因组物理图谱发表
1996	酵母基因组 DNA 测序完成，TAC 载体和 BIBAC 载体建立
1997	大肠杆菌基因组测序完成，水稻基因组物理图谱完成，成功利用体细胞克隆出多莉羊
1998	线虫基因组测序完成
2000	果蝇基因组测序完成，拟南芥基因组测序完成，基因治疗获得成功
2001	人类基因组工作草图完成
2002	中国和日本科学家公布水稻基因组草图
2004	水稻基因组测序基本完成
2012	基因编辑技术发明

1.3　基因工程的研究内容

基因工程(genetic engineering)是指以分子遗传学为理论基础，以分子生物学和微生物学的现代方法为手段，将不同来源的基因(DNA)分子按照预先设计的蓝图，在体外构建杂种 DNA 分子，然后导入活细胞，以改变生物原有的遗传特性，获得新品种，生产新产品，或者研究基因的结构和功能。基因的化学本质是 DNA，基因工程是在 DNA 分子水平上进行操作的遗传工程。基因工程是生物基本化学反应过程中一门极其尖端复杂的化学，它涉及生命体系中与 DNA 相关的各种复杂的甚至是迄今为止不为人所知的生命化学反应。基因工程也称基因克隆(gene cloning)、DNA 分子克隆(DNA molecular cloning)、基因操作(gene manipulation)、重组 DNA 技术(recombinant DNA technique)等，这些不同的名称只是各自强调的侧重点不同而已。

基因工程技术的诞生使人们能够在试管里对基因进行分子水平上的操作，像一项工程那样，按图施工进行操作，构建在生物体内难以进行的重组体，然后将重组体引入相应的宿主细胞，让其在宿主细胞中工作。这个过程实际上就是进行无性繁殖，即克隆，所以基因工程通常又称为基因克隆。

在基因工程领域，克隆是一个很重要的概念。克隆(clone)，原意指无性繁殖(系)，既可作名词也可作动词。作为名词，克隆是指从一个共同祖先经过无性繁殖得到的一群遗传上同一的DNA分子群体或者由细胞或个体所组成的特殊生命群体；作为动词，则是指从同一个祖先产生这类遗传上同一的DNA分子群体或特殊生命群体的过程。一般认为，一个克隆其遗传组成是完全相同的。

基因操作(gene manipulation)的定义，从广义来说，它是指对基因进行分离、分析、改造、检测、表达、重组和转移等操作的总称，而狭义上，只有当基因能够进行大量、可操作性的扩增(大量无性繁殖)时才进入基因操作的范畴，因此基因操作与基因克隆是密不可分的。基因的扩增有两种方式：一是体内扩增，即在生物体内的复制扩增；二是体外扩增，即在体外(试管内)的复制扩增。基因操作的简单过程如下：首先将特定的核酸分子从细胞中分离出来，接着插入到质粒、病毒或其他载体系统中，然后再整合到那些本来不含该类遗传物质的宿主中，并形成一种新的可连续繁殖的有机体(图1-1)。

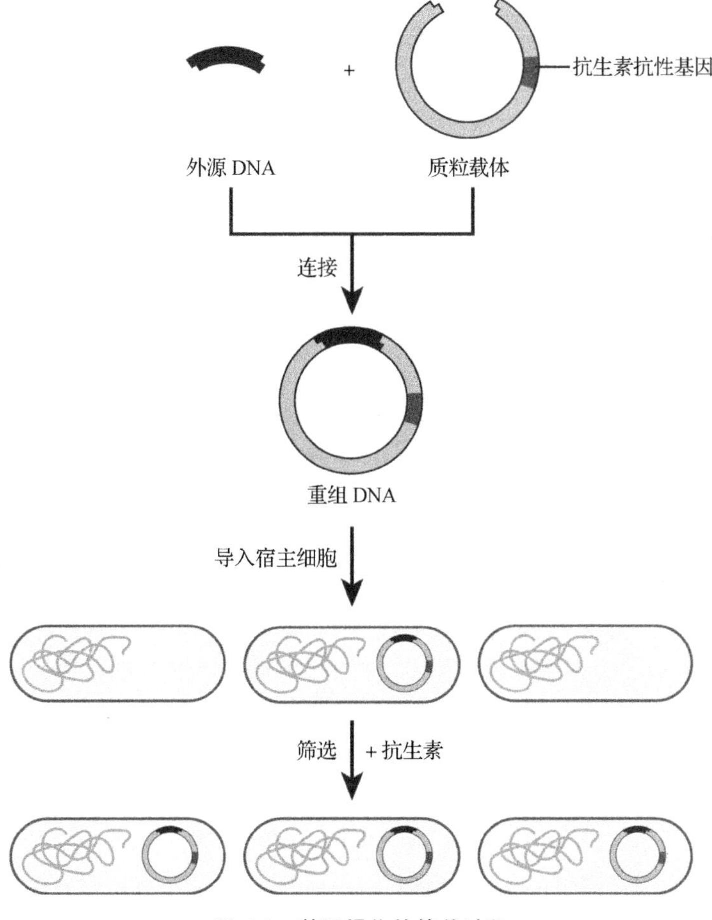

图1-1　基因操作的简单过程

根据基因工程的定义与基因操作的基本过程，基因工程的研究内容主要包括以下5个方面：①目的基因的分离，即把含有目的基因的片段分离出来，以便进行分析和操作。采用的方法有多种，如化学合成法、基因文库法(基因组文库或cDNA文库)、PCR法、mRNA差异显示法等。②体外重组，即把分离出来的含有目的基因的片段与具有自我复制功能并带有选择标记的载体分子在体外连接，形成重组分子。③重组分子导入寄主细胞，是为了目的片段扩增。如果已得到目的片段，转入寄主细胞则可改良生物性状，或者获得产品、研究基因的功能。④筛选重组子，方法有 α-互补法、酶切电泳法、快速鉴定法、分子杂交法及 PCR 法等。筛选出重组子后，将克隆继续培养，纯化含有目的基因的 DNA 片段，供进一步分析研究用，如用于基因测序、功能鉴定、探针制备等。⑤表达鉴定，将目的基因克隆到表达载体中，导入寄主细胞，使之在新的环境条件下实现功能表达，产生人类所需要的物质，或者导入植物或动物中，实现功能表达，使其具备抗虫、抗病、抗除草剂等人类所需性状的能力。

1.4 基因工程应用概况

自诞生以来，基因工程已经被广泛地应用于农业、化工、食品、医学、采矿和废物处理等各个方面。基因工程研究本身的发展也是一项巨大的产业，同时也带动了其他相关产业的发展。目前许多生物技术产品已投放市场，如干扰素、生长激素、胰岛素、肝炎疫苗等，大部分生物技术产品都是通过基因工程技术结合发酵技术大规模生产出来的，基因工程技术在其中起了决定性作用。

1.4.1 基因工程在农业上的应用

基因工程在农业上的应用主要有两个方面：一是转基因作物，即培育作物新品种，增强作物的抗性，如抗病虫害、抗逆境（包括干旱、寒冷、水涝、盐碱等）、抗除草剂等，或者改良作物的品质、延长农产品的保存期。现代农业中的抗性育种研究正蓬勃发展，并越来越显示美好的前景。例如，利用反义 RNA 技术获得的转基因番茄，其果壁分解有关酶的活性被抑制，从而使得番茄软化时间大大延长。美国孟山都公司利用基因工程技术培育的抗除草剂大豆，对美国大豆的生产产生了极大影响。如果把基因工程技术和细胞工程技术结合起来，在克服常规育种方法的局限性和加速育种进程方面具有深远意义。目前，正在热门研究的 DNA 分子标记技术，能够方便、准确地对基因进行定位。通过分子标记定位，对有用的基因打上一个可识别的标签，然后利用这个标签就可以对该基因进行基因克隆及分子标记辅助的选择等工作。二是转基因动物，也被称为基因工程动物，通过基因工程技术对其基因进行改变，旨在提高动物产品的产量和品质，以实现治疗遗传性疾病、生产工业品或保护生态环境等目标。例如，将生长激素基因转入红鲤鱼，使其能够快速生长，而且转基因鱼比非转基因鱼更高效地利用饲料蛋白质，增加鱼肉产量，从而提高经济效益。又如，解偶联蛋白 1(UCP1)是一种与能量代谢和体温调节有关的蛋白质。通常情况下，UCP1 在褐色脂肪组织中表达，能够促进脂肪酸氧化和产生热量。通过 CRISPR/Cas9 基因编辑技术，可以构建 *UCP1* 基因敲入的仔猪，实现 *UCP1* 基因在猪白色脂肪组织中的特异表达，从而减少猪肉脂肪沉积，增加瘦肉率，同时提高猪的抗寒能力。另外，通过大肠杆菌基因工程技术，可以大规模生产牛生长激素，并将其注射到母奶牛体内，提高产奶效率，同时保持奶质。由于奶酪的产量与牛奶中 κ-酪蛋白(kappa-casein)的含量成正比，通过基因工程在奶牛乳腺中过量表达 κ-酪蛋白合成基因，增加牛奶中 κ-酪蛋白的含量，可以改善牛奶的品质。通过将人类α-1-抗胰蛋白酶基因导入猪体内，可以获得携带人类抗胰蛋白酶的猪胰腺细胞，为治疗胰腺相关疾病（如囊性纤维化）提供了全新的疗法途径。另外，将人类凝血因子基因导入奶牛体内，使奶牛能够在乳汁中产生人类凝血因子，可为制造血友病患者所需的凝血因子药物提供一种便捷且可持续的生产途径。

1.4.2 基因工程在工业上的应用

基因工程技术在工业领域拥有广泛的应用潜力。首先，它可以应用于纤维素的开发与利用。每年，自然界产生数百亿吨纤维素，是地球上最丰富的有机物之一。纤维素在降解后生成的葡萄糖是食品、燃料和化工原料的关键来源。然而，纤维素通常以晶状排列的形式存在，并与其他多糖（如半纤维素和果胶等）结合，外部还包裹着木质素，使得纤维素难以降解。尽管自然界存在可降解纤维素的微生物（主要是真菌），但它们产生的纤维素酶产量有限且对晶状纤维素的活性较低。通过基因工程的手段，我们能构建高效且特异的纤维素酶基因工程菌，不仅显著提高了纤维素的降解效率，还可以直接生产葡萄糖，通过发酵生产酒精，从而创造一种可能实现一步化酒精生产的新工艺。其次，微生物在工业领域是重要的研究对象之一，因为它们能迅速将有机材料转化为有用的产物。微生物基因工程技术能精确调节微生物代谢通路，产生更具实用价值的化合物。例如，在生物质能源沼气生产中，可利用基因工程技术提高沼气微生物的代谢效率，增加沼气的产量。在生物乙醇生产中，可运用基因工程技术调节微生物代谢途径，将产量提高到最大。在微生物发酵过程中，通过基因工程改变某些酵母菌的细胞壁组分，能影响细胞壁的透水性及其对物质的吸附能力，从而实现对发酵过程的精细控制。细菌浸出技术在铜矿和铀矿的开采中得到广泛应用，而基因工程技术在细菌浸出技术方面也取得了进展。利用基因工程技术，可以提高细菌对三价铁再生的速率，增加细菌对酸性条件和高盐环境的耐受性，减少细菌对某些金属的敏感性，还能增强细菌在深层矿床操作时的高温耐受性。再次，基因工程技术还广泛应用于工业废物处理领域。通过基因工程技术构建的基因工程菌改变了微生物的代谢途径和功能基因表达，分解效率高，可应用于工业废物治理。例如，一些研究者增强了大肠杆菌对废水中有毒重金属的吸附能力，提高了废水处理效率。还有研究者开发出一种新型的微生物菌剂，通过其中的基因工程菌株分解固体废弃物中的有机物质，实现更快速的降解，以减少废弃物量。最后，在酿酒工业中，如啤酒酿造，利用基因工程技术进行菌株体外突变，增加葡萄糖淀粉酶的稳定性，从而生产甜味啤酒。这些例子凸显了基因工程技术在工业领域的巨大应用潜力，为提高生产效率、减少废弃物和开发新型工艺提供了创新的途径。

1.4.3 基因工程在医学上的应用

基因工程技术在医学领域具有极其重要的应用价值，为癌症、获得性免疫缺陷综合征（艾滋病）以及各种遗传病的研究、预防和治疗提供了有力支持。遗传病通常由单一基因的突变引起，如镰状细胞贫血、血友病、白癜风等，这些遗传病通常需要基因治疗来实现根本性治愈。基因治疗的核心理念是通过 DNA 重组技术，将正常野生型基因导入患者的体细胞，合成正常的基因产物以弥补缺陷型基因的功能。例如，基因工程技术已被用于治疗脊髓性肌萎缩（SMA），通过导入正常 *SMN1* 基因来补偿缺失或突变的基因，以改善肌肉功能。近年来，借助 CRISPR/Cas9 基因编辑技术，一些遗传性血液病、免疫系统缺陷和罕见遗传病的治疗已取得重要突破。然而，基因治疗仍面临一些限制条件，如外源基因在人体细胞内的稳定性问题，即能否与人体染色体整合并稳定存在和表达。因此,最适合接受基因治疗的受体细胞通常是能够自我更新的干细胞,如骨髓细胞等。此外,基因工程技术还可用于遗传病的早期检测,如通过特异性探针的分子杂交检测或 PCR 技术,可以检测 *BRCA1* 和 *BRCA2* 基因的突变,从而帮助确定患者患上乳腺癌和卵巢癌的遗传风险,以采取相应的预防措施。基因工程技术还能够以经济高效的方式生产疫苗和药物。疫苗接种被认为是预防乙肝等疾病的主要方法,第一代血源性乙肝疫苗使用从感染者血清中提取和纯化的乙肝病毒表面抗原,经过减毒处理和添加佐剂后接种。然而,由于血源性疫苗的安全性问题,人们着手研发第二代基因工程乙肝疫苗。1982 年,Valenzuela 等首次成功运用基因工程手段在酵母中表达出乙肝病毒表面抗原。类似地,治疗糖尿病的特效药胰岛素,长期以来只能从猪、牛等动物的胰腺中提取,每 100 kg 胰腺只能提取 4～5 g 胰岛素,而治疗病毒感染非常有效的干扰素过去通常也只能从人血中提取,每 300 L 血才能提取 1 mg 干扰素,导致这些药物产量少且价格高昂。通过基因工程手段,可以利用大肠杆菌或酵母等微生物进行大规模工业化生产,从而提高这些药物的产量,同时使价格大幅度下降。1993 年,中国成功研发出第一个国产化的基因工程人干扰素α-2b(安达芬),这标志着中国在基因工程制药领域取得了重大突破。此外,基因工程技术还广泛应用于天花疫苗、青霉素等药物的生产,这些创新已经在造福人类方面发挥了重要作用。

1.4.4 基因工程在军事和国防上的潜在应用

基因工程技术在军事和国防领域的应用研究值得深入探讨,但必须严格遵守伦理和法律的限制。首先,基因工程技术可用于开发生物标识系统,通过基因信息确认身份,用于特殊部队和情报活动中的身份验证。将基因工程技术与生物传感器相结合,可用于监测环境中的生物和化学威胁,早期发现潜在的生化袭击或毒气泄漏。其次,基因工程技术可用于开发更有效的生物防御措施,包括疫苗和抗生素的开发。另外,基因工程技术可能被用于改造病原体、研究诱变基因的药物和食物,以及提高士兵在极端环境下的生存和执行任务能力。但是,基因技术在军事上的滥用会给人类和世界带来威胁。目前,国际社会已经广泛禁止使用生物武器,因为它们具有巨大的破坏性和人道主义风险。世界各国应积极倡导遵循 1998 年 12 月 9 日联合国大会批准的“人类基因组与人权国际宣言(Universal Declaration on the Human Genome and Human Rights)”(第 53/152 号决议)的原则,以预防基因技术的滥用,并全面禁止基因武器的研制,以确保人类的共同利益和世界的和平与发展。

上述关于基因工程的应用,尤其是在农业上的应用,与人类生活息息相关,影响巨大。曾经在国外有一个报道,说是育成了一种牛肉番茄,这种新型番茄比较硬,而且有牛肉味。这个报道曾经轰动一时,事后才知道这是在“愚人节”登出的新闻,使大家都上了当。但这个玩笑说明了一个问题:如果基因工程发展早期有人杜撰这样一条消息,有谁会相信呢?而今天为什么连科学家们也上了当呢?这是因为基因工程的发展的确已经使它在事实上有了实现的可能性。

基因工程使人类从认识生物、利用生物跨入到按自己的设想去改造和创新生物的伟大时代,它对于农业、畜牧、渔业、林业等诸方面都具有重大的意义,它将使人类许许多多的幻想得以实现。基因工程的出现无疑是生命科学史上的一次重大飞跃。基因工程技术作为现代生物技术的重要组成部分,具有巨大的经济潜力和开发前景。有人预言,在 21 世纪,基因工程技术的发展将会促成一项巨大的产业,并且会带来整个社会生产和生活的巨大革新。科学技术是第一生产力！自 20 世纪中叶以来，数学、物理、化学、生物学等基础科学和应用科学研究的长足进步和广泛渗透，使农业科学研究的理论和方法都发生了重大变化。现代农业从根本上改变了以往传统农业那种残缺不全、经验占主导地位的落后状况，不仅在理论上逐步深入，而且越来越成为精确的实验科学。特别是基因工程技术在农业上的应用，使得现代农业已经或者将来一定会取得辉煌的成就，极大地发展生产力。

第2章

基因工程的工具酶

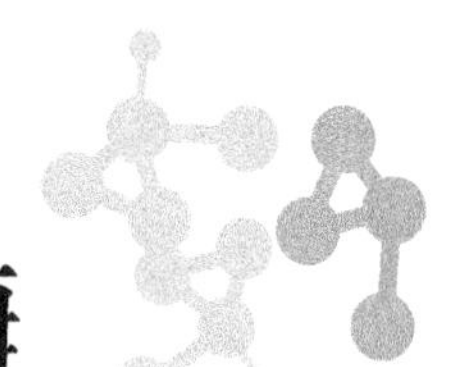

基因工程是对基因操作的技术，而对基因操作依赖的主要工具就是可以在DNA分子上进行催化反应的各种酶，依靠这些工具酶可以对DNA进行切割、连接、扩增等操作。基因工程所用的工具酶种类繁多、功能各异。常用的工具酶主要有核酸酶、连接酶、聚合酶和修饰酶四大类。核酸酶可以对核酸进行切割，如限制性核酸内切酶、核酸外切酶；连接酶则可以对核酸分子进行连接，如DNA连接酶；而聚合酶，如DNA聚合酶、反转录酶等可以对核酸进行体外合成；修饰酶，如T4多核苷酸激酶、碱性磷酸酯酶、甲基化酶等可以对核酸分子进行各种修饰。

2.1 核酸酶

2.1.1 限制性核酸内切酶

限制性核酸内切酶是一类能识别双链DNA分子中特殊位点的核苷酸序列，并使每条链的一个磷酸二酯键断开的内脱氧核糖核酸酶。它是原核生物细胞内限制与修饰系统的一部分，可防止外源DNA的入侵。

限制性核酸内切酶的发现，源于细菌和噬菌体之间的限制与修饰作用。20世纪50年代初，科学家发现两种不同来源的λ噬菌体(λ^K和λ^B)能分别高频感染它们各自的大肠杆菌宿主细胞(K株和B株)，但是当这两种λ噬菌体分别与其他大肠杆菌宿主细胞交叉混合培养时，感染频率普遍下降为原来的数千分之一，而一旦噬菌体λ^K在细菌B株中感染成功，由B株繁殖出的λ^K后代在第二轮接种中便能像λ^B一样高频感染B株，却不能再有效地感染它原来的宿主细菌K株。这种现象称为宿主细胞的限制与修饰作用，广泛存在于原核生物细胞中。

20世纪60年代，瑞士科学家Arber发现大肠杆菌K株和B株各自拥有不同的限制/修饰系统，该系统由3个连续的基因控制：*hsdR*编码限制性核酸内切酶，它能识别DNA分子上的特定序列并将双链DNA切断；*hsdM*编码DNA甲基化酶，催化DNA分子特定位点的碱基发生甲基化反应；*hsdS*编码产物的功能则是协助上述两种酶识别特殊的作用位点。噬菌体λ^K和λ^B长期寄生在大肠杆菌K株和B株中，宿主细胞内的甲基化酶已将自身的染色体DNA以及寄生的噬菌体DNA进行特异性保护，封闭了自身所产生的限制性核酸内切酶的识别位点。当外来DNA入侵时，会遭受宿主产生的限制性核酸内切酶的特异性降解。但是，由于这种降解作用的不完全性，总有极少数入侵的DNA分子幸免于难，它们得以在宿主细胞内复制，并在复制过程中被宿主的甲基化酶修饰。此后，入侵噬菌体的子代便能高频感染同一宿主菌，但是丧失了在其原来宿主细胞中的存活力，这是因为入侵噬菌体在接受新宿主菌甲基化修饰的同时，也丧失了原宿主菌甲基化修饰的标记。细菌正是利用这种限制/修饰系统区分自身DNA与外源DNA，大肠杆菌限制/修饰系统的发现直接促进了限制性核酸内切酶的发现和应用，如限制性核酸内切酶 *Eco*RⅠ及其对应的甲基化酶 M. *Eco*RⅠ(图 2-1)。

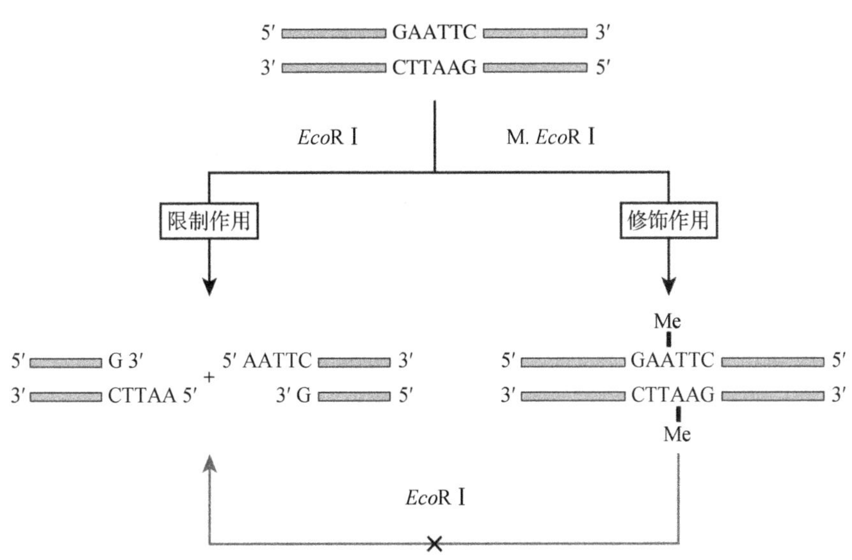

图 2-1　*Eco*RⅠ及对应甲基化酶的限制与修饰作用

1. 限制性核酸内切酶的分类

限制性核酸内切酶可分为 3 类，即Ⅰ型、Ⅱ型和Ⅲ型(表 2-1)。在基因工程中，Ⅰ型和Ⅲ型限制性核酸内切酶用得不多，常用的为Ⅱ型。Ⅰ型和Ⅲ型酶既有修饰特性(甲基化)，又有切割特性，即一个酶同时具有两种功能。Ⅰ型酶常在距离特异性位点 1 000 bp 处产生随机的切割，故Ⅰ型酶在基因工程中的用处不大。Ⅲ型酶距离特异性位点的 3′端 24～26 bp 处产生切割，在基因工程中用处也不大，但有时也会有用。Ⅱ型酶在特异性位点或其附近产生切割，可以产生固定的 DNA 片段，而且Ⅱ型酶与其对应的甲基化酶是分离的，不属于同一个酶蛋白，即分别存在一种限制性核酸内切酶和对应的甲基化酶，是基因操作中真正有用的酶，本书中除非特指，均为Ⅱ型限制性核酸内切酶。限制性核酸内切酶，有时也简称为限制性内切酶或限制酶。

表 2-1　限制性核酸内切酶的类型与主要特点

类型	Ⅰ型	Ⅱ型	Ⅲ型
限制与修饰活性	多功能的酶	核酸内切酶和甲基化酶是分开的	具有一种共同亚基的双功能酶
蛋白质结构	三种不同的亚基	单一的成分	两种不同的亚基
切割反应辅助因子	ATP、Mg^{2+}、*S*-腺苷甲硫氨酸	Mg^{2+}	ATP、Mg^{2+}、*S*-腺苷甲硫氨酸

续表2-1

类型	Ⅰ型	Ⅱ型	Ⅲ型
特异性识别位点	无规律	回文对称	无规律
切割位点	距离识别位点至少 1 000 bp 处随机切割	位于识别位点或其附近	距离识别位点的 3′端 24～26 bp 处
甲基化作用位点	特异性的识别位点	特异性的识别位点	特异性的识别位点
识别未甲基化序列进行切割	能	能	能
序列特异性切割	不是	是	是
在 DNA 克隆中的作用	无用	十分有用	很少采用

2. 限制性核酸内切酶的特点

1968 年，Smith 等在流感嗜血杆菌 d 株中首次鉴定到限制性核酸内切酶。该酶是一种相对分子质量较小的单体蛋白，对双链 DNA 的识别和切割活性需要 Mg^{2+}，且识别和切割位点的序列大多数都具有严格的特异性，故在 DNA 重组实验中被广泛使用。

限制性核酸内切酶的特点主要有以下 5 个方面：①识别位点具有特异性。多数限制酶都有特定的识别位点，而且通常是 4～8 bp 组成的特定序列（又称靶序列或识别序列），如 *Eco*RⅠ的识别序列为 5′-GAATTC-3′。②识别位点的序列具有对称性。限制性内切酶的识别序列一般都具有反向对称结构（又称回文结构或回文序列），其特征是以中轴为中心，反向重复对称。③识别与切割发生在同一位置。④识别序列若被甲基化，限制酶的切割作用会受到影响。⑤限制性内切酶切断 DNA 形成的片段，往往具有互补的单链延伸末端。

3. 限制性核酸内切酶的命名原则

由于限制酶被大量发现，需要有一个统一的命名法，以免造成混乱。限制酶都来自各种细菌，细菌的命名依据《国际细菌命名法规》的规定，因此限制酶的命名也是依据限制酶来源细菌的命名方法进行。

限制性内切酶的命名原则，包括以下 3 点：①限制酶名称的前 3 个字母为斜体，其中第一个字母大写，是细菌属名的第一个字母，而第二个字母、第三个字母小写，由细菌的种名第一个字母、第二个字母组成；②第四个字母为正体，而且一般大写，表示菌株的类型，有时也小写，则表示细菌变种名的第一个字母，如 *Eco*RⅠ中的 R 代表大肠杆菌 R 株，*Hin*dⅢ中的 d 代表流感嗜血杆菌 d 株；③如果一个菌株中有几种限制酶，那么再加上一个表示种类或以示区别（如发现时间早晚）的罗马数字，如 *Eco*RⅠ、*Eco*RⅤ等。

4. 限制性核酸内切酶的切割方式

绝大多数限制性内切酶能够识别由 4～8 bp 组成的特定序列，这个序列称为限制性内切酶的识别序列。最常见的识别序列一般由 6 bp 组成。识别序列一般具有回文对称的结构，即呈旋转对称、反向重复，而且限制性内切酶对识别序列的专一性一般都较强。

限制性内切酶识别双链 DNA 的特定序列后，会在切割位点处对 DNA 双链的磷酸二酯键进行水解反应，导致链断裂，这就是所谓的DNA链切割。限制酶的切割位点，是指在限制酶作用下DNA两条链断开的位置，一般位于识别序列的内部或两侧附近。切割位点的表示方法，一般只用一条序列来表示，而且方向为5′→3′，常以↓、* 或/来标示切割的位置，或者在识别序列后面的括号中用数字表示切割的碱基位置。若某个限制酶在环状DNA分子上有 n 个识别位点，完全切割可得到 n 个DNA片段；若切割的是线性DNA分子，则会得到 $n+1$ 个DNA片段。

除了具有回文结构特征的识别序列外，某些限制酶的识别序列还存在一些特殊情况(如下所示)，如识别序列呈间断对称或完全不对称；还有些限制酶既可识别对称序列，也可识别非对称序列。

有些酶的识别序列呈间断对称：*Alw*N Ⅰ　CAGNNNC↓TG　GT↑CNNNGAC　　*Dde* Ⅰ　C↓TNAG　GANT↑C

有些酶的识别序列完全不对称：*Acc*BS Ⅰ　CCG↓CTC　GGC↑GAG　　*Bss*S Ⅰ　C↓TCGTG　GAGCA↑C

有些酶既可识别对称序列，也可识别非对称序列：*Acc* Ⅰ　GT↓A(C)G(T)AC　CAT(G)C(A)↑TG

有些酶可在识别序列外部切割：*Sau*3A Ⅰ　↓GATC　CTAG↑　　*Tsp*R Ⅰ　NNCAC(G)TGNN↓　↑NNGTG(C)ACNN

在完全随机的情况下，若片段无限长，理论上识别序列出现的频率为 $1/4^n$(n 表示组成识别序列的碱基数目)。若限制酶的识别序列为4 bp，则每隔256(4^4)bp可能会出现1个识别位点；若识别序列为6 bp，则每隔4 096(4^6)bp可能会出现一个识别位点。但是，这种估计往往不准确，这是因为基因组内的碱基并不是随机分布的，而且有人发现识别序列倾向于在结构基因附近出现。有些生物基因组内碱基的含量并不均衡，即GC的含量并不等于50%，如高等植物基因组的GC含量往往高于50%。另外，甲基化作用也会使大多数识别序列不能被切割。在实际应用中，要综合考虑以上这些因素。在限制酶的种类中，有些酶的切割频率极低，称之为稀切酶。稀切酶是指由于识别序列较长、识别序列富含GC或AT，从而导致切割频率极低的一类限制性核酸内切酶。

5. 黏性末端和平末端

限制酶对DNA分子进行切割时，如果两条链的断裂位置交错，且围绕一个轴对称排列，就会产生具有黏性末端的DNA片段。如 *Eco*R Ⅰ 切割DNA会产生5′端突出的黏性末端，而 *Pst* Ⅰ 切割DNA会产生3′端突出的黏性末端。少数限制酶在双链DNA的对称轴处切割，则会产生平末端，如 *Hae* Ⅲ 酶。

5′-G↓AATTC-3′ 3′-CTTAA↑G-5′	*Eco*R Ⅰ →	5′-G 3′-CTTAA	+	AATTC-3′ G-5′
5′-CTGCA↓G-3′ 3′-G↑ACGTC-5′	*Pst* Ⅰ →	5′-CTGCA 3′-G	+	G-3′ ACGTC-5′
5′-GG↓CC-3′ 3′-CC↑GG-5′	*Hae* Ⅲ →	5′-GG 3′-CC	+	CC-3′ GG-5′

由上可见，黏性末端是指DNA末端突出的由几个碱基组成的能与互补末端相互配对黏合的碱基序列。通过这种末端的碱基互补发生退火，然后在连接酶的催化下可使不同的DNA片段连接。退火是指DNA分子变性后，在适当的条件下（适当的温度、pH）两条链通过碱基互补配对又恢复原来构型的过程。在DNA分子克隆过程中，常常利用限制酶同时切割目的基因和载体的DNA，使之产生相同的黏性末端，然后将二者连接成重组DNA分子。平末端也可用连接酶连接，只不过黏性末端的连接效率高，平末端的连接效率要低得多。平末端具有普遍适用性，因为平末端不仅能与任何酶切的平末端连接，还可与补平处理后的黏性末端相连接。当载体和目的片段不能用合适的黏性末端连接时，则可采用平末端法连接，因此在基因克隆中产生平末端的限制酶也常常被应用。

6. 同裂酶和同尾酶

在限制酶的使用中，经常会碰到同裂酶（isoschizomer）和同尾酶（isocaudamer），而同裂酶和同尾酶在基因克隆中有时也非常有用。

同裂酶是指来源不同但都能识别同一序列的酶，而且可能产生同样的切割，形成同样的末端。例如，*Hpa* Ⅱ和 *Msp* Ⅰ就属于同裂酶，它们都能识别5′-C↓CGG-3′序列，产生5′突出的黏性末端。在一组同裂酶中，各酶对识别位点碱基的甲基化敏感性可能不同。若一种限制酶不能切割某个DNA片段，那么可以选择该酶的同裂酶来进行切割。同裂酶可分为如下几种情况：①同序同切酶，如 *Bam*H Ⅰ和 *Bst*Y Ⅰ，二者具有相同的识别位点和切割位点（G↓GATCC）；②同序异切酶，如 *Kpn* Ⅰ（GGTAC↓C）和 *Acc*65 Ⅰ（G↓GTACC），二者的识别序列相同，但切割位置不同；③识别序列有交叉，如 *Eco*R Ⅰ（G↓AATTC）和 *Apo* Ⅰ（R↓AATTY）、*Sal* Ⅰ（G↓TCGAC）和 *Acc* Ⅰ（GT↓MKAC）、*Hinc* Ⅱ（GTY↓RAC），这类酶的识别序列可能出现相互包含的现象。

同尾酶是指一些来源不同且识别序列也不同，但是都能产生相同的黏性末端的酶。例如，*Spe* Ⅰ（A↓CTAGT）、*Nhe* Ⅰ（G↓CTAGC）和 *Xba* Ⅰ（T↓CTAGA）是一组同尾酶，而 *Bam*H Ⅰ（G↓GATCC）、*Bcl* Ⅰ（T↓GATCA）、*Bgl* Ⅱ（A↓GATCT）、*Sau*3A Ⅰ（N↓GATC）和 *Xho* Ⅱ（U↓GATCY）是另一组同尾酶，其中N代表任何碱基（A、T、C、G），U代表嘌呤（G、A），Y代表嘧啶（T、C）。对于具有不同酶切位点（识别序列）的基因重组，利用同尾酶不仅能够实现切割，而且能够产生相同的黏性末端，然后通过黏性末端的互补作用而彼此连接起来。但是值得注意的是，两个同尾酶产生的黏性末端连接之后，由于新形成的位点序列发生改变，连接处可能不能被其中的任何一种同尾酶所识别和切割。例如，*Bam*H Ⅰ（5′-G↓GATCC-3′）和 *Bgl* Ⅱ（5′-A↓GATCT-3′）两种同尾酶切割产生的黏性末端，可进行互补连接，但是形成的片段都不能被 *Bam*H Ⅰ或 *Bgl* Ⅱ切割。

*Bam*H Ⅰ酶切产生的片段	*Bgl* Ⅱ酶切产生的片段
5′-G	5′-A
3′-CCTAG	3′-TCTAG

连接↓

5′-GGATCT-3′
3′-CCTAGA-5′

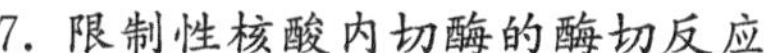

7. 限制性核酸内切酶的酶切反应

(1)限制性核酸内切酶活力单位的定义　一般在温度为 37 ℃、适宜的 pH 和离子强度下，在一定体积(如 20 μL 或 50 μL)的反应体系中处理 1 h，使 1 μg DNA(长度≤100 kb，通常以 λDNA 为标准)完全被酶解所消耗的酶量定义为一个酶活力单位(U)。在实际应用中，由于植物 DNA 分子比 λDNA 大得多，而且也复杂得多，实际所需的酶量往往大于理论估算值。

(2)限制酶的星活性　限制酶都是在各自最适(或称标准)的条件下才能发挥最佳作用，即识别特定的序列、切割特定的位点、产生固定的片段，但是如果反应条件发生改变，则有可能对识别序列的相似位点也产生切割。星活性(star activity)即指限制酶在非标准条件下，对与识别序列相似的其他序列也进行酶切，从而产生副反应的现象。在商品目录或某些论著中，对容易产生星活性的酶往往在酶名称的右上角标记一个星号(*)。如 *Eco*RⅠ*，意思是说在反应条件变化时，酶的性能甚至酶切位点可能会改变，*Eco*RⅠ除切割"GAATTC"外，还会非随机地切割"AATT"序列，导致电泳时呈现非特异条带，从而给实际操作造成麻烦。常用的限制酶中，*Hin*d Ⅲ、*Hba* Ⅰ、*Xba* Ⅰ、*Sal* Ⅰ和 *Bam*HⅠ等都较易产生星活性。

容易导致限制酶星活性产生的因素可能有以下 4 个方面：①DNA 纯度不够，如底物 DNA 中蛋白质、酚、氯仿、乙醇、EDTA 和 SDS 等的污染，都会导致产生星活性，同时也对限制酶的活力有抑制作用；②甘油浓度较高，因为商品限制酶常保存在 50%甘油中，酶切反应体系中甘油的终浓度若高于 5%则可能产生星活性；③酶的用量过多，实际上是指酶量与 DNA 量的比值，若"酶/DNA"值太高，则易产生星活性；④盐浓度或 pH 不合适，也可能会导致星活性产生。

(3)限制酶使用的注意事项　使用限制酶时，需要考虑多种影响因素，以免实验受到干扰。以下关于限制酶使用过程中需要注意的一些事项，也适用于基因操作中其他工具酶的使用。

第一，应根据目的基因和载体重组的需要，设计好实验方案，正确选择合适的酶。然后，必须保证底物 DNA 合适的浓度和较高的纯度。DNA 浓度太低易产生星活性，太高则可能导致 DNA 分子展不开，使得酶切反应速度太慢或酶切不完全。在实践中，根据酶活性来计算 DNA 的所需量，但是要注意不同商家所提供的酶，其活性所对应的 DNA 量可能不一样。DNA 纯度要高，否则易导致星活性。在实践中，要考虑到杂蛋白质、酚、氯仿、乙醇、EDTA、SDS 等非核酸成分的污染，以及非目的 DNA 片段、细菌、病毒、交叉污染等各种可能的因素。

第二，使用限制酶时需选择合适的用量。酶的用量与酶活性、底物用量及酶切时间有关，还与底物 DNA 分子上识别位点的密度、GC 含量及分布有关。酶贮存母液中的甘油浓度为 50%，加酶时最多只能加反应体系 1/10 体积的酶液，否则易导致限制酶的星活性产生。DNA 分子构型会影响酶切割效率，如线性 DNA 的切割效率通常高于超螺旋 DNA。识别序列周围必须具有旁侧序列才能被切割，因为大多数限制酶对只含识别序列的寡核苷酸不具催化活性，识别位点两侧至少要延长一个或几个核苷酸才能被有效切割。酶的切割位点具有偏向性，即使是同一识别序列，在 DNA 分子中处于不同位点其切割效率也可能不同，这可能与识别序列两侧核苷酸的组成及 DNA 构象有关。另外，识别序列中的核苷酸被甲基化，也会影响限制酶的切割效率。

第三，使用限制酶还需选择合适的酶切反应缓冲液。商品酶都配有相应的反应缓冲液，不能用错。限制酶缓冲液的pH通常为7.0～7.9(25 ℃)，可用Tris-HCl或乙酸(HAc)调节，而且缓冲液中需含有Mg^{2+}，通常为10 mmol/L的$MgCl_2$或$MgAc_2$。不同缓冲液的主要区别是离子强度不同，通常由NaCl调节。根据离子强度可将缓冲液分为高盐、中盐、低盐缓冲液。缓冲液中还含有二硫基苏糖醇(DTT，1 mmol/L)，有时需加入牛血清白蛋白(BSA，100 μg/mL)。

第四，选择合适的酶切反应温度与时间。大多数限制酶的反应温度为37 ℃，个别特殊的酶需要在30 ℃、50 ℃、60 ℃或65 ℃的温度下进行反应。一般情况下，如果缓冲液和温度合适，1 μg DNA需5～10 U的酶，保温1～2 h。时间延长，则酶的用量可相应减少。终止酶切反应时，可加入EDTA，或加热变性，或用苯酚抽提。

第五，限制酶酶切位点的引入。引入方法有多种，可将酶切产生的5′突出末端补齐后再连接，从而产生新的酶切位点；也可将同尾酶酶切产生的末端连接，产生新的酶切位点，如*Xba* Ⅰ(T↓CTAGA)+ *Spe* Ⅰ(A↓CTAGT)→*Mae* Ⅰ(CTAG)。平末端连接后也可产生新的酶切位点，如*Pvu* Ⅱ(CAG↓CTG)+ *Eco*R Ⅴ(GAT↓ATC)→*Mbo* Ⅰ(GATC)。然而，引入酶切位点最常用的方法，是通过在PCR引物的5′端加入酶切位点的识别序列和保护碱基引入。例如，PCR的一侧引物“aaaaaaaaG↓AATTCaggctagctgcgcagtaatc”扩增后获得的DNA片段，其5′端就带有*Eco*R Ⅰ酶切位点。

第六，DNA甲基化在酶切中的应用。甲基化酶的主要作用是对DNA进行甲基化，防止被对应的限制酶识别和切割。通常每种限制酶都有对应的甲基化酶。利用甲基化酶的特性，对识别序列预先进行甲基化处理，使目的基因片段上的酶切位点被甲基化保护，防止被某些限制酶切割。例如，为了给某个DNA片段加上*Eco*R Ⅰ接头(adaptor)，以便进行克隆操作，那么在加*Eco*R Ⅰ接头之前预先用M.*Eco*R Ⅰ(*Eco*R Ⅰ甲基化酶)甲基化目的DNA片段，连上接头后，再用*Eco*R Ⅰ酶切，于是目的DNA中*Eco*R Ⅰ的识别序列得到保护，而酶切后的目的DNA片段两端都带有*Eco*R Ⅰ黏性末端。每个宿主细胞都有自身的限制/修饰系统，但是基因克隆过程中往往要避免甲基化作用。因此，若要从克隆中通过酶切取得目的基因，解决办法有两个：一是采用对甲基化不敏感的同裂酶；二是采用甲基化功能缺陷的菌株作为重组DNA分子繁殖的宿主。

第七，限制酶的保存和操作。限制酶容易失活，必须在超低温下(至少－20 ℃左右)保存于50%甘油中。限制酶必须用有霜冰箱保存，否则酶活力会逐渐丧失，因为无霜冰箱经常自动除霜，会导致温度升高，不利于酶的长期保存。限制酶的母液或反应混合液需放在冰浴上，待所有反应成分都加好后，最后才能加酶，而且加酶时动作要迅速，每次都要用新鲜、无菌、干净的枪头吸取酶液，以防交叉污染。限制酶的价格昂贵，每次取样时难免有不必要的损失，因此配制反应液时可先吸取一定量的酶母液适当稀释，然后再进行分装。另外，在限制酶的使用中，要防止一切可能会引起酶蛋白变性的因素，如气泡、去污剂等。

2.1.2 非限制性核酸酶

1. 核酸外切酶

与核酸内切酶(endonuclease)相对应，核酸外切酶(exonuclease)是指从多核苷酸链的一端开始按顺序催化水解3′,5′-磷酸二酯键，从而降解核酸的一类酶。根据作用对象不同，可分为单链核酸外切酶、双链核酸外切酶等。

单链核酸外切酶，如大肠杆菌核酸外切酶Ⅰ(exoⅠ)，可以按3′→5′方向催化单链DNA从3′-OH端释放5′-单核苷酸。该酶可用于从核酸混合物中去除含有3′-OH端的单链DNA(如PCR扩增反应的引物)，而对于双链DNA的3′-OH端则无活性。核酸外切酶Ⅶ(exoⅦ)，能够从5′端或3′端呈单链状态的DNA分子上降解DNA，产生寡核苷酸短片段。

双链核酸外切酶，如大肠杆菌外切核酸酶Ⅲ(exo Ⅲ)，可以从双链DNA的3′-OH端释放单核苷酸，从而产生5′端突出的单链区。该酶对单链DNA或单链区域不起作用。配合克列诺(Klenow)片段，该酶可用于DNA末端(3′端)放射性标记。λ噬菌体核酸外切酶(λexo)，则可按5′→3′方向催化双链DNA分子从5′端释放单核苷酸，从而可用于DNA末端(5′端)放射性标记。

2. 单链核酸内切酶

单链核酸内切酶，是一类非专一性地在单链内部对核酸进行切割的核酸酶。在此简单介绍两种。S1核酸酶是一种只对单链核酸进行降解的核酸内切酶，该酶催化单链RNA或单链DNA分子降解成5′-单核苷酸或寡核苷酸。该酶也能作用于双链核酸分子中的单链区，如发夹结构中的单链区域、双链DNA的突出末端，这种单链区可小到一个碱基，但是需要较高的酶浓度。该酶在基因工程研究中有许多用途，如可用于移去双链DNA分子的单链“尾巴”，产生平末端，利于某些情况下片段之间的连接，或者在cDNA合成中，切开形成的发夹结构，或者在成熟mRNA与基因组DNA杂交之后，结合S1核酸酶的水解，可确定内含子在基因组DNA中的位置，这也是DNA中存在内含子的直接证据。Bal 31核酸酶(nuclease Bal 31)也是一种能降解单链核酸的内切酶，同时它还具有降解双链DNA的酶活性。对于单链DNA，Bal 31核酸酶可以从3′-OH端迅速降解DNA；对于双链DNA分子，它具有3′→5′外切酶活性和5′→3′外切酶活性，从双链DNA的3′端和5′端缓慢除去单核苷酸，产生缩短的DNA分子。因此，通过控制该酶的酶活性，可以诱发DNA发生不同程度的缺失突变，用于基因结构和功能分析。

3. RNA酶

RNA酶A(ribonuclease A，RNase A)可特异作用于RNA上嘧啶碱基的3′端，特异水解RNA单链。RNase A常用来除去提取的DNA中混杂的RNA，也可用来除去DNA/RNA杂交分子中未形成双链的RNA单链区段。RNase A比DNase耐热，其活性不易丧失，故在配制RNase A时，需通过沸水浴10～15 min彻底去除DNase的活性。在RNA操作中，需要抑制RNase A的活性以免RNA降解，常常要加入RNase A的非竞争性抑制剂。RNA酶A抑制剂(RNase A inhibitor)以非共价方式结合在RNase A上，抑制其活性，防止样品RNA被其降解，但该抑制剂对RNase H及反转录酶等不起抑制作用。核糖核酸酶H(ribonuclease H，RNase H)可特异水解DNA/RNA杂交分子中RNA上的磷酸二酯键，对单链核酸、双链DNA均不起作用。该酶的主要用途是除去DNA/RNA杂交双链分子中的RNA，反转录酶常常附带有RNase H的活性。

4. DNA酶Ⅰ

DNA酶Ⅰ(deoxyribonucleaseⅠ，DNaseⅠ)可以水解DNA双链或单链，且优先在嘧啶核苷酸附近水解，产生5′-单核苷酸或寡核苷酸，因此DNaseⅠ可用于去除RNA样品中残留的DNA。在Mg^{2+}存在下，该酶可使DNA双链产生随机切口，利用这一特性可以通过切口平移

法标记探针。但是注意，该酶在 Mn^{2+} 存在下，几乎在 DNA 两条链的同一位置上产生切口，结果只产生平末端或只相差一两个碱基的突出末端。

2.2 聚合酶

2.2.1 DNA 聚合酶

DNA 聚合酶(DNA polymerase)又称 DNA 依赖的 DNA 聚合酶，它以 DNA 为模板，以 4 种脱氧核糖核苷酸为材料，以一段寡核苷酸链为引物，将单核苷酸按碱基互补配对方式连续加到引物链的 3′-OH 端，按 5′→3′方向合成一条与模板链互补的新链。常用的 DNA 聚合酶有大肠杆菌 DNA 聚合酶Ⅰ、DNA 聚合酶Ⅰ的大片段(即 Klenow 片段)、T4 噬菌体 DNA 聚合酶、T7 噬菌体 DNA 聚合酶和 Taq DNA 聚合酶等。这些 DNA 聚合酶的共同特征为：具有 5′→3′聚合酶活性，从而决定了 DNA 只能沿着 5′→3′方向合成；DNA 聚合酶不能催化 DNA 新链从头合成，只能催化 dNTP 加入核苷酸链的 3′-OH 端，因此需要一段 DNA 寡核苷酸链作为引物。

1. 大肠杆菌 DNA 聚合酶Ⅰ及其大片段

在大肠杆菌中发现了 3 种 DNA 聚合酶，即大肠杆菌 DNA 聚合酶Ⅰ、Ⅱ和Ⅲ。大肠杆菌聚合酶Ⅲ主要参与 DNA 的复制，聚合酶Ⅲ催化的合成速度为 250～1 000 nt/s，由于它包含多个亚基，所以在基因克隆研究中不太适用。聚合酶Ⅱ和聚合酶Ⅰ与 DNA 的修复有关，但聚合酶Ⅱ的功能至今仍然不太清楚。聚合酶Ⅱ的合成速度很慢，仅为 2～5 nt/s，所以聚合酶Ⅱ在基因克隆中也不太适用。聚合酶 Ⅰ 的合成速度可以达到 16～20 nt/s，它不仅与 DNA 的修复有关，在细胞中还担负多种功能，而且结构也简单，因此聚合酶 Ⅰ 与基因工程的关系最为密切。

大肠杆菌 DNA 聚合酶Ⅰ的分子量为 109 000 u，由一个大亚基和一个小亚基共同组成。该酶具有 3 种酶活性：5′→3′合成酶活性(大亚基或大片段)；5′→3′外切酶活性(小亚基)，此特性可用于切口翻译(nick translation)法标记探针；3′→5′外切酶活性(大亚基或大片段)，因此该酶具有校正功能。如果去除该酶的 5′→3′外切酶活性，则只剩下大亚基，就只有 5′→3′合成酶活性和 3′→5′外切酶活性，称为 DNA 聚合酶Ⅰ大片段，此为 Klenow 等于 1970 年发现，所以又称之为 Klenow 片段。

大肠杆菌 DNA 聚合酶Ⅰ有多种用途，如可用于切口翻译法标记探针(参见第 5 章 5.4 节)，还可利用该酶的合成活性来生成互补链。合成互补链时，需要具备模板和引物，一般情况下常常采用 Klenow 片段进行合成反应。还可利用该酶修补黏性末端(3′端为凹末端)，令其转化为平末端。利用该酶的 3′→5′外切酶活性和 5′→3′合成酶活性，可进行 3′端(平末端或突出端)标记，不过此法要求同位素的浓度较高(因为切割与合成同时进行)，标记的效率也较低。

2. T4 噬菌体 DNA 聚合酶

T4 噬菌体 DNA 聚合酶(T4 DNA polymerase)是从感染了 T4 噬菌体的大肠杆菌中分离得到的，它与大肠杆菌 DNA 聚合酶Ⅰ大片段(Klenow 片段)相似，只有一条多肽链，二者的分子量也相近,但氨基酸组成不同。T4 DNA 聚合酶也是一种依赖 DNA 模板和引物的 DNA 聚合酶,按照 5′→3′方向催化 DNA 的合成反应。T4 DNA 聚合酶也具有 3′→5′外切酶活性,对平末端、3′突出端或 3′凹末端都能起作用,而且其合成的活性比大肠杆菌 DNA 聚合酶Ⅰ高 200 倍,但是该酶不具有 5′→3′外切酶活性。该酶的主要用途是依据其 5′→3′合成酶的活性来合成新的互补链或将 3′凹末端补齐,也可依据其 3′→5′外切酶活性将 3′突出端去除,从而转化为平末端,还可用来进行末端标记探针。

3. T7 噬菌体 DNA 聚合酶

T7 噬菌体 DNA 聚合酶(T7 DNA polymerase)来源于 T7 噬菌体感染的大肠杆菌,由两种紧密结合的蛋白质复合体组成,一种是噬菌体基因编码蛋白,另一种是宿主基因编码蛋白。该酶的聚合活性与 T4 噬菌体 DNA 聚合酶和 Klenow 片段类似,具有 5′→3′合成酶活性和 3′→5′外切酶活性。T7 噬菌体 DNA 聚合酶在所有 DNA 聚合酶中持续合成 DNA 能力最强,而且其 3′→5′外切酶活性是 Klenow 片段的 1 000 倍,有利于长模板的互补链延伸,因此该酶在 DNA 测序中具有优势,故称之为测序酶(sequenase),其合成长度可达 1 000 bp。由于聚合能力特别强,所以该酶的主要用途是合成较长的 DNA 片段。与 T4 DNA 聚合酶一样,该酶也可用于末端标记和平末端转化。

4. Taq DNA 聚合酶

Taq DNA 聚合酶最初由钱嘉韵等于 1976 年从温泉中分离的一株水生嗜热杆菌(*Thermus aquaticus*)中获得,是第一个被发现的热稳定 DNA 聚合酶,其分子量为 65 ku,经过改造成为商品 Taq DNA 聚合酶,简称 Taq 酶。一般的 Taq 酶通常只有 5′→3′合成酶活性,无 3′→5′外切酶活性,因而缺少校正功能。Taq 酶的一个重要特性是耐高温,其最适温度为 75～80 ℃,而一般的聚合酶最适温度大多数为 37 ℃。Taq 酶的热稳定性高,在 70 ℃反应 2 h,Taq 酶的残留活性仍然保持初始活性的 90%以上,在 93 ℃下反应 2 h 后保留有 60%,在 95 ℃下反应 2 h 还保留 40%。普通 Taq 酶因缺乏 3′→5′外切酶活性,导致错配率较高。现在利用基因工程技术改良后的 Taq 酶,延伸能力和保真性都大大提高,进入市场后创下了可观的经济效益。

在聚合酶链式反应(polymerase chain reaction,PCR)中,由于 Taq 酶具有良好的耐热性,其活性在变性步骤(一般为 94～95 ℃;30 s～1 min)中不易丧失,可顺利进入下一轮循环,无须在每轮循环时重新加入新的聚合酶,因此该酶成为 PCR 的独特用酶。PCR 技术已广泛应用于分子生物学各个领域,如利用 PCR 技术进行核酸测序,可有效防止天然二聚体形成,PCR 技术还可在体外实现目的基因的扩增,且模板 DNA 需要量少,从而极大地推动了基因工程研究与应用的发展。

5. 反转录酶

反转录酶(reverse transcriptase)于 1970 年由 Temin 等在致癌的 RNA 病毒中首次发现,它是一种依赖于 RNA 的 DNA 聚合酶(RNA-dependent DNA polymerase)。反转录酶以 mRNA 为模板,根据碱基互补配对的原则,按照 5′→3′方向合成一条互补的 DNA 单链(complementary DNA,cDNA)。该酶无 3′→5′外切酶活性,但同时具有 RNase H 活性,可降解 DNA/RNA 杂交分子中的 RNA。

反转录酶主要有两类,即来源于 Moloney 鼠白血病病毒(Moloney murine leukemia virus,MMLV)的反转录酶和来源于禽成髓细胞瘤病毒(avian myeloblastosis virus,AMV)的反转录酶。这两种反转录酶的不同之处是:AMV 反转录酶的耐热性较好,最适反应温度可达 55 ℃,因而受模板二级结构的影响小,另外其 RNase H 的活性较强;MMLV 反转录酶的耐热性较低，最适反应温度只有 37～42 ℃，但是其 RNase H 活性相对较弱，因而有利于合成较长的 cDNA 片段。经过基因工程技术改良，目前商用的反转录酶，尤其是 MMLV，不仅能合成更长的片段（可达十几 kb），而且还能耐较高的温度（可达 50 ℃，甚至 55 ℃）。

反转录酶的用途主要有：①可将 mRNA 反转录成 cDNA，以构建 cDNA 文库；②将真核基因的成熟 mRNA 反转录成 cDNA，用来合成无内含子的双链 DNA，从而在原核生物中表达；③也可用于反转录 PCR、标记探针等实验。使用反转录酶时要注意，该酶缺少 3′→5′外切酶活性，因此它无纠错能力，尤其在高 dNTP 浓度、Mn^{2+} 存在时易出错，出错率为 1/500 bp。但是，反转录酶对 dNTP 的 K_m 值较高，达到毫摩尔/升（mmol/L）级。为了防止合成时提前终止，反转录时要适当提高 dNTP 的浓度。

2.2.2 RNA 聚合酶

一般情况下，RNA 聚合酶（RNA polymerase）以 DNA 链为模板，以 4 种核糖核苷三磷酸为原料，依据碱基互补配对的原则，按照 5′→3′方向催化形成磷酸二酯键，忠实地将模板 DNA 转录成 RNA。由于这种酶在细胞内与基因 DNA 的遗传信息转录有关，所以也称为转录酶。与 DNA 聚合酶不同，RNA 聚合酶不需要引物，它能直接在模板上合成 RNA 链，但是 RNA 聚合酶的转录必须依赖于启动子（promoter），即 RNA 聚合酶的特定识别序列。根据生物的类别，RNA 聚合酶分为原核生物 RNA 聚合酶和真核生物 RNA 聚合酶。基因克隆操作中，常用的 RNA 聚合酶是来源于 SP6 噬菌体、T3 噬菌体或 T7 噬菌体的 RNA 聚合酶。

RNA 聚合酶的用途主要包括：①体外合成 RNA 分子。把 RNA 聚合酶的特异启动子安装在载体中的多克隆位点两侧，可用于体外转录（合成）外源 DNA 的互补 RNA 链，用来标记制备探针、作为翻译系统的 mRNA 或体外剪切反应的底物。②在原核生物中转录外源基因，以进行基因表达和调控研究。例如，将 T7 噬菌体的启动子安装在细菌的质粒载体上，该启动子为诱导型启动子，正常情况下细菌处于溶源生长状态，当外界环境改变时（如饥饿、紫外线照射），它会诱导细菌进入溶菌（裂解）生长状态，从而在细菌中大量表达外源基因。

2.2.3 末端转移酶

末端脱氧核苷酸转移酶（terminal deoxynucleotidyl transferase，TdT）或称末端转移酶（terminal transferase）是一种不需要模板的 DNA 聚合酶，催化脱氧核糖核苷酸结合到 DNA 分子的 3′-OH 端。该酶一般从动物（如小牛）的胸腺和骨髓中提取得到，其酶活性需要二价阳离子如 Co^{2+}、Mg^{2+} 等的参与。TdT 的优选底物是 3′突出端，但它也可以添加核苷酸至平末端或 3′凹末端，至于末端添加何种核苷酸，由反应体系中核苷酸的浓度比例及种类决定。

该酶的特性是在 3′端加上一个或多个核苷酸，因此该酶在基因工程研究中的用途主要是两个：给目的 DNA 片段的 3′端加上同聚物“尾巴”（如 dA 或 dT 等），以便与其他带有互补“尾巴”的 DNA 片段连接；将带有放射性同位素的 dNTP 添加到单链 DNA 末端或双链 DNA 的 3′端，从而实现 DNA 片段的 3′端标记。

2.3 连接酶

在基因克隆中，常用的连接酶是DNA连接酶(DNA ligase)，其主要功能是催化连接两个DNA片段，促使相邻DNA的5′-磷酸基团和3′-OH形成3′,5′-磷酸二酯键。DNA连接酶是生物体内重要的酶，其功能是连接断裂的DNA，而细胞内只有DNA的复制与修复反应涉及断裂DNA的连接，因此DNA连接酶在DNA复制和修复过程中起着重要的作用。基因工程研究中，DNA连接酶主要用来把限制性核酸内切酶"剪切"出的黏性末端或平末端连接在一起，让DNA分子重新组合。

常用的DNA连接酶有T4噬菌体DNA连接酶和大肠杆菌DNA连接酶。T4噬菌体DNA连接酶从T4噬菌体感染的大肠杆菌中获得，其特性是催化DNA的5′-P与3′-OH之间形成磷酸二酯键。T4 DNA连接酶催化的连接反应，所需辅因子为ATP，在基因工程研究中应用最广泛。该酶既可连接DNA，也可连接RNA。另外，该酶既可连接黏性末端，也可连接平末端，但连接平末端时效率要低很多。为了提高平末端的连接效率，可以采取提高反应体系中一价阳离子的浓度和加入较低浓度的聚乙二醇(PEG)或聚蔗糖(Ficoll)等措施，来促进平末端之间的连接。与T4 DNA连接酶相似，大肠杆菌DNA连接酶也可以连接DNA，但不能连接RNA，其催化的连接反应所需辅因子为NAD^+。该酶可用来连接互补黏性末端，也可连接平末端，但必须在PEG存在条件下才可实现平末端连接。

连接酶一般采用韦氏(Weiss)单位来衡量酶的活性。Weiss单位最早由Weiss于1968年提出，也称PPi单位，其定义是指在37 ℃下20 min内将1 nmol的^{32}P从焦磷酸根置换到ATP分子上所需的酶量为1个Weiss单位。除了Weiss单位，很多公司都有各自定义的连接酶活力单位。例如，New England Biolabs(NEB)公司提出一种更实用的连接酶单位，即黏性末端单位(cohesive-end ligation unit，CEU)。NEB公司的CEU基于黏性末端的连接效率，更加实用和直观，其定义是指在16 ℃下，一个20 μL的反应体系中，30 min内使*Hin*d Ⅲ酶切λDNA产生的末端(含0.12 μmol/L 5′末端)分子中50%重新连接所需的酶量为1个CEU。1个CEU约等于0.015个Weiss单位，而1个Weiss单位约相当于67个CEU。

DNA片段之间的连接受很多因素影响。DNA片段的状态对连接效率影响很大，通常黏性末端的连接效率较高，比平末端至少高100倍，而且5′-突出黏性末端连接效率也高于3′-突出黏性末端。另外，不同的限制酶切割，所产生的片段末端连接效率也各不相同。例如，限制酶*Hin*d Ⅲ切割产生的DNA末端，在所有限制酶中连接效率最高。

目的片段分子与载体分子之间的比例也影响着连接效率。不论分子内连接，还是分子间连接，连接反应的速度都受DNA末端浓度的影响。此外，分子内末端连接的效率要高于分子间末端连接的效率，从而容易导致酶切的载体DNA分子自身环化。因此，在基因重组操作中应适当提高DNA分子的浓度，并使目的DNA分子与载体DNA分子的物质的量之比保持为(3～10)∶1，以便减少载体DNA的自身环化、提高重组DNA的连接效率。

温度对连接反应的影响也很大。反应温度太高，如37 ℃，黏性末端DNA形成的配对极不稳定，反而不利于连接。因此，实践中连接反应的温度通常设定为12～16 ℃，既有利于最大

限度发挥连接酶的活性，又有利于短暂配对结构的稳定。

DNA 连接酶的反应液主要含有 Tris-HCl 缓冲液(pH 7.8)、Mg^{2+}、DTT 和 ATP 等成分。ATP 是 T4 DNA 连接酶发挥作用所必需的辅因子。DTT 在冷冻时有可能析出，使用时需重新溶解。为了防止 ATP 和 DTT 降解，缓冲液宜少量分装后于－20 ℃保存备用。

有许多方法可用来提高 DNA 片段之间的连接效率。例如，当两种 DNA 片段之间的末端不具互补性时，可利用 DNA 聚合酶或核酸外切酶将其转化成平末端后再进行连接(图 2-2)。平末端之间的连接效率较低，可以利用末端转移酶给平末端加上相应的多聚物“尾巴”，再用 DNA 连接酶将它们连接起来(图 2-3)。末端转移酶也可用于给 DNA 突出末端加多聚物“尾巴”，使得不具互补性的两种末端之间进行连接(图 2-4)。为了防止载体自身环化，可以利用碱性磷酸酶将载体 DNA 片段的 5′端磷酸脱去后，再与目的片段连接(图 2-5)。另外，也可以在 DNA 片段末端加上化学合成的衔接物(linker)或接头(adaptor)，使之形成黏性末端之后，再用 DNA 连接酶将它们连接起来。

衔接物(linker)是指化学合成的由 8～12 个核苷酸组成的寡核苷酸片段，其上有一种或几种限制酶的识别序列，衔接物被酶切后可产生特定的黏性末端，便于与另一个 DNA 片段连接。在应用过程中，为了避免基因内部的识别序列也被误切，在连接衔接物前可预先用相应的甲基化酶进行甲基化保护(图 2-6)。接头(adaptor)是指化学合成的寡核苷酸含有一种或一种以上的限制酶识别序列，其一端或两端具有特定的黏性末端。在应用过程中，为了避免接头末端相互连接而封闭，可以预先除去接头的 5′-磷酸基团(图 2-7)。

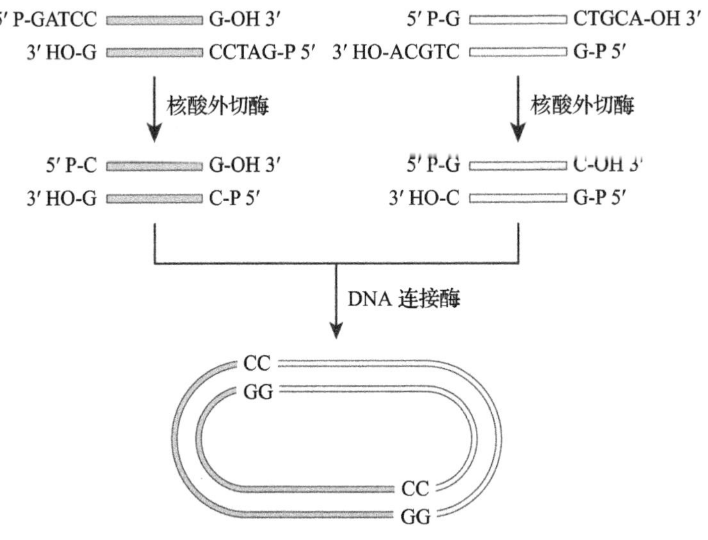

图 2-2 突出末端修饰成平末端后进行连接

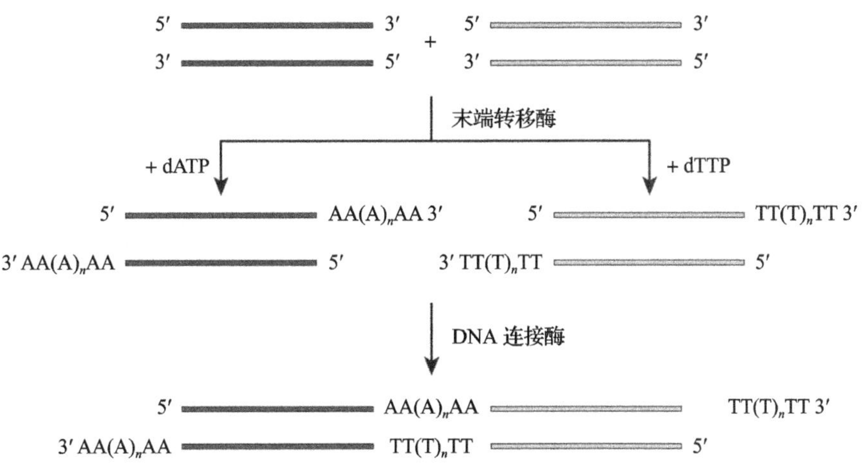

图 2-3 平末端加同聚物"尾巴"后进行连接

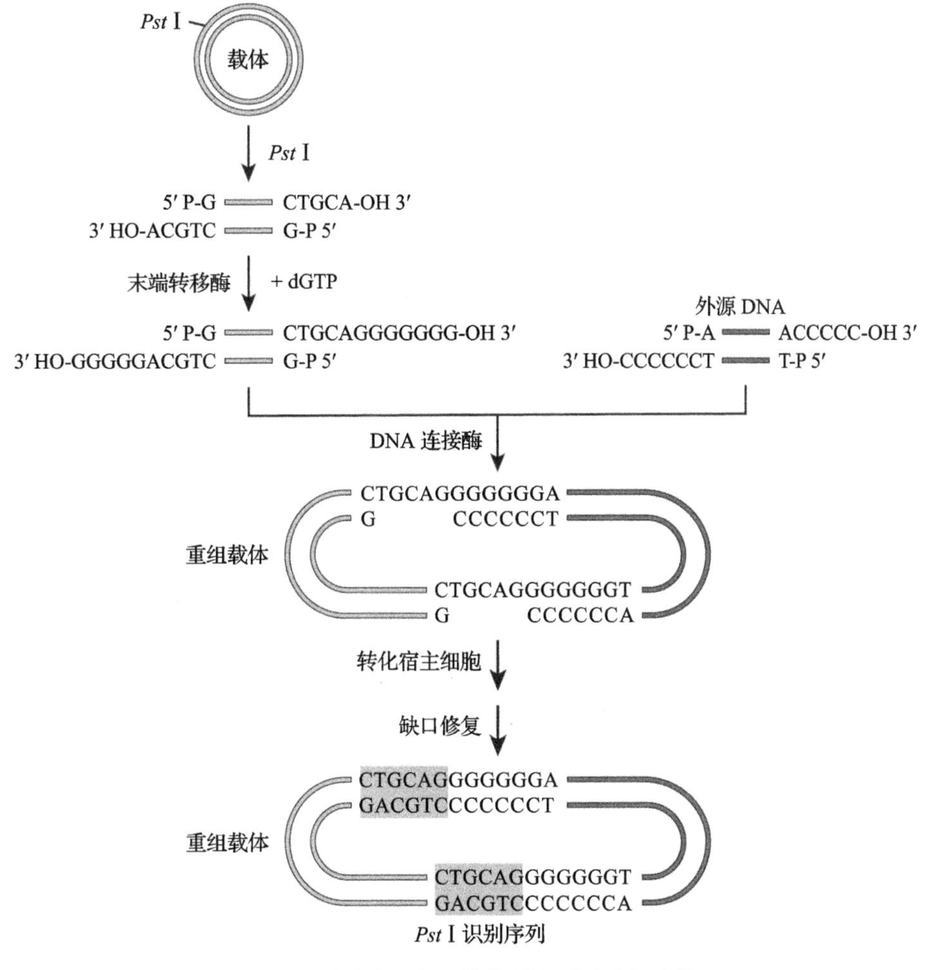

图 2-4 突出末端加同聚物"尾巴"后进行连接

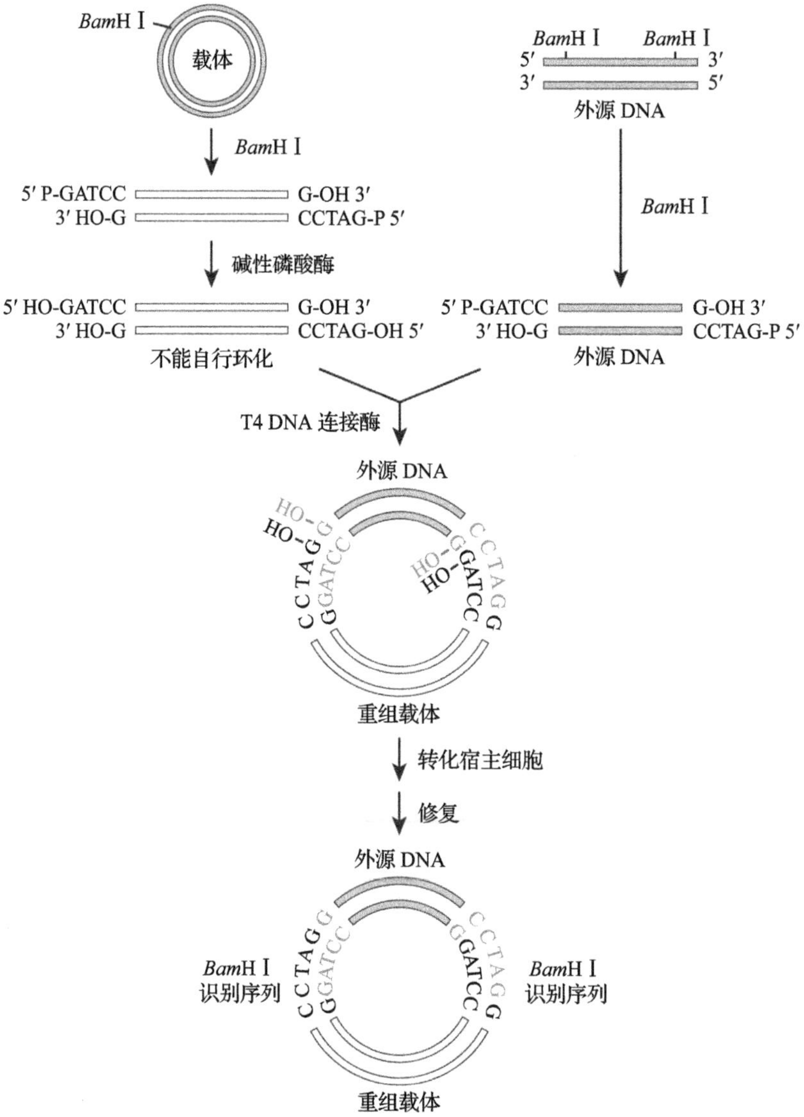

BamH Ⅰ
载体
BamH Ⅰ
5′ P-GATCC G-OH 3′
3′ HO-G CCTAG-P 5′
碱性磷酸酶
5′ HO-GATCC G-OH 3′
3′ HO-G CCTAG-OH 5′
不能自行环化

BamH Ⅰ BamH Ⅰ
5′ 3′
3′ 5′
外源 DNA
BamH Ⅰ
5′ P-GATCC G-OH 3′
3′ HO-G CCTAG-P 5′
外源 DNA

T4 DNA 连接酶
外源 DNA
HO-G
HO-G
CCTAG
GGATCC
HO-G
HO-GATCC
CCTAGG
重组载体
转化宿主细胞
修复
外源 DNA
BamH Ⅰ
识别序列
CCTAGG
GGATCC
GGATCC
CCTAGG
BamH Ⅰ
识别序列
重组载体

图 2-5　DNA 片段 5′端脱磷酸后连接

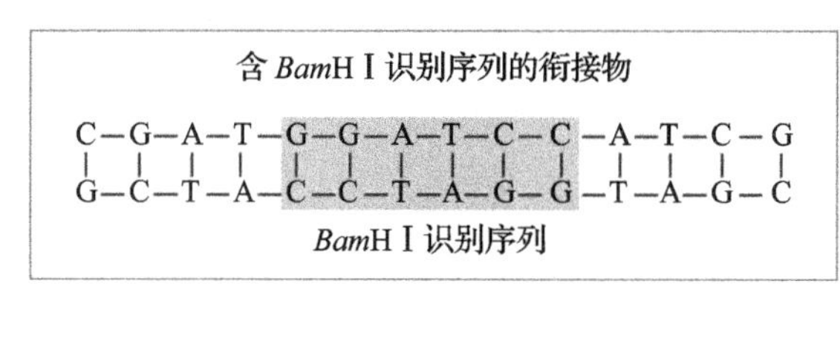

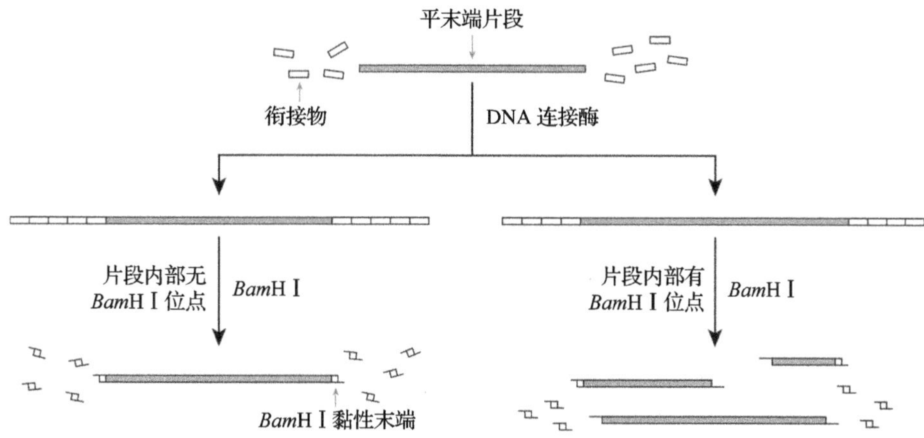

图 2-6 衔接物在连接中的应用及可能碰到的问题

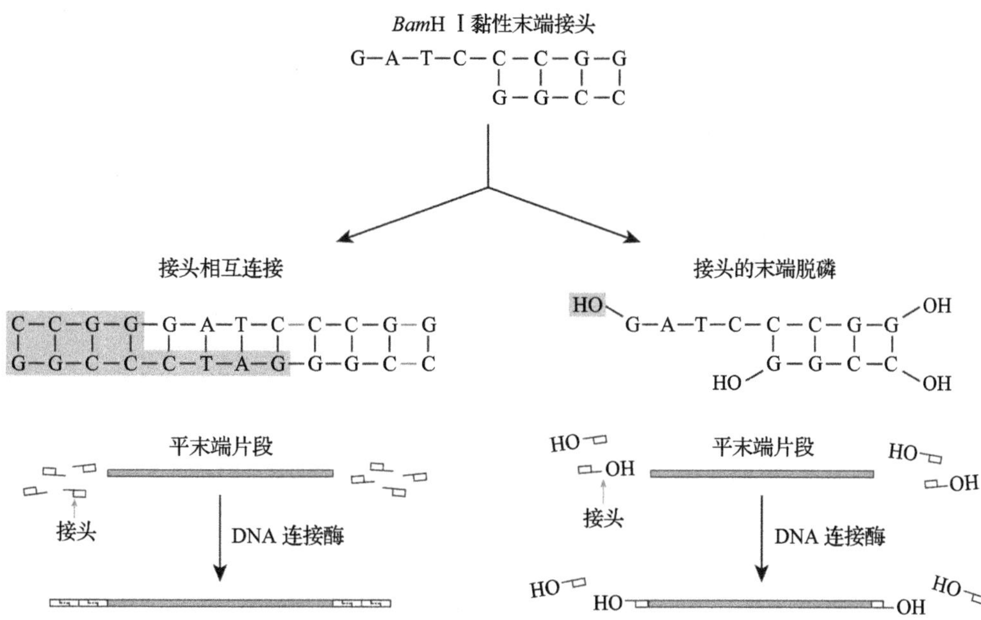

图 2-7 接头在连接中的应用及可能碰到的问题

2.4 修饰酶

1. 碱性磷酸酶

碱性磷酸酶(alkaline phosphatase)的作用是脱去DNA片段的5′-磷酸基团，使5′-P转变成为5′-OH。DNA片段脱磷酸化后，可以防止DNA分子末端自身连接，对于目的DNA与载体DNA的重组有利。这是因为载体DNA分子被酶切后，若未进行5′端脱磷酸化，那么在连接反应中这些载体分子极易自身环化，从而降低目的DNA与载体DNA分子之间的重组连接效率。碱性磷酸酶的用途主要包括两个方面：脱去5′-P，防止线性DNA分子自身环化，提高重组DNA的检出率；在DNA的5′端标记中，利用该酶进行脱磷酸化。

在基因工程研究中，常用的碱性磷酸酶有两种：一种是从大肠杆菌中提取的碱性磷酸酶(bacterial alkaline phosphatase，BAP)，另一种是从小牛肠道中提取的碱性磷酸酶(calf intestinal alkaline phosphatase，CIP)。这两种酶都能催化DNA和RNA的5′端磷酸基团水解，产生5′-OH端，且都需要Zn^{2+}。二者也存在区别：BAP活性相对较高，对热和去污剂的耐受性也较高，而CIP活性较低，耐热性也较低，65 ℃加热1 h或75 ℃加热10 min后，CIP即可失活。由于BAP不易失活，在实际应用中常用的是CIP。

2. 甲基化酶

甲基化酶(methylase)是原核生物限制与修饰系统中的一员，用于保护宿主DNA不被相应的限制酶所切割。该酶在自然界生物中广泛存在。基因工程研究中常用的原核生物甲基化酶是大肠杆菌甲基化酶，主要有两种，即Dam甲基化酶和Dcm甲基化酶。Dam甲基化酶识别5′-GATC-3′，使碱基A甲基化，而Dcm甲基化酶识别5′-CCAGG-3′或5′-CCTGG-3′，使第二个碱基C甲基化。不同的限制酶对碱基的甲基化敏感程度不同。植物基因组中，甲基化程度较高，酶切时应优先选择对甲基化不太敏感的限制酶。甲基化酶的主要作用是通过甲基化修饰保护相应的酶切位点，但有时也通过碱基的甲基化来产生新的酶切位点。例如，*Dpn* Ⅰ就依赖于甲基化，它可有效识别并切断腺嘌呤甲基化的5′-G^{m}ATC-3′，而不能切断非甲基化的5′-GATC-3′序列。

3. T4多核苷酸激酶

T4多核苷酸激酶(T4 polynucleotide kinase)可以催化ATP的γ-P转移到单链或双链核酸分子的5′-OH端上。T4多核苷酸激酶具有激酶和磷酸酶的活性，分别催化正向反应和交换反应，其正向反应催化核酸分子的5′-OH磷酸化，反应需要Mg^{2+}，这是该酶的最主要功能，而交换反应则是在过量ADP存在情况下，先将核酸分子的5′-P转移给ADP，然后再从ATP的γ-P获得磷酸基团，重新磷酸化。T4多核苷酸激酶主要用来把DNA或RNA分子5′端磷酸基团置换成带有标记的磷酸基团，从而实现5′端标记。由于交换反应的效率远低于正向反应，在实际应用中，首先利用碱性磷酸酶把DNA分子的5′端磷酸基团转换成5′-OH，然后利用该酶的正向反应活性，把带有标记的ATP中的γ-P添加到DNA分子的5′-OH上。

第3章 基因工程载体

基因工程研究中，时时刻刻都要用到一个工具就是工具酶，没有工具酶就好比医生没有了手术刀，修理工没有了钳子，裁缝没有了剪刀。除了工具酶之外，基因工程研究必备的另一个工具就是载体。

基因工程载体(vector)是指能够运载外源DNA片段，具有自我复制能力，而且转入寄主细胞后不被寄主的酶系统破坏的一类DNA分子。常见的载体包括质粒DNA、噬菌体DNA和人工染色体等。

载体有何重要性？如果外源DNA片段直接转入寄主细胞中，其命运有两种：一是与寄主的DNA发生重组，但是这种重组的频率极低，这是因为外源DNA不能复制，而寄主细胞却在连续增殖，此情况下当然重组的机会甚少，导致外源基因容易丢失；二是被寄主的酶系统破坏或降解，这是因为外源DNA分子在寄主细胞中无自身保护机制。如果把外源基因装配到载体上，那么情况就不同了，因为载体在寄主细胞中具有自我复制能力，不被寄主细胞破坏。因此，一个合格的载体必须具备以下几个条件：具有自主复制能力，即载体必须具有复制的起点(origin)，防止被寄主破坏；具有有多种限制性内切酶的位点，以便能装载不同限制性内切酶切割产生的DNA片段，且这些酶切位点最好是单一的，以保证载体DNA分子只在一处打开；具有至少两种选择性标记，这些标记用来筛选转化子或重组子，常用的选择性标记包括各种抗药性标记、*lacZ'*基因(α-互补筛选标记)等。

按照载体的用途，可将基因工程载体分为克隆载体和表达载体。克隆载体用于在宿主细胞中扩增目的基因，或用来保存目的基因，其特点是具有较低的分子量、较高的拷贝数，且带有松弛型复制子。克隆载体一般以质粒、噬菌体或真核生物病毒的DNA为骨架构建。表达载体用来使目的基因在宿主细胞中表达，其拷贝数一般较低。表达载体通常由常规的克隆载体衍生而来，即在克隆载体的基础上，添加强启动子，以及有利于表达产物分泌、分离或纯化的元件而构成。按照载体的来源，基因工程载体可分为原核载体和真核载体。原核载体一般由细菌质粒、λ噬菌体、丝状噬菌体的DNA构建而成，在原核细胞中复制和表达。真核载体则由酵母质粒、酵母染色体、动植物病毒的DNA构建得到，主要在真核细胞中复制和表达。另外，还有一类载体既能在原核生物中又能在真核生物中复制，称为穿梭载体，或双功能载体、双元载体。这类载体同时具有细菌质粒的复制原点和真核生物能识别的病毒复制原点或酵母菌自主复制序列(ARS)，有的还带有真核转录启动子。因此，它们既能在原核细胞中扩增又能在真核细胞中复制和表达，以便研究人员先将真核DNA片段在原核生物中扩增，然后直接将其转入真核生物细胞中复制和表达。

3.1 质粒载体

3.1.1 质粒载体的生物学特性

细菌质粒是基因工程中最常用的载体，那么什么是质粒？质粒(plasmid)是指存在于细胞质中的一类独立于染色体外的遗传成分，大多数是由环形双链 DNA 分子组成的复制子。那么复制子又是什么？DNA 能在寄主细胞中复制的一个必要条件是必须具备复制起点。在细菌和病毒中，它们的基因组通常只有一个复制起点，这种能够控制自我复制的一段 DNA 序列称为复制子(replicon)。

在细菌质粒的复制子内部，一般存在控制复制的两个重要基因，即 *rop* 基因和 *rep* 基因。*rop* 基因指令宿主细胞合成阻遏物，阻遏物累积会阻止质粒的进一步复制，而 *rep* 基因则指令宿主细胞合成一种调节蛋白，能够促进质粒的复制。质粒独立于细菌染色体之外，呈游离状态，能自我复制和遗传给子代，不过质粒的复制和转录仍然需要依赖寄主的酶系统，即质粒的复制是受质粒自身的复制子和宿主的基因双重遗传控制的。在一定条件下质粒也能够整合到染色体上，随着染色体的复制而复制，并通过细胞分裂传递给后代。质粒上所携带的基因并不是寄主细胞生存所必需的基因，但它的存在能赋予寄主细胞一种额外的特性，如抗生素抗性、有机物分解能力等。

除酵母中的一种质粒名为杀伤质粒(killer plasmid)属于 RNA 型外，目前已知的质粒都属于 DNA 型，且大多数质粒为双链共价闭合环状 DNA 分子。质粒广泛存在于细菌中，但在霉菌、蓝藻、酵母和不少动植物细胞中也发现有质粒存在。质粒的大小一般为 1～200 kb。质粒 DNA 分子的两条链断裂程度不同，会导致质粒表现 3 种主要构型：超螺旋共价闭合环形(covalently closed circular DNA，cccDNA)、开环(open circular DNA，ocDNA)和线性(linear DNA，L-DNA)。

1. 质粒的复制特性

DNA 的复制能力由复制子的特性决定。复制子是复制起点周围的一段 DNA 序列，这段序列多为反向重复序列，且 AT 含量高，解链温度低，便于复制起始时解链。不同的复制子控制质粒复制的拷贝数不同。根据质粒复制拷贝数的多少，可将质粒分为两类，即严谨型质粒和松弛型质粒。严谨型质粒(stringent plasmid)的拷贝数很低，通常只有 1～5 份拷贝，此类质粒对于研究基因表达很有用处，可以防止某些基因产物因表达量过多而对宿主细胞产生“毒害”。松弛型质粒(relaxed plasmid)的拷贝数通常很高，可达数百份拷贝，经过人为改造后可达上千份拷贝。对于含有松弛型质粒的细菌，在培养基中适当添加氯霉素或壮观霉素后，可使细胞内的质粒拷贝数增至 2 000～3 000 份拷贝。

复制子为 pMB1、ColE1 的质粒，大多数为松弛型质粒，这类质粒对于基因克隆(大量扩增)非常有用。pBR322 是人工构建的最早应用的一种质粒。pUC 系列质粒是对 pBR322 人为改造并去掉拷贝数控制元件后的质粒载体，而当今常用的许多质粒载体都是在 pUC 的基础上进一步改造得到的。常见的一些质粒载体的复制子及拷贝数参见表 3-1。

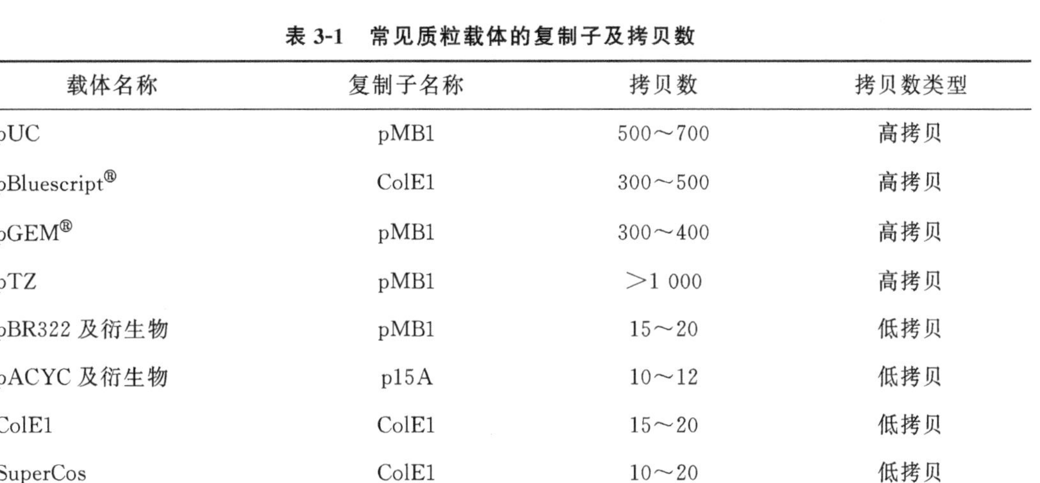

表 3-1 常见质粒载体的复制子及拷贝数

载体名称	复制子名称	拷贝数	拷贝数类型
pUC	pMB1	500～700	高拷贝
pBluescript®	ColE1	300～500	高拷贝
pGEM®	pMB1	300～400	高拷贝
pTZ	pMB1	>1 000	高拷贝
pBR322 及衍生物	pMB1	15～20	低拷贝
pACYC 及衍生物	p15A	10～12	低拷贝
ColE1	ColE1	15～20	低拷贝
SuperCos	ColE1	10～20	低拷贝
pWE15	ColE1	10～20	低拷贝
pSC101 及衍生物	pSC101	<5	极低拷贝

2. 质粒的不相容性(incompatibility)

在没有选择压力的情况下，两种亲缘关系密切(亲缘相近或相同)的质粒，不能在同一个寄主细胞中稳定共存的现象，称为质粒的不相容性或不亲和性。实验观察表明，同一个大肠杆菌细胞，一般是不能同时容纳两种不同的 pMB1 衍生质粒或 ColE1 衍生质粒的。在细胞的增殖过程中，其中必有一种会被逐渐地排斥或“稀释”掉。根据质粒的这一特性，可将质粒分为亲和性质粒和非亲和性质粒。亲和性质粒是指能共存于同一细胞中的不同质粒，而非亲和性质粒是指不能共存于同一细胞中的不同质粒。

质粒的不亲和性也是由复制子的特性决定的，凡是具有相同或相似复制子的质粒均不能同时稳定共存于一个细胞中。换句话说，具有较近亲缘关系的质粒不能共存于同一个细胞。实质上，这是由两种质粒竞争共同的复制系统，即竞争寄主中相同的酶系统所致。由于细菌细胞的繁殖方式为无丝分裂，当质粒缺乏控制遗传物质均衡分配的基因时，质粒在子代细菌细胞中的分配会失衡，最终会导致一方占优(拷贝数多的质粒占优)，而另一方消失(拷贝数少的质粒竞争不过拷贝数多的质粒)的现象。在同一细胞中，两种质粒的拷贝数几乎不可能达到绝对相等，这样一个极小的差别，在经过细胞的连续增殖后会越来越放大，最终导致拷贝数多的质粒能够在细胞中持续存在，而拷贝数少的质粒却逐渐消失，实际上是被“稀释”了(图 3-1)。

3. 质粒的转移性和迁移性

质粒的转移性(transferability)是对接合型质粒(conjugative plasmid)或自我转移质粒而言的，这种质粒一般带有 *tra* 基因。*tra* 基因能够控制细菌的配对与结合，并产生细菌之间的结合通道，然后质粒以滚环复制方式发生转移，同时可能带动细菌的染色体 DNA 一起转移。研究最多且最常见的转移质粒是大肠杆菌中的 F 因子(fertility factor)。如果细菌含有 F 因子，我们称之为 F^+ 或雄性细胞(F^+ 细胞)，无 F 因子则为 F^- 或雌性细胞(F^- 细胞)。当 F 因子带上一段 DNA 时，称为 F′因子，含有 F′因子的细胞为 F′细胞。F 因子若整合到细菌的染色体上，称为 Hfr 细胞(高频重组细胞)，此类细胞由于整合 F 因子的转移作用往往会引发寄主染色体发生高频转移。整合过程是可逆的，Hfr 细胞在一定条件下又可重新变为 F^+ 或 F′细胞。接合型质粒能够自发地从一个细胞转移到另一个细胞，也可能导致寄主染色体 DNA 转移，还可促使与之共存的非接合型质粒发生迁移，这在基因工程

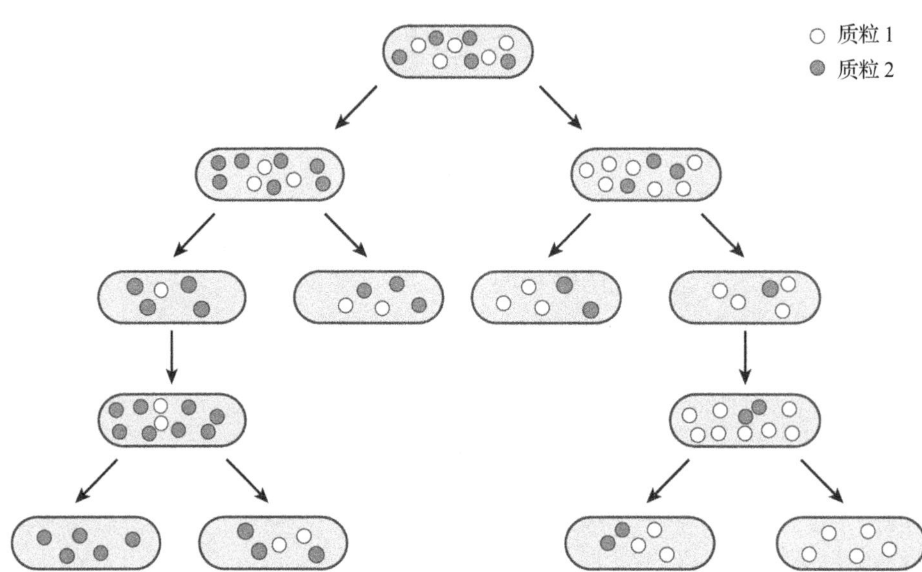

图 3-1 质粒的不相容性现象

中是不利的，故基因工程研究中我们感兴趣的主要是非接合型质粒。由于接合型质粒能够转移部分染色体，所以可用来构建部分二倍体，以便进行基因功能的研究。

质粒的迁移性(mobility)是对非接合型质粒而言的，这种质粒虽然不会发生自发转移，但是在接合型质粒存在的条件下有可能会发生被动迁移。质粒的迁移性主要受两个基因控制，即 *mob* 基因和 *bom* 基因。迁移作用在基因工程中也是不利的，因此基因工程研究中常常利用的是这两个基因缺陷型(mob^-、bom^-)的质粒和菌株。

4. 质粒的重组性

质粒可以整合到寄主的染色体上，也可能与其他 DNA 分子发生重组，这对基因克隆操作是非常不利的。质粒的重组特性一般受 *rec* 基因控制，故基因工程研究中应用的是重组基因缺陷型(rec^-)的质粒和菌株。

5. 质粒上的选择基因

质粒上通常带有额外的选择基因，如抗生素抗性基因，从而赋予质粒所在的寄主细胞一种额外的表型特征。基因工程研究中，常常利用这一特性(选择标记)对寄主细胞进行筛选，以便鉴别载体的存在。在质粒载体的发展过程中，已引入了多种选择标记基因。

质粒载体上常见的抗生素抗性基因，有氨苄青霉素抗性基因(Amp^r)、四环素抗性基因(Tet^r)、卡那霉素抗性基因(Kan^r)、氯霉素抗性基因(Cm^r)。这几种抗生素中，除了氨苄青霉素(Amp)是通过抑制细菌的细胞壁形成来发挥作用之外(仅对繁殖期细菌有效)，其他抗生素都是通过抑制细菌的蛋白质合成来杀死细菌。青霉素是一种高效抗生素，但抗原性较强。氨苄青霉素或羧苄青霉素的抗原性较弱，但杀菌能力更强，因此在研究中更常被使用。必须指出的是，基因工程研究中所用的宿主细菌往往都带有某种抗药性，因此使用过的细菌必须杀灭后才能丢弃，以免污染环境甚至带来灾难。

质粒载体上的选择标记基因还可用来鉴别重组质粒和非重组质粒，从而将携带目的基因的重组子筛选出来。例如，质粒载体上常带有 β-半乳糖苷酶的 α-肽基因($lacZ'$)标记，$lacZ'$ 含有 β-半乳糖苷酶(lacZ)氨基端 146 个氨基酸残基的编码信息。将多克隆位点(multicloning site,MCS)插入 *lacZ′*中,它并不破坏阅读框,少数几个氨基酸插入 lacZ′的氨基端也不影响其功能。将这种载体转入能编码 β-半乳糖苷酶羧基端序列的宿主细胞中,虽然宿主和质粒载体各自编码的产物都没有酶活性,但它们可融为一体(即互补),形成具有活性的 β-半乳糖苷酶。当 MCS 中有目的基因的片段插入时,*lacZ′*基因的阅读框被扰乱,导致互补不能实现,从而得以筛选出重组子,我们把这种筛选方法称为 α-互补筛选。在实际应用中,培养基中添加了乳糖的类似物 X-gal(5-溴-4-氯-3-吲哚-β-*D*-半乳糖苷)。如果质粒载体的多克隆位点(MCS)中不含目的基因,α-互补能正常实现,寄主细菌中就可产生正常的 β-半乳糖苷酶,将无色的 X-gal 分解为深蓝色的物质(5-溴-4-靛蓝),使得整个菌落呈现蓝色;一旦目的基因插入 MCS 中,α-互补不能实现,细菌就无法形成正常的 β-半乳糖苷酶,导致 X-gal 不能分解,则菌落呈现白色,因此这种筛选方法也称为蓝白斑筛选(图 3-2)。

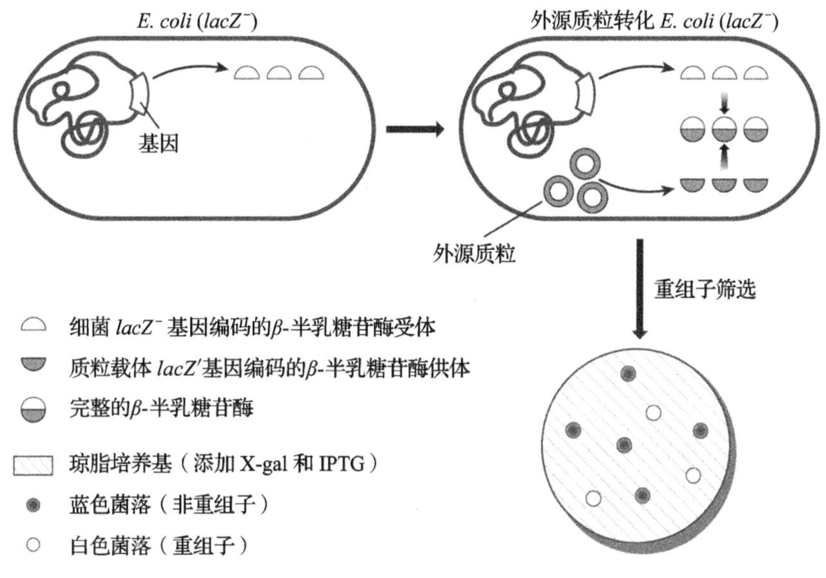

图 3-2　α-互补筛选(蓝白斑筛选)

3.1.2　质粒载体的发展

质粒载体的发展大概可分为 3 个阶段。第一阶段是将选择标记引入含有 pMB1 或 ColE1 复制子的质粒中,这是因为 pMB1 和 ColE1 复制子属于松弛型。早期最常用的质粒 pBR322 来源于 pBR313 质粒,其分子量较大,而且约有一半 DNA 序列是非必需序列,去除这些序列并不影响其正常生命活动,将这些序列去除后即成为 pBR322。pBR322 的分子量仅为 4.3 kb 左右,并带有多个抗药性标记。第二阶段则是调整载体结构,提高载体效率。例如,切除一些非必要片段,尽可能降低质粒载体的分子量。这是因为转化时对于 DNA 的分子量有一定的限制,载体的分子量越小,那么载体的容量就越大,而且 DNA 分子量越小,转化的效率也越高。此外,在载体中还引入多克隆位点(MCS),或称多聚接头(polylinker)、限制酶切位点库(restriction site bank),使得质粒带有多种限制酶的识别序列,从而显著提高载体的克隆能力。第三阶段则是对质粒载体的进一步完善和发展,提高质粒载体的效能。例如,在载体上引入 M13 噬菌体控制单链产生的序列,使得载体可以产生单链,便于基因测序和探针标记,或在载

体上加入 *lacZ′* 基因筛选标记，以便通过蓝白斑方法筛选重组子，或者在 MCS 两侧加入 RNA 聚合酶转录的启动子，以便实现在原核细胞中转录。

DNA 分子克隆技术的建立和发展与质粒分子生物学的研究密切相关。现行通用的基因克隆载体绝大多数是以质粒为基础改造而来的。一个理想的质粒载体必须具备以下 4 个条件：①带有一种或多种限制酶的识别位点，而且这些位点都是单一的，这些位点插入外源 DNA 片段后也不会影响质粒的复制功能；②带有合适的复制子，而且插入外源 DNA 后形成的重组质粒能够在寄主细胞中增殖；③带有至少 2 个易于检测的选择标记；④如果作为克隆载体，应具有较低的分子量和较高的拷贝数。

3.1.3 常见的质粒载体

基因工程研究中最早使用的质粒是 pSC101，基本上满足理想质粒载体所要求的条件。pSC101 质粒带有四环素抗性基因（Tet^r），以及 *Hin*d Ⅲ、*Bam*H Ⅰ 和 *Sal* Ⅰ 等常用的限制酶位点，但是该质粒的分子量较大（约 9 kb），拷贝数也较低（属于严谨型质粒），故后来较少采用。

在基因工程早期应用中，一个较优秀的质粒代表就是 pBR322，它带有 Amp^r 和 Tet^r 两种选择标记基因，分子量只有约 4.36 kb，拷贝数也较高，属于松弛型质粒，且带有更多的限制酶作用位点（图 3-3）。虽然 pBR322 可以通过插入失活来筛选重组子，但是只能利用负向选择，

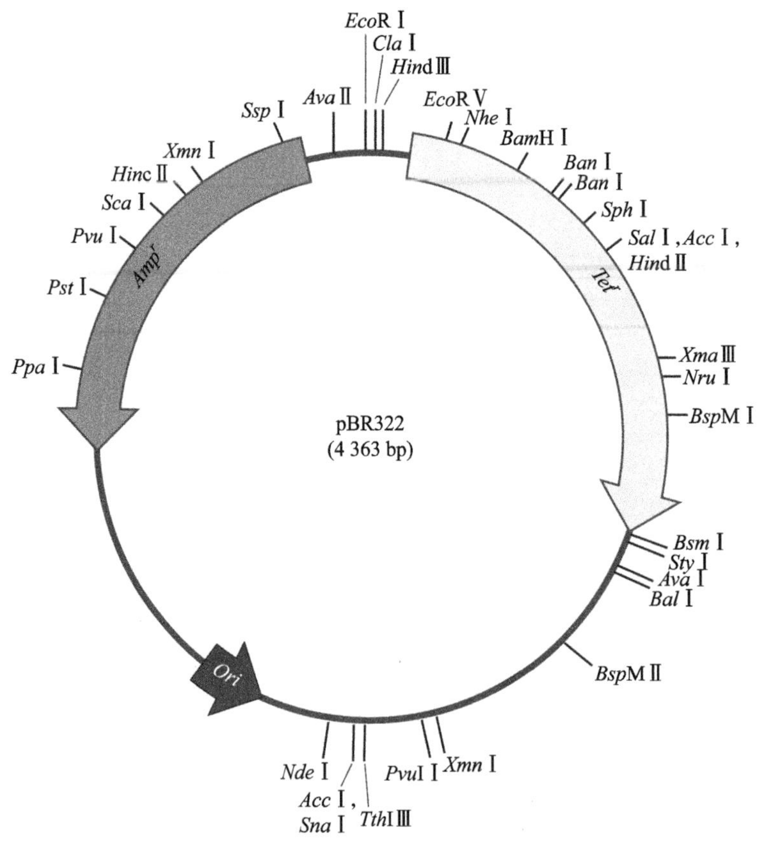

图 3-3 pBR322 质粒结构简图

操作较麻烦。另外，pBR322 质粒上的迁移蛋白作用位点尚未除去，故仍然有被动迁移的可能性。pBR322 及其衍生质粒不含 *Cer* 基因，在宿主菌细胞中易形成多聚体，导致后代中的遗传不稳定，较易丢失。

pUC18/19 质粒是目前基因工程研究中最常用的载体，它以 pBR322 质粒为基础改造得到，其分子量更小(只有约 2.69 kb)。pBR322 质粒复制子中控制拷贝数的 *rop* 基因被缺失，因而 pUC18/19 质粒在细菌细胞内的拷贝数可达 500～700 份拷贝。pUC18/19 质粒载体中还添加了 β-半乳糖苷酶缺陷型基因(*lacZ'*)和多克隆位点(MCS)，可用来实现 α-互补筛选。pUC18 和 pUC19 实际上是两种质粒，二者除了多克隆位点(MCS)内限制酶识别序列的排列方向颠倒外，其余完全相同(图 3-4)。

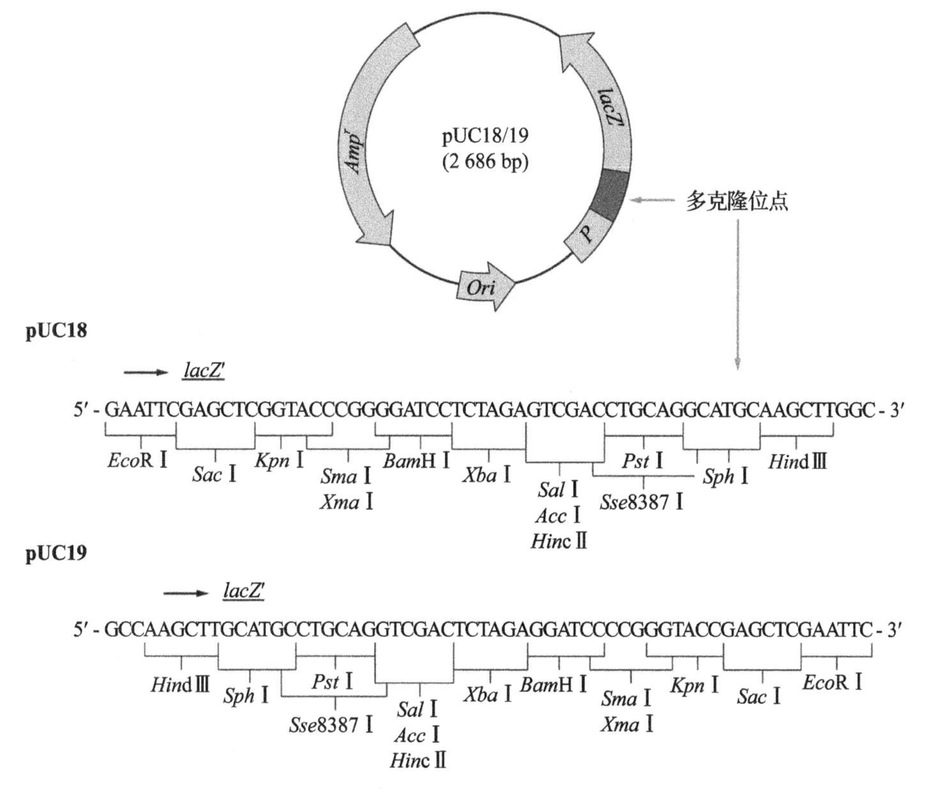

图 3-4 pUC18/19 质粒载体结构

在 pUC18/19 质粒载体的基础上继续改造，如添加 M13 单链丝状噬菌体控制单链 DNA 产生的一段序列(IG 序列)，即得到 pUC118/119 质粒，大小约为 3.16 kb(图 3-5)。该类载体的特点是既能以质粒方式大量繁殖，又能在一定条件下诱导噬菌体的特性表达，从而产生大量的单链 DNA，以便用来测序、制备探针。在多克隆位点的两侧，有的载体还添加了噬菌体(如 SP6、T3、T7 噬菌体)的转录启动子，如 pGEM 质粒载体(图 3-6)、pBluescript 质粒载体(图 3-7)。这些载体的特点是既能以质粒方式繁殖，也能控制单链 DNA 的产生，而且还能在寄主细胞内或体外实现目的基因的转录。此外，也可以 pUC18/19 为基础，将其改造成为 T 载体，以便与 PCR 产物直接连接(图 3-8)。在克隆载体的基础上，如果添加了转录启动子以及有利于表达产物分泌、分离或纯化的元件，则改造成为表达载体，如 pQE 质粒载体(图 3-9)，以

便在细菌内进行目的基因的表达。

对质粒载体的评价有两个方面：一方面，质粒 DNA 具有操作简单的优点，因而在基因工程研究中应用非常广泛，是该领域最常用的载体；另一方面，质粒载体也有不足，如其克隆容量有限，一般在 10 kb 以内，故其应用也受到一定限制。

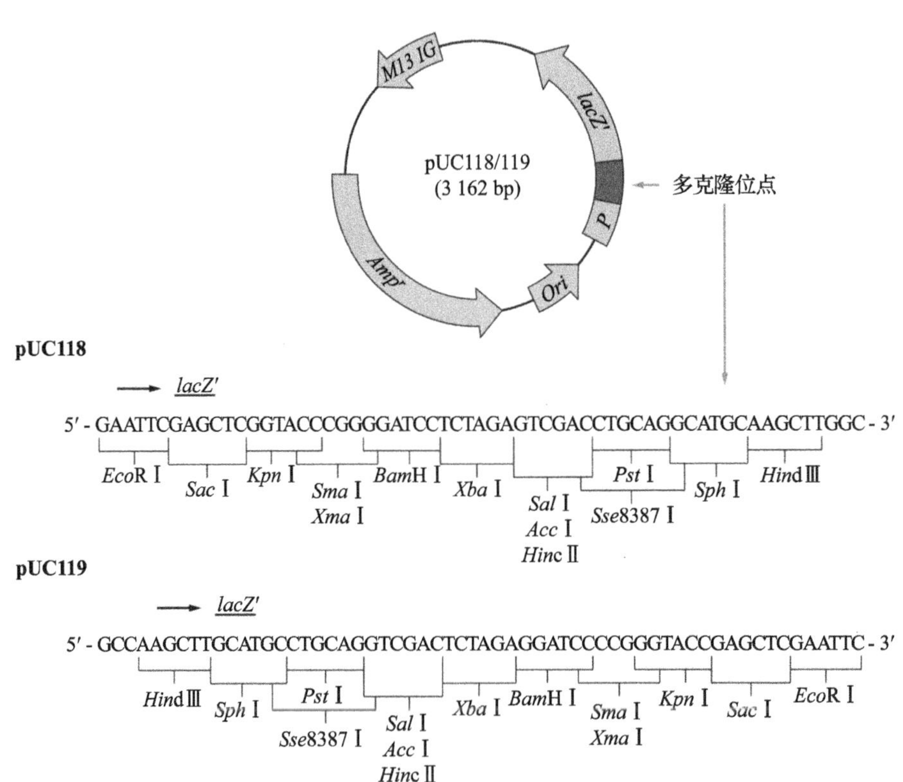

图 3-5　pUC118/119 质粒载体结构

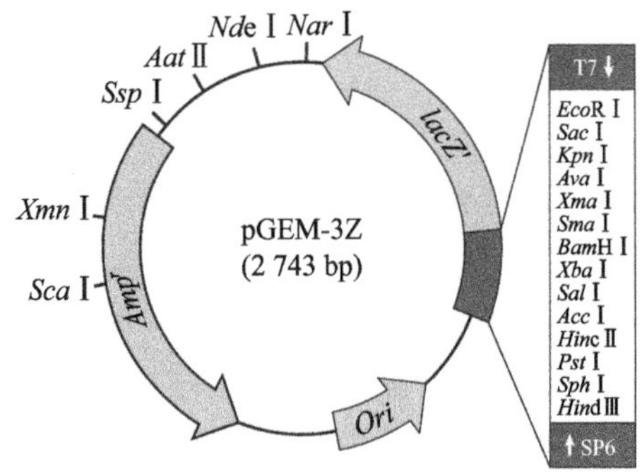

图 3-6　pGEM 质粒载体结构

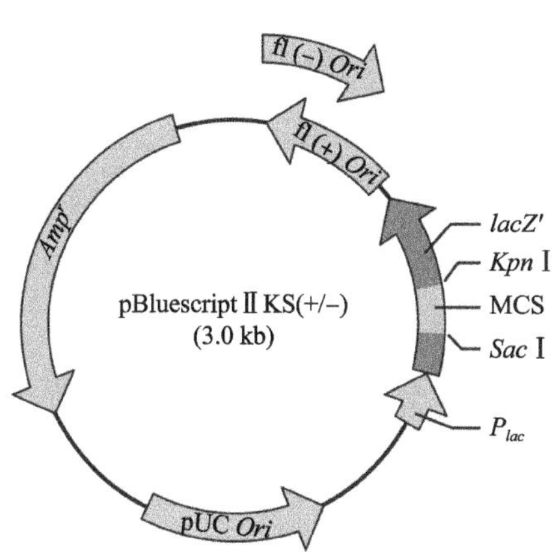

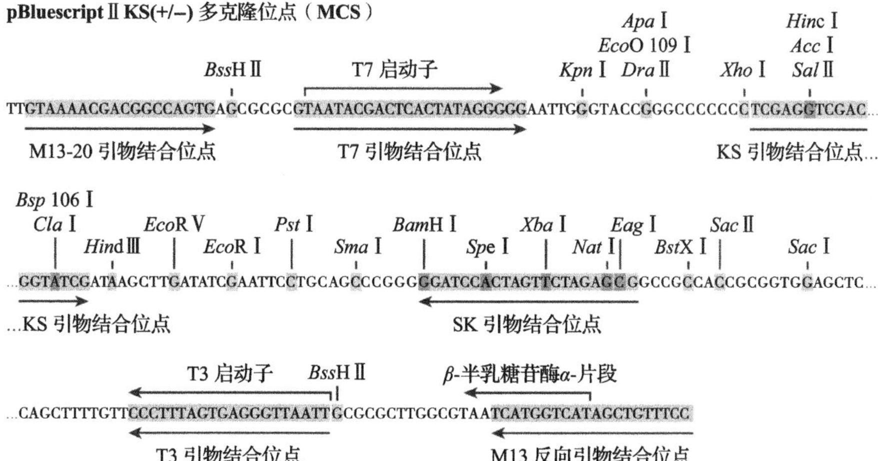

图 3-7　pBluescript 质粒载体结构

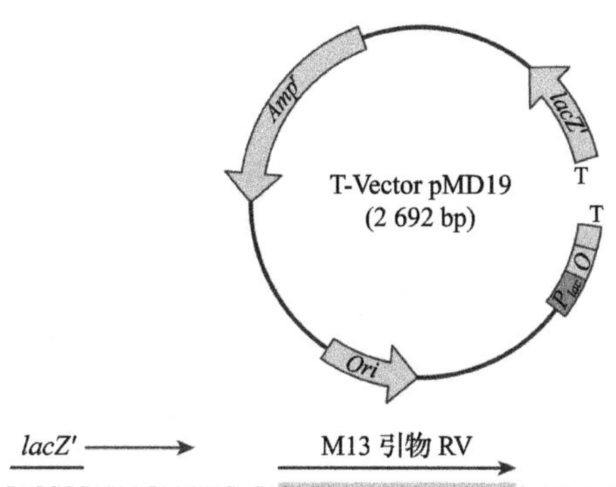

图 3-8　pMD19 T 载体结构

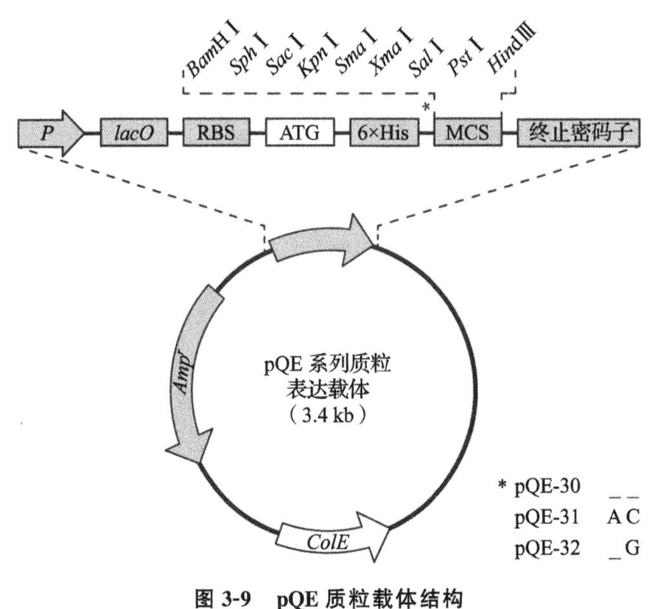

图 3-9　pQE 质粒载体结构

3.2　噬菌体载体

3.2.1　噬菌体概述

噬菌体(bacteriophage,简称为 phage)是一种感染细菌、古细菌等原核微生物的病毒,广泛分布于土壤、空气、海洋、饮用水和食品等各种环境中。噬菌体被认为是地球上生物多样性最丰富的生物之一,其数量高达 10^{30}～10^{32} 个,对于维持地球生物圈和生态系统平衡具有至关重要的作用。噬菌体的历史可以追溯到 20 世纪初,当时由英国细菌学家弗雷德里克·特沃特(Frederick Twort)和法国微生物学家费利克斯·德埃雷尔(Félix d'Hérelle)分别在 1915 年和 1917 年独立发现。噬菌体的发现对科学和医学领域产生了深远的影响。例如,噬菌体研究推动了病毒学领域的发展,因为它们被认为是最早研究的病毒之一,为研究病毒的结构、生命周期、复制机制和宿主相互作用提供了重要模型。此外,噬菌体的研究对于控制细菌的感染和传播具有重要意义,有助于维持生态系统的稳定性。此外,噬菌疗法是一种可能的治疗细菌感染的方法,因此在医学领域具有很大的应用潜力。噬菌体作为生命科学研究的重要模型生物,拥有多项关键优势,包括个体微小、培养容易以及相对较小的基因组等。噬菌体的基因组通常只包含几十个基因,非常适合遗传操作,因此成为科学家研究生命现象的理想材料。

噬菌体在生命科学研究中发挥了关键作用,为揭示生命现象和遗传学规律提供了宝贵的数据和工具,为分子生物学的发展奠定了坚实基础。首先,人类在生命科学领域取得的许多伟大成就都与噬菌体研究历史上的重大事件(图 3-10)密切相关。例如,1943 年,卢里亚(Luria)与德尔布吕克(Delbrück)通过"彷徨试验"(fluctuation test)揭示了细菌的突变是在噬菌体选择之前发生的,而噬菌体只是选择因素,这一发现奠定了"突变与选择理论"的基础。1952 年,赫尔希(Hershey)与蔡斯(Chase)等科学家使用放射性元素^{32}P标记噬菌体DNA,用^{35}S标记噬菌体衣壳蛋白。通过这一实验,他们证实了遗传物质的基础是DNA,而不是蛋白质,这项工作获得了1969年诺贝尔生理学或医学奖。1955年,西摩·本策(Seymour Benzer)通过对T4噬菌体*r* Ⅱ基因精细结构的研究,揭示了生物遗传学中的三联体密码子,这为生物遗传信息传递的“中心法则”奠定了基础。1961年,弗朗索瓦·雅各布(Frangois Jacob)和雅克·莫诺(Jacques Monod)报道了大肠杆菌的乳糖酶调控系统,揭示了基因表达的调控通路,这一工作为他们赢得了1965年诺贝尔生理学或医学奖。其次,噬菌体技术使通过细菌基因的突变来研究基因功能成为可能。例如,自杀载体(注入宿主菌体内后不能复制)可用于递送转座子,也可用于随机致突变研究;利用M13及fd噬菌体,可以实现定点突变研究;Mu噬菌体(一种溶原性噬菌体)在大肠杆菌中可随机转座,用于制备转座子文库。这些噬菌体技术为研究基因功能提供了强大的工具。最后,噬菌体在基因组测序技术的建立与发展中也起到了关键作用。噬菌体是第一个完成基因组测序的生物之一,早期的基因组测序工作也是通过噬菌体实现的。1976年,沃尔特·菲尔斯(Walter Fiers)等完成了单链RNA噬菌体MS2的基因组测序。接着,弗雷德·桑格(Fred Sanger)团队于1977年完成了单链DNA噬菌体ϕX174的基因组测序,1982年该团队又完成了双链DNA λ噬菌体的全基因组测序。在此过程中建立起来的测序方法和流程,如鸟枪法基因文库的构建、以噬菌体载体为基础的酶切和连接等,后来被用于更复杂的生物基因组的测序。

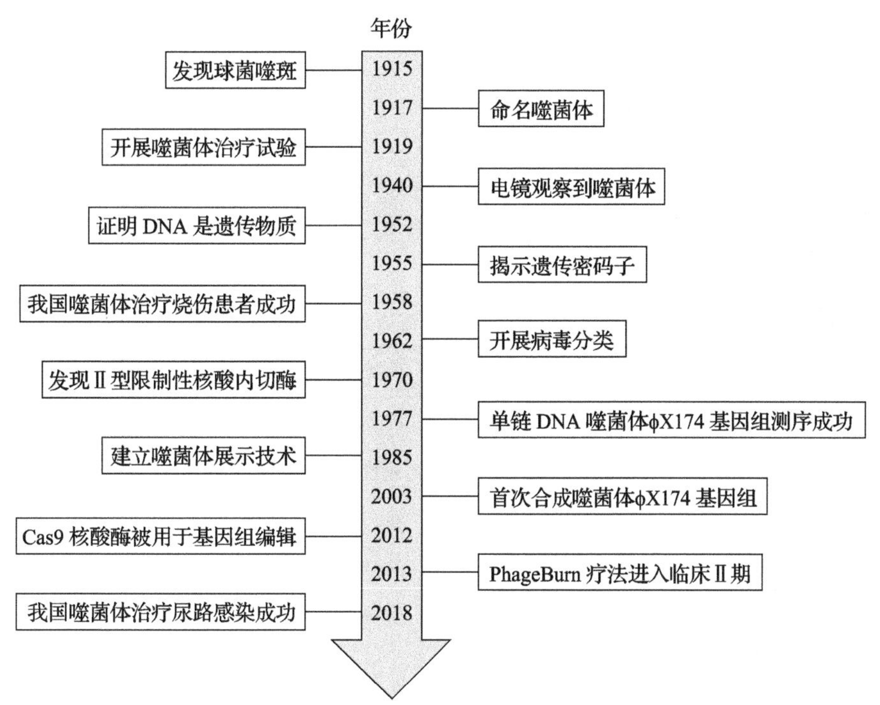

图3-10　噬菌体研究历史上的重大事件

噬菌体研究在基因工程领域也扮演着至关重要的角色,尤其是在重组DNA和基因传递方面具有广泛的应用。20世纪50年代初期,科学家们首次观察到噬菌体在大肠杆菌体内的传代过程中存在非遗传变异现象。随后,在60年代晚期和70年代初期,研究人员如温德

(Wende)等发现了限制性修饰现象(通常是甲基化修饰),这是为了保护大肠杆菌自身的DNA免受限制性核酸内切酶的切割。此后,史密斯(Smith)等确定了Ⅰ型限制性核酸内切酶切割位点的序列特异性,而韦斯(Weiss)等发现了T4噬菌体连接酶。这些酶被用于DNA切割和克隆,为基因工程技术的诞生和发展奠定了基础。另外,噬菌体载体是用于基因克隆的强大工具。基于λ噬菌体的黏粒(cosmid)和基于P1噬菌体的噬菌体人工染色体(PAC)等载体允许大片段DNA的克隆。此外,基于M13噬菌体的载体以及T7噬菌体DNA聚合酶的发现为高保真DNA测序提供了解决方案。今天,噬菌体在基因工程中的作用不断增强。例如,丝状噬菌体(如M13和fd等),能够以分泌形式释放到宿主细菌的细胞外,因此可用于噬菌体展示(phage display)技术,这允许将具有重要价值的肽或蛋白质基因的编码产物表达在噬菌体表面,从而实现大规模筛选或制备目的蛋白质。此外,对噬菌体与细菌相互作用的理解为CRISPR/Cas9基因编辑技术的发展提供了基础。CRISPR/Cas9技术利用了细菌对噬菌体的免疫机制,可以实现对基因组特定位点的编辑。最后,噬菌体还推动了现代合成生物学(synthetic biology)技术的发展。在2003年,文特(Venter)等科学家成功合成并组装了噬菌体ϕX174基因组,这是首次通过合成生物学技术合成的生物基因组。噬菌体整合酶和重组酶常被用于促进位点特异性重组(site-specific recombination),如基于噬菌体P1的Cre/*loxP*位点特异重组系统。另外,T7噬菌体RNA聚合酶可用于合成生物学中的回路设计(circuit design)。总之,噬菌体在基因工程中发挥着关键作用,为科学家提供了重要工具,极大地促进了分子生物学和基因工程领域的发展。

3.2.2 噬菌体的生物学特性

噬菌体是一类细菌病毒,寄生在细菌的细胞内,其生长和繁殖依赖于寄主细胞,它利用寄主细胞的蛋白质合成系统和复制系统进行生长和繁殖。噬菌体为了自身的存活,必须依赖于寄主细胞,这种对寄主的依赖性是噬菌体最具特色的一种重要生物学特性。常见噬菌体的特征见表3-2。

表3-2 常见噬菌体的特征

名称	核酸类型	分子量/u	构型	寄主	特性
T4	dsDNA	130×10^6	线性	*E. coli*	烈性
λ	dsDNA	31×10^6	线性	*E. coli*	温和
P1	dsDNA	58×10^6	线性	*E. coli*	温和
ϕX174	ssDNA	1.7×10^6	环状	*E. coli*	烈性
M13	ssDNA	2.1×10^6	环状	*E. coli*	温和

与细菌或真核细胞相比,噬菌体的结构十分简单,但比质粒的结构却复杂得多。噬菌体与质粒截然不同,噬菌体是一种病毒,而质粒仅是一个带有复制起点的裸露DNA分子。噬菌体除了携带具有复制起点的DNA之外,还包含外壳蛋白。同质粒分子一样,噬菌体也可用来克隆外源DNA片段,也是一种良好的基因载体。噬菌体同样具有作为载体必备的先决条件,即噬菌体可以保护自己的核酸分子(DNA或RNA)免受寄主的排斥系统破坏,从而保证自身在寄主体内得以生存。噬菌体可将核酸分子注入被感染的细菌细胞内,进行溶原生长或裂解生长。

噬菌体的感染效率极高。一个噬菌体颗粒感染一个细菌细胞之后，便可迅速形成数百个子代噬菌体颗粒，而每一个子代颗粒又各自能够感染一个新的细胞，再产生数百个子代颗粒。只要重复4个感染周期，一个噬菌体颗粒就能使数十亿个细菌细胞死亡。在培养基平板上，先涂上一层细菌细胞，令其生长，形成菌苔(bacterial lawn)，再以噬菌体感染，就会以被感染的细胞为中心在其周围形成一个空斑。我们把菌苔上感染了噬菌体的细胞裂解之后留下的空斑称为噬斑(plaque)。

噬菌体感染细菌细胞的过程已被揭示，证明了遗传物质是核酸而不是蛋白质。在电子显微镜下观察，噬菌体的外形可分为头部、颈部和尾部(图3-11)。在感染过程中，噬菌体首先以尾丝附着在细菌细胞壁上，然后将噬菌体的核酸DNA注入细胞内。注入的核酸DNA有两种命运：第一种是与寄主细胞的染色体DNA整合，以后随着寄主细胞的染色体复制而复制，而寄主细胞仍然正常分裂并不死亡，我们把这种生命过程称为溶原生长；第二种是利用寄主细胞内的酶系统，大量合成噬菌体所特有的DNA和蛋白质(包括头部和尾部的蛋白质)，然后将DNA用蛋白质包装起来，形成成熟的子代噬菌体，随后寄主细胞裂解(死亡)，释放大量子代噬菌体，又去感染周围其他细胞，这种周而复始的生命过程称为裂解生长。

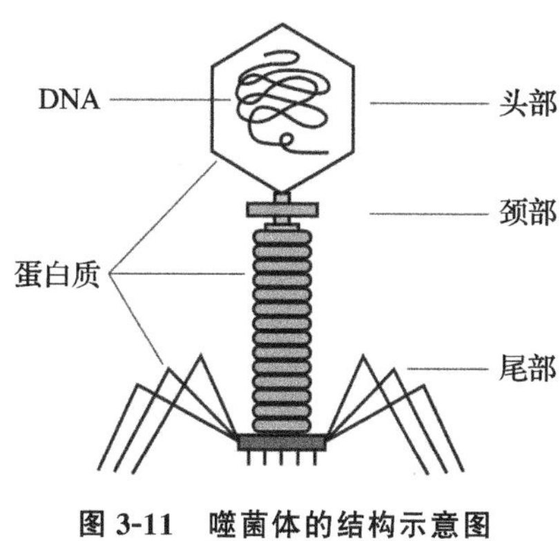

图3-11 噬菌体的结构示意图

噬菌体根据其裂解方式可以分为两大类：烈性噬菌体和温和噬菌体。烈性噬菌体，如T4噬菌体等，具备特异性裂解宿主细菌并释放新噬菌体的能力，其生命周期通常包括5个关键步骤：吸附、注入、合成、组装和释放。首先，噬菌体通过与宿主细菌上的特异性受体结合，吸附到宿主表面。其次，噬菌体将其遗传物质注入宿主细胞内，这些遗传物质会在宿主细胞内利用其资源进行大量复制并合成蛋白质。再次，新的噬菌体在宿主细胞内组装完成。最后，子代噬菌体裂解宿主细菌并被释放，以继续感染其他细菌。温和噬菌体，也称为溶原噬菌体，如λ噬菌体、P1噬菌体和M13噬菌体等，其生命周期与烈性噬菌体不同。它们不会裂解宿主细菌，而是将其基因组整合到宿主细菌的基因组中，并随着细菌的分裂将遗传物质传递给后代。此外，噬菌体整合的基因也可能改变细菌的某些表型，这一过程被称为溶原转化。在某些特定情况下，受体细菌也可以切换至裂解模式，执行裂解循环。下面将对一些在基因工程中常见的噬菌体进行详细介绍。

3.2.3 常见噬菌体载体

1. 双链DNA噬菌体——λ噬菌体载体

基因工程研究中最常用的噬菌体载体是λ噬菌体载体。λ噬菌体是迄今为止研究最为详尽的一种以大肠杆菌为宿主的双链DNA噬菌体，其分子量为31×10^6 u，是一种中等大小的噬菌体。λ噬菌体的基因组DNA全长为48.5 kb，在噬菌体颗粒内λDNA呈线性双链分子，两端各有长12 bp的5′突出黏性末端，进入宿主细胞后，在连接酶作用下，噬菌体DNA会形成共价闭合环状分子。黏性末端互补配对连接而成的双链DNA区段称为黏性末端位点或*cos*位点(cohesive end site)(图3-12)。*cos*位点是噬菌体包装时包装蛋白识别的位点，两个相邻*cos*位点之间的片段被包装到子代噬菌体颗粒中。

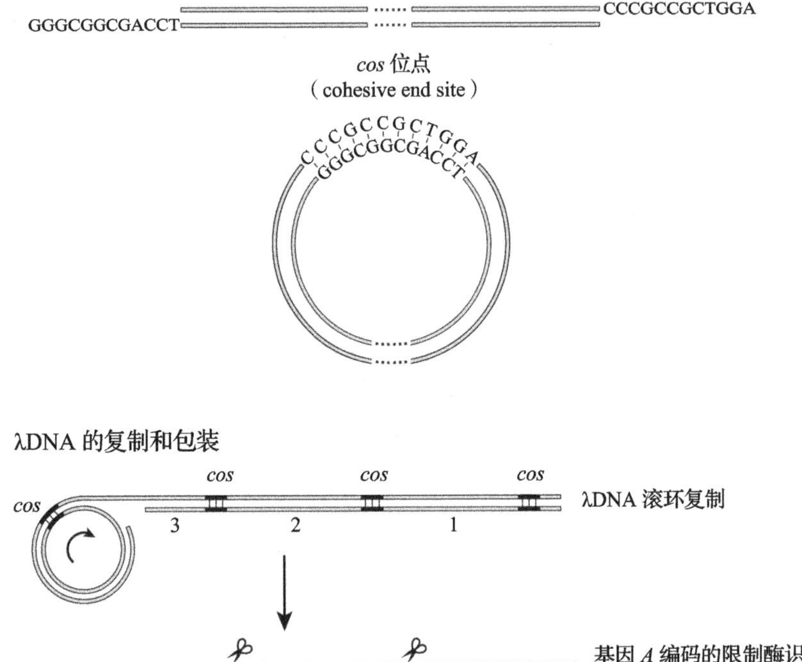

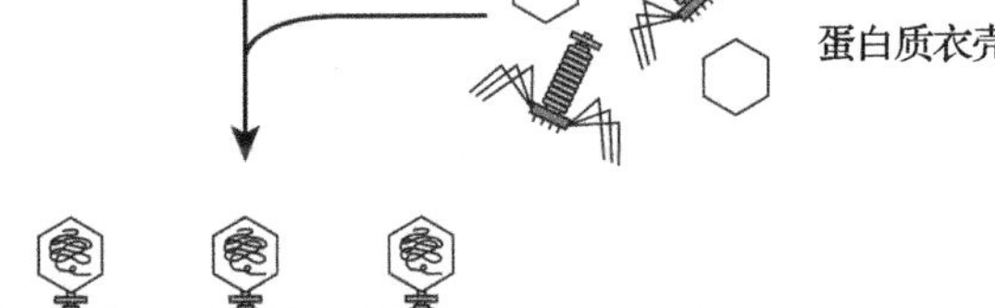

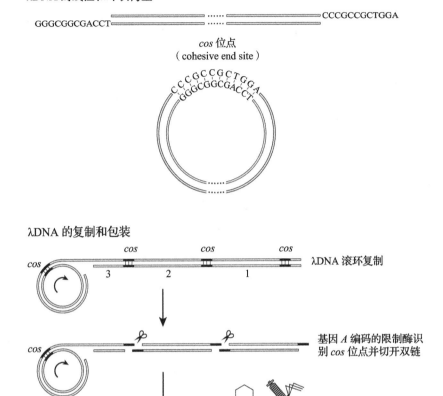

图 3-12　λ 噬菌体基因组中的 *cos* 位点

λ 噬菌体的基因组 DNA 至少编码 61 个基因，功能相近的基因在基因组中聚集在一起(图 3-13)。λ 噬菌体的基因组共分为 3 个区域：第一个区的基因与噬菌体 DNA 的包装和颗粒的形成有关；第二个区位于中间，主要与溶原生长和基因的整合有关；第三个区主要与噬菌体的复制和裂解生长有关。λ 噬菌体的基因组中，约只有一半基因参与噬菌体的生命周期，它们属于噬菌体生存必需的基因，而另一半基因为非必需基因，也就是说它们可以被外源基因取代，这些基因被取代后并不影响噬菌体的生命功能。在 λ 噬菌体的基因组 DNA 中，至少有 56 种限制酶位点，利用这些酶切位点可将外源基因取代非必需基因，从而形成重组噬菌体 DNA，它能随着寄主细胞一起复制和增殖，这也是 λ 噬菌体能够被开发成为基因克隆载体的前提条件之一。

野生型 λ 噬菌体并不能直接作为基因克隆载体，主要原因有两个：一是 λ 噬菌体的基因组较大，而且存在多个限制性内切酶的重复酶切位点，导致这些酶切位点不可用；二是作为载体其容量受限于噬菌体颗粒的包装能力。λ 噬菌体必须在体外包装成颗粒才有活性，但包装容量有限度：上限不

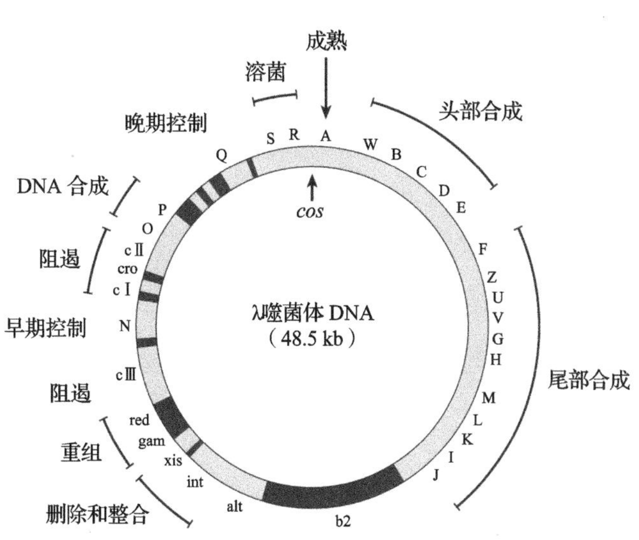

图 3-13　λ 噬菌体基因组中的基因图谱

得超过野生型 λDNA(48.5 kb)的 105%左右，而下限又不得少于野生型 λDNA 的 75%，即 λ 噬菌体的包装能力控制在野生型 λDNA 长度的 75%～105%，超过这个范围则包装能力受到很大影响。如果将野生型 λ 噬菌体直接作为载体，则只能克隆约 3 kb 的外源片段(图 3-14)。

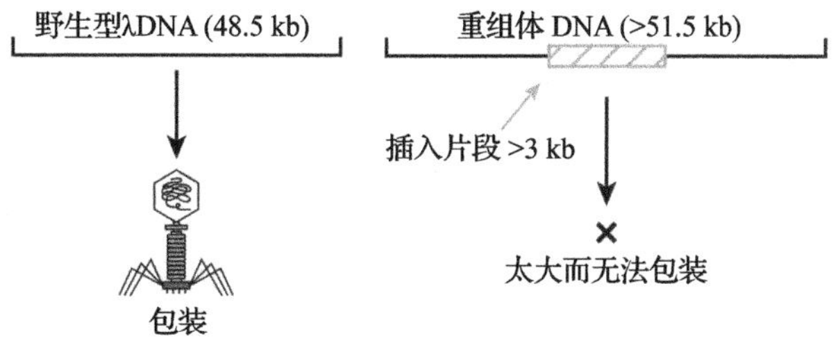

图 3-14　λ 噬菌体的包装限制与酶切位点改造

目前应用的 λ 噬菌体载体都是在野生型 λ 噬菌体基因组的基础上改造得到的。改造的内容主要包括 3 个方面：一是切除野生型 λ 噬菌体 DNA 的非必需区，扩充其作为载体的克隆容量；二是除去必需区中多余的限制性内切酶位点，并引入更多的其他限制性内切酶位点；三是引入选择性标记基因，以便用于重组子筛选。

通过酶切将外源基因取代 λ 噬菌体 DNA 的非必需区，这种形式的载体称为替换型 λ 载体(图 3-15)。在 λ 噬菌体的 DNA 分子上酶切，然后直接插入外源基因，这种形式的载体称为插入型 λ 载体(图 3-15)。插入型 λ 载体一般容量较小，为 6～11 kb，主要用于 cDNA 的克隆。替换型 λ 载体容量较大(9～23 kb)，理论上最大可达 23 kb，主要用于基因组克隆。λ 噬菌体载体克隆外源片段的最有效长度一般为 15 kb 左右，通常来说克隆一个基因不成问题。但是，λ 噬菌体载体有时仍然不能满足需求，这是因为许多基因的长度要远超这一范围。譬如，有些含有内含子的基因组 DNA 长度可达 35～40 kb。另外，有时还需要克隆两个连锁的基因，或者克隆一个基因及其旁侧的序列(flanking sequence)，那么 λ 噬菌体载体就显得不能满足需求。

λ 噬菌体克隆外源 DNA 片段的原理与质粒载体类似，首先将载体和外源 DNA 适当酶切后，

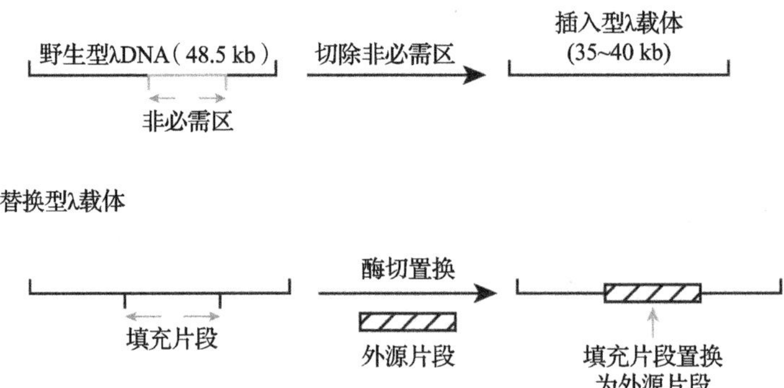

图 3-15　插入型 λ 载体与替换型 λ 载体

再利用连接酶就可把外源 DNA 插入载体中的适当位置，连接后的重组 DNA 保留了噬菌体的增殖性能。通过提取 λ 噬菌体的蛋白质外壳，可以将重组的噬菌体 DNA 进行包装，形成噬菌体颗粒。这些颗粒仍然保持对大肠杆菌的感染能力，通过裂解生长可增殖重组噬菌体，并在平板上形成噬斑。包装所需的蛋白质可以直接从商业公司购买，或者通过购买相应的试剂盒进行制备。

在 λ 噬菌体载体中，常常利用其特有的生物学特性来进行重组子的筛选。譬如，基于 λ 噬菌体对基因组 DNA 的包装限制特性，只有插入合适大小的 DNA 片段时才能被包装，重组子才能产生噬斑，这就是所谓的正向筛选。此外，也可以利用 *cI* 基因的插入失活或 *Spi* 表型等特性来进行重组子筛选。用于重组子筛选的 *cI* 基因，其功能是高效率促进噬菌体进入溶原生长，若外源片段插入载体上的 *cI* 基因中，将导致该基因失活，从而使大肠杆菌进入裂解生长状态，产生噬斑。如果 λ 噬菌体载体携带 *red* 和 *gam* 基因，可使该噬菌体在带有 P2 原噬菌体的溶原性大肠杆菌中生长受到抑制，这称为 Spi^{+} 表型。当 *red* 和 *gam* 基因被替换为外源基因时，重组菌株成为 red^{-} 和 gam^{-}，则 λ 噬菌体在含有 P2 原噬菌体的溶源菌株中能正常生长，并产生透明的噬斑。*cI* 标记基因和 Spi^{+} 表型筛选，都可用于重组噬菌体的正向选择，大大降低了非重组子的数量。另外，质粒载体上常用的一些筛选标记，如 *lacZ′* 基因，也可应用到 λ 噬菌体载体中，其原理与质粒载体相似。

关于 λ 噬菌体载体的评价，其优点是载体容量大，转染效率高，方便进行正向筛选，通过对噬斑的观察就可鉴定重组噬菌体，而且杂交筛选也容易进行。但是 λ 噬菌体载体也有一些缺点，例如，其操作较质粒复杂，因为噬菌体必须经体外包装成病毒颗粒才能感染细菌；要得到纯化的 λDNA 片段不容易，因为 λDNA 分子量较大，不易分离，操作也比较麻烦。

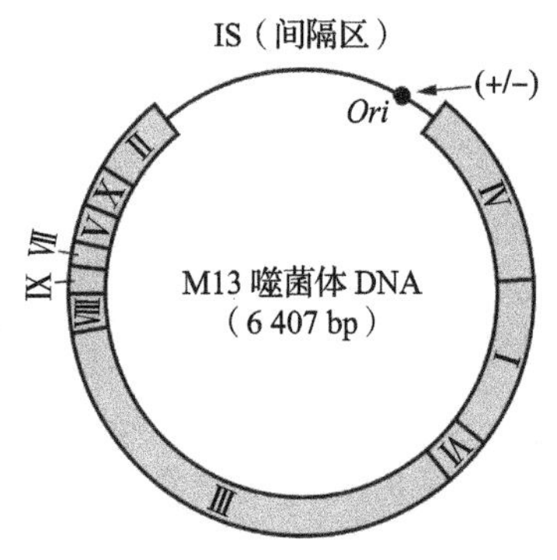

图 3-16　M13 单链噬菌体基因组中的基因图谱

2. 单链 DNA 噬菌体——M13 噬菌体载体

M13 噬菌体的颗粒呈丝状，感染宿主细胞后不裂解宿主细胞，而是从感染的细胞中分泌出噬菌体颗粒，宿主细胞仍能继续生长和分裂。M13 噬菌体的基因组为环状单链 DNA，长度为 6.4 kb，包含 11 个编码基因（图 3-16）。这些基因之间由间隔区(IS)所分离，其内含有调节基因表达或 DNA 合成的关键元件。

吸附是噬菌体感染的第一步，M13噬菌体只感染携带有F质粒的菌株(可产生性纤毛)。在吸附过程中，基因Ⅲ编码的蛋白质与性纤毛发生作用，随后噬菌体穿入性纤毛，基因Ⅲ编码的蛋白质与宿主的TolQ、TolR和TolA蛋白发生作用，去除噬菌体的外壳蛋白，使噬菌体的DNA及基因Ⅲ编码的蛋白质进入宿主细胞。在宿主细胞内，感染性的单链噬菌体DNA(正链)在宿主的酶作用下转变成环状双链DNA，用于DNA的复制，因此称这种双链DNA为复制型DNA(replicative form DNA，RF DNA)，RF DNA在宿主细胞内以θ方式进行复制扩增。基因Ⅱ编码的蛋白质在亲代RF DNA的正链特定位点上产生一个切口时，便启动噬菌体基因组的滚环复制，即在大肠杆菌DNA聚合酶Ⅰ的作用下，以负链为模板在切口处$3'$-末端加入核苷酸合成互补的DNA新链，以替换原有的正链。被取代的正链则由基因Ⅱ编码的蛋白质切除，环化形成一个新的环状DNA分子。新产生的环状单链DNA，又会转变新的RF DNA。当感染细胞内有足够多的单链DNA结合蛋白时，即基因Ⅴ编码的蛋白质，RF DNA不再继续增加，DNA的合成几乎只产生子代正链DNA。最后，在单链DNA结合蛋白的作用下，这些DNA被包装成为成熟的噬菌体颗粒。单链噬菌体的双链状态DNA(RF DNA)也可以开发成载体(图3-17)，既可像质粒一样进行操作，也可产生单链子代DNA，以便用于测序、标记制备探针等实验。但是该载体也有缺点，尤其是在插入外源DNA后，其遗传稳定性下降，大片段DNA容易丢失，因此其实际克隆能力有限。

M13mp8/9 多聚接头

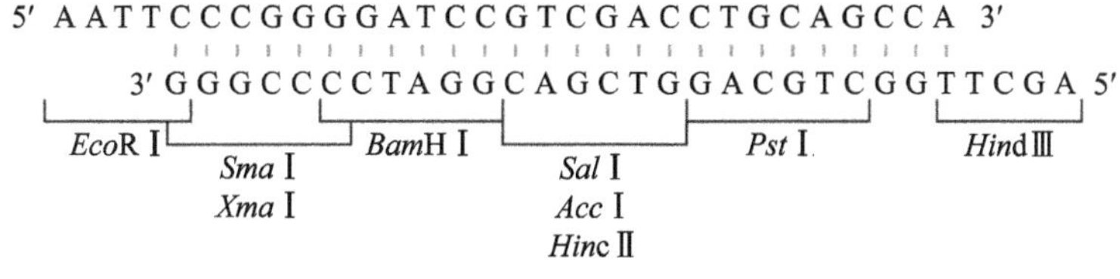

多聚接头的方向

图3-17 M13mp8/9单链噬菌体载体

3. 基于噬菌体构建的人工质粒载体——噬菌粒和柯斯质粒

(1)噬菌粒(phagemid) 噬菌粒是一类由人工构建的载体，它含有单链噬菌体的包装序列和复制子，还带有质粒的复制子、克隆位点和标记基因。噬菌粒实际上是带有单链丝状噬菌体大间隔区域的一种特殊质粒，其DNA呈双链形式。因为噬菌粒带有单链丝状噬菌体来源的复制子，在含有辅助噬菌体的宿主细胞中可被诱导产生单链DNA。噬菌粒同时具有单链噬菌体和质粒的特征，可以像噬菌体或质粒一样复制，因而兼具二者载体的优点。例如，噬菌粒具有常规质粒的特征，双链DNA既稳定又高产，还可省去将外源DNA片段从质粒插入单链噬菌体载体的步骤，而且其载体足够小，可得到长达10 kb的外源DNA单链。

(2)柯斯质粒(cosmid) 柯斯质粒也是一类由人工构建的、具有更大克隆能力的载体。柯

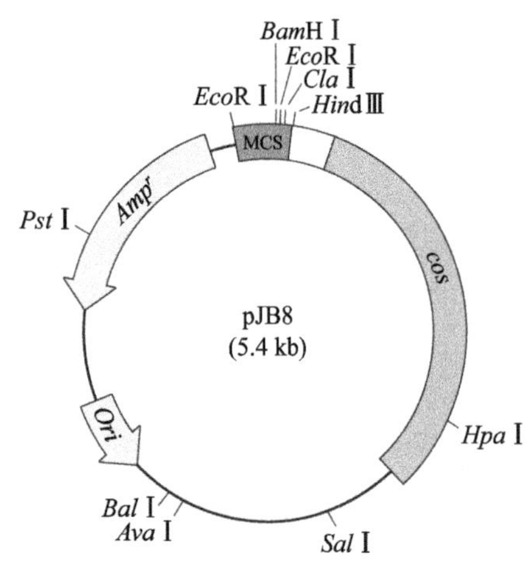

图 3-18　pJB8 柯斯质粒载体结构

斯质粒载体含有 λDNA 的 *cos* 位点序列和包装相关序列，以及质粒 DNA 的复制子和标记基因，也被称为黏粒(*cos* site carrying plasmid，cosmid)。在寄主细胞内，其 DNA 是以环状双链质粒的形式存在。柯斯质粒具有 λ 噬菌体的特性，在体外包装成颗粒后能高效感染大肠杆菌，但是柯斯质粒并不包含 λ 噬菌体的全部必需基因，故在宿主细胞内不形成子代噬菌体，而是跟质粒 DNA 一样进行复制，即不产生噬斑，而以菌落形式表现。柯斯质粒上带有 pMB1 或 ColE1 复制子，在氯霉素作用下，还可进一步扩增。柯斯质粒还带有抗生素基因，能进行插入失活筛选。柯斯质粒载体的结构简单，主要由质粒复制起点、选择标记基因和 *cos* 位点三部分组成，而且分子量较小(约 5 kb)(图 3-18)，操作方便。根据 λ 噬菌体的包装限制特性，两个 *cos* 位点之间的理论容量可达 45 kb 左右，因此柯斯质粒载体具有高容量的克隆能力，在早期真核生物基因组文库的构建中特别有用。由于非重组体很小且不能被包装，所以非重组体的本底很低，有利于重组克隆的正向选择。但是，该载体也有缺点。例如，由于存在 *cos* 位点，两个柯斯质粒之间可能会发生重组；插入的片段较大，导致嵌合体的比例可能也较高；包装蛋白的制备过程较复杂，且包装效率有时不稳定；不同大小的插入片段使得细胞生长速度不同，结果可能会导致某些较大的外源片段容易丢失。

3.3　人工染色体载体

在基因工程研究中，有时插入片段非常大，达到 100 kb 以上，那么前面所述的载体就无法满足要求。因此，必须寻找具有更大容量的载体，而人工染色体往往能满足这一要求。人工染色体是指把染色体的一些基本元件人工组合，并利用染色体的复制元件来驱动外源 DNA 复制的载体。

真正意义上的人工染色体只有酵母人工染色体(yeast artificial chromosome，YAC)，它含有染色体的各种必要元件。YAC 载体是利用酿酒酵母染色体的复制元件构建而成的，含有酵母的自主复制序列(ARS)、着丝粒、端粒，以及选择标记和多克隆位点等基本元件(图 3-19)。YAC 载体中还含有质粒载体的复制起点和筛选标记，可在大肠杆菌中按质粒方式进行复制，便于载体制备和保存。YAC 载体在酵母细胞内能够自主复制，且在子代细胞间能均等分离，从而保证了外源插入片段遗传的稳定性，因此其克隆容量非常大，插入片段的长度可达上百甚至上千 kb。YAC 载体主要用来构建大片段 DNA 文库，并不用于常规的基因克隆。YAC 载体属于真核载体，对真核生物基因功能的研究非常有用。但是，YAC 载体也存在一些缺点，如嵌合体的比例可能较高。嵌合体是指一个 YAC 克隆中含有两个原本互不相连的独立 DNA 片段。另外，酵母的培养时间越长，或插入的片段越大，其稳定性就越差，可能会出现基因的丢失或重排现象。同时，由于 YAC 重组子的分子量很大，操作起来也较为困难。

其他一些大容量载体，采用了大质粒(如 F 质粒)或某些噬菌体(如 P1 噬菌体)的复制元件，也能装载大片段 DNA，这些载体也都被称为人工染色体载体，包括细菌人工染色体(bacterial artificial chromosome，BAC)、噬菌体人工染色体(phage artificial chromosome，PAC)、可转基因人工染色体(transformation artificial chromosome，TAC)等。BAC 以细菌的 F 质粒为基础构建，含有 *par* 基因(图 3-20)，可保证遗传物质在子代平均分配，其克隆容量高，可以达到 120～300 kb。BAC 以细菌为宿主，易于操作和转化，而且利用电激法进行转化的效率远高于 YAC 载体转化酵母的效率。BAC 载体中 F 质粒本身携带的基因控制着质粒的复制，令其拷贝数很低，形成嵌合体的频率也较低，也较少发生体内重排。

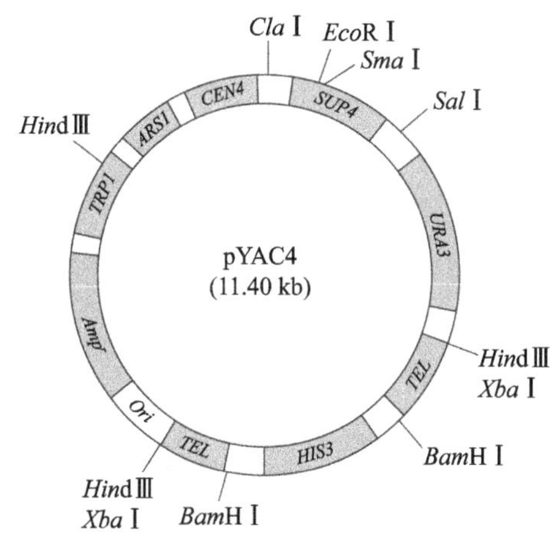

图 3-19　pYAC4 酵母人工染色体载体图谱

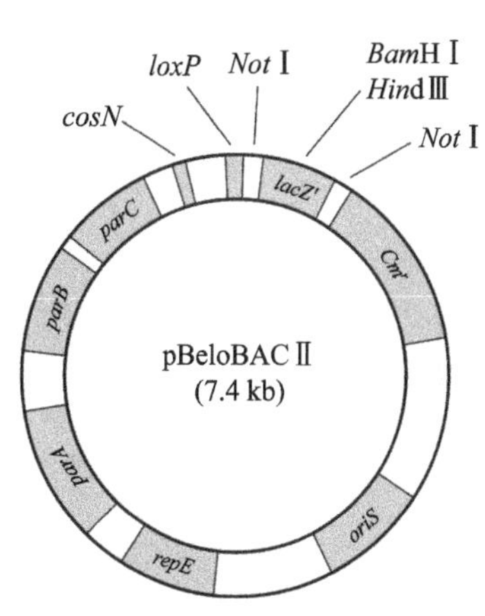

图 3-20　pBeloBAC Ⅱ 细菌人工染色体载体图谱

P1 噬菌体在溶原生长时能以附加体的形式游离于宿主的染色体之外存在，因此 P1 噬菌体载体以单拷贝质粒的形式进行复制(由 P1 质粒复制子控制完成)，并且能均等分配到子细胞中。P1 噬菌体载体也是一种高容量载体，能容纳 70～100 kb 的 DNA 片段。当 P1 噬菌体载体的线性 DNA 分子插入外源片段后，会被包装成为颗粒，并转入能表达 Cre 酶的宿主细胞中。在这个过程中，线性 DNA 分子通过载体上的两个 *loxP* 位点发生重组而环化，然后通过异丙基硫代-β-*D*-半乳糖苷(IPTG)诱导另一个复制子(P1 烈性复制子)进行大量扩增(图 3-21)。将 P1 噬菌体载体改良，去除不必要的片段并增加多克隆位点，就得到噬菌体人工染色体(PAC)。PAC 载体的容量一般为 130～150 kb，插入的外源片段没有明显的嵌合和缺失现象。PAC 载体也可以稳定遗传，并且外源片段能够高效扩增。但是，由于 PAC 载体自身较大，构建文库的效率没有 BAC 载体高。在 PAC 载体中，多克隆位点位于 *sacB* 基因内，通过加入蔗糖和抗生素可直接筛选出含有插入片段的重组子。PAC 载体不能进行包装，故不能直接感染大肠杆菌，必须通过电激转化导入宿主细胞中。

在人工染色体载体的基础上，有时还添加了 T-DNA 的功能区序列，使得载体具备直接转化真核植物细胞的能力，如 BIBAC(以 BAC 为基础)和 TAC(以 P1 噬菌体载体为基础)载体，这类载体能在大肠杆菌和根癌农杆菌中复制和保持稳定。TAC 载体是植物基因工程研究中应用较多的一个载体，该载体具有 P1 复制子、Ri 复制子、T-DNA 功能区的左右边界，以及合适的筛选标记(图 3-22)。TAC 载体中的 P1 烈性复制子(lytic replicon)可在 IPTG 的诱导下产生 5～20 个拷贝，从而有效提高外源基因的产量。

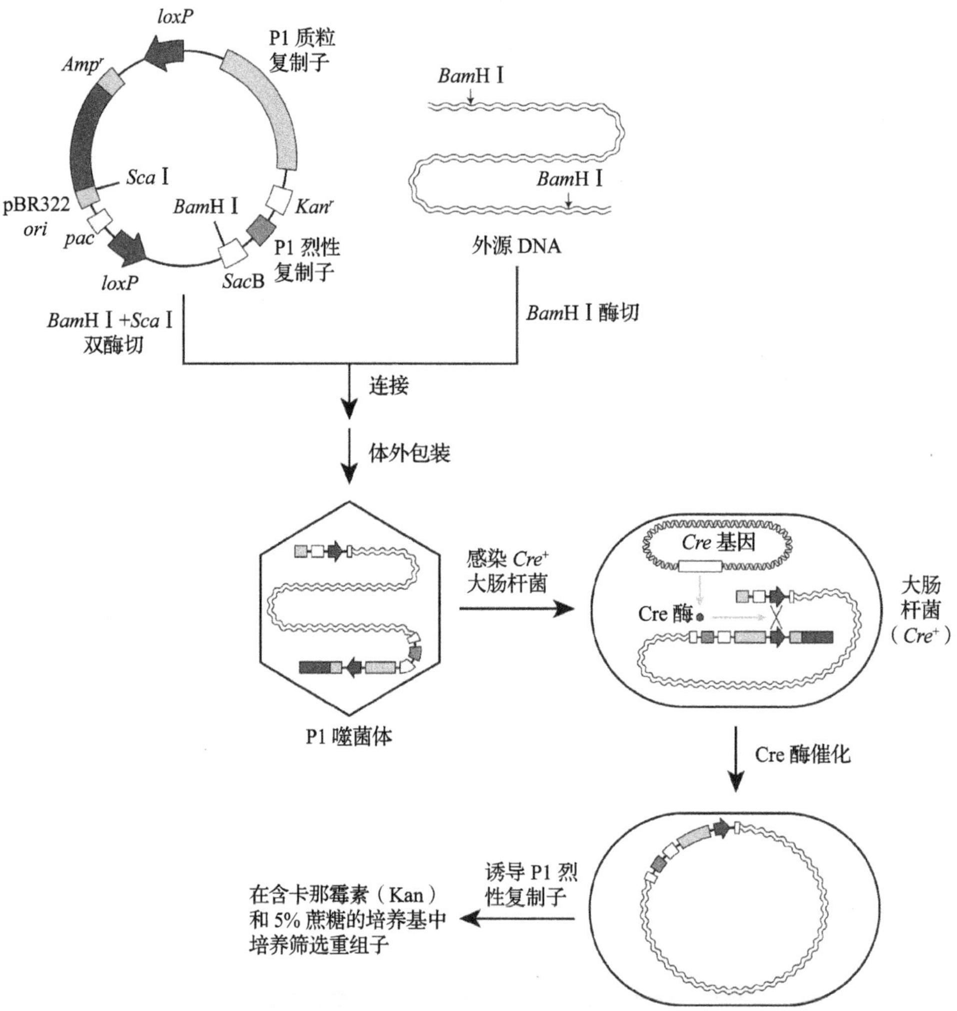

图 3-21　P1 噬菌体载体克隆的基本过程

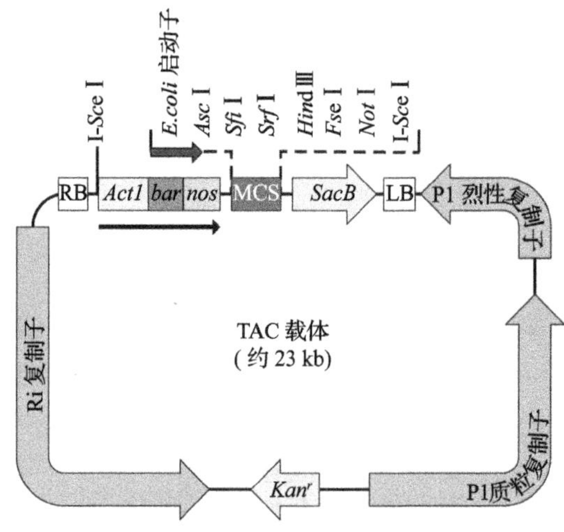

图 3-22　可转基因人工染色体(TAC)载体的基本结构

3.4 其他载体

前面的内容主要是围绕克隆载体，而在基因工程研究和应用中，经常还会用到表达载体。关于表达载体，在此不赘述，请参考本书其他章节。

基因工程研究中，还会遇到所谓的穿梭载体。穿梭载体是指能在两种不同的生物中复制的载体，它含有不止一种类型的复制子，因而能在不同种类的宿主细胞中复制或表达。例如，能在原核生物和真核生物细胞中存在的穿梭载体，不仅具有细菌质粒的复制原点和选择标记，还具有真核生物的自主复制序列和选择标记。这类载体通常用于从细菌中筛选鉴定和扩增基因，然后在真核生物的细胞中进行基因表达和功能分析。

除了原核载体，基因工程研究中常常会用到真核载体。酵母是真核生物，故来源于酵母的载体属于真核载体，可实现真核基因的克隆与表达。酵母还有一个显著特点，就是能产生分泌产物，而大肠杆菌的产物为包含型(M13 噬菌体载体的感染除外)。酵母是研究真核生物 DNA 的复制、重组以及基因表达和调控的理想材料，为此也构建了许多适用于酵母的人工质粒载体，它们通常由大肠杆菌质粒和酵母的 DNA 片段构建而成。例如，酵母整合型质粒(yeast integration plasmid，YIP)，它不含自主复制序列(ARS)，在酵母细胞中不能自主复制，但是转入寄主酵母细胞后，能与寄主的染色体 DNA 重组(整合)，并随染色体一起复制，以单拷贝基因形式稳定遗传。酵母复制型质粒(yeast replication plasmid，YRP)，它含有自主复制序列，参与质粒复制的控制，虽然其拷贝数相比 YIP 高，但总体上仍然较低，而且 YRP 也不太稳定。酵母附加体质粒(yeast episomal plasmid，YEP)，它由 ARS、pBR322 及适用于酵母的选择性标记构成，以附加体形式在酵母中繁殖，其特点是拷贝数较高，但稳定性一般。酵母着丝粒质粒(yeast centromeric plasmid，YCP)，它含有着丝粒结构，能保证 DNA 稳定传递。酵母线性质粒(yeast linear plasmid，YLP)，它含有端粒结构，以线性方式复制。端粒是线性 DNA 稳定存在的必要条件，可保证线性 DNA 不被细胞中的酶破坏。这些类型的酵母质粒载体都含有适合在大肠杆菌中筛选的抗生素标记，能在大肠杆菌中繁殖且拷贝数较高，可使外源基因在大肠杆菌中得到扩增，而且还含有便于在酵母中选择的遗传标记，如 Leu^+、His^+、Trp^+等，以及合适的限制酶切割位点，以便外源基因的插入。在酵母中使用的克隆载体普遍存在着稳定性与拷贝数之间的矛盾：能稳定遗传的载体(如 YIP、YCP)大多是单拷贝的，而拷贝数高的载体则往往稳定性欠佳。

植物基因克隆所用的载体也是真核载体，其主要由土壤农杆菌的 Ti 质粒或花椰菜花叶病毒的 DNA(CaMV DNA)构建而来。Ti 质粒是一种环状双链 DNA 分子，分子量为 1.2×10^8 u。Ti 质粒的重要功能序列包括 T-DNA 区和 Vir 区(致病区)。T-DNA 区的功能是控制携带的 DNA 以单拷贝形式随机整合到植物染色体中，而致病区基因的功能是控制土壤农杆菌对植物的感染及肿瘤的形成。CaMV DNA 也是一种双链 DNA 分子，可以感染植物并在植物细胞内繁殖，因此也可作为一类植物基因克隆载体。植物基因克隆载体的特点是分子量大、单一限制酶位点较少，且操作不易、体外重组较难。关于植物基因克隆载体的更多信息，请参见本书其他章节。

第4章 DNA的连接、转化和重组子筛选

基因工程是在分子水平上对基因进行复杂操作的技术，其核心是基因重组，即通过适当的限制酶进行酶切，以及连接酶进行催化，将目的基因片段与载体连接成为重组DNA分子，然后导入相应的受体细胞中去繁殖和表达。基因操作的过程主要由目的基因的分离、DNA体外连接重组、导入受体细胞和筛选鉴定4个部分组成。

获取目的基因是实施基因操作的第一步。目的基因是指基因工程研究的对象基因，如植物抗逆境相关的基因、人胰岛素基因等。从浩瀚的"基因海洋"中获得特定的目的基因，难度是相当大的。主要有两条途径：一是采取各种策略从供体基因组中直接分离目的基因；二是人工合成目的基因。关于基因的分离策略，详见本书其他章节。将目的基因与合适的载体在体外重组，即目的基因与载体的DNA分子在体外连接，是实施基因工程的第二步。在此步骤中，首先要用一定的限制酶切割载体和目的基因，使其产生合适的末端，然后用DNA连接酶把目的基因片段插入载体中，形成一个重组的DNA分子。在DNA的重组连接过程中，除了使用传统依赖连接酶的重组连接技术外，越来越多的实验室正采用现代不依赖连接酶的DNA重组连接新技术。实施基因工程的第三步是将重组DNA分子导入受体细胞中，以便目的基因扩增或表达。常用的受体细胞有大肠杆菌、枯草杆菌、土壤农杆菌、酵母菌和各种动植物细胞。第四步，对导入受体细胞的重组DNA分子进行筛选鉴定，因为只有通过筛选鉴定，才能确认受体细胞中是否含有目的基因，以及目的基因能否维持稳定和表达。本章主要围绕目的基因与载体的重组连接、导入受体细胞和导入后的筛选鉴定分别进行阐述。

4.1 DNA的连接

4.1.1 传统依赖连接酶的DNA重组连接技术

DNA分子的体外重组首先要依赖限制性核酸内切酶，对目的基因DNA分子和载体分子分别酶切，以产生合适的末端，再在连接酶的作用下接合在一起，形成重组DNA分子，这是DNA重组的核心技术，也是传统的DNA重组连接技术。关于限制酶的酶切反应，前面章节中已进行了讨论。在连接反应中，最重要的角色就是DNA连接酶，它可以催化两条DNA双链上相邻的5′-磷酸基团和3′-羟基之间形成磷酸二酯键。DNA连接酶既可以连接单链DNA也可以连接双链DNA，既可以连接互补的黏性末端也可以连接平末端。总的来说，目的基因DNA片段和载体分子间的连接应根据不同的末端特性采取相应的连接策略。

当用两种不同的限制性内切酶进行消化时，目的基因片段的两端会产生非互补的突出末端。

通常情况下，载体上的多克隆位点内含有多个不同的限制酶识别位点，因而几乎总能找到与外源目的基因片段末端相匹配的限制酶，以便对载体进行相应的切割，从而将外源片段定向地克隆到载体上。当目的基因的两侧没有合适的酶切位点可供选择时，则可利用 PCR 扩增技术，在上下游引物的5′端分别添加不同的酶切位点和保护碱基，以便 PCR 产物酶切后能与相应酶切的载体连接。

如果用相同的酶或同尾酶消化目的基因和载体分子，则二者 DNA 分子的两端都会带有相同的黏性末端。这种情况下，连接反应中外源片段和载体 DNA 分子均可能发生自身环化或串联，且外源 DNA 片段会随机插入载体分子中，即正反两种方向插入都可能存在。为了优化连接反应，必须仔细调整连接反应中两种 DNA 的浓度，以确保重组 DNA 分子的数量达到最高水平。此外，还需将线性化的载体 DNA 分子的 5′-磷酸基团用碱性磷酸酶去除，以便最大限度地抑制质粒载体 DNA 分子的自身环化。

在重组连接时，有时会用到平末端连接策略，这是因为平末端连接对 DNA 分子没有特异性，只要是平末端，不管是何种酶切产生的片段都可连接。平末端一般由特定的平末端限制酶产生，或者由核酸外切酶消化产生，或者由 DNA 聚合酶补平突出端而产生。平末端的连接效率比黏性末端要低得多，故在连接反应中要适当提高连接酶的浓度以及外源 DNA 和载体 DNA 分子的浓度。通常还需加入低浓度的聚乙二醇，以促进 DNA 分子凝聚，从而提高连接效率。也可在平末端加上同聚物“尾巴”，如 polyA，以提高连接效率。常规的 PCR 中，每个循环的延伸阶段结束后，Taq 酶会在产物的末端多加一个碱基 A，此时可以用 T 载体与 PCR 产物直接进行连接。

在某些特殊情况下，外源 DNA 分子的末端与所用载体分子的末端可能不匹配。为了解决这个问题，可在外源 DNA 片段的末端或载体分子的末端先连接上合适的衔接物(linker)或接头(adaptor)，以便二者 DNA 分子的末端能够匹配。关于衔接物和接头的使用方法，可参见本书其他章节。当然，也可以使用 DNA 聚合酶补平 3′-凹端，将不相匹配的末端转化为平末端后再进行连接。

关于 DNA 的连接，还有一些注意事项。例如，连接反应的温度条件就很关键。虽然 DNA 连接酶的最适反应温度为 37 ℃，但是在此温度下，匹配末端的氢键结合很不稳定，故 DNA 连接的温度一般设定在 16 ℃左右。DNA 分子平末端和黏性末端的连接效率是不同的，因而在底物浓度、酶浓度的选择上会有所差异。为了提高目的基因与载体的重组连接效率，通常会对载体末端进行碱性磷酸酶处理，除去其 5′端的磷酸基团，以防止载体 DNA 分子的自身环化。连接反应缓冲液中含有的 ATP 会随着时间的增长而降解，尤其是反复冻融操作容易导致 ATP 失效，因此建议提前把连接反应缓冲液分装成小份储存。对于单酶切产生的黏性末端连接，外源片段可以任意方向插入载体中，且连接位点仍然可被原来的酶所切割。但是要注意，若是同尾酶产生的黏性末端，连接之后则可能不被同尾酶中的任何酶切割。对于双酶切产生的黏性末端连接，外源 DNA 片段只能按一种取向插入载体分子中，即所谓的定向克隆(图 4-1)。在进行定向克隆时，必须先将切割的载体分子通过电泳分开，回收酶切的载体骨架，然后与目的基因片段连接。

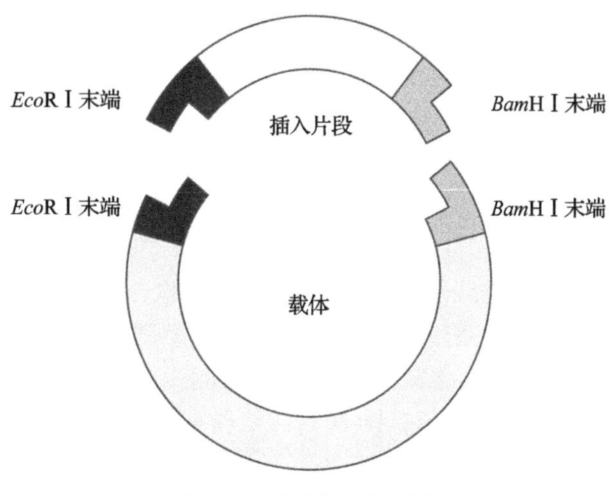

图 4-1　双酶切定向克隆

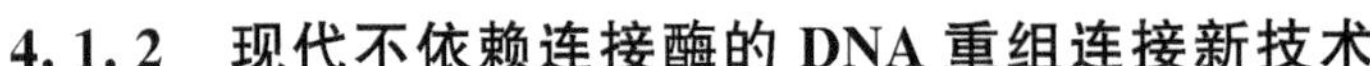

4.1.2 现代不依赖连接酶的DNA重组连接新技术

在经典的DNA重组连接中，要求载体的多克隆位点携带有可用的单一酶切位点。然而，如果载体上缺乏所需的酶切位点，或者目的片段内部同时存在这些酶切位点，就会限制DNA重组的进行。因此，在过去的十多年里，研究者们积极开发了多种替代经典DNA重组的方法，特别是一些现代的DNA重组连接新技术，如基于长黏性末端互补的DNA重组连接技术、基于PCR的DNA重组连接技术和基于同源重组的DNA重组连接技术。相比于经典方法，这些新技术具有许多优势，并且在实验室中越来越受欢迎，特别是前两种技术在当前大多数实验室中广泛应用。这些新技术的主要特点是：它们不依赖于特异的限制性核酸内切酶，却能轻松实现一个甚至多个目的片段在载体中的任意位点插入，同时片段之间也不会形成间隔，或者说“缝隙”。因此，这些技术也被称为无缝克隆(seamless cloning)技术。通过无缝克隆技术，研究者们不仅能够简便快速地将目的片段组装到载体中，还可以对目的片段进行替换、缺失或插入等修饰操作，以深入研究目的基因的功能。本节将重点介绍基于长黏性末端互补的DNA重组连接技术，而基于PCR的DNA重组连接技术将在PCR技术相关章节中详细介绍。

基于长黏性末端互补的DNA重组连接技术的原理主要是：首先利用核酸外切酶的活性，处理含有同源末端的目的片段及线性化载体，使二者产生较长的相同单链黏性末端。其次，通过退火处理，即可形成重组载体DNA分子。在1990年，Aslanidis等首次利用T4 DNA聚合酶的3′→5′外切酶活性和5′→3′聚合酶活性的特性，建立了不依赖于传统连接反应的克隆方法(ligation-independent cloning，LIC)，即LIC技术。LIC技术的原理是：在设计引物时，在目的片段的5′端引入一段与线性化载体同源的12 bp序列。然后，利用T4 DNA聚合酶对目的片段和线性化载体分别进行酶切处理，同时添加dGTP或dCTP。当目的片段酶切到dGTP或线性化载体酶切到dCTP时，T4 DNA聚合酶的3′→5′外切酶活性与5′→3′聚合酶活性会竞争，导致酶切反应终止，从而形成互补的黏性末端。最后，将处理后的产物进行退火，并转化至大肠杆菌中，通过大肠杆菌连接酶的作用进行修复，即可完成克隆。LIC技术摆脱了限制酶酶切位点的限制，不依赖于传统的连接反应即可实现目的片段与载体的重组。但是，由于T4 DNA聚合酶的酶切时间和终点难以精确控制，可能导致过度酶切，使得黏性末端过长，易形成二级结构，从而降低DNA重组的效率。

2009年，Daniel Gibson等首次提出将T5核酸外切酶、T4 DNA聚合酶和T4 DNA连接酶3种酶联用，建立了Gibson组装(Gibson assembly)技术。在Gibson组装技术中，采用了专门的5′-核酸外切酶——T5核酸外切酶，而不是T4 DNA聚合酶的外切酶活性。T5核酸外切酶不受dNTPs调控的影响，因此可以获得更长的单链互补末端。Gibson技术的原理(图4-2)与LIC技术类似，首先通过PCR方法在目的片段两端各引入一段与载体同源的序列(长16～25 bp)，其次利用T5核酸外切酶的5′→3′核酸外切酶活性，使目标片段和线性化载体产生3′突出的互补黏性末端，再次将产生的带有互补黏性末端的DNA片段在50 ℃下退火配对，并利用嗜热型(可耐受50 ℃高温)T4 DNA聚合酶将互补链缺口补齐，最后通过T4 DNA连接酶连接即可得到重组DNA分子(图4-2)。相比于LIC技术，Gibson组装技术中片段之间重叠区域更长，更特异地确保连接顺序。此外，Gibson组装技术更加简单高效，反应时间可缩短至15 min，极大地方便了研究者进行DNA重组连接。特别是，当遇到载体片段很大、目的片段GC含量很高、含有较多重复序列以及多个目的片段等情况时，经典的重组连接变得非常困难，而利用Gibson组装技术就可轻易地达到实验目的。然而，Gibson组装技术也在不断改进中。一些公司推出了性能更好的DNA聚合酶(如特有的Phusion聚合酶)，以及耐热的DNA连接酶(如Taq连接酶)，确保所有酶反应可在相同温度(如50 ℃)下进行，使得Gibson组装技术更高效。由于T5核酸外切酶的最适温度是37 ℃，而Gibson组装一般在50 ℃下进行，且添加的T5核酸外切酶较少，所以整个反应体系很快就会失去外切酶活性，但DNA聚合酶和连接酶的活性得以维持。

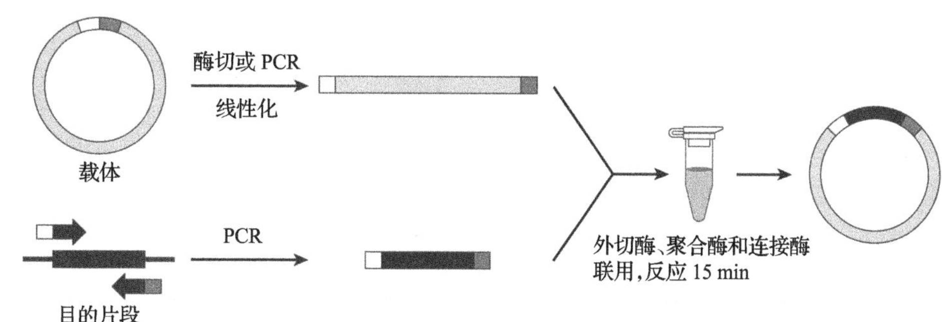

图4-2 Gibson组装技术的原理

此外，Clontech公司还开发了In-Fusion技术，被许多实验室广泛采用。In-Fusion技术的原理与Gibson组装技术非常相似，只是其所使用的酶与Gibson组装技术不同。In-Fusion技术使用特有的In-Fusion酶，与DNA单链结合蛋白联用。In-Fusion酶能够识别3′末端碱基，具有3′→5′外切酶活性，可使目的片段两端产生5′黏性末端。然后，利用DNA单链结合蛋白与产生的5′黏性末端单链DNA结合，稳定单链DNA。在退火条件下，目的片段与线性化载体通过两端的重叠片段产生配对。最后，将配对的重组片段转化到感受态细胞内，利用菌体内的连接酶修复重组片段中的缺口，从而获得重组DNA。

值得注意的是，目前无缝克隆技术也存在一定缺陷。例如，在Gibson组装技术中，目的片段可能会被T5核酸外切酶彻底降解，因此该技术无法组装较小的目的片段(要求不低于200 bp)。此外，由于无缝克隆技术依赖片段两端的同源臂黏性末端互补配对，如果黏性末端内部存在二级结构(如发夹结构)区域，则会导致重组效率显著降低。

4.2 DNA分子导入受体细胞

在体外连接组装而成的重组DNA分子，只有导入合适的受体细胞中，才能进行大量的复制，这一过程被称为基因的体内扩增。受体细胞是指能摄取外源DNA并使其稳定维持的细胞，实际操作中常被称为宿主细胞或寄主细胞。能够作为重组体转化的受体细胞有微生物细胞、动物细胞和植物细胞。

受体细胞的选择一般遵循以下基本原则：易于转化、筛选和培养；外源DNA分子的遗传稳定性高；限制酶基因、重组基因和内源蛋白酶基因要存在缺陷；安全性高；遗传密码无明显偏好性；具有良好的翻译加工机制；具有较高的理论和应用价值。外源DNA导入受体细胞的途径有多种，包括转化、显微注射和电穿孔等，应根据不同的受体选择不同的导入方式。一般情况下，对于原核生物(如细菌)和低等真核生物(如酵母)，可采用化学法或电激法转化的方式导入外源DNA分子，而对于高等动植物细胞，则通常采用显微注射或电穿孔等方法来进行转化。基因工程研究的首要任务就是对目的基因进行扩增，并筛选鉴定出含有单一目的基因序列的重组子，故将外源DNA分子导入受体细胞对于基因操作来说极其重要。

4.2.1 DNA分子导入细菌细胞

外源DNA分子导入细菌细胞的方法有多种，包括转化、转导和转染。转化(transformation)特指质粒DNA分子与膜蛋白结合后进入受体细胞，并在受体细胞内稳定维持和表达的过程。转导(transduction)是指以噬菌体为媒介，将重组的λ噬菌体DNA或柯斯载体DNA导入细菌的过程。转染(transfection)是指感受态的受体细胞捕获和表达以噬菌体为载体的重组DNA分子的过程。感受态(competence)是指细菌处于一种容易吸收(或捕获)外源DNA的最佳生理状态。现在，把外源DNA分子导入受体细胞的方法都泛称为转化，而最初，转化特指感受态细菌捕获和表达以质粒为载体的重组DNA分子的生命过程。下面将重点讨论细菌中质粒的转化。

关于质粒转化细菌的机制目前尚不完全明确。当细菌细胞处于感受态时，外源DNA分子吸附于细胞膜上，DNA双链中的一条链解链，另一条链则进入细胞内部。进入细胞后，线性DNA分子必须整合到宿主细胞的染色体中，才能随着宿主染色体的复制而稳定传代，而质粒则不同，其DNA分子呈环状，不需要整合到宿主染色体上也能繁殖。因此，环状质粒DNA分子的转化率要远高于线性DNA分子。

细菌中质粒转化的方法主要有两种，即化学法和电激法。在化学法转化中，首先需要制备感受态细胞，其基本过程是收集处于对数生长期的细菌，然后用冰浴预冷的低浓度氯化钙溶液(0.1 mol/L)进行处理。钙离子能改变细胞膜的磷脂层结构，提高膜的通透性，且能增强DNA分子抗DNase的能力，从而有利于细菌吸收外源DNA分子进入细胞内部。化学法转化方法操作简便，不需要特殊或昂贵的仪器。化学法的转化率可达10^6～10^8个转化子/μg超螺旋质粒DNA，完全满足常规基因克隆的需求。转化子是指转化之后在平板上形成的带有质粒的细菌克隆。在电激法转化中，感受态细胞的制备方法较简单，只需要用去离子水洗涤细菌，然后用低浓度甘油水(10%)悬浮细胞即可。电激法转化需要有特殊的电激仪设备，价格较贵。电激法的原理是利用高压(300～400 V)瞬时电脉冲在细胞膜上形成许多可逆的瞬间通道，从而使DNA分子容易进入细菌细胞。电激法的转化率比化学法高得多，可达10^9～10^{11}个转化子/μg超螺旋质粒DNA。

化学法转化的步骤简单，首先是制备感受态细胞，这包括菌种的活化与培养，收集对数生长期细菌，然后用$CaCl_2$处理。制备好感受态细胞后，将DNA分子与其混合以进行转化。转化时可在42 ℃条件下进行简短(1.5 min)的热激，以提高转化率。转化完成后，需在无抗生素的条件下恢复培养一段时间(约45 min)，然后才能在含抗生素的平板上进行选择培养。有关化学法转化的具体步骤，请参见本书实验篇。在转化过程中，需设置若干对照，以便评估实验成败的原因，这些对照包括：感受态细胞对照(以无菌水代替DNA)、DNA对照(以无菌水代替感受态细胞)、阴性对照(使用载体DNA)、阳性对照(使用有插入片段的重组载体DNA)、自我环化对照(载体酶切后进行末端脱磷处理但不加入外源片段进行连接的产物)和连接酶效率对照(载体酶切后不进行末端脱磷处理且不加入外源片段连接的产物)。电激法转化的步骤也非常简单，将待转化的DNA溶液与菌液混合后，加在电激仪样品池的两个电极之间，然后在两极施加高压电场进行电激即可。在强大电场的作用下，细菌细胞壁和细胞膜产生瞬时缝隙，DNA分子便可进入细胞内。

转化率是指每微克 DNA 分子转化后，成功接纳 DNA 分子的受体细胞个数，即转化子总数，其计算公式为：转化率＝转化子总数/DNA 分子总数(或质量)，或转化率＝转化子总数/受体细胞数。例如：取 1 μL 完整的质粒(0.1 ng/μL)转化 100 μL 的感受态细胞，向转化反应液中加入 900 μL 培养液，让细菌恢复一小段时间，从中取 100 μL 涂平板，培养过夜后，产生 1 000 个菌落，则转化率＝1 000/0.01 ng DNA ＝ 10^8 个转化子/μg DNA。

影响转化率的因素有很多，这些因素主要包括：DNA 的分子构型、浓度和分子量。DNA 分子构型与转化效率密切相关，环状 DNA 分子的转化率比分子量相同的线性 DNA 至少高 10～100 倍，因此重组 DNA 大都设计成环状分子。转化率与外源 DNA 的浓度在一定范围内成正比，但加入的外源 DNA 量过多或体积过大时，会使转化率下降。一般情况下，DNA 溶液的体积不应超过感受态细胞体积的 5%，1 ng 的超螺旋质粒 DNA 就可使 50 μL 的感受态细胞达到饱和。对于以质粒为载体的重组分子而言，分子量越大则转化效率越低。实践经验表明，30 kb 以上的重组质粒将很难进行转化。此外，载体和受体菌菌株二者的基因型是否匹配，决定了载体能否在受体细胞中稳定存在，从而决定了能否成功转化及转化率的高低。关于受体菌的生理状态，必须选取活力强的细菌作为受体菌，即使用处于对数生长期的细菌来制备感受态细胞。制备过程中必须在冰冷的条件下用 $CaCl_2$ 来处理，处理时间也要充分。制备好的感受态细胞需加入甘油后储存在－70 ℃条件下，而感受态细胞一旦融化，则不能再次冻存使用。转化的实验条件要求很高，必须在无菌条件下进行操作。所用器皿包括离心管、移液枪头等最好是新的，并经高压灭菌处理。所用试剂需灭菌，且需防止 DNA 酶或杂 DNA 等的污染。如果这些实验条件不达标，将会影响转化效率，还可能混杂非目的 DNA 分子。最后，应根据实验的目的和需求选择合适的转化方法。总的来说，电激法的操作相对简单，其转化率也比化学法高得多，但需要电激仪设备，而化学法则不需要特殊设备，其转化率也能满足常规克隆实验的需求。

4.2.2 重组 DNA 分子导入真核细胞

在原核生物细菌中，DNA 转化通常是为了筛选和鉴定含有目的基因的重组子。一旦确定了目的基因所在的重组子，接下来就会从重组子中切割出目的基因，再与适当的载体连接，然后将构建好的重组载体导入真核细胞中，以便研究基因的功能、调控基因表达，以及进行突变分析和蛋白质生产等生物学试验。

将外源 DNA 分子导入真核细胞的过程也被称为转染，大致有物理介导、化学介导和生物介导 3 类途径。通常所见的电穿孔法、显微注射法和基因枪法，属于物理介导的方法。化学介导的方法有很多，如经典的磷酸钙共沉淀法(图 4-3)、脂质体介导转染法(图 4-4)等。生物介导的方法，较为原始的有原生质体转染，而现在比较多见的是各种病毒介导的转染技术。真核细胞包括酵母细胞、植物细胞和动物细胞等多种类型。酵母细胞的转染一般采用原生质体转化、碱金属离子介导转化、PEG1000 介导转化和电激转化等方法。植物细胞的转染一般采用农杆菌介导转化、基因枪转化、电激转化和花粉管通道转化等方法。动物细胞的转染一般采用磷酸钙共沉淀法、脂质体介导法、显微注射法和 DEAE-葡聚糖法等。下面介绍几种常用的真核细胞转染方法。

1. DEAE-葡聚糖法和磷酸钙共沉淀法

这类方法的共同点是它们都利用带正电的 DEAE-葡聚糖或磷酸钙，与带负电的 DNA 分子静电吸附，使得 DNA 能够附着于细胞膜上并通过细胞内吞作用进入细胞内。但是，这类方法的转化效率通常很低。

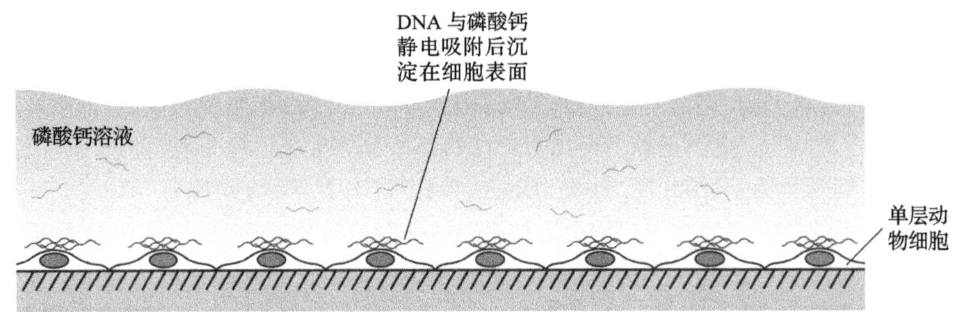

图 4-3 磷酸钙共沉淀法

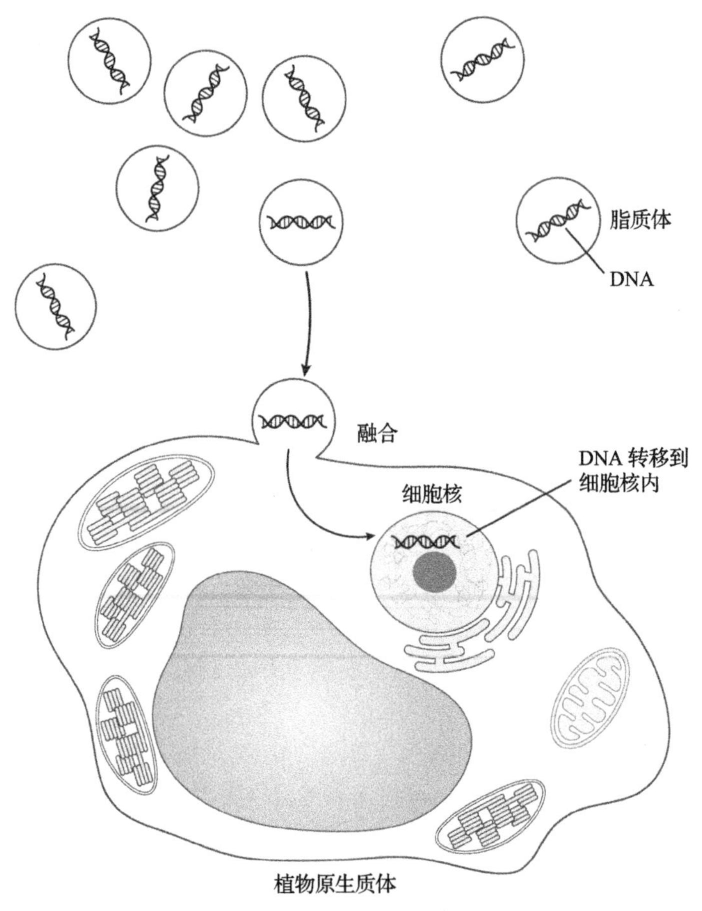

图 4-4 脂质体介导转染法

2. 基因枪法和显微注射法

基因枪法(图 4-5)的原理是在真空状态下,利用粒子加速器将包裹了外源目的基因 DNA 的金颗粒或钨粉微颗粒进行加速,使其高速打入完整的细胞中,从而使得外源基因的 DNA 在靶细胞中稳定转化,并有可能获得表达。显微注射法(图 4-6)的原理是在显微镜下,利用玻璃针直接将 DNA 注入细胞内。这类方法适用于各种组织或培养生长的细胞,但需要一定的设备和操作技巧。

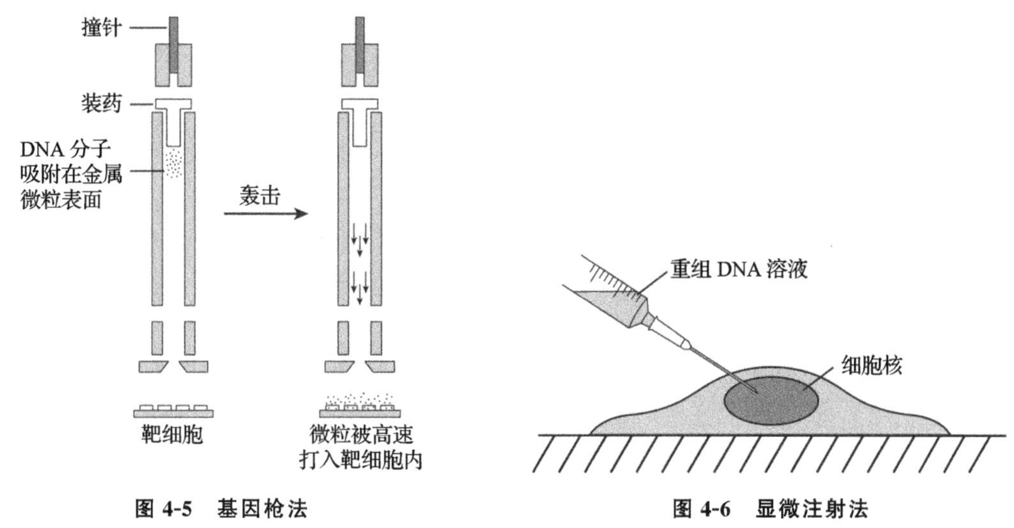

图 4-5　基因枪法

图 4-6　显微注射法

3. 人工脂质体法

脂质体法是利用磷脂分子组成的双层膜将基因包裹在脂质体内，并转移至受体细胞内以获得表达。通常来说，阳离子脂质体表面带正电荷，能与磷酸根静电吸附，将 DNA 分子包裹入内，形成 DNA-阳离子脂质体复合物，可被表面带负电的细胞膜吸附，并通过融合或细胞内吞作用进入细胞内。脂质体的制备工艺简便，可运载大小不同的基因，并能抵御核酸酶的攻击，延缓基因降解，其转化效率比磷酸钙沉淀法高，因而脂质体转染法得到了广泛的应用。然而，由于脂质体对细胞存在一定的毒性，所以转染时需摸索转化的最优条件。

4. 电穿孔转染法

电穿孔转染法的原理是利用高压瞬时电流击穿细胞膜，形成可逆的瞬时水通路或膜上小孔，从而促使 DNA 分子进入细胞内。相对于其他物理和化学转染方法，电穿孔法是一种有价值和有效的替代方法，对于将外源基因导入组织培养细胞，特别是哺乳动物细胞也非常有效。一般情况下，高电场强度可能会杀死大部分的细胞，但现在已经开发出了电转保护剂，可大大降低细胞的死亡率，提高电穿孔转染的效率。

5. 病毒感染法

病毒感染法是将外源目的基因组装于病毒上，然后使该重组病毒感染受体宿主细胞，从而将目的基因导入靶细胞中。此法的优点是转移效率高，检测到目的基因表达的成功率相对较高，其主要的缺点是病毒载体对外源基因的容纳量较小，通常不超过 2 500 bp。

4.3　重组子的筛选与鉴定

4.3.1　重组子的初步筛选

外源目的基因和载体 DNA 重组连接后，被导入受体细胞中，接下来的步骤是对重组子进行筛选和鉴定。DNA 的重组连接产物导入受体细胞时，一般只有少数受体细胞能够获得重组 DNA 分子并稳定繁殖，而大部分受体细胞不包含目的基因 DNA 片段。筛选出含有重组

DNA 分子的克隆,并鉴定重组子的正确性,才能继续研究目的基因的结构和功能,或进行基因表达研究,因此重组子的筛选至关重要。我们先要弄清楚两个概念:转化子是指那些导入了外源质粒(包括重组体质粒和非重组体质粒)DNA 分子后能在选择培养基上稳定繁殖的受体细胞克隆,而转化子中那些含有目的基因的克隆(也称阳性克隆)则被称为重组子,即由重组体质粒 DNA 分子导入细胞后形成的克隆。

重组子的筛选是指通过特定的方法从被分析的细胞克隆(转化子)中鉴定出真正含有目的基因 DNA 片段的阳性克隆(重组子)的过程。在构建重组 DNA 时,通常会利用载体上的一些遗传标记,并在选择性培养基(向细胞培养基中加入适量的选择物,或者利用营养缺陷型培养基)中进行培养,以便将重组子筛选出来。重组子的筛选方法有很多,这由载体的类型、插入片段的大小和性质、受体细胞的遗传特性等因素决定,下面简单介绍几种常见的方法。

1. 插入失活筛选法

如果载体携带有受体细胞敏感的抗生素抗性基因,那么转化后只有含这种抗性基因的细胞才能在添加该抗生素的培养基上存活。利用抗生素抗性基因内含有的限制酶位点,插入外源片段后其抗药性失活,在加有相应抗生素的平板上细菌就不能生长,这就是插入失活筛选。在实际应用中,载体上需要同时具备至少两个抗药性标记基因,其中一个标记基因内部含有外源片段插入位点,以便能进行重组和插入失活筛选,另一个标记则是为了提供选择压,以便保证只有转入了该载体的细菌才能在含相应抗生素的培养基上生长。例如,pUC18 质粒上含有 Amp^r 和 Tet^r 基因,在 Tet^r 基因内部的 *Bam* HⅠ位点插入外源片段后,则重组子细菌会呈现 Amp^rTet^s 基因型,而非重组子会呈现 Amp^rTet^r 基因型,那么就可以通过氨苄青霉素(Amp)筛选转化子,然后通过四环素(Tet)插入失活的表型筛选出重组子。插入失活有时也称负向选择,即非重组子在培养基上能生长,而重组子不能生长。与之相对应的是正向选择,即重组子在培养基上能生长,而非重组子不能生长。例如,载体上如果携带有 *sacB* 基因,该基因正常表达时,培养基中若含有蔗糖就会导致细胞死亡,而当外源片段插入该基因内部后使其失活,此时细胞就能在含有蔗糖的培养基上存活。在原核生物细菌的筛选中,常用的抗生素有氨苄青霉素、羧苄青霉素、卡那霉素、氯霉素和四环素等。在真核生物中,也有许多遗传标记基因可以用来对重组子进行初步筛选。常用于植物或动物细胞筛选的标记基因有新霉素磷酸转移酶基因(*NPT Ⅱ*)、氯霉素乙酰转移酶基因(*CAT*)等。

2. 显色筛选法

最常用的显色筛选法是蓝白斑筛选法,该法利用了 *lacZ* 基因的 α-互补原理。很多载体都携带一段细菌的 *lacZ* 基因(*lacZ′*),它编码 β-半乳糖苷酶 N-端的 146 个氨基酸,称为 α-肽。载体转化的宿主细胞(*lacZΔ15*)也携带一段 *lacZ* 基因,它编码 β-半乳糖苷酶的 C-端肽链。只有当载体进入宿主细胞中,并同时表达两个片段时,才能形成具有活性的 β-半乳糖苷酶,这就是 α-互补。由 α-互补产生的 β-半乳糖苷酶在诱导剂 IPTG 的作用下,会分解培养基中的显色底物 X-gal,使细菌菌落呈现蓝色。当目的基因 DNA 片段插入载体上 *lacZ′* 内的多克隆位点后,会破坏 β-半乳糖苷酶的 N-端片段,α-互补也遭到破坏,从而使得带有重组子的细菌呈现白色。

3. 营养缺陷型筛选法

这种方法的原理是利用了突变型受体细胞缺乏合成某种必需营养物质的特性,而载体分子上恰好携带了这种营养物质的生物合成基因。因此,可以利用缺少该营养物质的缺陷型培养基对转化菌进行培养,只有含有与该营养物质合成相关基因的转化子才能长出菌落。例如,以赖氨酸(Lys)合成缺陷型菌株为受体细胞,当载体分子上含有 Lys 合成基因时,转化后可以利用不含 Lys 的选择培养基筛选得到转化子。

4. 噬斑筛选法

λ 噬菌体在感染细胞时,在培养平板上会产生噬斑。利用这种特性,重组载体 DNA 在转化受体菌时,能够形成噬斑。由于噬菌体对 DNA 的包装具有长度限制特性,空载体不能被包装,所以得到的噬斑即为重组子。该方法有时会与蓝白斑筛选法结合使用,以筛选得到重组子。

5. 菌落(或噬斑)原位杂交

此法的原理是先将琼脂平板上的转化菌落(或噬斑)转移至膜上,然后用标记的特异探针进行分子杂交,从而筛选出阳性菌落(或噬斑)。该法的优点是能够进行大规模操作,特别适用于从基因文库中筛选出目的基因所在的克隆。

4.3.2 重组子的进一步筛选

上节介绍的方法可以对重组子进行初步筛选,然而,还有相当一部分重组子是假阳性。假阳性是指细菌中不含外源目的基因片段,但其菌落却具有阳性的表现,如 α-互补筛选时菌落显白色但并不含有外源插入片段。这是因为限制酶中可能存在杂酶活性(如外切酶)的污染或星活性,以及操作过程中存在的机械剪切力等,导致载体上的抗药性基因或 *lacZ'* 基因被错误酶切或物理性破坏,也有可能某些细菌发生了自然突变。在这些情况下,细菌即使不含外源插入片段,其菌落也可能表现为阳性。连接反应的产物中,还可能存在目的基因串联的片段与载体连接、非目的片段与载体的连接。因此,必须对初步筛选出的阳性菌落进行进一步鉴定,挑选只含单一目的基因序列且序列完全正确的重组子,以便继续下一步研究。为了确定重组子的正确性,常采用以下方法来进行验证。

1. 限制酶酶切法

此法的原理是通过抽提质粒 DNA 和相应酶切,然后通过电泳检测是否含有插入片段以及验证插入片段的大小是否正确。此法需要重新培养重组子细菌,抽提质粒 DNA,然后使用最初用于克隆的限制酶对质粒进行酶切并进行电泳鉴定。如果是真正的重组子,那么在凝胶中除了载体 DNA 的条带外,还会出现一条预期大小的 DNA 条带。此法的优点是结果判断准确,但操作较复杂,不适用于大规模的筛选。需要注意的是,对于通过同尾酶酶切后连接形成的重组质粒,如果不能再次被同组的同尾酶切割,则该方法不适用。

2. 菌落 PCR 法

此法的原理是利用载体上的已知序列设计引物,直接对细菌进行 PCR,然后通过电泳检测是否含有插入片段及插入片段的大小。菌落 PCR 法鉴定重组子的操作相对简单,只需将适量细菌细胞直接放入 PCR 扩增体系中即可进行 PCR。一般选择载体多克隆位点两侧的序列来设计引物。对扩增的 PCR 产物进行电泳,如果凝胶中出现一条特异的条带,且其大小与目的 DNA 片段的大小一致,则可初步认为是含有目的 DNA 的重组子。菌落 PCR 法的优点是操作简单,结果可靠,适合大规模的克隆筛选。

3. 碱裂解电泳快速检测法

此法的原理是依据重组载体质粒(含外源 DNA 插入片段)与空载体质粒(不含插入片段)DNA 的分子量差异来区分重组子与非重组子。此法不需要抽提质粒 DNA,而是利用碱性裂解液直接裂解挑取的菌体,再对裂解物进行电泳,分析重组质粒和空载体质粒迁移率的差异。

此法具有简单、快速的优点，而且成本低，适合大规模筛选，特别适用于插入片段较大的重组子筛选。

4. 核酸分子杂交法

此法的原理是将重组子菌落或噬斑通过印迹转移（“复印”）到杂交膜上，使细菌裂解并释放出 DNA，然后令 DNA 在原位变性并固定在膜上，接着用带有标记的特异性探针进行分子杂交，通过杂交信号的检测来判断是否含有插入片段。此法无须进行核酸的分离纯化、酶切与电泳等操作，而是依据核酸分子碱基互补配对的原则，对与探针特异杂交的克隆进行筛选，因而可以直接筛选出目的基因所在的克隆。此法特别适合大规模的文库筛选，但是需要对探针进行放射性或非放射性的标记，操作较复杂。

5. 基因表达产物分析法

此法与核酸分子杂交法类似，不同的是此法使用抗体探针。前提条件是把目的片段插入到表达载体上，转入适当的受体细胞中后令其表达，然后利用已准备好的目的蛋白抗体，对重组子表达的蛋白进行免疫杂交。此法检测的专一性强、灵敏度高，可以用于鉴定克隆中是否真正含有目的基因。

6. DNA 测序法

此法的原理是对重组子中的质粒 DNA 进行测序，然后对测定的序列进行分析，以鉴定是否为目的基因的序列以及序列是否完全正确。通常根据载体上多克隆位点两侧的已知序列来设计测序所用的引物，测序工作一般由商业测序公司完成。在实际应用中，为了降低测序成本，通常的做法是先用其他检测方法将候选重组子的范围缩小，然后再进行测序鉴定。

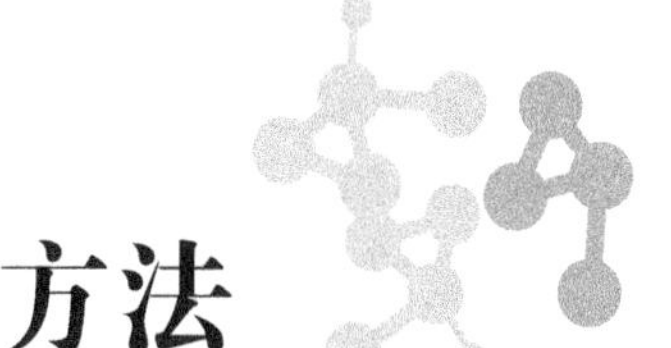

第5章 基因工程技术与方法

本章主要介绍基因工程研究中的常规技术，包括核酸的分离纯化、凝胶电泳、分子杂交、PCR、DNA 测序、目的基因分离等。此外，我们还需对基因工程研究的一些新技术或新方法有所了解，如外源基因表达技术、新一代测序技术、基因编辑技术、缩减杂交技术、分子标记技术、转录组测序技术以及合成生物学技术等，才能更好地满足基因工程研究的需求。

5.1 核酸的分离纯化

核酸是遗传信息的载体，也是基因操作的主要对象。核酸广泛存在于动植物细胞、微生物体内，可分为脱氧核糖核酸(DNA)和核糖核酸(RNA)两大类。核酸的分离纯化是基因工程研究中最重要且最基本的操作。

核酸是一种重要的生物大分子化合物，由多个核苷酸单体聚合而成。核苷酸单体包括磷酸、戊糖(五碳糖)和含氮碱基。在 DNA 链中，戊糖是 *D*-2-脱氧核糖，而在 RNA 链中，戊糖是核糖。此外，DNA 和 RNA 中的碱基也存在差异。尽管它们都含有腺嘌呤(A)、鸟嘌呤(G)和胞嘧啶(C)，但 DNA 中只含有胸腺嘧啶(T)，而 RNA 中只含有尿嘧啶(U)。嘌呤与嘧啶这两种碱基都具有共轭双键结构，使得碱基、核苷、核苷酸和核酸在波长为 250～280 nm 时表现出强烈的吸收峰，最大吸收值出现在 260 nm 附近。一般而言，天然的 DNA 分子大多呈现双链组成的双螺旋结构，而 RNA 分子通常是单链结构。然而，在特定的物理和化学条件(如高温、酸性、碱性、尿素以及甲酰胺等)的影响下，核酸的双链结构会解开，这个过程被称为变性。变性会导致内部碱基暴露，从而使 OD_{260} 值显著增加。通过加热变性，将 DNA 溶液的 OD_{260} 值升高到最高吸收值的一半时的温度称为该 DNA 的熔解温度(T_m 值)。T_m 值在一定范围内与 DNA 分子中的 GC 含量呈正相关关系。当经过热变性的 DNA 缓慢冷却时，两条分开的单链会重新形成双螺旋 DNA，这个过程称为复性，也称为退火。一般情况下，DNA 在酸性条件下容易水解，而在碱性条件下(如 pH 8.0)相对稳定。然而，在强碱性条件下，DNA 的双链结构会解离，导致变性。相反地，RNA 在酸性条件下(如 pH 4.5)相对稳定，但在碱性条件下容易水解。DNA 纯品呈白色，类似石棉样的纤维状物，而 RNA 纯品呈白色粉末或结晶。DNA 和 RNA 都能溶于水，形成黏性胶体溶液，但不溶于乙醇、氯仿等有机溶剂。核酸的分离纯化应遵循两个关键原则：首先，应确保核酸分子的完整性，避免各种因素对核酸分子的破坏，包括物理、化学和生物的因素；其次，应排除其他分子的污染，确保核酸样品的纯度。在细胞中，核酸分子主要与蛋白质结合在一起，因此核酸的纯化主要涉及去除蛋白质分子的污染。此外，需要注意避免多糖、核酸酶等细胞内成分的污染，以及避免乙醇、酚、氯仿等蛋白质变性剂的污染。

5.1.1 DNA 的分离纯化

在基因工程研究中，常见的 DNA 主要包括细菌的质粒 DNA、细菌和动植物的基因组 DNA。DNA 的分离纯化过程包含材料准备、裂解细胞（使细胞内容物释放）、核酸分离（通过沉淀或吸附的方法将核酸与杂质分开）和纯化等步骤。如果抽提动植物的基因组 DNA，起始材料最好是新鲜组织，若不能马上提取，取材后应在 −70 ℃或液氮中保存，以防 DNA 降解。动植物组织最好在液氮冷冻的条件下研磨破碎。DNA 抽提的方法有很多，如酚抽提法、SDS 法、CTAB 抽提法、碱裂解微量抽提法等，应根据起始材料和后续实验的要求来选择合适的方法。抽提得到的 DNA 需要进一步纯化和浓缩，以满足不同的实验要求。

1. 细菌质粒 DNA 的分离纯化

质粒 DNA 的提取是指将其从细菌的染色体、蛋白质、RNA 等成分中分离出来的过程。这一过程所依据的原理是利用 DNA 分子量和碱基组成的差异，以及质粒 DNA 呈共价闭合环状的结构特点进行分离。

常用的质粒 DNA 抽提方法为碱裂解法，此法的抽提效果良好，产率较高，抽提得到的质粒 DNA 可以用于酶切、PCR 和转化实验。对于分子量较大、拷贝数较少的质粒 DNA，由于 DNA 片段较大，易于损伤断裂，需选用氯化铯-溴化乙锭梯度平衡离心法，因为此法抽提的步骤少，质量稳定，得到的 DNA 纯度高，且能保持超螺旋构型的完整性。

碱裂解法抽提质粒 DNA 的原理：在碱性条件下，细菌染色体 DNA 和质粒 DNA 均会发生变性。由于质粒 DNA 分子比染色体 DNA 分子小得多，当溶液的 pH 成为中性时，质粒 DNA 容易复性，而染色体 DNA 由于结构复杂、分子量大，则不能复性，而是与细胞碎片、变性蛋白质和多糖等成分形成复合物并一同沉淀。

利用此法抽提质粒时，必须注意变性与复性的操作步骤都需要温和，以免染色体 DNA 断裂成较小的 DNA 片段，从而导致质粒 DNA 被染色体片段污染。碱裂解法操作简便，不需要特殊仪器设备，在常规的分子实验室就能完成。将质粒 DNA 从细胞中分离出来后，还需对其进行纯化。例如，需用 RNase A 处理，以除去 RNA。RNase A 处理后，还需用酚/氯仿抽提，以便除去 RNase A 和残留的蛋白质。然后，利用乙醇或异丙醇将 DNA 沉淀下来，并用 70% 乙醇洗涤沉淀，以便除去多余的盐离子。最后，将沉淀风干，再用适量的 Tris-EDTA（TE）溶液将 DNA 溶解到合适的浓度。此外，还可以采用商业公司的质粒抽提试剂盒（kit）对细菌质粒 DNA 进行分离纯化，不仅操作简便快速，而且获得的质粒 DNA 浓度和纯度都较高，能很好地满足实验要求。详细的操作方法参见本书实验篇。

氯化铯-溴化乙锭梯度平衡离心法的原理：溴化乙锭可嵌入碱基之间与 DNA 结合，在闭环的质粒 DNA 中，插入溴化乙锭会导致超螺旋大大增加，从而阻止溴化乙锭分子继续嵌入；但是线性的 DNA 分子不受此限，可继续结合更多的溴化乙锭分子，直至达到饱和，即每两个碱基对都可结合一个溴化乙锭分子。在含有饱和量溴化乙锭的氯化铯中，即使是同样质量的线性和闭环 DNA，由于溴化乙锭染料的结合量有所差别，导致二者的浮力密度有所不同而被分开。氯化铯-溴化乙锭梯度平衡离心法，现已成为制备高纯度、大分子量质粒 DNA 的重要方法。

2. 基因组 DNA 的分离纯化

基因组 DNA 提取的方法主要有 CTAB 法、SDS 法等。在基因组 DNA 的提取过程中，需尽量避免使 DNA 断裂和降解的各种因素，以保证 DNA 的完整性，还需尽量除去对酶有抑制作用的有机溶剂和过高浓度的金属离子，细胞中的蛋白质、多糖和 RNA 等成分的污染也应降到最低。十六烷基三甲基溴化铵(hexadecyl trimethyl ammonium bromide,CTAB)是一种阳离子去污剂,可以溶解细胞膜并能与核酸形成复合物。CTAB与核酸形成的复合物在低离子强度溶液中(<0.7 mol/L NaCl)发生沉淀,而在高离子强度的溶液(>0.7 mol/L NaCl)中则是可溶的。利用CTAB的这一特性,可以通过离心将CTAB-核酸复合物与蛋白质、多糖等物质分开。随后,降低溶液的离子强度又可使核酸复合物沉淀下来。将CTAB-核酸复合物沉淀用高离子强度溶液重新溶解后,加入RNase A以除去RNA,然后通过酚/氯仿抽提去除残留的蛋白质等杂质。最后,利用乙醇或异丙醇将DNA分子沉淀出来。利用CTAB法获得的DNA纯度较高,多糖物质污染较少,但是DNA的产率可能较低。十二烷基磺酸钠(sodium dodecyl sulfate,SDS)是一种阴离子去污剂,在高温条件下能裂解细胞,导致蛋白质变性和染色体解离。SDS与蛋白质和多糖类物质结合后形成沉淀,通过离心即可将其除去。上清液中的DNA经酚/氯仿抽提后,再利用乙醇或异丙醇将DNA析出。SDS法也适用于动物、植物和细菌等的基因组DNA提取,但是在去除多糖污染方面的效果相对较差。

5.1.2 RNA的分离纯化

研究基因的表达和调控时,常需要从组织和细胞中分离纯化RNA。细胞中RNA的主要成分是rRNA(包括5S rRNA、18S rRNA和28S rRNA),占总RNA的80%~85%,还包含少量的tRNA和小分子RNA(占总RNA的15%~20%)。通常所说的RNA分离纯化,一般是指总RNA的抽提。基因操作的对象一般是mRNA,而mRNA在细胞中含量最低,仅占总RNA的1%~5%。由于mRNA含量极少,所以一般通过观察rRNA的完整性来判断mRNA的质量。

RNA的分离纯化比基因组DNA要困难得多。RNA质量的高低常常直接影响cDNA文库构建、Northern杂交和RT-PCR等分子实验的成败。针对不同的实验目的,对RNA质量的要求不尽相同。在构建cDNA文库时,要求起始样品的RNA完整且无酶反应抑制剂的残留。Northern杂交实验对RNA的完整性要求也较高,但对酶反应抑制剂残留的要求相对较低。利用RT-PCR检测基因表达的丰度时,对起始样品RNA的完整性要求不太高,但对酶反应抑制剂残留的要求却非常严格。

与DNA分离纯化的原理类似,RNA的分离纯化也是利用蛋白质变性剂裂解细胞。在总RNA的抽提过程中,最重要的一点是需要快速裂解细胞膜,以便能迅速抑制住细胞内源的RNase,从而保证RNA的完整性。绝大部分样品的RNA抽提,都以高浓度的蛋白质变性剂为基础。

最常用的RNA抽提方法是Trizol试剂抽提法。Trizol是一种新型的、快捷方便的总RNA抽提试剂,内含异硫氰酸胍和苯酚等物质。Trizol试剂能迅速破碎细胞,抑制细胞内源的核酸酶,同时使核蛋白复合体中的蛋白质变性并释放出核酸。由于DNA和RNA在特定pH下的溶解度不同,在酸性条件下(pH 4.5左右)RNA溶于水相而DNA留在中间层(沉淀层),通过离心可使RNA和DNA分开。然后,通过酚/氯仿抽提及乙醇或异丙醇沉淀,就可得到纯净的RNA。Trizol试剂抽提法适用于动物、植物和微生物中总RNA的提取,且获得的RNA纯度高。如果RNA中存在DNA污染,可采用无RNase活性的DNase处理,以去除残留的DNA污染。此外,商业公司的RNA抽提试剂盒,如硅胶膜纯化柱试剂盒,用来获得高纯度的RNA更为方便快捷。在某些实验中,还需要分离出mRNA,如构建cDNA文库或进行缩减杂交实验,那么可依据mRNA携带多聚A(polyA)"尾巴"的特性,利用带多聚T(polyT)的磁珠对mRNA进行富集。

RNase非常稳定且不易失活，是导致RNA降解的最主要因素。常规灭菌、蛋白质抑制剂处理都不能使RNase完全失活。一些极端限制因素虽可使RNase暂时失活，但是限制因素去除后RNase又会迅速复性。RNase无处不在，广泛存在于人的皮肤上，因此实验操作时必须戴手套和口罩，否则极易导致RNA降解。

在RNA有关的操作中，必须采取合适的措施阻止RNase的污染，以避免RNA降解。首先要注意的是，与RNA接触的所有用具和溶液必须无RNase的污染。研钵、研棒、吸头和离心管等用具都必须经过高压灭菌处理，而且所有溶液必须用RNase-free水或焦碳酸二乙酯(DEPC)水配制，或者添加RNase抑制剂。最好使用新开封的试剂，或开封之后直接分装至小管，以避免多次使用造成的交叉污染。对于不能高压灭菌的用具，必须用0.1% DEPC水进行浸泡处理。操作RNA和DNA的用具也应区分开，并设置专门的RNA操作区域。在进行RNA电泳时，要避免被RNase降解，同时还要保持RNA的单链状态，故需要在电泳液中加入甲醛，使RNA在变性条件下电泳。提取RNA的组织材料必须用液氮快速冷冻，或添加专门的样品保存液(如RNAlater)，然后在超低温(−80 ℃)下保存，并避免反复冻融。快速冷冻的组织材料若保存或运输的时间较长，那么最好在液氮研磨后置于Trizol裂解液中保存。在研磨样品时，加液氮的操作应迅速，并避免研钵内的液氮完全挥发，以防止RNA被细胞内源的RNase破坏。

5.2 凝胶电泳技术

当一种带有电荷的粒子被放置在电场中，它就会以一定的速度移向适当的电极。核酸分子(DNA或RNA)的骨架由“磷酸-核糖”组成，其中磷酸基团电离会使整个核酸分子带负电，在电场中核酸分子将会从负极向正极迁移。由于分子迁移的速度受电场强度、带电数量、分子大小和分子构型等因素的影响，所以不同种类的分子就会因迁移率不同而被分开。严格来说，在电场强度一定的情况下，核酸分子的迁移率主要由荷质比(q/m)决定。在电泳过程中，核酸分子所带的负电荷越多，则迁移越快；在由惰性物质凝胶分子形成的网状结构中，分子量越小的分子迁移得也越快。核酸分子所带电荷不同影响迁移率的效应称为“电荷效应”，而凝胶网孔对不同大小分子的阻拦效应称为“分子筛效应”。这两种效应共同作用，导致不同类型的核酸分子在电泳时被分开。

由于核酸分子表面所带电荷的屏蔽作用，导致各种分子所带负电荷的总量差别并不太大，故影响核酸分子迁移率的主要因素还是核酸分子的大小。因此，在实际电泳中对于电场电压的要求并不高。但是，如果要准确测定DNA或RNA的分子量，则需尽量降低电场电压，目的是使核酸分子尽量按分子大小分开，以减小电荷效应对结果的影响。

人类的肉眼无法直接看到DNA分子，因此需借助一定的化学物质染色才可观察到。溴化乙锭(ethidium bromide,EB)就是一种常用的核酸染料，它是一种扁平状分子，可以插入核酸分子的碱基之间，使核酸分子在紫外线的照射下发出荧光。借助溴化乙锭染色，可以清楚地观察到DNA分子在电场中的迁移情况。但需要特别注意的是，EB是一种强烈的致癌剂，操作时必须非常小心。现在有些公司开发了低毒甚至无毒的新型核酸染料，如Goldview、GelRed等，能与核酸分子结合并在紫外光照射下发出荧光，不仅稳定性好，而且更安全。

凝胶电泳的用途有很多，例如，可以用于实验中核酸分子的电泳检测、分离或纯化目的核酸片段,测定目的 DNA 的浓度和分子量等,还可以用于 DNA 测序。根据电泳所用的支持介质类型不同,凝胶电泳主要分为琼脂糖凝胶电泳和聚丙烯酰胺凝胶电泳两种。

5.2.1 琼脂糖凝胶电泳

1. 琼脂糖凝胶电泳的原理

琼脂糖凝胶是以琼脂糖(agarose)为支持介质制备的凝胶。琼脂糖是从海藻中提取的一种生物大分子,为线性多聚体,呈天然聚合链状。琼脂糖具有亲水性,且几乎完全不带电,对生物大分子极少引起变性和吸附,是理想的惰性载体。琼脂糖凝胶的性能常用凝胶强度表示,强度越高表示性能越好。

琼脂糖一般加热到 90 ℃以上熔解,45 ℃条件下开始凝固。其单体分子能够互相交联,形成立体网状的结构。琼脂糖凝胶网孔的孔径大小取决于琼脂糖的浓度,这些刚性滤孔对通过它的分子具有阻挡作用,形成"分子筛效应",因而可用于核酸分子的分离和鉴定。琼脂糖凝胶电泳操作方便、设备简单,是基因工程研究中常用的实验方法之一。

琼脂糖有多种类型,需根据实验目的分别选用。除了通常所见的琼脂糖,即常熔点琼脂糖,还有低熔点琼脂糖,它们都是琼脂的衍生物,具有很高的聚合强度和很低的电内渗,因此都是良好的电泳支持介质。低熔点琼脂糖的熔点在 62～65 ℃,熔化后在 37 ℃下可维持液态数小时,在 25 ℃下也可持续保持液体状态约 10 min,因此可用于基因组 DNA 在凝胶内的原位酶切以及目的 DNA 片段的回收。琼脂糖选用是否恰当常常关系到实验结果的好坏。选购琼脂糖时,要注意的指标包括以下内容:凝胶强度通常在 1 200 g/cm^2 以上;凝胶的凝固点,一般常熔点琼脂糖为 36～40 ℃,低熔点琼脂糖为 25～30 ℃;凝胶的熔解温度,一般常熔点琼脂糖为 80 ℃,低熔点琼脂糖为 62～65 ℃;此外,硫酸根的含量要低(<0.2%),电渗系数(EEO)至少要低于 0.13,试剂级别须为分子生物学试剂。

核酸染料溴化乙锭(EB)是一种强烈的致癌物,因此在使用时要非常小心。此外,溴化乙锭必须经过处理才能丢弃,以免污染环境。处理的方法包括:首先,加入大量的水稀释 EB 的浓度;其次,加入 1 倍体积的 0.5 mol/L $KMnO_4$,或者加入 1 倍体积的 2.5 mol/L 的 HCl(或 NaOH),混匀后室温放置数小时,然后才能丢弃。

琼脂糖凝胶的孔径较大,分辨率较低,故只适合分离较大的片段(一般 100 bp 以上)。除了用于纯化或回收目的片段以外,琼脂糖凝胶电泳还可用于检测 DNA 的质量、测定样品 DNA 的浓度或分子量。利用琼脂糖凝胶电泳测定 DNA 浓度时,可以先行制定 DNA 浓度的标准曲线,然后将待测样品稀释至标准曲线范围之内,与标准浓度的 DNA 同时进行电泳,观察比较电泳条带的荧光强度,即可判断样品 DNA 的大致浓度。

2. 琼脂糖凝胶电泳中的注意事项

琼脂糖凝胶电泳中,核酸的分离主要依据它们的相对分子量及分子构型,同时与凝胶浓度也有密切关系。衡量电泳时 DNA 分子能否分开,与迁移率指标有关。迁移率是指 DNA 分子在凝胶中向前移动的垂直距离与指示剂(如溴酚蓝)移动的垂直距离的比值。

在凝胶电泳中,许多因素会影响电泳的迁移率。例如,DNA 分子越大,在电泳过程中受分子筛的阻拦越大,其迁移速度也越慢,迁移率就越小;反之,DNA 分子越小,则迁移率越大。不同浓度的琼脂糖凝胶分子筛孔径大小不同,对 DNA 分子的阻拦也不一样,因而对于同一种 DNA 分子,其迁移率也受凝胶浓度的影响。凝胶浓度既影响 DNA 分子电泳的迁移率,也影响其分辨率,因为不同浓度的凝胶形成的分子筛能有效区分 DNA 分子大小的范围不一样。

如果凝胶浓度的选择不恰当，有可能导致 DNA 分子无法分开，故必须根据 DNA 分子实际大小选用合适浓度的琼脂糖凝胶，才能对 DNA 分子进行有效分离。琼脂糖凝胶浓度与 DNA 分子有效分辨范围见表 5-1。

表 5-1　琼脂糖凝胶浓度与 DNA 分子有效分辨范围

琼脂糖凝胶浓度/%	DNA 分子有效分辨范围/kb
0.3	5～60
0.6	1～20
0.7	0.8～10
0.9	0.5～7
1.2	0.4～6
1.5	0.2～3
2.0	0.1～2

不同的 DNA 分子构型所受分子筛的阻力不同，对迁移率也会产生不同的影响。例如，质粒 DNA 通常有三种主要的分子构型，在同等质量的情况下，这三种构型在电泳中的移动速度通常是：共价闭合环状的超螺旋 DNA＞线性双链 DNA＞单链开环的双链环状 DNA。超螺旋 DNA 迁移得最快，而单链开环构型的 DNA 迁移得最慢。当琼脂糖浓度太高时，环状 DNA（一般为球形）不能进入网孔，而同等质量的线性双链 DNA（刚性棒状）则可以沿其长轴方向前进。因此，质粒的这几种构型的迁移率有时也会受凝胶浓度的影响。

电场的电压会影响 DNA 分子磷酸基团的电离，从而影响 DNA 分子所带的电荷数量，对迁移率也会产生影响。在实际操作中，电压一般保持在 1～10 V/cm。若在低电压下（如 1 V/cm）进行电泳，电荷效应会大大降低，此时线性 DNA 的迁移率与其分子量大小大致成正比；若电压较高，迁移率受电荷效应的影响会增大，因为大分子 DNA 所带的电荷随电压升高而增多的比例与小分子不一样。如果为了测定 DNA 的分子量，应使 DNA 迁移率尽量少受电压的影响，故需尽量降低电压。有些实验中，为了使 DNA 按分子大小不同而分级，如 Southern 杂交分析中就要求电泳时 DNA 分子必须根据分子量大小分开，此时需要尽量降低电压。当 DNA 片段较小时，高电压、较短时间的电泳反而有利于防止 DNA 扩散。当 DNA 片段较大时，则需采用低电压电泳，以尽量降低电荷效应，这样有利于 DNA 片段按分子大小分开。

核酸染料溴化乙锭（EB）与 DNA 形成络合物后，可被紫外光照射并发射出荧光。但是要注意，在短波长（205 nm）紫外光的照射下，可能会引起 DNA 断裂，不利于目的片段的进一步研究，故回收 DNA 时，切割凝胶的操作应在长波长（365 nm）紫外光下进行，而且动作应迅速。EB 分子插入 DNA 碱基之间会导致电泳时 DNA 分子的实际移动速度减慢。一般情况下，EB 插入之后，DNA 分子的迁移率降低 15%左右。不同长度的 DNA 分子所插入的 EB 量不同，因此其迁移率所受影响的程度也不一样。为了减少 EB 结合对迁移率的影响，有时可以先不加入核酸染料，待电泳结束后才对凝胶进行染色。

电泳缓冲液的离子强度对迁移率也有影响。如果离子强度太低，则电泳缓冲液的导电能力很差，导致 DNA 分子几乎迁移不动；若离子强度过高，虽然电泳速度会加快，但是电流过大容易发热，导致凝胶变形甚至使 DNA 变性。常用的电泳缓冲液有以下几种：TAE

(Tris-HAc,EDTA)缓冲液,是早期常用的缓冲液,但现在一般不用,其特点是电流很高,易发热,缓冲能力也差;TPE(Tris-H_3PO_4,EDTA)缓冲液,其缓冲能力较强,但磷酸价格较贵,且有腐蚀性,现在一般也不用;TBE(Tris-H_3BO_4,EDTA)缓冲液,缓冲能力强,电流也较高,目前应用较多;TNE(Tris-NaAc,EDTA)缓冲液,也称中性电泳缓冲液,其缓冲能力也较强,电流不太高,醋酸钠较便宜,应用也较多。

电泳时还需用到载样缓冲液(loading buffer),其中添加了蔗糖(8%～10%)或甘油(10%),目的是增加DNA样品的比重,使DNA样品在上样时能快速沉入点样孔的底部。载样缓冲液中还含有一定量的指示剂,一般为溴酚蓝(0.4%),其迁移速度快,在电泳中位于DNA前方,可以指示电泳的进程。但要注意,RNA的迁移比溴酚蓝的速度更快。最后,电泳时的温度一般保持在4～30 ℃,如果温度太高,则易导致凝胶熔化或变形。

3. 目的DNA的回收

凝胶电泳的一个主要用途就是将目的DNA区分开,然后进行回收。回收DNA的方法有很多,下面介绍几种常见的方法。

(1)V形槽回收法　首先通过电泳将目的DNA片段与其他的片段分开,然后将只含有目的片段的凝胶切割下来,并尽量切除多余凝胶。接下来把凝胶块放置在特制的电泳槽(即V形槽)中靠近V形管一端的平台上。V形管内充满高浓度的醋酸铵溶液(7 mol/L),接通电源后,平台上凝胶块内的DNA分子就会向醋酸铵溶液中迁移。由于醋酸铵溶液的离子强度很高,电泳时其内部将形成一个强大的反电场,导致DNA分子在V形管内的迁移速度很慢,最终目的DNA分子都集中在此溶液中而被回收。

(2)低熔点琼脂糖法　通过低熔点琼脂糖凝胶电泳分离DNA条带后,切割只含目的DNA条带的凝胶。将获得的低熔点琼脂糖凝胶块在65 ℃条件下加热熔化,经过琼脂糖酶水解和酚/氯仿抽提,然后通过离心即可在上清液中得到目的DNA片段。

(3)冻融法　此法的原理相对简单。将带有目的DNA片段的凝胶切割下来后,在超低温(液氮)下速冻几分钟,然后在室温下解冻,重复此过程数次。凝胶经过反复冻融而被破坏,网孔内含DNA分子的溶液被释放出来,通过离心即可回收目的DNA片段。

(4)回收试剂盒法　首先将只含目的DNA片段的凝胶切割下来,加入回收试剂盒中的溶胶液(BD溶液),然后在65 ℃下将凝胶熔化。待凝胶熔化后,利用试剂盒中的硅胶膜柱吸附回收目的DNA。硅胶膜在高盐和低pH条件下特异吸附DNA,蛋白质和其他杂质则不被吸附而去除,被硅胶膜吸附的DNA可被洗脱液(低盐、高pH)重新洗脱下来。硅胶膜吸附的DNA片段的范围较大,0.05～40 kb的DNA都可被吸附,而且吸附的容量也较大,回收操作也很简便,因此利用试剂盒回收目的DNA的方法在实践中被广泛采用。

5.2.2 聚丙烯酰胺凝胶电泳

聚丙烯酰胺凝胶电泳(polyacrylamide gel electrophoresis,PAGE)是以聚丙烯酰胺凝胶为支持介质的一种常用电泳技术。聚丙烯酰胺凝胶由丙烯酰胺单体和甲叉双丙烯酰胺聚合而成,聚合过程通常以过硫酸铵为引发剂,并以四甲基乙二胺(TEMED)为催化剂。在聚合过程中,TEMED催化过硫酸铵产生自由基,引发丙烯酰胺单体聚合。同时,甲叉双丙烯酰胺与丙烯酰胺链产生甲叉键交联,形成三维立体网状结构。聚丙烯酰胺凝胶的网孔大小由凝胶浓度决定,其网孔比琼脂糖凝胶更小,故聚丙烯酰胺凝胶电泳特别适合于分离小分子的DNA片段

(通常在 1 kb 以下),并且其分辨率很高。与琼脂糖凝胶类似,不同浓度的聚丙烯酰胺凝胶分辨 DNA 分子的有效范围不一样(表 5-2),实际应用中需根据待分离的核酸片段大小来制备相应浓度的凝胶。

表 5-2　聚丙烯酰胺凝胶浓度与 DNA 分子有效分辨范围

聚丙烯酰胺凝胶浓度/%	DNA 分子有效分辨范围/bp
3.5	1 00～2 000
5.0	80～500
8.0	60～400
12.0	40～200
15.0	25～150
20.0	10～100

聚丙烯酰胺凝胶电泳的优点主要是分辨率很高,它能把只有一个碱基差异的 DNA 片段区分开,DNA 测序技术就是根据此特性而建立起来的。由于 PAGE 的分辨率高,所以在回收目的片段时得到的 DNA 纯度也相当高。但是,聚丙烯酰胺凝胶的制备却较麻烦,比琼脂糖凝胶的制备复杂得多。

5.2.3　脉冲电场凝胶电泳

一般的琼脂糖凝胶电泳只能分离小于 20 kb 的 DNA 片段,当 DNA 分子大小超过 20 kb 时就很难将它们分开,这是因为 DNA 分子的有效直径超过了凝胶孔径。在电场作用下,DNA 分子被迫变形以穿过筛孔,并沿着泳动方向伸展,此时 DNA 分子的大小对迁移率的影响就变得不那么显著。如果改变电场的电流方向,DNA 分子就必须调整其构象,以适应新的泳动方向,那么此时 DNA 分子转向的难易程度与其分子大小就极为相关。

脉冲电场凝胶电泳技术就是利用交替变换的电场,使得大片段 DNA 分子因转身或变向的难易程度不同而实现分离。在反转电场凝胶电泳(field inversion gel electrophoresis, FIGE)中,使电场有规律地颠倒 180°,驱动 DNA 先前进,再后退,然后再前进,总体上使 DNA 分子向前移动的脉冲时间大于向后的时间,从而使得 DNA 获得向前的净迁移,这样就能使大分子 DNA 实现分离。另一种分离大片段 DNA 的电泳方式,即脉冲电场凝胶电泳(pulsed-field gel electrophoresis, PFGE),分离效果更好。在标准的 PFGE 中,除了使 DNA 保持向前移动的电泳方向外,还存在两个呈一定夹角的电场(图 5-1)。电泳时,控制两个电场的电流方向、电流大小及作用时间,并使其发生周期性的改变,从而使得 DNA 分子必须不断调整泳动方向,以适应凝胶网孔的无规则变化。分子量越大的 DNA 片段需要越多的时间来调整其构型和方向,以便继续向前移动。

脉冲电场电泳使用的介质仍然是常规的琼脂糖凝胶。但是,一般的琼脂糖凝胶电泳只能分辨 20 kb 以内的 DNA 片段,而脉冲电场凝胶电泳能够分辨几百 kb 乃至上千 kb 的 DNA 分子。较新式的 PFGE 装置,其两个电场的角度和脉冲时间均可调,使用更加方便,但是脉冲电场凝胶电泳的设备较为昂贵。在实际应用中,应根据实验的目的和具体情况,选用合适的凝胶电泳方法。

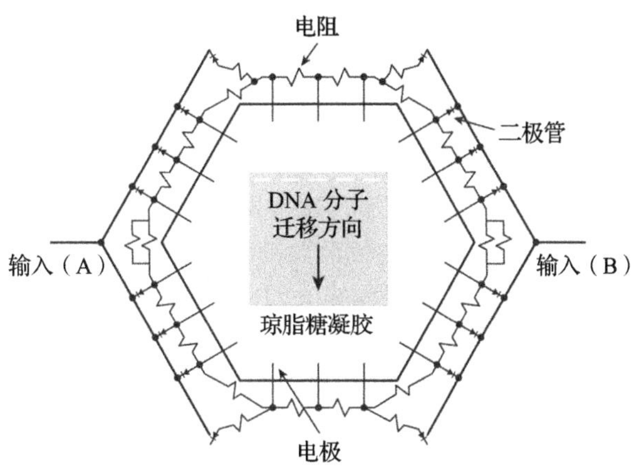

图 5-1 脉冲电场凝胶电泳的电场方向

5.3 PCR 技术

目的基因的扩增主要有两种途径,即体内扩增和体外扩增,都可使目的片段大量富集。聚合酶链式反应(polymerase chain reaction,PCR)是一种体外扩增特定 DNA 片段的技术。PCR 技术的起源如同众多伟大的科学发明一样,源于一次看似偶然的科学启发。最初的 PCR 构想出自揭示遗传密码的科学家科拉纳(Khorana),当时他提出了一个前瞻性的概念,即通过 DNA 变性、引物杂交以及 DNA 聚合酶延伸,反复循环操作,来合成 tRNA 基因。然而,当时的技术水平无法实现这一构想,导致这个想法被束之高阁。直到 1983 年春季,美国 Cetus 公司的穆利斯(Mullis),正在驾车行驶时,突然在路边的路灯上似乎看到了 DNA 双链持续解离和延伸的画面,这一瞬间激发了他扩增 DNA 片段的灵感。于是,穆利斯开始实践,经历了多次尝试和失败,终于在 1984 年春季成功扩增了人类 β-珠蛋白基因的 58 bp 片段。然而,当时的 PCR 技术仍未真正成形。幸运的是,1984 年 6 月,Cetus 公司重新审视了穆利斯的工作,不仅没有解雇他,还提供了团队和技术支持。最终,在 1984 年 11 月,穆利斯的团队正式完成了全球首次 PCR 实验,成功对一个 49 bp 的 DNA 片段进行了 10 次循环的复制扩增,标志着 PCR 技术的雏形初步形成。穆利斯最初使用的 DNA 聚合酶是大肠杆菌 DNA 聚合酶,它无法在高温下保持活性,因此在每个 PCR 循环的退火阶段都需要重新添加酶以继续复制,这一过程非常烦琐和昂贵。穆利斯渴望找到一种耐高温的 DNA 聚合酶,能够在高温下保持活性,只需添加一次酶。通过文献研究,穆利斯的团队发现了中国女生钱嘉韵在 1973 年从美国黄石公园大棱镜温泉中提取到的耐高温 DNA 聚合酶,并发表了相关研究论文。1986 年,穆利斯的团队根据钱嘉韵的方法,成功纯化出了耐高温的 DNA 聚合酶,并将其应用到 PCR 中,大大简化了 PCR 工作流程。1988 年,Cetus 公司推出了第一台 PCR 自动化热循环仪,实现了 PCR 技术的自动化。随后,PCR 技术迅速发展和广泛应用,成为基因工程技术中的关键工具。1993 年,穆利斯因其杰出的贡献而获得了诺贝尔化学奖,被誉为"PCR 之父"。穆利斯的坚韧和创新精神使 PCR 技术从最初的灵感迅速演化为一项重要的科学工具,为生物学领域的研究和应用带来了巨大的便利。

PCR 技术以 DNA 为模板，在引物、dNTP 和耐热的 DNA 聚合酶的作用下，大量合成目的基因，省去了酶切、连接、转化、筛选和培养等诸多步骤，即可达到目的片段富集的目的，省时省力，故 PCR 技术一出现就大受欢迎。早期，人们利用 DNA 聚合酶 Ⅰ 在体外合成 DNA，也可扩增目的片段，但是该酶不耐热，高温下易失活，每个合成循环都要加入新的聚合酶，因而不利于扩增反应的自动化。耐热的 Taq DNA 聚合酶被发现，为 PCR 技术的发展和广泛应用奠定了基础。Taq 酶是从嗜热菌中分离出的一种耐热的 DNA 聚合酶，它可耐 95 ℃高温，不必每次循环都加酶，从而保证了 PCR 自动化的实现。

PCR 在基因工程研究中的应用非常广泛。PCR 首先可用于基因克隆，扩增目的基因。利用 PCR 技术可以很方便地对目的基因的 DNA 序列进行体外扩增，迅速获得大量目的基因片段，以便进行后续的基因操作。PCR 还可用于基因检测，因为 PCR 的扩增效率高，灵敏度也高，可以检测极微量的目的 DNA 分子，故在分子诊断和检验检疫中具有很高的应用价值。在 DNA 序列测定中也用到 PCR 技术，通过 PCR 可以快速获得互补链，而且由于 DNA 链延伸的温度较高，从而可以避免二级结构的不利影响。PCR 还可用于基因突变分析，如通过设计带有突变碱基的引物，可以很方便地对靶位点进行定点突变。利用带有标记的引物或者核苷酸，通过 PCR 可以把相应的标记掺入互补链中，从而实现对探针的标记。在基因工程研究中应用较多的分子标记技术，如随机扩增多态性 DNA(RAPD)、SSR 等，也是基于 PCR 技术而建立起来的。

5.3.1 PCR 的基本原理

在生物体的细胞内，DNA 通过半保留复制的方式来传递遗传信息。PCR 技术就是模拟体内 DNA 复制的方式而建立的 DNA 片段体外扩增技术。在 PCR 中，通过温度变化控制 DNA 的变性和复性，加入引物和 dNTP 等反应物后，利用 DNA 聚合酶的作用，就可以完成特定基因的体外复制。

PCR 的具体过程是先使模板 DNA 在高温下变性，接着在低温下使变性的单链与引物退火，再在中温下通过 Taq DNA 聚合酶，利用脱氧核糖核苷酸原料(dNTP)将引物延伸。待一轮引物延伸完成之后，又开始新一轮的高温变性、低温退火和中温延伸(图 5-2)。通过若干个循环，周而复始，DNA 在体外按指数方式大量复制扩增。若起始模板 DNA 的分子数为 1 个，循环数为 n，则理论上产物的分子数目为 2^n。PCR 的灵敏度极高，即使 1 pg 的 DNA 也能实现扩增，PCR 产物可达 0.5～1 μg，通过电泳检测肉眼就可观察到。有一点要注意的是，PCR 扩增产物可分为长产物片段和短产物片段两部分，二者是由引物所结合的模板不一样而形成的。其中，短产物片段的长度严格地限定在两个引物链的 5′端之间，是待扩增的特定片段。通常情况下，包含目的基因在内的底物 DNA 模板都很长，而引物一般位于目的基因的两末端附近。因此，严格来说，只有经过 3 次循环反应，真正特异的目的基因片段，即短产物片段才会出现(图 5-3)。

1. PCR 的反应体系

PCR 的反应体系包含模板、引物、Taq 酶、dNTP 和缓冲液等成分。用于 PCR 的模板可以是任何来源的 DNA，如基因组 DNA、互补 DNA(cDNA)或质粒 DNA。模板 DNA 可以是双链，也可以是单链。环状质粒 DNA 和线性 DNA 都可以作为 PCR 的模板。有时可以直接用细菌、噬菌体或酵母菌细胞，甚至组织的匀浆液作为模板进行 PCR。必须注意的是，一定要防

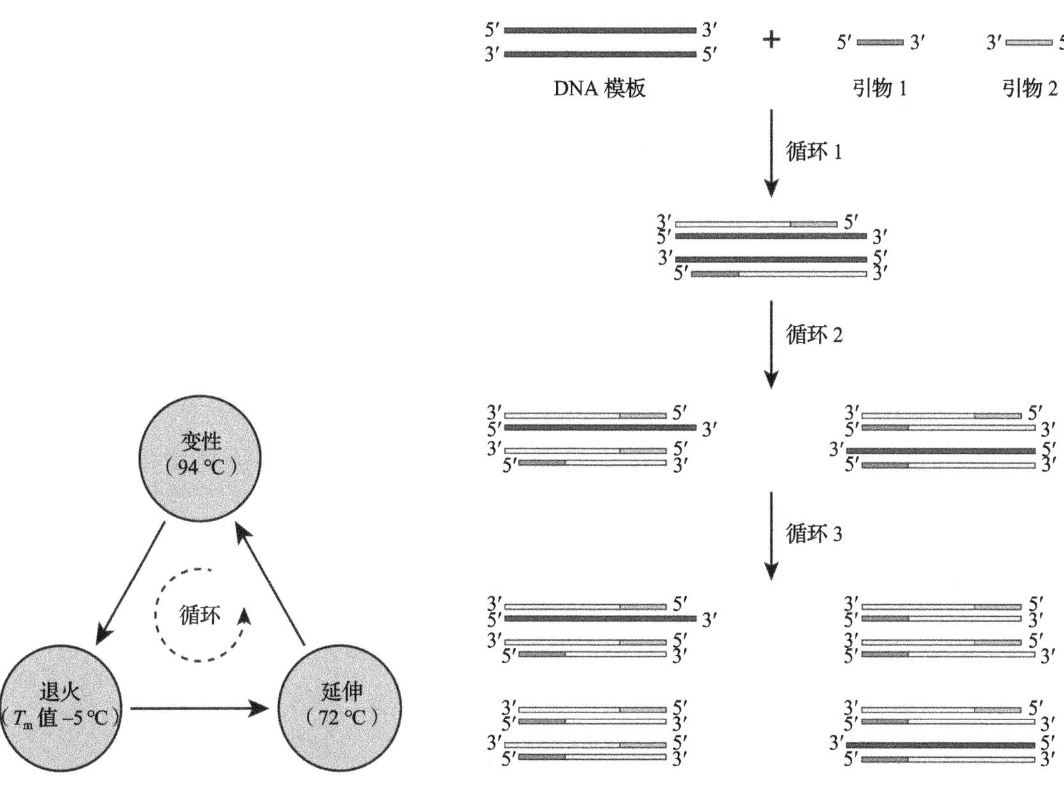

图 5-2 PCR 的基本步骤

图 5-3 PCR 头 3 个循环的 DNA 分子产物

止实验室中各种 DNA 交叉污染。起始模板量的多少和纯度，对 PCR 的影响较大。起始量过高，可能会增加非特异性的扩增，而起始量过低则可能导致扩增效果较差甚至失败。DNA 的组成或复杂度会影响模板起始量。例如，在 50 μL 的反应体系中，质粒只需 1 ng 左右就足以扩增，而基因组 DNA 较复杂，需要几十纳克(ng)的模板才能获得较好的扩增效果。模板起始量还取决于所使用的 Taq 酶的性能，经过基因重组改造过的 Taq 酶对模板的亲和力更强、灵敏度和扩增效率更高，所需的 DNA 起始量更少。

PCR 的前提条件是要求目的 DNA 片段两端的部分序列是已知的，以便设计引物进行扩增。引物是 PCR 中引导 DNA 互补链合成的一小段寡核苷酸片段，一般需要有一对引物，即一个上游引物和一个下游引物。引物设计是否合理，会影响 PCR 扩增的特异性和有效性。特异性是指引物与模板之间的配对是否严谨，而有效性是指能否容易得到扩增产物。

对于特异性 PCR，引物必须具有特异性，以保证目的片段特异性扩增。引物设计一般遵从下列原则：引物的长度一般为 18～30 nt，GC 含量为 50%左右；引物的 T_m 值一般为 55～80 ℃，且上、下游引物的 T_m 值应相近。引物的 T_m 值可由一个简单公式来计算，即 $T_m=4\times(G+C)+2\times(A+T)$，但注意此公式不适用于较长的引物；引物序列中碱基应随机分布，避免重复出现单一碱基，以减少二级结构形成；上、下游引物的 3′端要尽量避免互补序列，以降低引物二聚体的形成；引物的 3′端对 Taq 酶的延伸影响最大，如果要求 PCR 的准确性很高，3′端最好选择 G 或 C。如果要提高 PCR 的扩增效率，3′端可选择 T，因为 T 可以允许一定的错配，从而保证延伸正常进行；引物的 3′端必须有一个游离的羟基基团，但 5′端不一定要求是磷酸基团；引物的 5′端可以被修饰，如添加 ^{32}P、生物素、荧光素等标记，或添加突变碱基和

ATG 起始密码子，这些修饰不会影响扩增效率；在引物的 5′端，引入酶切位点和适当的保护碱基后，有利于 PCR 产物的酶切克隆(图 5-4)。在配制 PCR 反应液时，引物的浓度要适当，其终浓度一般为 0.2～0.5 μmol/L。若引物的浓度太高，易导致 PCR 出现较高的错配率；浓度太低，则可能无扩增产物出现。

限制酶位点

引物　5′ CTCTCTGGATCCAGACTCAGAGAGAACCC 3′

DNA 模板　3′ GTATCTGAGTCTCTCTTGGGTGG 5′

图 5-4　引物 5′端的酶切位点和保护碱基

Taq DNA 聚合酶是 PCR 的核心组成部分，它具有 5′→3′聚合酶活性，但是普通的 Taq 酶不具备 3′→5′外切酶活性，因而没有校正功能。自 Taq 酶发现以来，经过不断改良，其特异性、热稳定性和合成能力得到了明显的改进，有些高保真的 Taq 酶甚至具备了 3′→5′外切酶活性。Taq 酶的最适作用温度一般为 75～80 ℃，其催化反应速度随温度的升高而加快，且热稳定性很好，在高温下不易失活(表 5-3)。

表 5-3　Taq 酶的催化速度和热稳定性

温度/℃	催化合成速度/(nt/s)	温度/℃	半衰期/min
75～80	150	92.5	130
70	60	95	40
55	24	97.5	5～6
37	1.5		

Taq 酶的用量一般为 0.5～5 U/反应。对于不同的反应体积或不同的 Taq 酶种类，酶的用量可能不同。对于难扩增的模板，需要调整酶的用量。如果 DNA 样品中可能含有抑制剂，增加酶量有助于提高扩增效率，但是提高酶量可能会导致产生非特异性的 PCR 产物。如果进行长片段或高 GC 含量的 DNA 片段扩增，需选用性能更好的 Taq 酶。普通的 Taq 酶不具备外切酶校正功能，其 PCR 产物的 3′端会多加一个碱基 A，那么对这种 PCR 产物可直接用 T 载体进行 T-A 克隆连接。高保真的 Taq 酶通常都带有外切酶活性，纠错能力强，那么其 PCR 产物的 3′末端往往不含多余的 A，则不能进行 T-A 克隆。配制 PCR 的反应体系时，一般最后才加入 Taq 酶。利用高保真 Taq 酶(具备 3′→5′外切活性)扩增时，配制反应液过程中外切酶的活性可能会破坏引物，从而导致得不到扩增产物，此时需将酶反应液分开配制。还需注意的是，即使使用高保真的 Taq 酶，也并不意味着扩增结果绝对不会出错。PCR 扩增的产物最终必须通过测序来验证序列是否完全正确。

在有些情况下，为了降低非特异性的扩增，需要采用热启动 PCR。这是因为进行 PCR 的第一个循环时，PCR 仪不能立即达到变性所需的温度，而此时反应体系中已加入了 Taq 酶。Taq 酶即使在较低的温度下也有一定活性，但此时的碱基配对却不严谨，故有可能合成一些错配的链。如果在第一个循环中错配就已存在，那么在以后的循环中这种错配将会更加放大，最终导致 PCR 扩增出大量的非特异性产物。为了克服这个问题，在 PCR 循环开始时先不加酶

或 Mg^{2+}，待第一个循环变性后才加入，以减少错配的产生，这就是所谓的热启动 PCR。常规的热启动操作较麻烦，目前已有公司开发了适用于热启动的 Taq 酶，这种 Taq 酶实际上是抗 Taq 酶的单克隆抗体和 Taq 酶的混合制品，当 PCR 仪达到最初的变性温度时抗体变性，无须特殊失活处理，在常规 PCR 的反应条件下即可使用。在高温变性前，抗 Taq 酶的单克隆抗体与 Taq 酶结合，抑制聚合酶的活性，从而限制了低温条件下的非特异性扩增，还可减少引物二聚体的形成。

dNTP 的质量和浓度对 PCR 扩增的产量、特异性和保真度可产生影响。dNTP 由 4 种相等摩尔量的核苷酸(dATP、dCTP、dGTP 和 dTTP)组成，PCR 反应体系中 dNTP 的终浓度一般为 0.1～0.2 mmol/L。dNTP 浓度过高，会导致错配率上升。如果需要通过 PCR 方法进行随机突变，可以使用浓度不等的 dNTP，以促进无校正功能的 Taq 酶产生更多的错误碱基掺入。如果 dNTP 中的某种核苷酸带有检测标记，则可以实现 PCR 产物的标记。dNTP 不稳定，需要用(0.5～1)×TE 缓冲液(pH 8.0)溶解后保存于－20 ℃。保存的时间太长，dNTP 也可能会失效。注意避免反复冻融，否则易使 dNTP 降解。

PCR 的反应缓冲液能够为 Taq 酶的活性提供适宜的化学环境(pH 通常为 8.0～9.5)，其中含有一些有利于 PCR 的成分，如 K^{+}、Mg^{2+} 等阳离子，以及 BSA、DTT 和吐温等酶活性稳定剂。Mg^{2+} 的作用特别重要，它是 DNA 聚合酶催化活性的必需辅助因子，有助于催化引物的 3′-OH 与 dNTP 的磷酸基团间形成磷酸二酯键，还能够稳定磷酸盐骨架上的负电荷，并促进引物与 DNA 模板配对。Mg^{2+} 对 PCR 扩增的特异性和产量有显著影响。在 PCR 中，Mg^{2+} 的浓度一般为 1.5～2.0 mmol/L。Mg^{2+} 浓度过高，反应特异性降低，会出现非特异扩增，而浓度过低会降低 Taq 酶的活性，使反应产物减少。不同种类的 Taq 酶，可能需要不同浓度的 Mg^{2+}。DNA 模板、引物和 dNTP 的磷酸基团，以及 TE 溶液中的 EDTA，均可与 Mg^{2+} 结合，从而降低 Mg^{2+} 的有效浓度。因此，若扩增效果不理想，可适当增加 Mg^{2+} 的浓度。为了提高 PCR 扩增的效率，有时也在缓冲液中添加一些增强剂，如二甲基亚砜(DMSO)、甘油和甲酰胺等，可减少 DNA 二级结构形成，使模板易于完全变性，从而有利于扩增富含 GC 和复杂结构的模板。

2. PCR 的反应程序和参数

通常所说的 PCR 反应是由变性、退火和延伸这 3 个基本步骤组成的反复循环。在实际应用中，在循环开始前往往会加一个预变性步骤，即 94 ℃保持 5 min 左右，目的是使模板充分变性，以及使酶活性抑制物失活。在循环结束后，还会在末尾加一个延伸步骤，即 72 ℃保持 10 min 左右，目的是使循环过程中来不及合成完成的 DNA 分子全部都合成完全。

在循环步骤中，变性的温度一般为 94 ℃左右，时间保持约 1 min。DNA 变性所需的温度和时间与模板 DNA 中二级结构的复杂性、GC 含量的高低等因素有关。如果模板的 GC 含量高或长度较长，可添加适量的 DMSO，并将变性温度适当提高，时间适当延长。退火的温度由引物的 T_m 值决定，一般情况下退火温度比引物的 T_m 值低 3～5 ℃，退火时间一般为 0.5～1 min。退火温度越高，扩增的特异性越好。但是，退火温度应根据实际的扩增结果进行适当调整，如果无扩增条带或扩增水平很低，应适当降低退火温度；如果出现非特异性产物，则应适当提高退火温度。Taq 酶延伸的温度一般为 72 ℃，延伸的时间由模板的长度和 Taq 酶的延伸速度来确定。在 72 ℃下，Taq DNA 聚合酶催化合成的速度可达 40～60 bp/s，但为保守起见，通常按照 1 kb/min 的速度来设定延伸时间。PCR 的循环数与起始模板的分子数密切相关(表 5-4)，循环数通常为 25～35 个。如果 DNA 起始量少于 10 个拷贝，则可能需要多达 40 个循环才可获得足够的产物。但是，不建议使用超过 45 个循环，因为过多的循环可能会导致非特异产物增多。

表 5-4 PCR 起始模板 DNA 分子数与循环数

起始模板 DNA 分子数/个	所需循环数/次
3×10^5	25～30
1.5×10^4	30～35
1×10^3	35～40
50	40～45

随着 PCR 反应的进行，Taq 酶逐渐失活，反应中的杂质也越来越多，这些因素会严重影响 PCR 的准确性，从而使 PCR 后期的产物逐渐接近一个极限而不再明显增多，出现所谓的平台期。“平台效应”是指 PCR 经过一定次数的循环后，待扩增的 DNA 片段不再以指数方式继续累积，PCR 的反应曲线趋于平坦，产物数量不再随循环次数增加而明显上升的现象。此时如果再增加循环数，不仅产物不会增加，反而会导致产生更多的错配。导致平台效应产生的原因有以下几点：尚可利用的底物（dNTP、引物）浓度明显下降；反应的稳定性下降，这是由 dNTP 自发裂解、Taq 酶随时间延长而逐渐失活等所致；产物的反馈抑制，如焦磷酸浓度增加；竞争性抑制，如非特异性产物与模板 DNA 竞争 dNTP 和 Taq 酶；变性不彻底，因为在反应后期高浓度产物的变性和链的分离不完全，导致大量特异性产物链又重新退火而不与引物退火，从而降低了有效模板数。

PCR 技术应用的主要目的是在体外特异扩增目的基因 DNA 片段，即实现体外克隆。为了方便 PCR 产物的克隆，通常会在引物的 5′端添加适当的酶切位点序列，然后通过酶切和连接就可将产物片段插入到合适的载体中。对于无校正功能的 Taq 酶，可以直接利用 T 载体对 PCR 产物进行 T-A 克隆，但这种方法并不适用于高保真的 Taq 酶。高保真 Taq 酶产生的产物为平末端，需采用平末端的连接策略来进行 PCR 产物的克隆。

5.3.2 未知序列 DNA 片段的 PCR

常规 PCR 的前提条件是已知目标片段两端的序列，以便设计引物。在基因工程研究中，有时可能并不完全知道目标片段两端的序列，其中较常见的一种情形就是扩增一个已知序列的旁侧序列。在进行染色体步移(chromosome walking)时，要从基因组或基因组文库中的已知序列出发，逐步获得或探知其相邻的未知序列。如果采用经典的步移方法，需利用标记探针进行分子杂交，但是此法操作烦琐，只对长片段的染色体步移适用。如果采用 PCR 技术进行步移，即从已知序列出发，扩增出它的旁侧序列，则使步移的过程变得简单快速，对小片段的染色体步移非常适用。扩增未知序列 DNA 片段的 PCR 方法有很多，这里只对反向 PCR、接头 PCR 和 TAIL-PCR 进行简单介绍。

1. 反向 PCR

反向 PCR(inverse PCR)用于扩增已知序列两侧的未知序列。其原理是先用合适的限制性内切酶酶切基因组，产生包含已知序列在内的限制性片段，并用连接酶使酶切后的片段自身环化，然后根据基因组内的已知序列设计适当引物，对已知序列两侧的旁侧序列进行扩增(图 5-5)。该方法的关键在于筛选到一种合适的限制酶，且这种酶不能在已知序列内切断 DNA。

反向 PCR 技术可用于鉴定转基因材料中外源基因的整合位点，或对基因组中已知序列的旁侧序列进行克隆。反向 PCR 的不足之处是首先要筛选到合适的限制性内切酶，以确保获得合适长度的片段，且不会切断已知的靶标序列。

2. 接头 PCR

接头 PCR 的原理也需要首先筛选合适的限制性内切酶对基因组 DNA 进行酶切，使 DNA 片段产生黏性末端，然后将具有匹配末端的接头与这些限制性片段连接。以连接产物为模板，利用接头上的序列和基因组内的已知序列设计特异引物并进行 PCR 扩增，就可获得基因组中已知序列的旁侧序列。为了减少接头 PCR 中的非特异性扩增，可根据已知序列设计嵌套引物进行多轮 PCR，即上一轮 PCR 完成后，以其产物为模板，利用内侧的嵌套引物再进行一轮 PCR，这样的 PCR 也称为巢式 PCR(nested PCR)或嵌套 PCR，其目的是减少或排除第一次扩增中出现的非特异性扩增(图 5-6)。

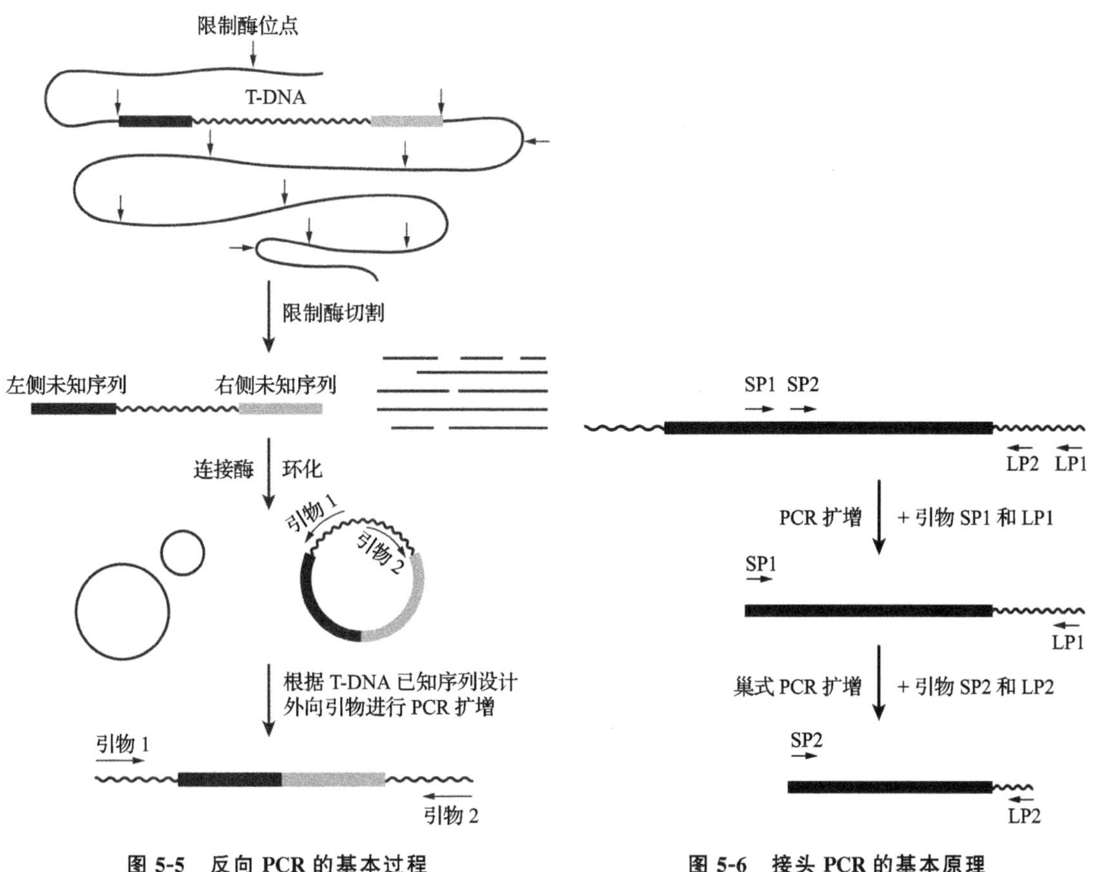

图 5-5 反向 PCR 的基本过程

图 5-6 接头 PCR 的基本原理

3. TAIL-PCR

热不对称交错 PCR(thermal asymmetric interlaced PCR，TAIL-PCR)是刘耀光于 1995 年发明的一种用于染色体步移和 T-DNA 旁侧序列分离的 PCR 方法。TAIL-PCR 利用了特异引物(退火温度高)和随机引物(退火温度低)进行温度不对称 PCR，对已知序列旁侧的未知序列进行扩增。在 TAIL-PCR 中，根据已知的序列(如 T-DNA 序列)设计三条同向且退火温度较高的特异性引物(SP 引物)，同时还设计了多条退火温度较低的高简并性引物(RP 引物)以保证结合目标 DNA。然后利用嵌套的特异性引物，分别与简并引物组合，进行三轮温度不对称的 PCR。每轮 PCR 的产物作为下一轮 PCR 的模板时，需进行一定程度的稀释(通常稀释 1 000 倍)，以降低非特异性模板的分子浓度(图 5-7)。

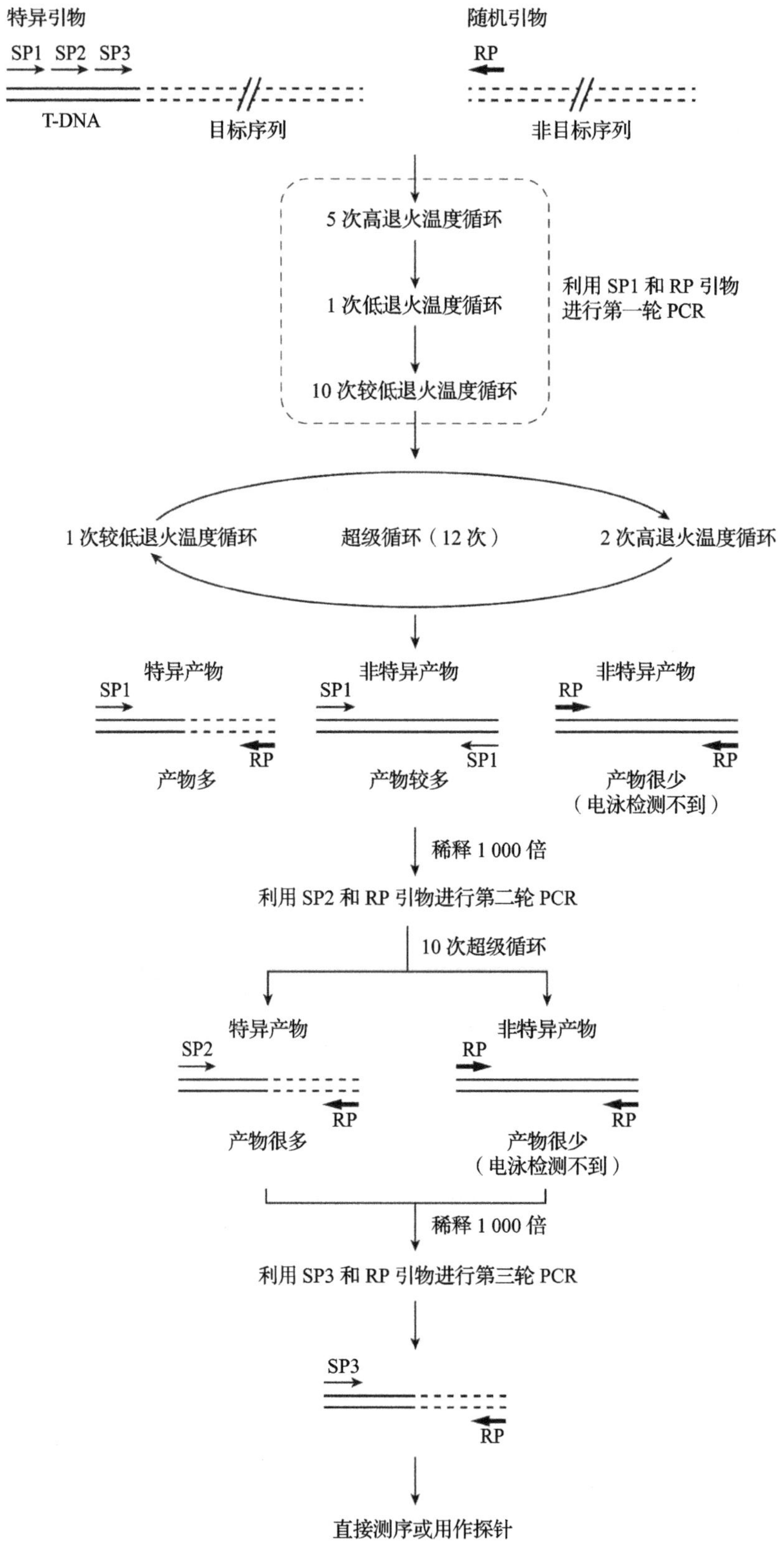

特异引物
SP1 SP2 SP3
T-DNA
目标序列
随机引物
RP
非目标序列
5 次高退火温度循环
1 次低退火温度循环
10 次较低退火温度循环
利用 SP1 和 RP 引物进行第一轮 PCR
1 次较低退火温度循环
超级循环（12 次）
2 次高退火温度循环
特异产物
SP1
RP
产物多
非特异产物
SP1
SP1
产物较多
非特异产物
RP
RP
产物很少（电泳检测不到）
稀释 1 000 倍
利用 SP2 和 RP 引物进行第二轮 PCR
10 次超级循环
特异产物
SP2
RP
产物很多
非特异产物
RP
RP
产物很少（电泳检测不到）
稀释 1 000 倍
利用 SP3 和 RP 引物进行第三轮 PCR
SP3
RP
直接测序或用作探针

图 5-7　TAIL-PCR 的基本过程

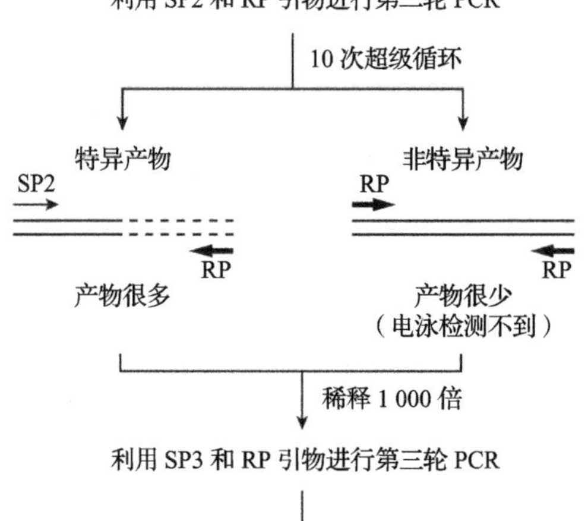

TAIL-PCR 可在预先不了解未知区域序列信息的情况下把未知的片段扩增出来，因而在基因工程研究中应用广泛。例如，根据已知的基因或分子标记进行连续步移，可以获取附近的重要调控基因，也可以通过步移获取 T-DNA 或转座子的插入位点旁侧序列，在转基因技术中也可用来鉴定外源基因的插入位点，还可以用于染色体测序工作中的空隙填补，以获得完整的基因组序列。

5.3.3 反转录 PCR

反转录 PCR(reverse transcription PCR，RT-PCR)以 mRNA 为模板，在反转录酶的作用下合成互补链 DNA(cDNA)，然后用 cDNA 作为模板进行 PCR 扩增。反转录 PCR 主要用于分析基因的转录产物，或以 RNA 为模板克隆目的基因，也可用于合成 cDNA 探针。

反转录 PCR 的引物需根据实验目的进行选择。可以根据目的基因的序列设计基因特异性引物，利用这种引物生成的 cDNA 作为模板进行 PCR 扩增则更具特异性。多聚 T(polyT)引物是特异针对 mRNA 的检测，因为绝大多数真核细胞的 mRNA 具有 3′端 polyA 尾，多聚 T(polyT)引物可以与其配对，确保仅 mRNA 被反转录。随机引物是由随机六聚体核苷酸组成的混合引物，采用随机引物进行反转录时，所有的 RNA 分子都可被反转录，故适合扩增特殊的 RNA，如 rRNA。

基于反转录 PCR 开发的 cDNA 末端快速扩增(rapid amplification of cDNA end, RACE)技术由 Frohman 等于 1988 年发明。利用 RACE 技术，可根据不完整的 cDNA 序列信息，从样本中快速扩增 cDNA 的 5′端或 3′端，从而有助于进一步获得 cDNA 的全长序列。RACE 技术可分为 3′-RACE 和 5′-RACE 两种：3′-RACE 技术的原理是依据 mRNA 的 3′端带有 polyA“尾巴”的特性，在反转录过程中使用含有接头的 polyT 引物进行反转录。在 PCR 时，利用基因的部分已知序列设计基因特异引物(GSP 引物)，同时利用接头序列作为另一端反向引物进行 PCR 扩增，就能获得 mRNA 的 3′端序列(图 5-8)；5′-RACE 技术的原理是先根据基因的部分已知序列设计基因特异引物，通过反转录获得 cDNA 链，然后利用末端转移酶在 cDNA 链的 3′端加上 polyC“尾巴”，再依据 polyC 设计含有接头的引物，合成 cDNA 双链。以此 cDNA 双链为模板，利用基因特异引物和接头特异引物进行 PCR，就可获得 mRNA 的 5′端序列(图 5-9)。利用 RACE 技术克隆基因的全长 cDNA 具有简单、快速、价格低廉等优点，而且能扩增低丰度的 RNA 分子。

5.3.4 差异显示 RT-PCR

差异显示 RT-PCR(differential display RT-PCR，DDRT-PCR)由 Liang 等，于 1992 年首次提出，它是一种结合了反转录技术和 PCR 技术的 RNA 表达谱技术，为研究基因表达差异提供了重要手段，具有快速、灵敏、简单以及可分析低丰度 mRNA 的优点，故很快成为克隆新基因和研究植物基因表达的有力工具。DDRT-PCR 的原理是利用一系列的 oligo(dT)引物对细胞内部的 mRNA 进行反转录，然后以另一端的随机引物和接头特异引物进行 PCR，最后通过聚丙烯酰胺凝胶电泳将差异片段分开，从而筛选差异表达的基因(图 5-10)。

利用 DDRT-PCR 技术可以检测不同的生物材料或者同一生物材料的不同部位、不同发育阶段的基因表达谱差异。为了提高 DDRT-PCR 的检出分辨率，在进行反转录时，可在接头引物的 3′端引入选择性碱基。例如，可将 oligo(dT)引物设计成 12 种，然后利用这 12 种接头引物分别对同一总 RNA 样品进行 cDNA 合成，即进行 12 次不同的反转录反应，从而将 cDNA

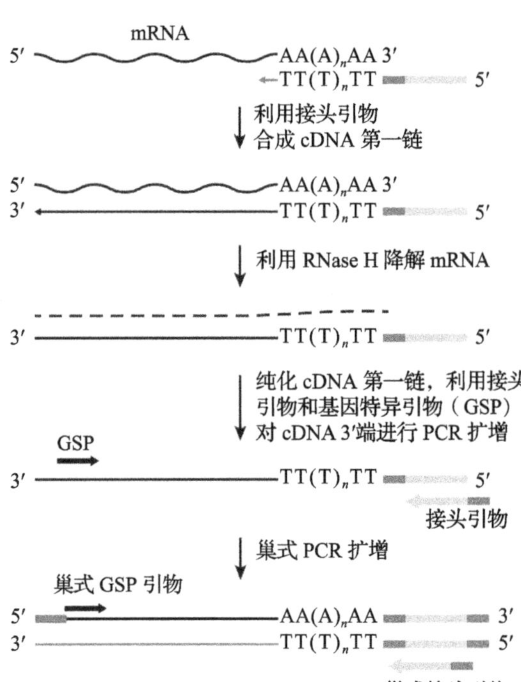

图 5-8　3′-RACE 技术的基本原理

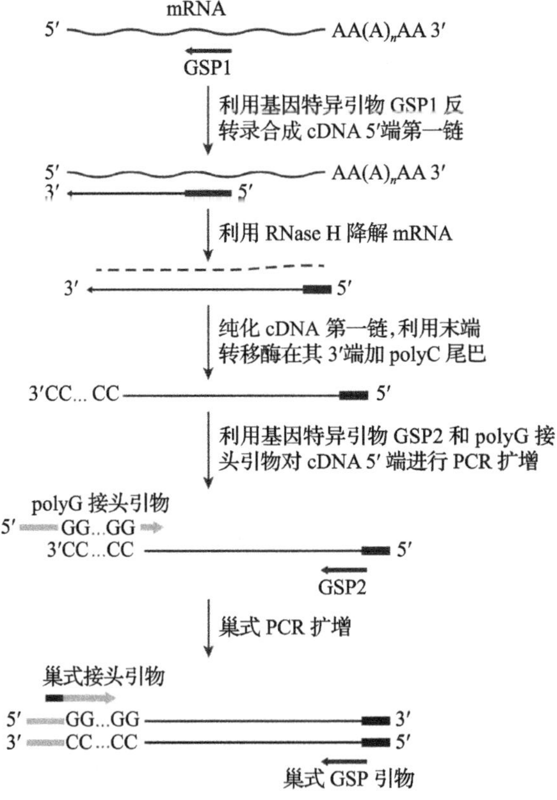

图 5-9　5′-RACE 技术的基本原理

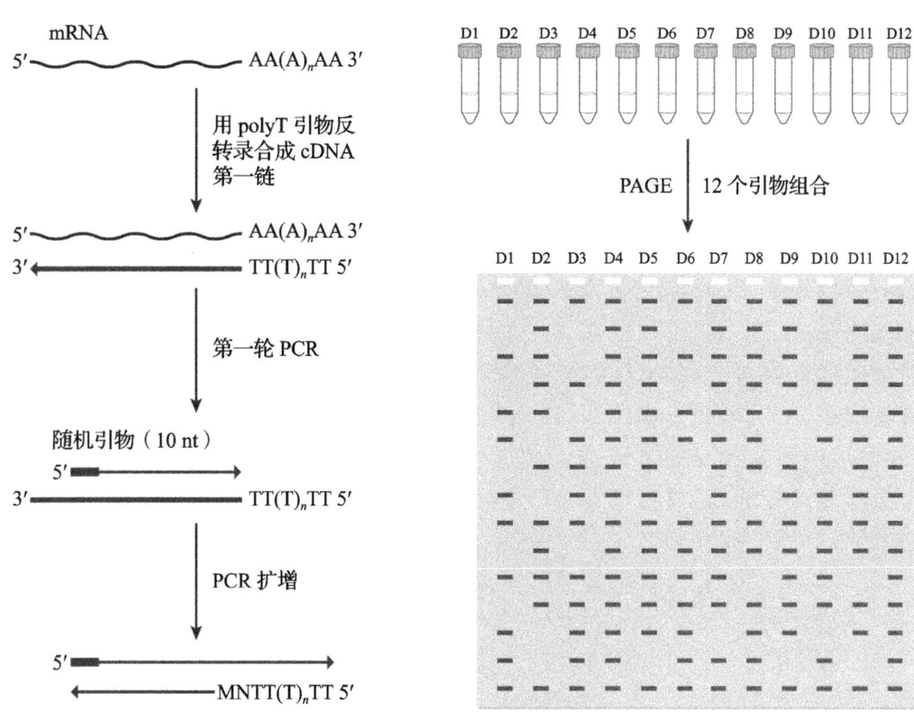

图 5-10 DDRT-PCR 的基本过程

产物分为 12 种类型。在 PCR 时，5′端采用可随机配对的随机引物，对每一类 cDNA 进行随机引物和特异反转录引物组合的 PCR 扩增，从而可将一个样品的反转录产物分为 12 个组分，在 PAGE 时每个泳道的条带数会减少，有利于分析差异表达基因。

5.3.5 抑制热交错 PCR 技术

在进行 PCR 时，成功扩增超大片段 DNA(>10 kb)始终是个难题。这是因为在长片段目的 DNA 的扩增过程中，很容易出现非特异性片段的扩增，如非目的 DNA 片段、引物二聚体等。这些片段会与目的 DNA 片段的扩增产生竞争，从而大大降低长片段目的 DNA 的扩增效率，甚至完全抑制其扩增。尽管 PCR 技术在不断改良，如改造耐热的高保真 DNA 聚合酶、优化 PCR 缓冲液的组分、添加佐剂、缩短变性时间、提高退火温度或延长链的延伸时间等，但是，现有的一些大尺度 PCR(long range PCR)扩增技术，仍然很难从复杂的基因组中特异地扩增出超大片段 DNA，以便进行长片段基因或多基因簇克隆、基因组结构变异以及合成生物学等方面的研究。为此，华南农业大学亚热带农业生物资源保护与利用国家重点实验室于 2021 年专门开发了一种能实现从基因组中高效且特异地扩增超大片段 DNA 的 PCR 新技术，即抑制热交错(suppression thermo-interlaced，STI)PCR，简称 STI-PCR 技术。STI-PCR 技术采用了抑制 PCR 和热交错变温内循环两种方法，能有效抑制短片段(≤3 kb)的非特异扩增，并能提高长片段 DNA 链延伸的稳定性，因而能实现从复杂的基因组中对超大片段 DNA 的高效和特异扩增。

在 STI-PCR 技术中，主要是利用抑制 PCR 的原理来抑制非特异片段的扩增。抑制 PCR 的原理主要包括两方面：①在设计 PCR 引物时，在正向引物(PS-F)和反向引物(PS-R)的 5′端都引入一段一定长度的相同序列，称为加尾序列或 5′-tag 序列，以便在产物的两端引入反向重复序列。例如，将 PS-F 的序列设计成为 5′-gcctggctccacgctccgagtNNNNNN... NNNNNN-3′，将 PS-R 的序列设计成为 5′-gcctggctccacgctccgagtNNNNNN... NNNNNN-3′，其中 gcctggctccacgctccgagt 为引入的 5′-tag 序列，其碱基可以任意改变，一般长度为 21～25 bp，G(或 C)碱基的总数为 14～16 个，从而保证其 T_m 值达到 68～72 ℃，而 NNNNNN... NNNNNN 为扩增目的 DNA 所需的与基因组特异匹配的引物序列，其设计原则与传统 PCR 引物设计相同，T_m 值控制在 62～64 ℃，而且下划线标识的 2 个碱基(NN)可以相同，这有利于延长加尾序列，以便增强抑制效果。②当 PCR 扩增产物的两端都带有反向重复序列时，产物自身的两个末端会发生互补配对。在 PCR 的变性和复性步骤中，由于较短片段的 DNA 分子单链自身末端容易优先配对，形成发夹结构，从而阻碍引物与这些短片段 DNA 分子单链末端的有效结合，导致后续的延伸反应不能进行，即产生抑制效应；相反，由于较长片段的 DNA 分子单链两个末端相距较远，不易发生自身互补配对，难以形成发夹结构，所以抑制效应大大降低(图 5-11)。

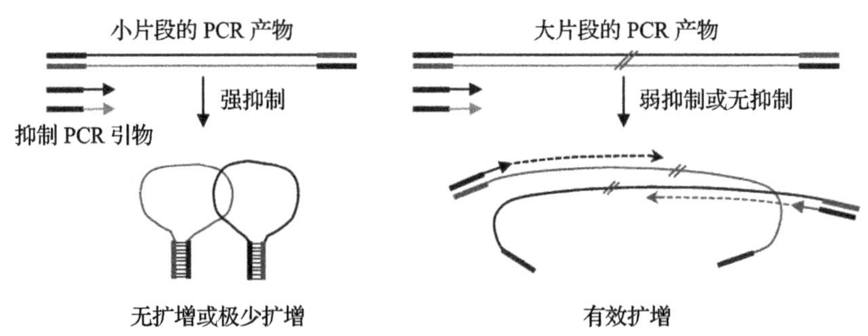

图 5-11　抑制热交错 PCR 技术的基本原理

许多因素可能影响抑制效应的强度，这些因素包括：①引物末端引入的反向重复序列的 T_m 值。T_m 值取决于序列的长度和 GC 含量，通常 T_m 值越高(一般为 68～72 ℃)，其抑制效应越强。②PCR 扩增产物的长度。产物长度越短，那么变性的 DNA 单链分子两个末端相距越近，也越容易相遇而形成发夹结构，从而导致抑制效应越强。③PCR 扩增引物的浓度。引物浓度降低，会减少引物与扩增产物末端之间的配对，使得产物末端自身配对占据优势，从而导致抑制效应增强，反之，过高的引物浓度则会减弱抑制效应。引物的终浓度一般控制在 0.1～0.15 μmol/L，可通过预实验来筛选最佳引物浓度。

在进行长片段 DNA 的 PCR 扩增时，除了需要抑制短片段的非特异扩增，还需要考虑扩增过程中产物链延伸的稳定性。长片段目的 DNA 的序列内部，既可能存在一些 GC 含量较高的区域(一般为几百 bp，GC 含量＞65%)，也可能存在一些 GC 含量较低的区域(一般为几十 bp 以上，GC 含量＜25%)。在较高的延伸温度下(一般为 68～72 ℃)，GC 含量较高的区域在 DNA 链延伸时能正常进行延伸反应，而 GC 含量较低的区域则会出现 DNA 双链结合不稳定的现象，从而降低链延伸反应的效率。因此，在 STI-PCR 技术中，采用了不同幅度(60～72 ℃)变温的嵌套热交错内循环(nested thermo-interlaced cycling，TIC)方法，即在每一个 PCR 大循环或称超级循环(super-cycle)中，将复性和延伸步骤设计成具有不同温度变化的热交错变温内循环(图 5-12)，从而兼顾内部含有不同 GC 含量区域的目的 DNA 链的有效延伸，可以获得更好的扩增效果。

热交错变温内循环程序的设计思路主要是：在一个完整的 PCR 循环或超级循环中，将常规的退火和延伸步骤合并，然后以不同温度梯度变化的 n 个内循环来代替，并嵌套在超级循环中，以便能同时进行退火和延伸。在变温内循环中，较低的温度（如 62～65 ℃）可使 GC 含量较低区域的 DNA 双链结合更稳定，从而能有效延伸，而较高的温度（如 70～72 ℃）则有利于发挥耐热 DNA 聚合酶的活性，从而使 GC 含量较高区域的 DNA 链延伸更高效（图 5-12）。为了方便 STI-PCR 扩增程序的设计，该实验室还开发了一个专门解析 DNA 序列中 GC 含量和分布特征的网站——calGC（http://skl. scau. edu. cn/calGC/），输入含有目的片段 DNA 的序列后，可以直观展示序列内 GC 含量的分布，同时网站还会根据 GC 分布推荐 STI-PCR 扩增程序以及内循环数（n）。

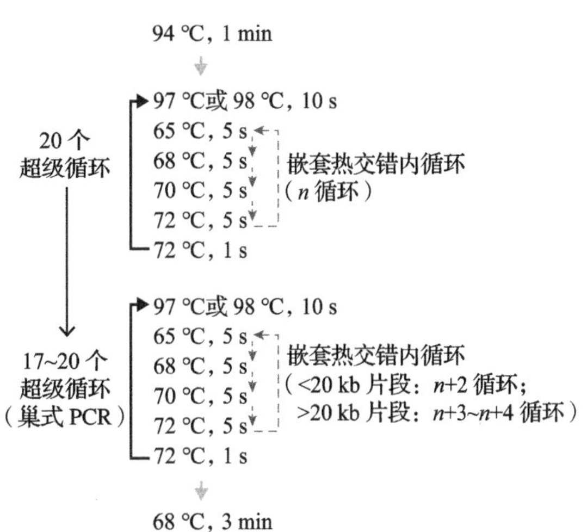

图 5-12 抑制热交错 PCR 的扩增程序示例

大多数情况下，对于小于＜25 kb 的目的 DNA 片段，经过一轮 STI-PCR 扩增就可以获得足够多的特异产物，用于后续克隆实验。但是，对于≥25 kb 的片段，或一些难以扩增的序列，如 GC 含量非常高、GC 含量非常低或含有复杂二级结构等特征的序列，可以采用巢式 PCR 扩增方法。具体而言，在第一轮 STI-PCR 引物的内侧设计一对巢式引物，该巢式引物与第一轮引物存在部分重叠，然后以第一轮 STI-PCR 扩增产物为模板进行第二轮扩增，即巢式 PCR 扩增。巢式 PCR 扩增的程序与第一轮 STI-PCR 基本相同，唯一的区别在于巢式 PCR 扩增中超级循环数较少。由于经过了第一轮 STI-PCR 扩增，PCR 体系中初始基因组 DNA 模板已被稀释，且巢式 PCR 扩增循环数减少，所以最终扩增产物中非特异片段大大减少。

在实际应用中，为实现对不同长度 DNA 片段的特异性扩增，需要综合考虑各种影响因素，并优化反应条件。举例来说，建议使用 CTAB 法从新鲜叶片中提取高质量的基因组 DNA，将 DNA 保存在－20 ℃下并避免反复冻融。在 PCR 扩增过程中，推荐使用具有热启动能力的高保真、高性能的耐热 DNA 聚合酶，如东洋纺（Toyobo）公司的 KOD FX Neo、艾科瑞（Accurate Biology）公司的 ApexHF HS DNA Polymerase CL 等。对于 PCR 混合液的配制，建议使用 20 μL 的体系，模板 DNA 一般加入 30～40 ng，引物终浓度一般为 0.1～0.15 μmol/L，而酶、dNTPs 等成分的用量可参考说明书。值得注意的是，STI-PCR 技术需要使用嵌套的内循环程序，因此 PCR 仪必须能够支持内循环程序的设置。例如，耶拿（Analytik Jena）、朗基（LongGene）等公司生产的 PCR 仪可以很方便地设置各种内循环程序，适用于 STI-PCR。

STI-PCR 技术主要用于扩增超大片段的 DNA 或含有复杂结构的 DNA 序列。相比于传统 PCR 方法，在片段长度≥15 kb 的情况下，STI-PCR 具有更好的扩增效果。利用 STI-PCR 技术，可以从水稻、玉米或人类细胞系基因组中高特异性地扩增出≥10 kb 甚至≥30 kb（最高可达 38 kb）的目的 DNA 片段。此外，STI-PCR 还可用于提高 DNA 的体外从头合成及片段组装能力，从而推动合成生物学技术的发展。传统的体外 DNA 合成方法通常采用化学合成法合成能覆盖目的 DNA 序列且具有重叠性的寡核苷酸引物，然后通过聚合酶循环组装或采用重叠 PCR（overlapping PCR）技术将寡核苷酸引物扩增出的目的 DNA 拼接片段进行拼接，最后通过一次常规 PCR 扩增获得完整的目的 DNA 序列。然而,传统的 PCR 方法通常一次只能获得 3 kb 以内的拼接片段。相比之下,采用 STI-PCR 技术,一次可以获得高达 7 kb 的拼接片段,从而显著提升了体外合成 DNA 的能力,也增强了体外进行 DNA 片段组装的能力。因此,STI-PCR 技术突破了传统 PCR 在扩增片段大小和特异性等方面的局限性,极大地提高了超大片段 DNA 扩增的效率以及 DNA 体外从头合成、多片段组装的能力,可广泛应用于基因克隆、功能分析、DNA 测序、变异检测等方面的研究。

5.3.6 Ω-PCR 技术

如前文所述(参见 4.1.2 节),为了在载体中无缝地组装目的片段,许多实验室越来越倾向于使用不依赖于限制性核酸内切酶的无缝克隆(seamless cloning)技术,如 Gibson 组装技术、In-Fusion 技术等。然而,这些技术的使用成本较高,需要昂贵的专利酶或试剂盒。相比之下,基于 PCR 技术的无缝克隆技术选择使用扩增能力强的高保真平末端 Taq 酶,通过 PCR 方法就能将目的片段高效地组装到载体中,具有简单、快速、灵活、成本较低等优势。例如,华南农业大学亚热带农业生物资源保护与利用国家重点实验室于 2013 年开发的"Ω-PCR"技术就是一种新型的基于 PCR 的无缝克隆技术,不需要昂贵的试剂盒,即可在质粒载体的任意位点精准组装目的片段,为基因克隆和功能研究提供了方便。

Ω-PCR 技术的核心原理包括以下 5 个方面:①在 Ω-PCR 扩增的第一轮 PCR 中,正向引物序列由 5′端与目的片段插入位点一侧载体骨架正向序列相同的 21 nt 和 3′端用于特异扩增目的片段的 21 nt 正向序列组成,而反向引物由 5′端与目的片段插入位点另一侧载体骨架反向序列相同的 21 nt 和 3′端用于特异扩增目的片段的 21 nt 反向序列组成。②通过设计好的引物对目的片段进行 PCR 扩增后,所获得的 PCR 产物的 5′端和 3′端序列与载体中目的片段插入位点两侧的载体末端序列相同,因而该 PCR 产物可作为第二轮 PCR 的引物,也称为"巨型引物(megaprimer)"。③在第二轮 PCR 中,通过利用第一轮 PCR 产物或巨型引物的 3′端与目的片段插入位点两侧的载体序列相互配对,形成"Ω"形状的二级结构,故 Ω-PCR 得名。④在进行第二轮 PCR 时,由于第一轮 PCR 产物中可能存在少量的非特异产物,为避免对第二轮 PCR 扩增的影响,需要对第一轮 PCR 产物或巨型引物进行稀释(如稀释至 10 ng/μL),然后使用扩增能力强、高保真且产生平末端的 Taq DNA 聚合酶(如 Takara 公司的 PrimerStar Taq DNA 聚合酶、Toyobo 公司的 KOD FX Taq DNA 聚合酶等),以巨型引物与载体配对形成的"Ω"结构为基础进行延伸,从而获得带有切口的环状重组 DNA。⑤将得到的重组 DNA 转入大肠杆菌中,通过细胞内的修复,最终获得完整的重组质粒(图 5-13)。

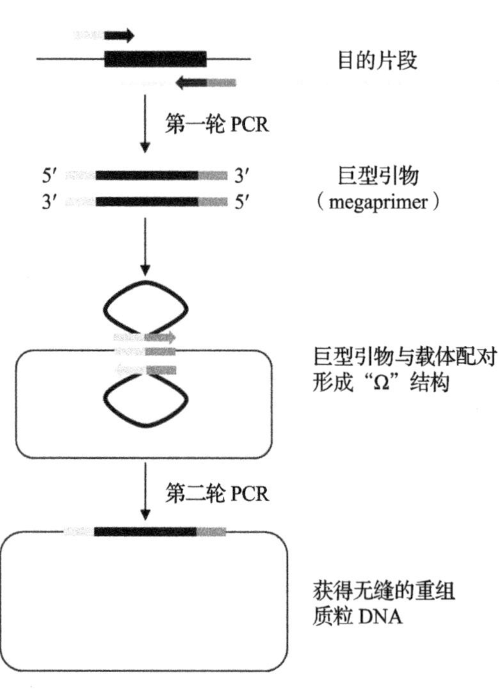

图 5-13 Ω-PCR 技术的基本原理

相比于其他无缝克隆组装技术，Ω-PCR 技术具有诸多优势：①Ω-PCR 技术省时、省力、成本低，适用于大规模载体组装。②Ω-PCR 技术不仅避免了传统限制性核酸内切酶的酶切及连接酶的连接等复杂步骤，而且通过 PCR 的高特异性和高效性，能够获得高成功率（80%以上）的重组 DNA。通过合适的限制酶在插入位点酶切，或者通过反向 PCR 对质粒载体进行扩增，得到线性化的载体模板，可以进一步提高 Ω-PCR 技术的成功率。③Ω-PCR 以 PCR 技术为基础，完全摆脱了传统方法中酶切位点的限制，不仅可以精准地实现载体中目的片段的组装，还可以对载体中的目的片段进行自由改造，如替换、缺失或插入。

然而，Ω-PCR 技术也存在一些限制。例如，该技术受限于 DNA 聚合酶的扩增能力和载体 DNA 序列的复杂性等因素。当前的 Taq DNA 聚合酶对于较长片段（>16 kb）或高复杂度序列的高效、高特异扩增能力有限，因此在这些情况下，DNA 重组的成功率会显著降低。尽管已有报道表明 Ω-PCR 可以成功组装长达 16.5 kb 的目的片段，但对于更长的片段则效率降低。随着更高效、扩增能力更强的 DNA 聚合酶的研发，相信 Ω-PCR 技术在未来将得到更广泛的应用。

5.3.7 实时定量 PCR

通过凝胶电泳和核酸染料染色，可以对常规 PCR 扩增的产物进行定性分析，确定产物的分子量，还可以对终产物的扩增量进行大致的比较。然而，如果想知道 PCR 开始之前的初始模板数量，常规的 PCR 也就无能为力了，而实时定量 PCR 却可以实现这一点。所谓的实时定量 PCR，就是通过实时监测 PCR 过程中每一个循环的产物所发出的荧光信号，得到一个荧光变化曲线，以此来实现对初始模板的定量分析（图 5-14）。

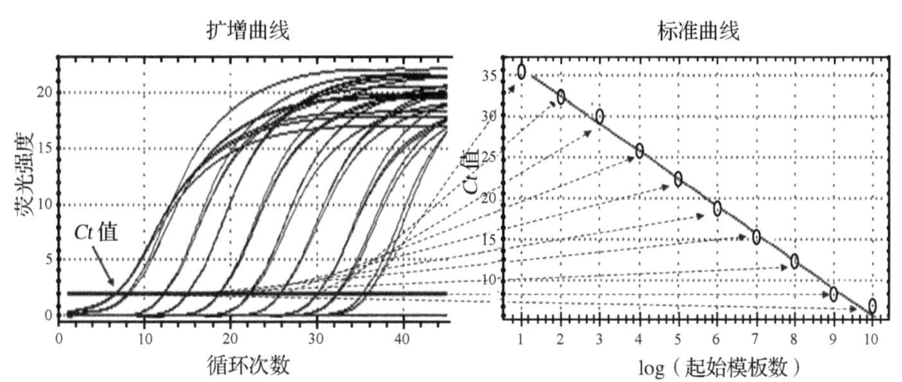

图 5-14 定量 PCR 起始模板数与 *Ct* 值的相关性

实时定量 PCR（quantitative real time PCR），也称实时荧光定量 PCR 或定量 PCR，简称 Q-PCR 或 qPCR 等，是一种在 DNA 扩增反应中通过检测每个 PCR 循环的荧光信号，实时监测 PCR 中每次循环扩增的产物量变化，然后通过循环阈值和标准曲线的分析方法对样本的起始模板拷贝数进行定量分析的技术。

在定量 PCR 进程中，每次循环都进行一次荧光信号的收集。以荧光强度为纵坐标，循环次数为横坐标，绘制出的曲线称为 PCR 扩增曲线。在最初的几个循环中，目标产物虽然呈指数增加，但其引发的荧光强度未达到仪器的检测限，因此检测到的荧光强度无变化，通常把该时间段荧光强度的平均值称为基线。当荧光信号达到一定强度后，荧光强度的增加才能够被仪器检测到。这个能够被仪器检测到的最小荧光强度称为荧光阈值。在实际应用中,通常以第3～15次循环荧光强度均值的10倍作为荧光阈值。在定量PCR中,扩增产物的荧光信号达到设定的荧光阈值时所需要的扩增循环次数称为 Ct 值。通过计算分析发现,Ct 值与起始模板拷贝数的对数呈负相关的线性关系。起始拷贝数越多,Ct 值就越小。采用一系列已知拷贝数的起始模板,在相同条件下进行扩增,测得各自的 Ct 值,然后以 Ct 值为纵坐标、起始模板拷贝数的对数值为横坐标制作标准曲线。对于模板量未知的样品,只要在相同条件下测得其 Ct 值,即可依据标准曲线计算得到该样品的起始拷贝数(图5-14)。

在定量PCR分析中,还需要考虑模板扩增效率的问题。理论上,PCR的扩增效率为100%,PCR产物量随着循环的进行呈指数增长,那么扩增的理想结果应是 $Y = X \times 2^n$(Y 代表扩增产物量,X 代表起始模板数,n 为循环次数)。但是实际上,DNA的每一次复制都不完全,即每一次循环时模板不是以2的倍数呈指数增长,实际应为 $Y = X(1+E)^n$(E 代表扩增效率,即 E=参与复制的模板/总模板数,通常≤1)。在整个PCR过程中,扩增效率不是固定不变的。当 $n \leqslant 30$ 时,一般 E 相对稳定,原始模板以相对固定的指数形式增加,适合定量分析,这也是所谓的指数期。随着循环次数增加($n > 30$),E 值逐渐减少,Y 呈非固定的指数形式增加,进入平台期。

实时荧光定量PCR中的荧光信号是怎样产生的呢?定量PCR所使用的荧光物质主要有两种:荧光染料和荧光探针。SYBR Green Ⅰ是目前定量PCR分析中最为常见的荧光染料,它是一种只与双链DNA小沟结合的染料,并不与单链DNA链结合,而且在游离状态不发出荧光,只有掺入DNA双链中才可以发光(图5-15)。双链PCR产物越多,荧光就越强,荧光信号的强度与PCR产物同步增加。PCR过程中,只有在退火和延伸阶段才形成双链DNA,此时SYBR Green Ⅰ染料才会结合到双链DNA上而发出荧光。在这两个阶段进行荧光采集,就可以确定扩增产物的量。SYBR Green Ⅰ染料法的最大优点是通用性强,适用于所有的荧光定量PCR;但其主要缺点是不能区分扩增产物的特异性。当存在引物二聚体、二级结构或者非特异性产物时,该染料都会与这些产物结合而发出荧光信号,从而干扰对特异性产物的准确定量。为克服此缺陷,可以配合PCR产物的熔解曲线分析来判断是否为同一PCR产物。如果熔解曲线得到单一峰,一般认为无非特异性扩增;如果熔解曲线出现杂峰,则提示定量可能不准确。当非特异峰的 T_m>特异峰的 T_m 时,一般表示有非特异扩增;当非特异峰的 T_m<特异峰的 T_m 时,一般表示有引物二聚体存在。

TaqMan荧光探针是定量PCR分析中常见的一种寡核苷酸探针,其5′端携带有荧光基团,3′端携带有淬灭基团(图5-15)。TaqMan探针是根据模板序列设计的一段与产物互补的探针,它可与产物特异结合,从而提高检测的特异性。PCR扩增时,在加入一对扩增引物的同时还加入一个特异性的TaqMan探针。当TaqMan探针完整时,荧光基团的荧光被淬灭基团吸收,不能发出荧光。PCR延伸阶段,TaqMan探针与产物退火,而Taq酶在模板上移动的时候就会遇到TaqMan探针。由于Taq酶具有5′→3′外切酶活性,会切开TaqMan探针的5′端,使其报告荧光基团和淬灭荧光基团分离,从而发出荧光信号,所以每个循环新增的荧光信号与探针靶向的产物数量完全同步。与结合双链DNA的染料相比,序列特异的TaqMan探针最大的优势在于其特异性高、重复性好。然而TaqMan探针的缺点是实验的成本很高,这是因为需要加入荧光标记的探针,且每个基因都需要不同的特异探针。TaqMan探针的出现是定量PCR技术的重要里程碑,在此基础上又发展了分子信标(molecular beacon)荧光探针,该探针也具有相似的原理。

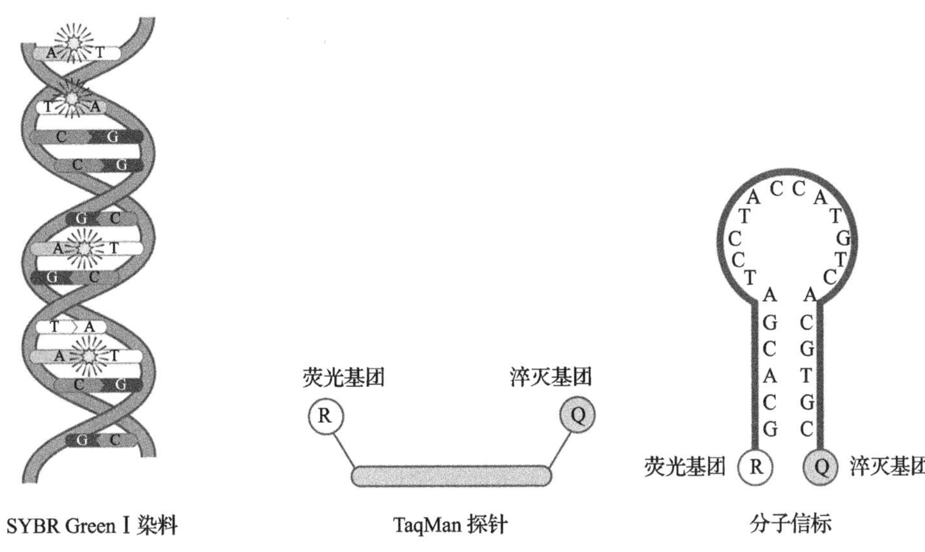

图 5-15 定量 PCR 的荧光染料和荧光探针

分子信标是一种自身能在 5′端和 3′端形成发夹结构的寡核苷酸荧光探针(图 5-15)，它一般由 3 个部分组成，包括能与靶分子特异结合的环状区(15～30 bp)和能可逆性解离的茎干区(5～8 bp)，以及分别标记在两个末端的荧光基团和淬灭基团。没有靶分子的时候，分子信标两端的核酸序列互补配对，导致荧光基团与淬灭基团紧紧靠近，不会产生荧光。PCR 产物生成后，退火过程中会使分子信标的中间部分与特定的 DNA 序列配对，导致荧光基团与淬灭基团分离而产生荧光。分子信标技术具有极高的特异性和灵敏度，在临床诊断和基因检测等各类目标分子的检测中已得到广泛应用。

按照定量分析的目的，定量 PCR 数据分析的方法有两种，即绝对定量法和相对定量法。绝对定量法是指利用已知的标准曲线对未知样本的绝对量进行推算的方法，这种方法需要已知标准样品的绝对浓度，将其稀释成几个不同梯度的浓度后进行定量 PCR，测定其 Ct 值，进而绘制出标准曲线，据此可计算出未知样品的起始浓度绝对量。

定量 PCR 数据分析中采用较多的是相对定量法，它是通过与内参基因的 Ct 值比较来进行相对定量。首先将待测基因和内参基因同时扩增，可以在两个反应管中分开进行，也可以在一个反应管中同时进行，测定两者的 Ct 值，然后利用数学公式 $2^{-\Delta\Delta Ct}$ 进行相对量的计算。在实际应用中，通常包括对照组和处理组，每组内至少有 3 次独立的生物学重复。如果要分析处理组中目的基因与对照组中目的基因之间的相对表达差异，那么需要先测定各组中内参基因和目的基因的 Ct 值。第一步先计算各组中内参基因的 Ct 均值，然后计算各组中目的基因 Ct 均值与内参基因 Ct 均值的差值，即得到每组中目的基因与内参基因的相对差异(ΔCt)；第二步先计算对照组中 ΔCt 的均值，再计算出处理组中目的基因 ΔCt 值与对照组 ΔCt 之间差值的均值，即得到处理组中目的基因与对照组中目的基因的相对差异($\Delta\Delta Ct$)；第三步根据起始模板浓度与 Ct 值之间的线性关系，计算出处理组中的目的基因相对于对照组的相对表达量，即 $2^{-\Delta\Delta Ct}$。需要注意的是，这种方法的前提是待测的目的基因和内参基因的扩增效率需保持基本一致，故必须先对反应体系进行优化。

5.4 探针标记技术

在基因工程研究中，常常要用到探针，例如在分子杂交中就常使用放射性同位素标记的探针。探针(probe)是指一段带有检测标记、序列已知并能与目的基因互补的核酸序列。探针被标记后，就可以用来检测与探针具有同源性的DNA或RNA序列。探针的主要用途是核酸分子杂交，它能与目的基因或核酸片段互补配对结合，通过检测探针上的标记，就可以将目的基因或核酸片段显示出来。核酸探针常用的标记包括放射性同位素标记、荧光染料标记等。探针既可以是单链，也可以是双链。核酸探针的来源有3种，包括来源于基因组中与目的基因同源的序列(基因组DNA探针)、来源于mRNA反转录获得的序列(特异性cDNA探针)以及人工合成的寡核苷酸探针。

探针上的标记物用于确定探针是否与相应的片段发生杂交。一个理想的探针标记物应具备如下条件：不会影响探针的理化性质，如杂交的特异性和稳定性等；检测的灵敏度高、特异性强、本底低、重复性好；操作简便、省时，经济实用；化学稳定性高，易于长期保存；安全、无环境污染。探针标记物的种类大致有两种，包括放射性标记物和非放射性标记物。

常用的放射性标记物有^{32}P和^{35}S两种同位素，它们各有特点。^{32}P放射出的是硬β射线，其放射性较高，故在放射自显影时检测灵敏度相对也较高。但是，其辐射的危害性较大，尤其对视网膜损伤较大，要用有机玻璃防护才能进行操作，而且其半衰期较短，只有14.3 d，不利于探针的长期保存。^{35}S放射出的是软β射线，放射性较低，放射自显影时检测灵敏度虽然低于^{32}P，但其分辨率较高、本底低，且辐射危害性也较小，可以面对面进行操作，而且其半衰期长达87.1 d，使用更为方便安全。在实际应用中，这两种同位素根据具体需求都被广泛应用。

非放射性标记物的优点是无放射性污染、稳定性好，且保存时间较长，但是大多数非放射性标记探针的灵敏度和特异性不如放射性探针。常用的非放射性标记物有生物素(biotin)标记、地高辛(digoxigenin)标记和荧光素(fluorescein)标记等。

5.4.1 放射性探针标记

放射性探针标记是指利用放射性同位素对探针进行标记的过程，标记方法主要有切口翻译法、随机引物法和末端标记法等。

1. 切口翻译法

切口翻译法也称切口平移(nick translation)法，其原理是首先在Mg^{2+}存在的条件下，利用DNA酶Ⅰ(DNaseⅠ)在双链DNA上随机产生许多切口(nick)，然后利用DNA聚合酶Ⅰ(具有5′→3′聚合酶活性和5′→3′外切酶活性)从切口处5′端移去一个核苷酸，同时在3′端补上一个新的核苷酸，于是沿着切口将探针DNA置换成为新的DNA链，在置换合成的过程中就会将带有放射性同位素的核苷酸(通常是α-^{32}P标记的dCTP或dATP)掺入其中(图5-16)。

切口翻译法标记的DNA片段长度受DNaseⅠ和DNA聚合酶Ⅰ的用量及比例控制，一般长度为 50～500 bp，最长可标记 1 kb 的片段。此法只能标记双链探针，对于单链则不能标记。Klenow 片段不能用于切口翻译法中，因为它不具备 5′→3′外切酶活性。探针 DNA 中的杂质，如琼脂糖等，可能会抑制酶的活性。有时为了使探针标记得更长，在 DNase Ⅰ 作用后会将该酶除去，然后才加入 DNA 聚合酶 Ⅰ，以免 DNase Ⅰ 作用而在新链上再次产生切口。

2. 随机引物法

随机引物法（random primer labeling）的原理是利用长度为 6 个核苷酸的随机引物与探针 DNA 模板退火，由于这些随机引物是由 4 种脱氧核糖核苷酸（dNTP）随机组成的寡聚核苷酸序列混合物，所以它们可以与任意核苷酸序列随机互补结合，在 DNA 聚合酶 Ⅰ 大片段（即 Klenow 片段，无 5′→3′外切酶活性）的作用下，在引物的 3′端逐个加上核苷酸，直至延伸到下一个引物。当反应液中含有放射性同位素标记的核苷酸时，就会产生带有放射性标记的 DNA 分子（图 5-17）。实际应用中，需要先将双链 DNA 变性成为单链，接着迅速冰浴令其保持单链状态，然后加入随机引物、Klenow 片段和核苷酸（其中一种核苷酸带有同位素标记）等成分进行反应。此法也可用于以 RNA 为模板的单链 cDNA 探针标记，但需采用反转录酶来合成互补链。

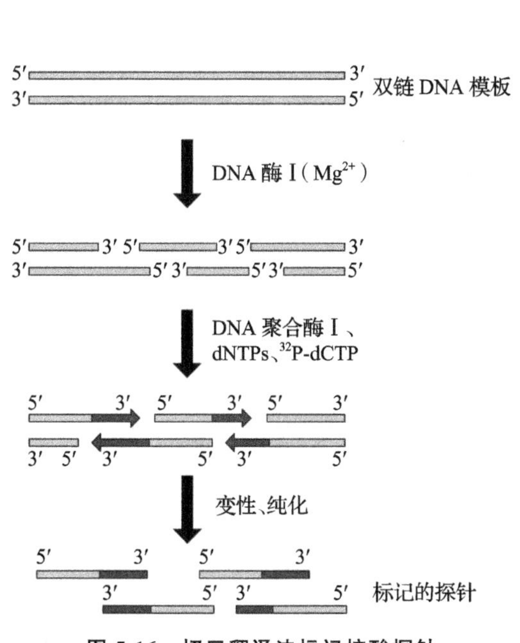

图 5-16　切口翻译法标记核酸探针

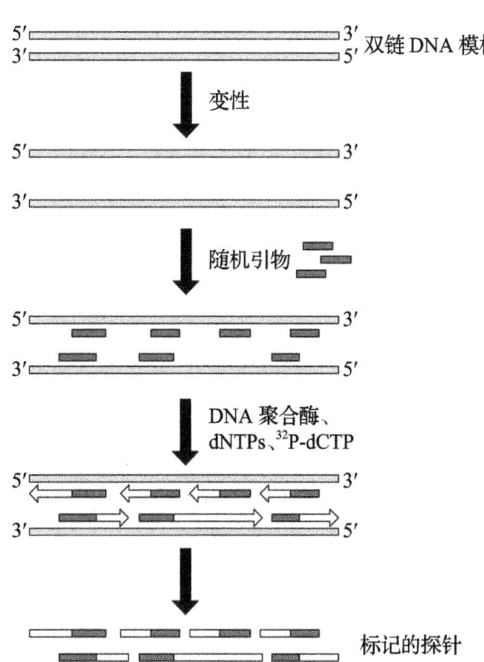

图 5-17　随机引物法标记核酸探针

随机引物法标记探针的操作简便，标记的 DNA 片段长度通常为 400～600 bp。因为 Klenow 片段缺乏降解 DNA 的 5′→3′外切酶活性，故反应稳定，标记效率高，而且所得到的探针比活性高，比切口翻译法高 10～100 倍。因为使用的是随机引物，对模板的要求不严格，故随机引物法标记均匀，可跨越 DNA 全长，且无物种局限性，对任何 DNA 都可标记。为了保证引物量足够，随机引物一般都保持过量，但是如果引物过量太多，则可能使标记的片段长度受限。

3. 末端标记法

末端标记(end labeling)的原理是利用特定的酶把某种带有标记的核苷酸加到 DNA 双链或单链的 5′端或 3′端。5′端标记利用的主要是多聚核苷酸激酶，该酶可将 γ-^{32}P 标记的 dATP 或 dCTP 中^{32}P 基团转移到 DNA 链的 5′端(参见本书第 2 章)。而 3′端标记利用的主要是某些聚合酶，如 Klenow 片段，通过将 3′凹端补平来实现末端标记。对于平末端或 3′突出端的 DNA 分子，可以采用 T4 DNA 聚合酶，因其具有 3′→5′外切酶活性和 5′→3′合成酶活性或者采用末端转移酶进行标记。必须注意的是，与 5′端标记不同，标记 3′端时加入的标记核苷酸都是 α-^{32}P 标记的 dATP 或 dCTP。末端标记只标记 DNA 的 5′端或 3′端，为非均匀性标记，故标记的效率相对较低。末端标记的效率与 DNA 末端的数量直接相关，故末端标记法对模板的纯度要求较高，尤其要尽量避免小分子片段的干扰。

4. 单链探针标记

单链探针(single-stranded probe)只有一条核苷酸链，它可以是单链 DNA，也可以是 RNA。相对于双链 DNA 探针，单链探针有其独到的优点：因为是单链，探针自身无互补链配对竞争，故检测的效率高，灵敏度也高，尤其是与远缘物种 DNA 杂交时单链探针检测的灵敏度高于双链探针。单链探针的制备方法有多种，如果模板是 DNA，可先将与探针互补的 DNA 序列克隆到单链噬菌体载体中，然后利用载体上的通用引物和 Klenow 片段合成单链探针，也可以利用 PCR(采用单引物进行线性扩增)来合成单链探针。如果载体上带有启动子，则可以利用 RNA 聚合酶把目的 DNA 序列转录成 RNA，从而合成 RNA 探针。如果模板是 RNA，则可以利用反转录酶来合成单链 cDNA 探针。理论上，模板 DNA 或 RNA 片段有多长，也就决定了标记的单链探针的长度。

5.4.2 非放射性标记

放射性同位素不仅对人体有害，而且会污染环境，而非放射性标记对人和环境的危害性较小。近年来已发展了大量的非放射性标记系统，其稳定性好、检测时间短、分辨率也较高，但其缺点是成本高、灵敏度稍低。

非放射性标记的原理是先将某些物质(作为抗原)与特殊核苷酸结合，这些物质(抗原)能与特异的抗体专一性结合，而抗体上偶联有特定的酶或发光剂，以此来检测抗原与抗体杂交的结果。非放射性标记技术目前主要有两类：一是酶促反应标记法，二是化学修饰标记法。酶促反应标记法与放射性标记探针法类似，也是利用切口翻译法或随机引物法等把修饰了的核苷酸掺入探针 DNA 中，而化学修饰标记法则是把不同的标记物用化学方法连接到探针上。

作为非放射性标记，常见的有生物素(biotin)标记、地高辛配基标记等。在实际应用中，与生物素或地高辛配基结合的 dUTP 可以代替 dTTP，并被掺入到探针 DNA 的合成过程中。在检测杂交信号时，生物素或地高辛配基作为抗原与抗生物素蛋白或抗地高辛抗体特异结合。抗体上通常偶联有碱性磷酸酶，通过碱性磷酸酶催化生色底物发生显色反应，就可以确定探针同源序列的位置，或者在抗体上结合有荧光色素，通过对荧光的检测就可确定探针同源序列的位置(图 5-18)。

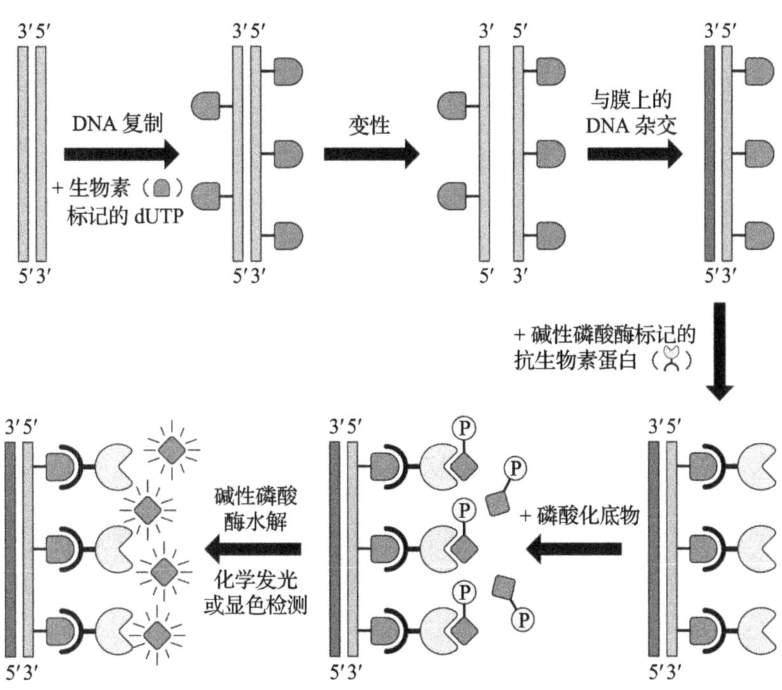

图 5-18 非放射性标记检测的基本原理

5.5 分子杂交技术

两条核酸序列的碱基对之间形成非共价键即出现稳定的双链区，这是核酸分子杂交的基础。分子杂交是指核酸分子变性成单链后，在复性过程中两个来源不同但序列具有同源性的单链核酸分子形成杂合双链的过程。由于核酸序列的碱基互补配对，分子杂交过程具有高度的特异性，所以可以利用特定序列对目标序列或基因进行检测。如果采用一个带有标记的核酸序列（探针）与待测样品杂交，便可检测样品中是否存在与探针具有同源性的核酸序列，也可以用来检测特定生物有机体之间是否存在亲缘关系。探针可以是 DNA 或 RNA，也可以是人工合成的寡核苷酸，标记的类型包括放射性标记和非放射性标记。

Hall 等于 1961 年将探针与靶序列在溶液中杂交，通过平衡密度梯度离心分离出杂交体，从而开始了核酸的液相杂交技术研究。1962 年 Bolton 等将变性的 DNA 固定在琼脂中，再用放射性标记的探针 DNA 或 RNA 分子与凝胶中 DNA 杂交，开创了核酸的固相杂交方法。1975 年由 Southern 首创的 Southern 印迹法，是一种方便易行的固相杂交方法。首先，将待测的 DNA 用限制酶切成片段，接着通过凝胶电泳把大小不同的片段分开，再把这些 DNA 片段吸印到硝酸纤维膜上，并使吸附在滤膜上的 DNA 分子变性；其次，与预先制备的 DNA 或 RNA 探针进行分子杂交；最后，通过放射自显影就可以鉴别待测的 DNA 中是否含有与探针同源的序列，这种杂交方法也称为 Southern 杂交。后来，在 Southern 杂交技术的基础上，科学家们相继发展出了 Northern 杂交和 Western 杂交等分子杂交技术，这些技术已广泛应用于 DNA 的同源性鉴定、基因定位、重组体鉴别和基因表达分析等领域。

在分子杂交过程中，一般都采用印迹转移(blotting)方法，即先将待测样品(DNA、RNA或蛋白质)进行电泳分离，再将凝胶中的样品吸印转移到固相支持物(如尼龙膜、硝酸纤维素膜)上，然后将标记的探针或抗体与固相支持物上的待测分子进行杂交，最后经放射自显影或荧光检测等方法确定待测样品中是否含有与探针同源或与抗体结合的生物分子，并推测其分子量大小、含量等信息。依据检测对象的不同，分子杂交技术可分为Southern杂交、Northern杂交和Western杂交，以及由这些方法衍生出来的原位杂交、斑点杂交、基因芯片杂交等。

5.5.1 Southern杂交

Southern杂交是依据毛细管作用的原理进行的。它首先将凝胶电泳分离的DNA分子转移并结合到适当的杂交膜上，然后通过DNA或RNA探针杂交检测这些被转移的DNA分子，因此Southern杂交检测的对象是DNA。Southern杂交所用的探针可以是DNA或RNA，主要用于检测目的DNA及其相对大小、了解目的基因的状态(如是否存在突变、重排以及拷贝数有多少等)。Southern杂交的基本过程，一般包括以下几个步骤：

(1)基因组DNA的提取、酶切和电泳分离　首先，分离纯化基因组DNA，然后进行酶切，得到不同长度的DNA限制性片段。接着，在低电压(1～2 V/cm)下进行琼脂糖凝胶电泳。低电压可减少DNA分子泳动的电荷效应，使DNA限制性片段尽可能按分子量大小分开，理想的电泳结果呈涂抹(smear)状。电泳分离后，利用NaOH处理凝胶，使凝胶中的DNA分子由双链变性为单链。

(2)DNA印迹转移　DNA转移到滤膜上的方法主要有毛细管法和电转移法(图5-19)。毛细管法是利用毛细管吸附作用的原理，将凝胶中变性的单链DNA转移到尼龙膜上，然后通过交联仪使DNA与膜共价结合。毛细管法转移DNA所需的时间较长，一般在12 h以上，但不需要特殊设备，简便易行，且转移效果良好，在基因工程研究中经常采用。除了毛细管转移法，研究人员还经常采用电转移法。该方法的原理是利用特殊的电转移装置，并将凝胶置于电场中，使凝胶中的DNA迁移到膜上。此法的优点是所需时间较短，只需约1 h。

(3)探针标记　在进行DNA转移时，可以同时进行DNA探针标记，以便进行下一步杂交。探针标记的具体方法请参见本书相关章节。

(4)预杂交　正式杂交之前，先要进行预杂交，这是因为滤膜对单链DNA有较强的非特异性物理吸附能力。预杂交时，只需加入杂交液而不加入探针。预杂交的目的，就是利用一些封闭剂来封闭膜上的探针DNA非结合区，阻止探针与膜表面的非特异性吸附，尽量减少杂交信号的本底(或背景)。在杂交液中，一般都会含有Denhardt's试剂，以及小分子DNA片段(如经超声波打断的小牛胸腺DNA、鲑鱼精子DNA等)。Denhardt's试剂由高分子化合物组成，包含聚蔗糖400(Ficoll 400)、聚乙烯吡咯烷酮(PVP)和小牛血清白蛋白(BSA)等成分。杂交液中含有的这些小分子DNA或蛋白质等物质都属于封闭试剂(blocking reagent)，可与膜非特异性结合，屏蔽膜上的探针非结合区及非特异性结合的DNA，从而降低杂交的背景信号。

(5)杂交和洗脱　预杂交完成后，更换新的杂交液，再加入探针进行正式的杂交。杂交结束后进行洗脱，目的是洗去膜上与目的片段非特异结合或特异性不强的探针，以确保仅留下与目的片段特异结合的探针。预杂交、杂交和洗脱时的温度通常比 T_m 值低15～20 ℃，即水溶液中一般为 65 ℃，若添加了甲酰胺则可降至 45 ℃。洗脱液的成分一般为 0.2×SSC 溶液(内含 0.1% SDS)。探针与 DNA 结合的特异性与洗脱强度密切相关，洗脱强度越大，留在膜上的探针特异性通常越高。

(6)杂交结果观察　观察杂交结果的方法主要有两种：一种是采用放射自显影，需要先在遮光的暗盒内将 X 线片和杂交膜叠合并置于－70 ℃下曝光 7 d 左右，然后在暗室内冲洗 X 线片。在超低温下进行放射自显影，射线的扩散较弱，可使信号条带狭窄集中，增强其分辨率。另一种是采用分子磷屏成像系统，同样需要将杂交膜和分子磷屏叠合后置于暗盒内曝光，但此法不需要在超低温下进行曝光。曝光后的分子磷屏可通过成像仪将杂交结果直接扫描存储到计算机中观察，但是此法需要特殊的设备，且价格较贵。

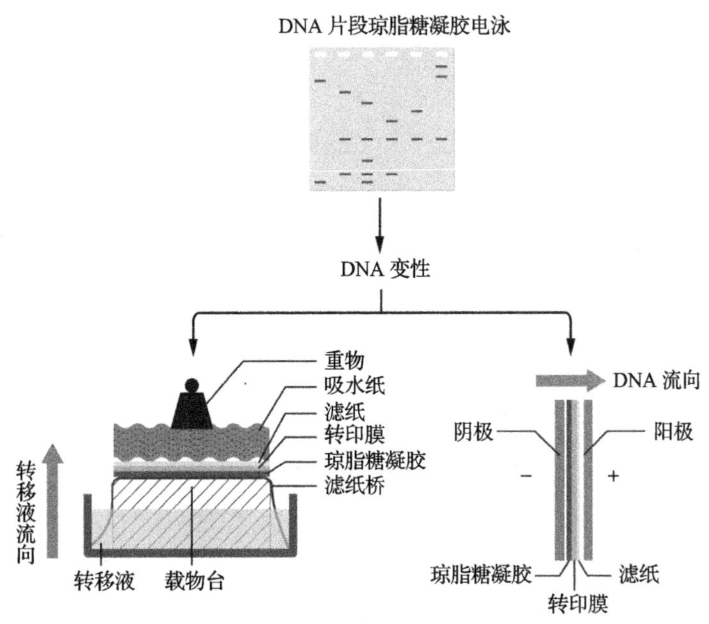

图 5-19　DNA 的毛细管转移和电转移

(7)膜上探针的洗脱　如果需要重复使用杂交膜，那么必须使膜在洗脱探针以前一直保持湿润状态，否则一旦干燥就会导致膜上的探针与 DNA 发生共价结合，杂交膜就不能重复利用。在保持杂交膜湿润的情况下，用 NaOH 处理或者在 0.1×SSC(含 0.1% SDS)溶液中煮沸 10 min 以去除探针，然后将膜晾干，于 4 ℃保存备用。Southern 杂交用的杂交膜有多种，如硝酸纤维素滤膜、滤纸、尼龙膜等，其特性各不相同(表 5-5)。

表 5-5　各类杂交膜的特性

杂交膜类型	优点	缺点
硝酸纤维素膜	价廉；可与核酸、蛋白质分子共价结合；结合能力较强；可用于微量制备	易碎，易皱缩，不能重复使用；DNA 片段太小时不易结合，RNA 也不易结合
滤纸	可与核酸、蛋白质分子共价稳定结合；可定量回收 DNA；成本低	易碎，易受温度、pH 和时间等因素的影响；结合能力有限；杂交效果较差
尼龙膜	可与核酸、蛋白质分子共价结合，且结合能力强；检测灵敏度高；抗热、抗熔解作用；柔性好，可重复使用	价格较贵；有些产品本底较高

分子杂交是一个非常复杂的过程，其难易程度受多种因素影响。例如，DNA 分子的大小和序列复杂程度就是影响分子杂交的一个重要因素。序列简单的 DNA 分子，彼此互补配对相对较容易，因此容易复性；而具有复杂序列的 DNA 分子，在分子相互碰撞过程中找到互补链则相对比较困难，有时甚至出现错配，错配的区域结构不稳定时还会解开，直至找到正确的互补配对才能完成复性，因此复杂 DNA 所需的复性时间较长。复性温度也是影响分子杂交的一个重要因素。通常情况下，温度越低，分子运动的速度越慢，从而降低互补链发生碰撞的机会，同时也增加了错配链解链的难度。一般情况下，复性温度比 T_m 值低 15～20 ℃。样品的浓度对杂交也有影响，对于同一种 DNA 分子，当浓度较高时，互补序列发生碰撞的机会增加，复性相对较快，因此核酸分子杂交应尽可能减小杂交液的体积，以提高 DNA 的有效浓度。此外，如果两条互补单链 DNA 带有很多同性电荷，它们会互相排斥，降低发生碰撞的机会，从而增加复性的难度，因此溶液的离子强度也对杂交效率产生影响。一般情况下，杂交液需要有一定的离子强度，以便中和 DNA 链上的负电荷。

5.5.2 Northern 杂交

1979 年，Alwine 等设计发明了一种检测 RNA 的新方法，其原理与 Southern 杂交基本相同，只是检测的对象是 RNA，它是将 RNA 分子变性及电泳分离后，从凝胶中转移到滤膜上进行核酸分子杂交。为了与 Southern 杂交对应，检测 RNA 的杂交称为 Northern 杂交。Northern 杂交主要用于检测样品中是否含有目的基因的转录本（mRNA）及转录本的含量，在基因表达研究中应用广泛。

Northern 杂交的基本过程与 Southern 杂交类似，首先制备 RNA 样品，然后利用琼脂糖凝胶电泳使 RNA 按自身大小分离，接下来的转移、探针标记、预杂交、杂交、洗脱和结果观察等步骤与 Southern 杂交的流程基本相同。Northern 杂交对电泳的要求较高，这是因为 RNA 易降解且易形成二聚体。为了防止 RNA 形成二聚体，需在含有尿素或甲酰胺的条件下进行变性凝胶电泳。同时，必须采取一切措施减少 RNase 的污染，限制 RNase 的活性，以防止 RNA 被降解。RNA 不如 DNA 稳定，不能用碱变性处理，需采用加热变性处理。

5.5.3 Western 杂交

在基因表达研究中，Stark 等于 1977 年发明了将蛋白质转移到膜上后与带有标记的抗体杂交的方法，为了与 Southern 杂交对应，称之为 Western 杂交或蛋白质免疫印迹杂交。Western 杂交首先将 SDS-PAGE 分离后的蛋白质组分转移到杂交膜上，然后利用特异性的抗体通过免疫学方法检测目的蛋白质，它是一种将蛋白质电泳、印迹、免疫测定相结合的特异性蛋白质检测方法。Western 杂交检测的对象是蛋白质，其原理是利用了抗原与抗体特异结合的特性，检测目的基因是否在翻译水平上表达，同时也可检测目的蛋白质的分子量。

Western 杂交的基本过程：首先从生物细胞中提取总蛋白或目的蛋白，并将蛋白质样品溶解于含有去污剂和还原剂的溶液中；然后通过 SDS-PAGE 将蛋白质按分子质量大小进行分离，再将电泳分离后的蛋白质条带印迹到固相支持物（硝酸纤维素膜或尼龙膜）上，并将膜与高浓度的蛋白质溶液（如脱脂奶粉）孵育，以封闭膜上的非特异性部位；接着加入特异性抗体（通常称为“一抗”），膜上的目的蛋白作为抗原与一抗结合后，再加入能与一抗特异性结合的带标记的二抗（图 5-20）。通常情况下，如果一抗是兔来源的抗体，二抗则可采用羊抗兔免疫球蛋白抗体；最后通过二抗上带有的标记化合物催化特异性反应来进行检测，采用的检测方法一般是辣根过氧化物酶HRP-ECL发光法或碱性磷酸酶AP-NBT/BCIP显色法。根据检测结果即可获得生物细胞样品内目的蛋白质表达与否、表达量及分子量等信息。

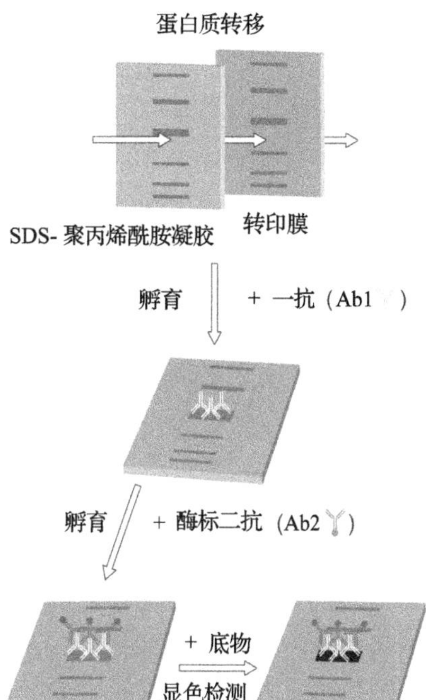

图5-20 Western杂交检测的基本原理

5.5.4 原位杂交

原位杂交（*in situ* hybridization）是指利用标记的核酸（DNA或RNA）探针，通过放射自显影或非放射性标记检测方法，在组织、细胞等水平上对目的基因进行定位检测或相对定量的一种技术。根据检测的对象不同，原位杂交又可分为菌落（噬斑）原位杂交和染色体原位杂交。

菌落（噬斑）原位杂交的基本过程是先将培养皿中的菌落或噬斑转移到膜上，然后使菌裂解，DNA变性并固定在膜上，再与放射性同位素标记的特异性DNA或RNA探针杂交。经漂洗除去未杂交的探针，通过X线片曝光，根据放射自显影所揭示的与探针具有同源性的DNA印迹位置，对照原来的菌落平板就可以挑选出探针同源的菌落。此法直接把菌落或噬斑印迹转移到膜上，不必进行核酸的分离纯化、酶切及电泳等操作，而是通过溶菌和变性处理，使DNA暴露出来后与膜在原位结合，再通过杂交筛选出重组子菌落或噬斑，故该技术非常适合基因组文库或cDNA文库的高通量筛选。

染色体原位杂交是对固定在细胞学制片上的染色体DNA进行原位杂交，将与探针互补的目的DNA在染色体上的位置进行精确定位的一种技术。20世纪90年代，科学家在该技术的基础上发展出荧光原位杂交（fluorescent *in situ* hybridization，FISH）技术，即采用荧光染料对探针进行标记，然后与靶染色体或DNA上的特定序列杂交，通过荧光显微镜观察确定探针互补的序列在染色体上的位置。FISH技术不需要放射性同位素，实验周期短，且检测灵敏度高。若同时使用不同荧光染料标记的多个探针，则可以在同一张制片上观察几种探针的定位情况，一次实验即可得到多个基因的位置和顺序信息。FISH技术在人类基因组计划及比较基因组学研究中具有广泛应用。

5.5.5 斑点杂交和狭线杂交

斑点杂交是Southern杂交或Northern杂交的一种简化形式，该技术省略了印迹转移的过程，直接将样品DNA或RNA点样于硝酸纤维素滤膜上形成斑点，其余过程与普通Southern杂交或Northern杂交相同。狭线杂交是在斑点杂交的基础上改进而来的，只是点样方式不同。在斑点杂交中，点样是通过微量移液器将样品直接点到滤膜上，其斑点大小不易控制；而狭线杂交则是将已知含量的RNA样品通过带有固定尺寸狭缝的装置点在滤膜上，因而其斑点大小均一，通过杂交信号的强弱就可以判断样品中目的RNA含量的高低。狭线杂交技术可用于mRNA的高通量定量比较分析，以获得目的基因的表达强度信息。

5.5.6 基因芯片杂交

基因芯片杂交的核心原理与 Southern 杂交、Northern 杂交基本相同，也是一种基于碱基互补配对的核酸分子杂交技术。但是 Southern 杂交和 Northern 杂交过程中是将待测样品固定在尼龙膜上，再与特定的探针进行杂交，每次杂交只能对一个靶序列进行检测。而基因芯片杂交则是将大量的 DNA 探针固定在固相支持物上，再与待测的标记样品(DNA 或 RNA)杂交，只需要一次实验便可以将成千上万个基因的表达变化记录下来。基因芯片技术是一种综合运用了多个学科知识的高新技术，具有高通量、并行性、微型化、自动化等优点。详细内容参见本书相关章节。

5.6 DNA 测序技术

DNA 测序技术是在生物化学和酶学基础上迅猛发展起来的。该技术利用这两个学科的原理，对 DNA 的核苷酸序列进行精密分析，从而有助于深入了解基因的微观结构，并研究基因结构和功能之间的关系。自 20 世纪 70 年代 DNA 测序技术首次问世以来，经过多年的发展，如今已经取得了显著进展。初期的测序方法主要分为两类：化学法和酶法，分别由 Maxam 与 Gilbert 以及 Sanger 在同一年(1977 年)提出。在 1977 年，Sanger 等成功测定了第一个基因组序列，即噬菌体 ϕX174 的全基因组序列，总长度约为 5.4 kb。然而，由于化学法所测定序列较短，且特异性不强，现今已基本不再使用。相比之下，酶法测序成为主流，并在多个方面持续改进。随着时间的推移，新一代的高通量测序技术得以发展，进一步加速了 DNA 测序的速度。以 2001 年完成的人类基因组测序草图为例，当时耗资 4.37 亿美元，历时 13 年。而到了 2007 年，完成一个完整的人类基因组序列测定只需花费 150 万美元，并在 3 个月内完成。如今，完成一个人类基因组 DNA 序列的测定大约只需 1 万美元，而且可以在 1～2 周内完成。值得一提的是，在人类基因组计划(human genome project，HGP)中，中国科学家做出了重要的贡献。该计划始于 1990 年，由美国首先发起，并得到其他国家的积极响应，形成了国际协作组。该计划的目标是测定人类基因组的全部 DNA 序列，为基因研究提供全面的基因组结构和序列信息。中国起初未参与该计划，但年轻科学家强烈主张中国积极参与这一生命科学领域的“阿波罗登月计划”。最终，通过积极争取，中国获得了其中 1%的测序任务，成功参与了计划。作为唯一的发展中国家参与者，中国组织了一批杰出的生物学家，并于 2001 年提前完成了任务。在中国科学院院士杨焕明等科学家的带领下，中国展示了强大的科研实力。尽管 1%的测序任务只占整个人类基因组计划项目的一小部分，但为中国基因组学研究奠定了坚实基础，也为中国生物科技产业的蓬勃发展铺平了道路。如今，中国不仅能够平等分享人类基因组计划项目中建立的所有技术、资源和数据，还能够独立完成大型基因组分析。中国科学家争取的 1%基因组测序任务不仅在人类科技历史上留下了中国的名字，还推动了中国的基因测序技术和生物信息学技术逐渐走向全球领先地位，使中国成为全球基因组学领域的重要参与者之一。

5.6.1 第一代测序技术

1. 化学法测序

Maxam 和 Gilbert 于 1977 年发明了化学法测序，其原理是利用碱基专一的化学修饰剂对标记好的模板 DNA 进行作用，导致 DNA 在特定的碱基处断裂，从而形成一系列具有共同起点且末端碱基相同的不同长度核苷酸片段。化学法测序过程中，先设计 4 组反应，每组反应只使用一种专一的化学修饰剂。例如，硫酸二甲酯可专一性切割鸟嘌呤 G(如下所示)，甲酸可专一性切割鸟嘌呤 G 和腺嘌呤 A，肼可专一性切割胸腺嘧啶 T 和胞嘧啶 C，而在 NaCl 条件下肼可专一性切割胞嘧啶 C。反应完成后，在同一块凝胶上进行电泳，然后进行分子杂交和放射自显影，根据结果就可判读出模板 DNA 的序列。化学法一般每次可以测定 250 bp 左右的片段。另外，反应体系中的 DNA 模板必须是单链，且模板需要量较大。

5′-ACACGTACGA-3′ —探针标记→ 5′-* ACACGTACGA-3′

↓ 硫酸二甲酯

5′-* ACACGTACGA-3′（G 上连 Me）

5′-* ACACGTACGA-3′（G 上连 Me）

↓ 哌嘧啶处理，链在 G 处断裂

5′-* ACACG-3′

5′-* ACACGTACG-3′

↓

电泳

2. 酶法测序

英国剑桥分子生物学实验室的生物化学家 Sanger 于 1977 年发明了酶法测序，故又称 Sanger 法测序。酶法测序所依据的原理是在 DNA 链的合成过程中加入了 2′,3′-双脱氧核苷酸(2′,3′-ddNTP)。2′,3′-ddNTP 是 2′-脱氧核糖核苷酸(2′-dNTP)的类似物，可代替 dNTP 掺入互补链合成中。一旦 ddNTP 掺入 DNA 链中，正常的 3′,5′-磷酸二酯键就不能形成，链合成会立即终止在该 ddNTP 处，故 ddNTP 是一种链终止剂。因此有时候酶法测序也叫作末端终止法测序或双脱氧链终止法测序。若以 DNA 单链为模板，加入引物、DNA 聚合酶、4 种脱氧核苷酸(dNTP)和 1 种 ddNTP，反应后就会产生不同长度的片段，它们都具有同样的 5′端，并在同样的 3′端终止，即 5′端和 3′端都相同但长度不同的一系列片段。如果分别以 ddATP、ddGTP、ddCTP 和 ddTTP 做 4 组相同的反应，其结果是形成许多长度只相差一个碱基的 DNA 片段，它们的 5′端都相同，而 3′端终止于各自特定的 ddNTP 处。由于 PAGE 的分辨率很高，即使相差一个碱基的片段也能被分辨出来。将这 4 组反应产物在同一块 PAGE 胶上同时进行电泳和放射自显影，就可以判读出所测 DNA 的序列。在现今利用酶法测序的技术中，通过不同的荧光素分别标记 4 种 ddNTP，然后通过测序仪来读取 DNA 序列(图 5-21)。与化学法测序相比，酶法测序的优点很多，例如：有利于大规模测序；可直接用双链测序，不必制备单链；若运用PCR技术合成互补链，所需的模板量更少，且能减少二级结构的不利影响；测定的片段较长，一般每次可测300～500 bp，而经过改良的测序仪每次可测1 kb左右的片段。

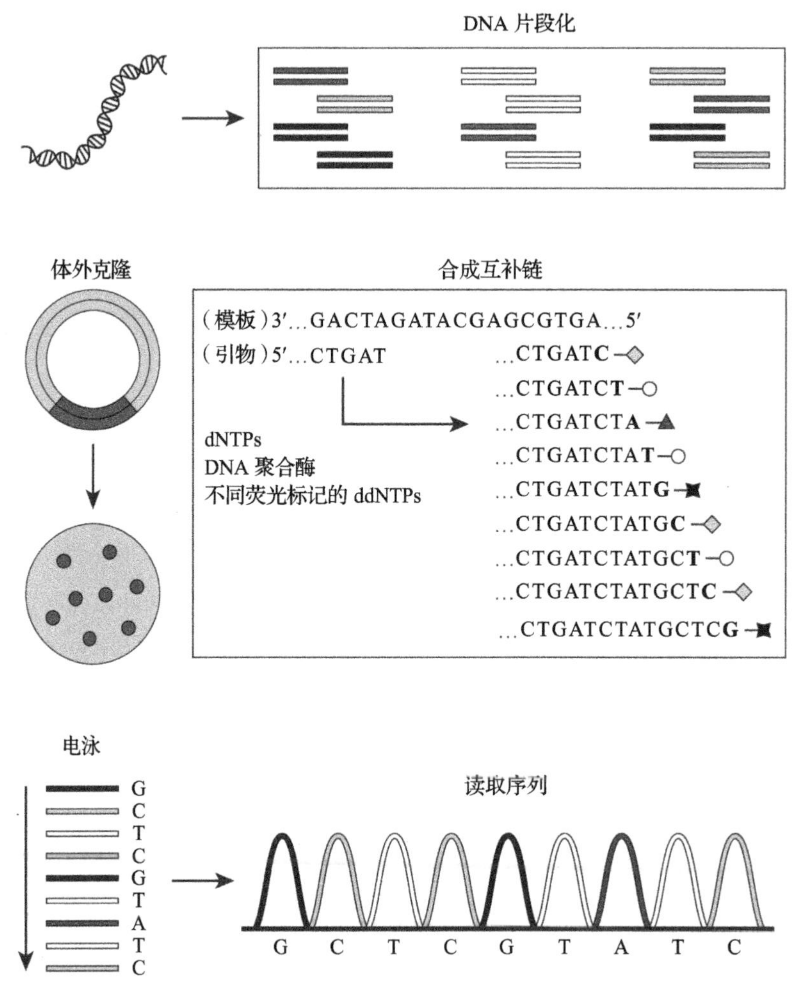

图5-21　酶法测序的基本原理

3. 测序技术的改进

为了提高DNA测序的效率，并降低测序的成本，现今的测序技术在很多方面进行了不断改进。首先，在聚合酶上进行改进，如采用耐热的Taq DNA聚合酶代替常规的DNA聚合酶，从而实现PCR自动化循环测序。利用PCR技术测序，不仅所需模板量少，而且减少二级结构的形成，从而可以减少条带压缩现象。条带压缩现象是指由于DNA链上某些区域形成了二级结构，使得一些相差几个碱基的片段在凝胶中的迁移率相近或相同，导致测序凝胶上的某些区域本该有条带而结果中却无条带出现的现象。为了减少条带压缩现象，可利用dGTP的类似物7-脱氮-脱氧鸟苷三磷酸(c7dGTP)替代加入测序反应中。其次，对标记物进行改进，这包括两个方面：一方面是对放射性同位素标记的改进，以^{35}S或^{33}P代替^{32}P，不仅射线弱、对人的伤害小，而且半衰期长、分辨率更高；另一方面是采用非放射性物质代替放射性同位素，以减少对人类的伤害。目前常用的非放射性标记，大多数是利用不同的荧光素分别标记4种脱氧核糖核苷酸。在测序的自动化改进上，一方面是通过PCR技术实现了DNA合成的自动化，即PCR循环测序；另一方面是实现了结果读取的自动化。例如，使用DNA序列测定仪可以进行全自动化测序，它使用4种荧光染料分别标记不同的碱基，而且4组反应只需一个电泳跑道即可自动检测电泳情况和记录结果。一旦电泳完成，测序结果也就可以立即得到，因此这种方法速度快、精度高，可测的片段更长，每次反应能测定1 kb以上的片段。

无论化学法还是Sanger法测序，每次测定的序列长度都有限，但是真核基因的DNA片段往往都较长，一次测序反应远远不能满足真核基因序列测定的需求。为了测定较长的DNA大片段，对测序策略也需进行改进。例如，采用随机法测序策略，其原理是通过酶切将基因组DNA切割成200～400 bp的片段，同时还需使用不同的酶进行切割，以便产生相互部分重叠的片段，然后对这些片段都分别测序，最后把测得的序列相互比较和拼接，从而得到全长的序列。该法的缺点是需要将所有片段进行克隆和测序，因而费时、费力，效率低，有些DNA区域甚至找不到合适的酶来切割而无法测定。测定一个较长的DNA序列，目前应用最多的方法一般是步移法。步移法测序的策略是先利用已知的测序引物对长片段两端的序列进行一轮测定，然后根据测出的序列设计下一轮测序所需的引物，接着又进行下一轮测序。这样每次反应测定300～500 bp，经过多次测序(步移)就可把整个大片段的序列全部测出。对于长片段的测序，也可以采用亚克隆测序的策略。亚克隆是指将一个大片段DNA分解成几个小片段后再分别克隆。亚克隆测序的策略是首先将待测序的DNA片段克隆到载体上，然后通过适当的酶切构建一系列随机缺失且长度相差200 bp左右的亚克隆(每个亚克隆中的待测DNA片段一端固定不变而另一端单向缺失)，接着利用载体上多克隆位点两侧的通用引物对每个亚克隆中的待测DNA片段进行测序，由于每个亚克隆之间的序列有部分重叠，最后通过序列比对就可拼接出待测DNA的全长序列。

随着科学进步，测序技术也在不断革新。一方面是电泳检测技术日新月异，例如，毛细管电泳激光荧光法检测，采用了阵列毛细管电泳，使测序速度可以达到6 000 bp/h；超薄层板电泳激光荧光法检测则采用超薄层板电泳，使测序速度可达8 000 bp/h。另一方面出现了一些不以Sanger法原理为基础的测序方法，如杂交法测序，它利用长度为8 nt的随机序列片段作为点阵，并将待测序列与点阵杂交，然后对杂交序列进行比较和拼接，从而得到测序结果。但是此法用于测序的误差较大，重复性也较差，因而杂交法目前主要用于同源序列的比较和点突变检测。另外还有质谱法测序，它利用质谱仪的原理直接进行碱基序列分析，检测的速度可达100 bp/s。原子探针显微镜法可直接分析待测的序列，速度可达1 000 bp/min。而流动式单分子荧光检测法利用4种标记物分别标记4种不同的碱基，然后利用外切酶将碱基一个一个切下来再逐个检测。目前应用最多的新一代测序技术是基于边合成边测序的原理(sequencing by synthesis)，通过捕捉新合成DNA末端的标记来确定DNA的序列，其代表就是Illumina公司的Solexa测序技术。

5.6.2 新一代测序技术

随着人类基因组计划的完成，我们进入了后基因组时代，即功能基因组时代，传统的测序方法已经不能满足大规模基因测序的需求，从而促使了新一代测序技术的诞生。新一代测序技术也称为第二代测序技术，以罗氏公司的454测序技术、Illumina公司的Solexa测序或

Hiseq 测序技术以及 ABI 公司的 SOLID 测序技术为代表。与一代测序技术相比，二代测序技术基于大规模平行测序原理，能同时完成测序模板的互补链合成和序列数据的获取，即边合成边测序。二代测序技术最显著的特征是高通量，一次能对几十万甚至几百万条 DNA 分子进行序列测定，使得对一个物种的转录组测序或基因组深度测序变得简便易行，测序的成本也大大下降，还大幅度提高了测序速度，同时保持了高准确性。

Illumina 公司的 Solexa 和 Hiseq 测序是目前使用较多的二代测序技术，这两个系列的技术其核心原理相同，都是采用边合成边测序的方法，其基本过程如下。

1. 构建测序文库

首先利用超声波把待测的 DNA 样本打断成 200～500 bp 的小片段，然后在这些小片段的两端连接上不同的接头，目的是能够与测序芯片（Flowcell）上的接头匹配。Flowcell 的表面附有很多接头，这些接头能和建库过程中加在 DNA 片段两端的接头相互配对。当文库中的 DNA 通过 Flowcell 时，这些 DNA 能吸附到 Flowcell 的表面，并能支持 DNA 在其表面进行桥式 PCR 扩增（即固相 PCR）。

2. 桥式 PCR 扩增

桥式 PCR 扩增是以 Flowcell 表面所固定的接头为引物进行固相 PCR，目的是将碱基的信号强度放大，以达到测序所需的信号要求。每个 DNA 片段经过扩增都将在各自的位置上形成一个一个的簇（cluster），每个簇都含有单个 DNA 模板的上千份拷贝。

3. 边合成边测序

向反应体系中加入 DNA 聚合酶、接头引物和 4 种不同荧光素标记的 dNTP。每种荧光素标记的 dNTP 其 3′端的羟基都带有化学保护基团（阻滞基团），故每轮合成反应只能添加一个 dNTP。每轮反应中，当 dNTP 加到互补链的 3′端后，洗去游离的 dNTP，记录激光激发所产生的荧光信号，然后加入化学试剂淬灭荧光信号，并去除 dNTP 的 3′端保护基团，以便能进行下一轮的测序反应，最后由计算机判读出待测模板 DNA 的序列信息。Illumina 公司的这种测序技术每次只添加一个 dNTP，能够很好地解决同聚物（如 polyA 序列）测定的准确性问题，其测序错误的来源主要是碱基替换，测序错误率一般为 1%～1.5%。

DNA 测序技术经过 30 多年的发展，目前已经在发展第三代测序。第三代测序的最大特点就是单分子测序，测序过程无须进行 PCR，其中以 PcaBio 公司的 SMRT 技术和英国牛津纳米孔（Oxford Nanopore Technologies）公司的纳米孔单分子测序技术为代表。PacBio SMRT 测序实际上是以单分子为目标的边合成边测序，实现对每一条 DNA 分子的单独测序。PacBio SMRT 测序的基本原理是：在 SMRT 芯片中合成模板 DNA 的互补链，4 种荧光标记的 dNTP 与模板上的碱基配对，当它与 DNA 链形成化学键的时候，它的荧光基团就被 DNA 聚合酶切除，从而荧光消失。这种荧光标记的脱氧核糖核苷酸不会影响 DNA 聚合酶的活性，并且在荧光被切除之后，合成的 DNA 链和天然的 DNA 链完全一样，根据荧光的波长与峰值可判断碱基的类型。SMRT 技术测序的速度很快，每秒可测约 10 bp。英国牛津纳米孔公司开发的纳米单分子测序技术，其原理是借助电泳技术驱动单个 DNA 分子逐一通过纳米孔而实现测序。该技术的关键是设计了一种特殊的纳米孔，当 DNA 碱基通过纳米孔时，它们使电荷发生变化，从而短暂地影响流过纳米孔的电流强度（每种碱基所影响的电流变化幅度是不同的），灵敏的电子设备可检测到这些变化。由于纳米孔的直径非常细小，仅允许单个核酸聚合物通过，而 A、T、C、G 单个碱基的带电性质不一样，通过电信号的差异就能检测出通过的碱基类别，从而实现测序。

与二代测序相比，三代测序主要有以下优点：①真正实现了单分子测序，无 PCR 扩增偏好性和 GC 偏好性；②测序的速度很快，测序读长也优于二代测序，其平均测序读长达到 10～15 kb，最长甚至可达 40 kb，有利于复杂基因组的组装；③利用反转录酶，可以直接测定 RNA 的序列，从而降低体外反转录产生的系统误差；④由于 DNA 聚合酶对不同类型碱基的复制速度不一样，对于正常的碱基或甲基化的碱基，DNA 聚合酶复制的速度也不同，据此可检测碱基的甲基化。但是三代测序的错误率较高，有时达到 15%。不过三代测序出错是随机的，而不是聚集在读取的两端，并不会像二代测序那样存在错误的偏向性，因而可以通过多次测序来进行有效的纠错。

新一代测序技术具有高通量、速度快、成本低且准确性高的特点，因此在基因工程研究中得到了广泛的应用。全基因组的重测序(re-sequencing)正是得益于高通量测序技术的进展，不仅成本低而且快速，能够对已知基因组序列的物种进行不同个体的全基因组测序。通过生物信息学手段，在全基因组水平上扫描并检测与重要性状相关的基因序列差异和结构变异，如单核苷酸多态性(single nucleotide polymorphism，SNP)位点、插入缺失(insertion/deletion，InDel)位点、结构变异(structure variation，SV)位点和拷贝数变异(copy number variation，CNV)位点，实现对遗传进化分析及重要性状候选基因的预测。

随着新一代高通量、低成本测序技术的应用，我们可以对环境中的全基因组进行测序，在获得海量的数据后，全面分析环境中微生物群落的结构和基因功能组成等，这样的研究方法称为宏基因组学(metagenomics)，也称微生物环境基因组学或元基因组学。宏基因组学是指对环境样品中微生物群落的基因组进行高通量测序，研究微生物种群的结构、基因功能活性、微生物之间的相互协作关系以及微生物与环境之间的关系。宏基因组学研究的对象是特定环境中全部微生物的总 DNA，而不是某个特定微生物的 DNA，因此它克服了微生物分离和纯培养的限制，为环境微生物群落的研究提供了有效工具。环境微生物通常以群落的形式共存和互作，因此宏基因组研究比单个个体研究更能反映微生物的真实生存状态。宏基因组学研究除了可以分析微生物群体的多样性和丰度外，还可以解析微生物基因的功能和参与的代谢通路，发掘新的具有特定功能的基因，开发新的生理活性物质。例如，通过宏基因组学分析对人体口腔的微生物区系进行研究，发现了 50 多种新的细菌，这些未培养细菌很可能与口腔疾病有关。此外，在土壤、海洋和一些极端环境中也发现了许多新的微生物种群和新的基因或基因簇，通过克隆和筛选获得了新的生理活性物质，包括抗生素、酶及新的药物等。目前，宏基因组学的研究已经渗透到各个领域，包括从海洋到陆地再到空气，从白蚁到小鼠再到人体，从发酵工艺到生物能源再到环境治理等各个方面。

转录组学是指研究特定细胞在某一功能状态下转录出来的所有 RNA，包括编码 mRNA 和非编码 RNA，从整体水平上研究细胞中基因的表达量及调控规律的学科。通过分析转录组差异，筛选表型相关的差异表达 RNA，可揭示特定的生物学过程和分子机制。随着新一代高通量测序技术的迅速发展，转录组测序技术或称 RNA 测序(RNA sequencing，RNA-seq)技术，已成为转录组学研究的一个重要手段，它可对全基因组的总 cDNA 进行测序，计算不同 mRNA 的表达量，分析基因表达差异。相对于基因芯片技术(参见本书相关章节)，RNA-seq 技术具有一个重要优势，即无须预先针对已知序列设计探针，可对任意物种进行检测，而且检测的数字化信号更精确、数据量更大、覆盖率更高，还能检测到更多的低丰度转录本，甚至发现未知的转录本。利用 RNA-seq 技术还可精确识别可变剪切位点、SNP 位点,提供最全面的转录组信息。因此,RNA-seq 技术是目前深入研究转录组的强大工具,已广泛应用于基础研究、临床诊断、药物研发、候选基因发掘和分子育种等诸多领域。

5.7 DNA 定点突变与基因编辑技术

突变(mutation)是指一种在核苷酸序列上出现的可稳定遗传的变化,从而产生新的等位基因或新的表型。从分子水平上看,基因突变是指基因在结构上发生碱基对组成或排列顺序的改变。基因突变可以是自发的也可以是诱发的,自发产生的基因突变型和诱发产生的基因突变型之间本质上没有什么不同,诱变的作用只是提高了基因的突变频率。基因突变是生物进化的一个重要因素,同时为遗传学研究提供丰富的突变类型,也为育种工作提供宝贵的素材,所以它在科学研究和生产实践中都具有十分重要的意义。

一些物理因素如射线或特定的化学物质,可以诱导 DNA 碱基发生突变,从而产生突变效应,但其诱变的效率相对较低,作用位点也不专一,属于随机突变。这类突变必须在生物的表型上有所改变,才能够确定有突变发生,而且必须用分子生物学方法或遗传学方法找到突变位点,否则无法确定突变的具体位置与类型。专一产生特定类型的突变称为定点突变。定点突变是预先设定好的有目的的突变,它可以导致基因在精确位置发生碱基变异,是研究基因结构与功能关系最精确、最有用的手段之一。

进行定点突变的方法有多种,如人工直接合成突变的基因,但此法不适合太长片段的基因。利用 DNA 重组技术使 DNA 分子在指定位置上发生特定的变化,是目前 DNA 定点突变的主要手段。例如,利用限制酶将 DNA 分子进行切割,再利用外切酶或单链核酸酶 S1 消化突出末端,或利用聚合酶补齐凹端,然后用 T4 DNA 连接酶将两个平末端连接起来,从而可构建带有缺失突变或插入突变的变异基因。此外,还可以利用化学合成的含有突变碱基的寡核苷酸引物,启动单链 DNA 分子复制,随后这段寡核苷酸引物便成了 DNA 分子链的一个组成部分,所产生的新链在指定位置便含有突变碱基。

定点突变还可以通过 PCR 方法向目的 DNA 片段中引入所需的变异。例如,首先将目的基因克隆到质粒上,并根据待突变位点的序列设计一对包含突变碱基的正向和反向引物。这些引物与模板质粒退火,然后用高保真的 Taq DNA 聚合酶进行延伸,聚合酶按照模板延伸一圈后回到引物的 5′端终止,正、反向引物的延伸产物退火后会形成带切口的开环质粒,最后对延伸产物进行 *Dpn* Ⅰ酶切。*Dpn* Ⅰ是依赖于 DNA 甲基化的限制酶,原始模板质粒来源于大肠杆菌,已被大肠杆菌体内的 dam 甲基化酶修饰,故被 *Dpn* Ⅰ消化掉,而体外合成的带突变位点的开环质粒不存在甲基化现象,因此不会被切开,在随后的转化过程中,这种质粒可以成功导入细菌中繁殖,从而得到带有突变位点的基因克隆。

如今热门的基因编辑(gene editing)技术是一种在体内能够较精确地对生物基因组特定基因进行编辑或修饰的新兴技术。基因编辑技术依赖于经过基因工程改造的核酸酶(也称“分子剪刀”),它能在基因组中特定位置产生位点特异性双链断裂,这会诱导生物体通过非同源末端连接(NHEJ)或同源重组(HR)来修复双链断裂,因为这个修复过程容易出错,从而可能导致靶向突变,这通常被称为基因编辑。CRISPR/Cas9 基因编辑系统是目前已被证明为最快捷、最便宜的基因编辑技术，具有极高的效率和较低的脱靶效应。在基因功能研究、生产应用以及人类基因治疗等许多方面，基因编辑技术都正在被广泛应用。下面重点介绍基因编辑技术。

5.7.1 基因编辑技术概述

与传统的随机诱变方法相比，基因编辑技术可以对基因组指定位置进行定向的突变或修饰。这项技术依赖于特异性的核酸酶，目前主要有 3 种，即锌指核酸酶(zinc finger nuclease, ZFN)、转录激活因子样效应核酸酶(transcription activator-like effector nuclease, TALEN)和成簇的规律间隔短回文重复序列(clustered regularly interspaced short palindromic repeat, CRISPR)。这些技术在生物细胞基因组特定靶点处产生 DNA 双链断裂(double strand break, DSB)，诱导 DNA 损伤修复机制，从而实现对基因组序列的缺失、插入或替换等定向突变。前两种酶(ZFN 和 TALEN)系统通过特异的 DNA 结合蛋白与 DNA 靶位点结合，在核酸酶 *Fok* Ⅰ 的作用下产生 DSB，而 CRISPR 系统是通过一段单一的向导 RNA(single guide RNA, sgRNA)以碱基互补配对的方式和 DNA 靶位点结合，引导非特异核酸酶 CAS 蛋白切割靶点序列。

1. ZFN 技术

ZFN 是根据真核生物的转录调控因子锌指蛋白(zinc finger protein, ZFP)经人工改造而成的核酸内切酶。ZFN 单体由 N 端能识别特异 DNA 的结构域 ZFP 和 C 端能非特异切割 DNA 的功能域 *Fok* Ⅰ 核酸酶组成。DNA 识别域 ZFP 由多个(通常为 3～6 个)C_2H_2 锌指结构串联，每个锌指结构一般包含 30 个氨基酸，被 1 个锌离子固定，可识别 1 个特异的三联体碱基。多个锌指结构组合在一起即可识别一段 DNA 序列，每个 ZFP 与 *Fok* Ⅰ 融合构成 1 个 ZFN 单体。由于 *Fok* Ⅰ 是ⅡS 型限制性内切酶，只有形成二聚体才具有切割活性，所以需要在靶位点两侧各设计 1 个 ZFN，当 2 个 ZFN 单体相距合适的距离(一般为 6～8 bp)时即可二聚化并产生切割活性，对目的 DNA 序列进行切割，产生 DSB，从而实现对基因组的编辑。

2. TALEN 技术

TALEN 技术与 ZFN 类似，但更为灵敏和高效，它是由特异性蛋白类转录激活因子样效应物(transcription activator-like effector, TALE)和 *Fok* Ⅰ 核酸酶组成。TALE 蛋白来源于植物病原菌黄单胞菌(*Xanthomonas*)分泌的一种转录激活子样效应因子，在植物细胞中能够特异性地识别并结合寄主的靶基因序列，从而调控寄主的基因表达。TALE 的识别域位于该蛋白质序列中间的串联重复区，每个重复单元一般含有 34 个高度保守的氨基酸，但是其中的第 12 和第 13 位氨基酸可变，这两个氨基酸被称为重复可变双残基(repeat-variable di-residue, RVD)。RVD 的 2 个氨基酸可特异性识别 1 个 DNA 碱基，其规律是：NI 识别 A，NG 识别 T，HD 识别 C，NK 识别 G，NN 识别 G 或 A，NS 可识别 A、C、G、T。基于该原则，将多个 TALE 重复单元串联就可以定制出识别特异 DNA 序列的 TALE 蛋白，然后在 C 端融合 *Fok* Ⅰ 核酸酶就构成了可以用于靶向基因组编辑的 TALEN 单体。与 ZFN 类似，在使用 TALEN 技术时，也需要在靶位点的上、下游各设计 1 个 TALEN 单体。*Fok* Ⅰ 只有在形成二聚体时，才对靶位点具有切割功能。

3. CRISPR/Cas9 技术

CRISPR/Cas9(CRISPR-associated gene)是最早应用于真核生物基因编辑的 CRISPR 技术系统，其发现源于细菌对外源入侵 DNA 的自身免疫系统。CRISPR 的运作原理是细菌和古菌通过记录病毒基因的特征，并将其存储到 CRISPR 序列中。在未来病毒入侵时，细菌可以根据CRISPR中存储的片段来识别病毒，并通过CRISPR/Cas系统切断病毒DNA，使其失效。CRISPR由一系列高度保守的重复序列与间隔序列相间排列组成，其附近还存在高度保守的相关基因，即*Cas*基因。*Cas*基因编码的蛋白质包含RucV-like和HNH核酸酶功能域，具有非特异切割DNA的核酸酶活性。在细菌免疫反应中，CRISPR序列转录形成的CRISPR RNA（crRNA）与反式激活crRNA（trans-activating crRNA，tracrRNA）部分配对，形成sgRNA，从而引导Cas9蛋白切割与crRNA配对的DNA序列。在对真核生物的基因编辑时，为方便操作，将crRNA和tracrRNA融合在一起形成单一的sgRNA。对不同的靶位点，仅需改变sgRNA的序列，而不用重新构建或表达Cas9蛋白，并且可以将多个sgRNA串联，实现对多个位点同时进行编辑。后来通过筛选或人工改造，又陆续产生了与Cas9蛋白具有相似功能的其他Cas蛋白，如Cpf1、Cas12a、Cas12b和Cas9-NG等，以及用于激活基因表达的dCas9等。CRISPR系统基因编辑技术由于操作简便、效率高等，已被广泛应用于基因功能研究和遗传改良中。

5.7.2 CRISPR/Cas9 基因编辑技术

基于CRISPR系统的基因编辑技术是由两位杰出的科学家艾曼纽尔·沙朋缇尔（Emmanuelle Charpentier）和詹妮弗·杜德纳（Jennifer A. Doudna）共同建立的。她们于2020年共同荣获诺贝尔化学奖，以表彰她们在基因编辑领域取得的突破性成就。目前，CRISPR/Cas9系统是基因编辑领域中应用最广泛的工具之一。

1. 靶位点的选择

选择合适的靶位点是成功达到编辑目的的首要条件。目前利用CRISPR/Cas9系统进行基因编辑的主要目的是对基因进行敲除（knockout），通过将靶位点设计在基因的编码区，以期获得移码突变或提前终止突变。除了可对基因敲除外，如果提供一段高度同源的DNA修复模板，生物体内启动HDR修复机制，则能将这段外源DNA定点插入基因内部，从而实现对靶基因的插入或替换突变。

靶点选择需要考虑的因素主要是靶点效率和脱靶风险。特定靶点的编辑效率实际上很难准确评估，根据已报道的研究，靶点效率受靶点的GC含量、重复序列、靶点序列与sgRNA可能形成的二级结构以及所在染色体的状态等多方面因素影响。选择GC含量较高（35%～70%）、无高级结构形成的靶点有利于提高编辑效率。在动物或人类的基因编辑中，可以先通过细胞系或其他一些瞬时系统提前评估靶点的编辑效率，然后才进行正式的编辑实验。由于CIRPSR/Cas9系统打靶的特异性依赖于sgRNA和靶序列的碱基互补配对，如果在基因组其他区域也存在与靶点高度相似的序列，那么就存在潜在的脱靶风险，所以在设计靶点时应充分考虑脱靶的可能性。如果存在错配，距离PAM越远的碱基就越容易脱靶。已有的研究发现，即使只有1～3个碱基的错配都存在脱靶的风险。通过序列比对或借助脱靶评估软件对脱靶值进行评估，有助于选择合适的打靶位点。

2. 打靶载体的构建

在动物或人类的细胞中，可以先在体外转录获得含有sgRNA和*Cas9*基因的RNA，然后通过显微注射来实现基因编辑，或者通过稳定转化含有sgRNA表达盒的质粒，然后筛选鉴定到基因编辑后的突变株。在植物细胞中，由于转化方式较难，需要先构建能够稳定表达的双元载体，一般是先将sgRNA和*Cas9*基因同时装配到一个打靶载体上，然后通过农杆菌侵染或基因枪等转化方法来实现基因编辑。

如果需要同时编辑多个靶点或基因，则需要构建多基因编辑载体。经典的方法是将多个 sgRNA 表达盒、*Cas9* 基因和筛选标记等同时装配到一个打靶载体上，形成一个多转录元件系统(multi-component transcriptional unit system, MCTU)(图 5-22)。例如，华南农业大学刘耀光团队开发了一套可用于单子叶或双子叶植物的多基因编辑载体系统，该系统选择不同类型的 snRNA 的启动子来表达不同的 sgRNA，这些启动子来源于单子叶植物水稻或双子叶植物拟南芥，可以靶向多个不同的位点，从而实现对单子叶或双子叶植物的多基因编辑。也有人设计了一种方法，即只利用一个启动子转录一串 sgRNA，而各个 sgRNA 之间用特定的具有 RNA 剪接功能的元件间隔，在细胞内经过相应的剪切机制释放出不同的 sgRNA，从而可实现对多基因进行编辑。这种方法虽然载体的结构简单，操作也方便，但是只使用一个启动子驱动一串 sgRNA，那么距离启动子较远的 sgRNA 可能会比较近的 sgRNA 表达低，从而导致该 sgRNA 的打靶效率下降。

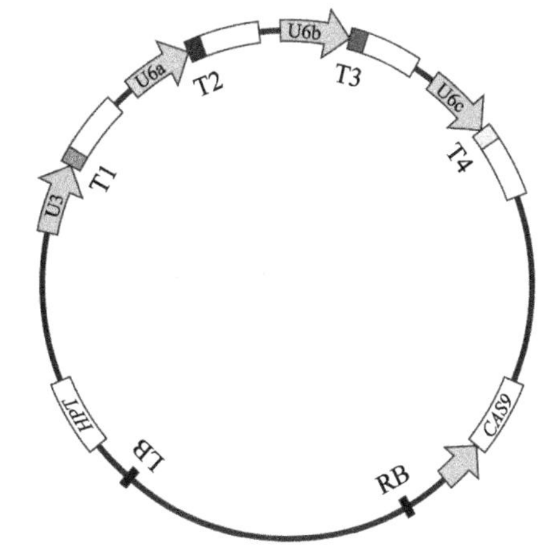

图 5-22 MCTU 多靶点基因编辑载体示意图

(引自 Ma 等，2015)

3. 打靶突变的类型

CRISPR/Cas9 诱导的 DNA 突变类型依赖于细胞自身的修复能力。Cas9 蛋白在靶点切割处产生 DSB 后，会诱发细胞内的修复机制，一般来说主要是 NHEJ 修复机制。如果发生错误的修复，就会导致突变的产生，如果 DSB 被正确修复则无突变产生。由于不同的生物个体和不同状态的细胞其修复能力各有差异，会导致产生不同的突变类型。在二倍体生物中，针对同一靶点常见的突变类型主要有以下几种：①纯合突变，即两条同源染色体发生了相同的突变；②双等位突变，即两条同源染色体独立发生了不同的突变；③杂合突变，即两条同源染色体中只有一条染色体发生了突变；④嵌合突变，即同一植株的不同细胞中发生了多种不同类型的突变。

在二倍体生物中利用 CRISPR/Cas9 编辑产生的突变类型如图 5-23 所示。在不同的物种和不同的靶点中，突变的类型差异很大。在多倍体生物中，由于存在多条同源染色体，突变则更为复杂。在 CRISPR/Cas9 系统打靶中，所产生的突变常以 PAM 上游第三碱基位点的切割处为中心，而且突变类型以单碱基(主要是 A 或 T)的插入和 1 至几十个碱基的缺失为主，也存在较低频率的替换突变。若针对某个基因同时设计 2 个或多个靶点，这些靶点之间则有可能发生大片段的删除。

5.7.3 基因编辑突变的检测

为了检测基因编辑的效果，需要对编辑的个体或细胞系进行突变分析。根据编辑的目的和所用编辑系统产生突变的特征，采用不同的方法来检测靶点的突变情况，这些方法包括限制酶酶切检测法、T7EⅠ(T7 endonucleaseⅠ)检测法、高分辨率溶解曲线(high resolution melting, HRM)分析法和测序法等。

限制酶酶切检测法是将靶点的切割位置设计在限制酶的识别序列上，如果编辑产生的突

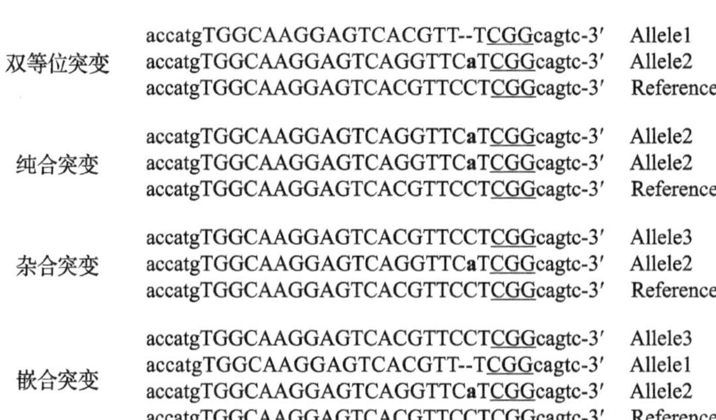

图 5-23　二倍体生物中基因编辑产生的常见突变类型

变改变了限制酶的识别序列，导致酶切位点失效，则靶位点序列无法被限制酶切开。进行突变检测时，先通过 PCR 扩增出包含靶位点的序列，然后对 PCR 产物进行酶切，就可以鉴定靶位点是否发生了突变。此法的应用常受到限制，因为选择靶点时需要包含合适的限制酶识别序列，而且要求突变正好发生在酶切位点上。

T7EⅠ检测法的原理是基于 T7 核酸内切酶Ⅰ(T7EⅠ)可以识别并切割错配 DNA 的特性。首先通过 PCR 从野生型和基因编辑的个体基因组中分别扩增出包含靶序列的 DNA 片段，然后将 PCR 产物混合，进行变性和退火。如果靶位点发生了突变，则突变的 DNA 单链和野生型的 DNA 单链在退火过程中形成错配，利用 T7 核酸内切酶Ⅰ(T7EⅠ)切割，通过电泳检测就可判断是否发生突变(图 5-24)。此法受限于 T7 核酸内切酶Ⅰ的识别灵敏度和切割活性，因而存在假阳性和灵敏度不足的缺点，而且无法将纯合和杂合的突变区分开。

高分辨率溶解曲线分析法的原理是基于编辑后所产生的突变序列在解链过程中表现出的温度差异。通过 PCR 扩增包含靶点的短序列片段后，比较编辑样品和野生型的溶解曲线，分析编辑样品的突变情况。该方法虽然灵敏度高，但需要特定的设备，且很难区分 A-T 之间或 G-C 之间的替换突变。

测序法的原理是将包含靶点的序列经 PCR 扩增后，利用一代或二代测序技术来分析靶点发生的突变类型。与上述几种方法相比，测序分析法可以鉴定靶点突变的真实情况。利用一代测序技术对 PCR 产物直接测序，如果靶点为杂合或双等位突变，则会在测序图谱上产生重叠峰。在这种情况下，传统的方法是将每个检测样本的 PCR 产物克隆到质粒载体上，然后挑选若干克隆分别进行测序鉴定，按照这种方法操作的工作量大，成本也较高。根据 CRISPR 产生突变的特征，Ma 等(2015)开发了一种对 PCR 产物测序产生的重叠峰进行解码的方法(degenerate sequence decoding, DSD)，并开发了在线分析软件 DSDecode(http://skl.scau.edu.cn/dsdecode/)，通过在靶点两侧设计合适的扩增和测序引物，可快速有效地分析不同突变类型和具体的突变序列，包括双等位、杂合和纯合突变的解码。利用高通量二代测序技术，可对样本的全基因组进行建库测序，或只对靶点序列扩增后建库测序。前者除了可以分析靶点突变外，还能进行脱靶突变分析(需要有野生型基因组的全部信息，或需要对野生型基因组进行测序)；后者需要先对每个样本的靶点序列进行扩增，并加上特异的接头标识，然后混合所有的样品进行建库和测序，分析突变序列。高通量测序可以检测嵌合突变和低频突变类型，但在样品数目较少的情况下，成本较高。

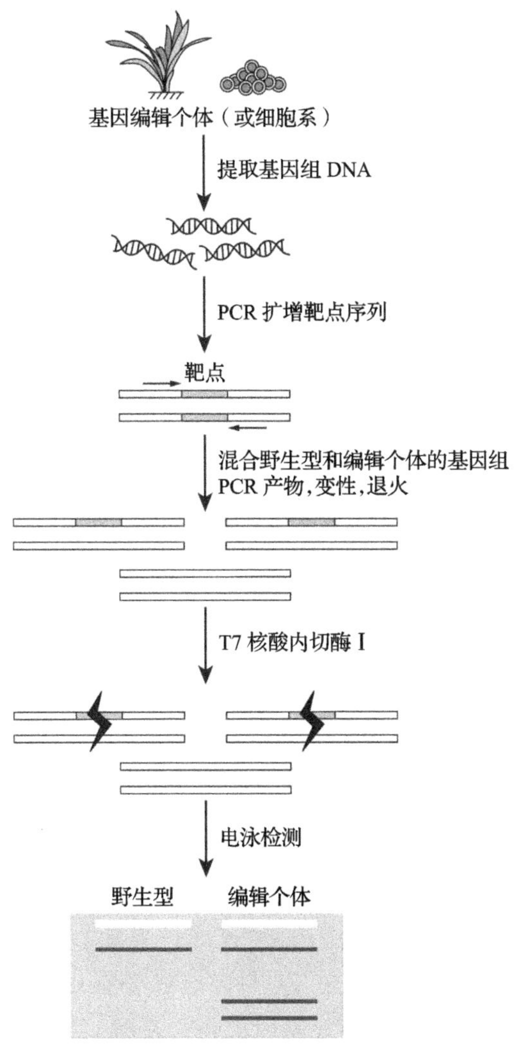

图 5-24 T7E Ⅰ 检测法示意图

随着 CRISPR 系统在基因修饰领域的不断发展和应用,"基因剪刀"——基因编辑技术已经成为当前生物学研究中的一项革命性工具。尽管该技术目前仍处于发展初期,但已在医疗、生物育种等多个领域展现出巨大潜力。基因编辑技术在基因功能研究、细胞模型构建、药物筛选以及遗传改良等方面得到了广泛应用,为癌症疗法和遗传性疾病治疗提供了崭新的可能性。例如,2021 年,Intellia Therapeutics 和 Regeneron 公司进行了一项临床试验,通过基因编辑技术修改患有罕见病转甲状腺素蛋白淀粉样变性病的患者体内特定基因,成功降低了患者体内畸形蛋白质的水平,为该疾病的治疗带来了新的希望。在艾滋病病毒(HIV)治疗领域,通过基因编辑,尤其是对 *CCR5* 基因的编辑,研究人员试图治疗这一致命的病毒感染,不过仍然面临一些挑战。总的来说,基因编辑技术为人类传染病治疗带来了新的前景。然而,需要注意的是,目前关于基因编辑技术的原创性专利主要由国外科研机构掌握。因此,我国科研工作者迫切需要加强努力,尤其在基础性和原创性研究方面,确保我国在这一领域不仅能够紧跟国际步伐,还能在创新研究方面取得关键突破,以免受制于人。

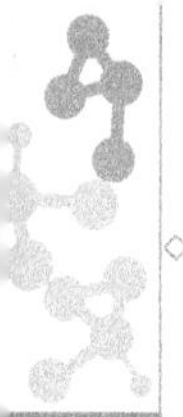

5.8 抑制缩减杂交技术

Diatchenko 等于 1996 年建立了抑制缩减杂交(suppression subtractive hybridization, SSH)技术,常简称为 SSH 技术,用来筛选未知的差异表达基因,有时也称为缩减杂交、消减杂交或扣除杂交技术。SSH 运用了杂交反应的二级动力学原理,即高丰度的单链 cDNA 在退火时产生同源杂交的速度高于低丰度的单链 cDNA,从而使原来在丰度上有差异的单链 cDNA 的相对含量达到基本一致,待测样本中差异表达的低丰度基因不易丢失,而高丰度基因又不会被过量分离。此外,SSH 技术中还运用了抑制 PCR 技术的原理:先使非目的片段的两端接上含有引物序列的同一接头,而目的片段的两端则连接有不同的接头;由于 DNA 链内退火优于链间退火,那么非目的片段两端接头上的反向重复序列在退火时会产生类似发夹的互补结构,无法作为模板与引物配对,从而使 PCR 中非目的片段的扩增得到抑制而只选择性扩增目的片段。抑制缩减杂交(SSH)技术的基本流程,主要有以下几个步骤(图 5-25):

(1)分离 mRNA　根据实验目的,准备好待测样本(一般是处理样品或靶基因样品)和驱赶样本(一般是非处理样品或对照样品),或称 tester 和 driver,然后提取总 RNA,再用带有 oligo(dT)的磁珠从总 RNA 中分离出 mRNA。

(2)合成 cDNA　分别将 tester 和 driver 样品的 mRNA 反转录合成 cDNA,然后用限制性内切酶 *Rsa* Ⅰ切割产生平末端片段。将酶切的 tester cDNA 分为两份,每份连接不同的接头(接头 1 和接头 2),接头内含有可识别的序列,是 PCR 扩增时引物结合的位点。

(3)两轮杂交　第一轮杂交时,向每个 tester cDNA 中加入过量的 driver cDNA,进行变性和复性。根据杂交反应的二级动力学定律,丰度较高的分子复性速度较快,因此 tester cDNA 与 driver cDNA 中相同的片段大都形成异源双链分子,从而使得高丰度与低丰度单链片段的浓度大致相等,差异表达的基因片段因此得到富集。第二轮杂交时,将进行过首次杂交的两组样品不经变性而直接混合,那么就只有经过消减并均一化了的差异表达片段(单链)可以重新结合为新的杂交体分子,其两端带有不同的接头(分别是接头 1 和接头 2),加入新鲜变性的 driver cDNA 进行第二轮杂交,进一步富集差异表达的杂交体分子,然后用 DNA 聚合酶将末端补平,差异表达的基因片段所形成的杂交体分子其 5′端和 3′端带有不同的引物结合位点。

(4)两轮 PCR　第一轮 PCR 时,加入针对接头 1 和接头 2 的外侧序列设计的特异引物进行扩增。只有两端连接不同接头的双链 cDNA 片段才能指数扩增,而其他形式的 cDNA,如一端有接头而另一端无接头的 cDNA 只能线性扩增,两端都没有接头的 cDNA 不能扩增,两端接头相同的 cDNA 因形成"茎环(发夹)"结构也无法扩增,这就是所谓的"抑制 PCR"。第二轮 PCR 时,加入针对片段两端接头的内侧序列设计的特异引物进行扩增(即巢式 PCR),进一步富集差异表达的基因片段,降低非特异扩增的背景。

在 PCR 扩增结束后,可将产物直接连接到 T 载体中,或利用两端接头上的酶切位点通过双酶切定向克隆到特定载体中,也可以利用接头与 cDNA 连接处的 *Rsa* Ⅰ酶切位点切割产生平末端,然后连接到平末端载体中。通过重组子筛选,鉴定含有插入片段的克隆,经测

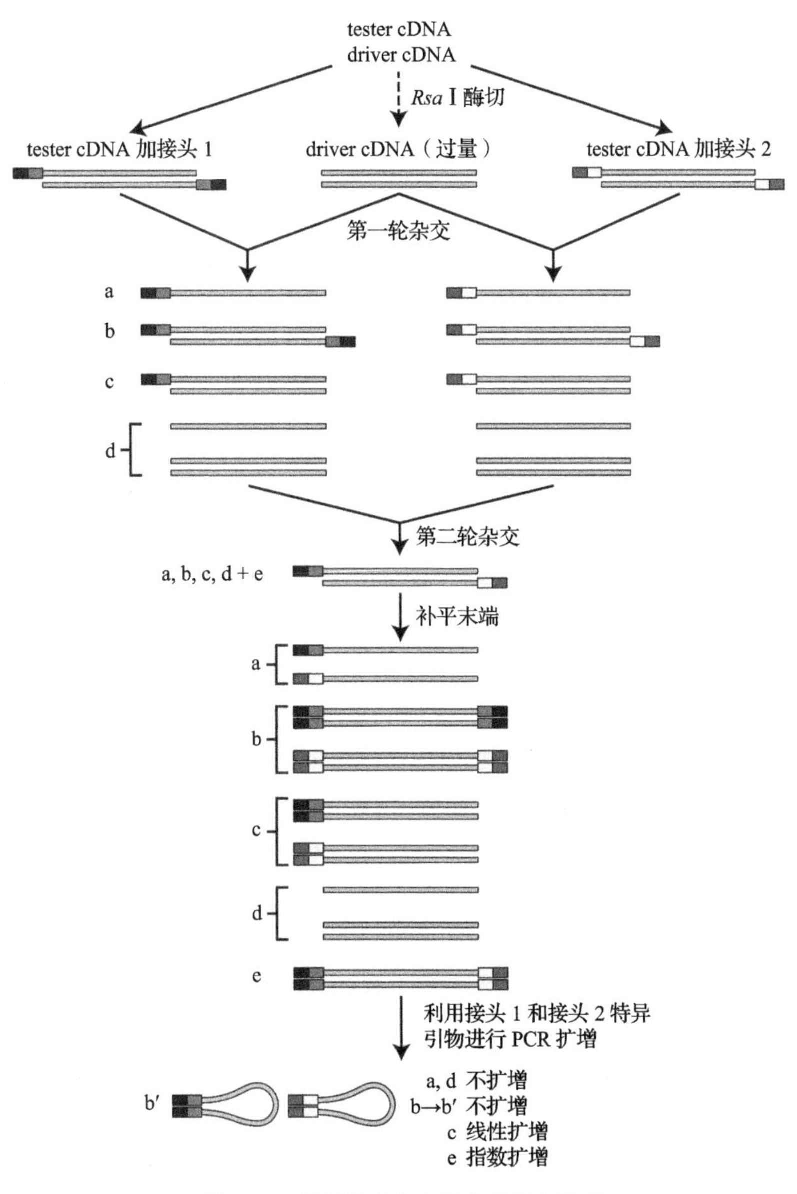

图 5-25 抑制缩减杂交技术的基本原理

序获得差异表达基因的部分序列，以此为探针筛选基因文库或通过 RT-PCR 获得基因的全长序列。

抑制缩减杂交技术的优点较多，例如降低了假阳性率，程序也相对简单，操作简便易行，具有较高的灵敏度，而且一次缩减杂交可同时分离到成百个差异表达基因的片段，极大地提高了检测效率。另外，该技术还具有背景低、重复性强等优点。但是，缩减杂交技术也存在一些缺陷，如起始 mRNA 的需要量较多，否则可能导致低丰度的差异表达基因检测不到；得到的差异基因片段不是全长序列；不能同时对多个样本进行比较；存在一定比例的假阳性，需要通过进一步的 Northern 杂交或 RT-PCR 分析进行验证。

5.9 基因芯片技术

目前，几乎所有模式生物或重要生物的基因组都已完成或接近完成全序列测定，功能基因组学研究已成为当今基因组学研究的热点。全基因组范围的基因表达分析、生命过程相关的基因调控网络分析等内容，仅凭已有的技术是难以实现的。生物芯片技术就是在这一背景下发展起来的一门新兴技术，它综合运用了生物化学、分子生物学、计算机科学、物理学及免疫学等多个学科的知识，具有分析准确、速度快、信息量大及平行化的特点，为功能基因组学研究提供了强有力的工具和手段。

生物芯片(biochip)，又称微阵列(microarray)，是通过机器人自动印迹或光引导化学合成技术在硅片、玻璃或尼龙膜等介质上制造的生物分子微阵列。它基于分子间特异性相互作用的原理，将生命科学领域中不连续的分析过程集成于芯片表面，以实现对生物细胞、蛋白质、基因或其他组分的快速、准确、高通量的检测。

生物芯片实际上就是生物活性分子(如细胞、蛋白质、核酸、糖类等)在固相介质上形成的高密度、有序的微点阵。在特定条件下，芯片与标记的样品杂交，通过检测杂交信号即可实现对生物样品的分析。根据芯片所用的载体材料不同，生物芯片可分为玻璃芯片、硅芯片和陶瓷芯片等类型，其中玻璃芯片的荧光背景低、应用方便、材料易得，故应用最广泛。根据芯片上固定的生物分子类型，生物芯片又可分为基因芯片、蛋白质芯片、细胞芯片等类型，其中基因芯片的应用最为广泛。

5.9.1 基因芯片技术简介

基因芯片技术发展的雏形源于 Southern 杂交和 Northern 杂交技术，它们都属于分子杂交，即利用特异性的探针对目的基因片段进行杂交检测。在一般的 Southern 杂交或 Northern 杂交技术中，探针是在杂交溶液中与固定在膜上的不同样品杂交。而基因芯片技术的最大特点是将成千上万的探针固定在支持物介质上，用来探测不同样品间目的基因片段的差异。

基因芯片技术是 20 世纪 90 年代由分子生物学与各种前沿科学交叉结合而快速发展起来的新技术。1992 年，Affymetrix 公司成功应用光导向平板印刷技术，在硅片上直接合成了寡核苷酸点阵的高密度芯片，这是世界上第一块原位合成的基因芯片。1997 年，美国斯坦福(Stanford)大学 Brown 实验室制作了世界上第一张全基因组芯片，即含有 6 116 个基因的酵母全基因组芯片。

基因芯片又称 DNA 芯片(DNA chip)或 DNA 微阵列(DNA microarray)，是生物芯片中的一种主要类型，它是将大量探针 DNA 分子固定在支持物上，然后与标记的样品杂交，通过自动化仪器检测杂交信号的强度来判断样品中靶分子的数量，进而得知样品中基因的表达量。此外，还可利用它进行基因突变的检测和基因序列的测定。

基因芯片的介质材料有尼龙膜、玻璃片、硅片、聚丙烯酰胺板、金属片等，其中玻璃片是最常用的材料。基因芯片技术具有高通量性，可以同时分析成千上万种分子，大大节省时间，减少误差，并具有良好的可比性。该技术微型化，所需试剂用量非常少，只需纳克(ng)级的 mRNA 和微升(μL)级的杂交液，而且高度自动化。但是，基因芯片技术也有缺陷，如需要预先设计好探针，因而只能对已知的序列进行检测；在同一温度下杂交时，芯片上不同探针的杂交效率可能存在差异，从而导致系统误差；该技术需要专门的仪器，使用成本也较高。

5.9.2 基因芯片的制作

目前，制备基因芯片主要以玻璃片或硅片为载体，将寡核苷酸片段或 cDNA 作为探针按顺序排列在载体上。芯片的制备除了要用到微加工工艺外，还需要使用机器人技术，以便能快速、准确地将探针放置到芯片的指定位置。

探针 DNA 分子的来源有多种，其来源主要是通过 mRNA 反转录构建 cDNA 文库，或者通过测序或生物信息学分析获得基因的 DNA 序列，然后利用 PCR 扩增或直接合成得到各个基因的探针 DNA。对于 cDNA 文库，除了极少数看家基因外，大多数基因的表达丰度在细胞内可能存在巨大差异。因此，在构建 cDNA 文库时必须进行均一化处理，以降低高丰度表达基因的冗余性。基因芯片的制作方法主要有原位合成法和预合成点样法两种。

1. 原位合成法

该方法利用半导体工业中的光蚀刻技术，直接在芯片的各个位置原位合成一定长度的寡核苷酸片段。以制作寡核苷酸探针芯片为例(图 5-26)，其基本原理是：先将载体介质羟基化，并用光敏保护基团将其保护起来；每次偶联反应时，选择适当的掩膜板(mask)使需要聚合的位点透光，那么受光照射的点其光敏保护基团就会脱保护，从而偶联合适的碱基；合成所用的每个碱基也都带有光敏保护基团，故每次偶联反应后的链末端都带有光敏保护基团；每次反应中通过控制掩膜板透光与不透光的位点，就可以在芯片上指定的位置大量合成预先设计好的寡核苷酸探针。利用原位合成法制作的芯片精度和密度都非常高，可达 400 000 个点/1.6 cm^2，但是制作的时间较长，价格昂贵，合成的探针长度也受到限制。

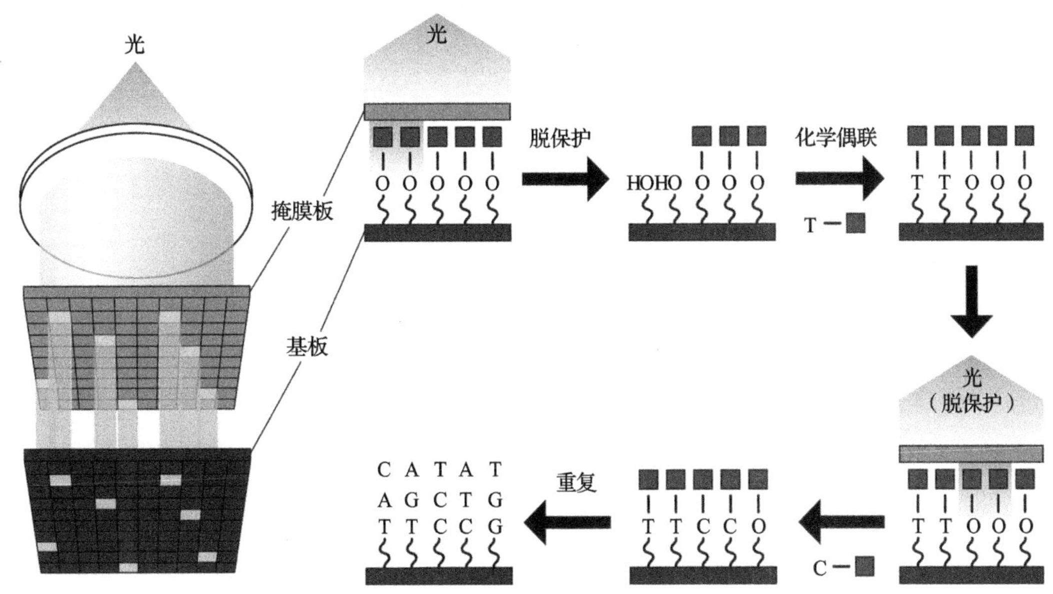

图 5-26 原位合成法制作基因芯片的基本原理

2. 预合成点样法

该方法是在芯片制作前就已经纯化制备好了各种探针，然后通过点样系统将制备好的探针 DNA 直接点样到载体介质上。利用该技术制作芯片快速、经济，目前应用广泛。探针

DNA 点样的方法主要有两类：一类是针式点样法，类似计算机打印机的针式打印，先将玻璃片表面连上羟基、醛基、氨基等活性基团，然后用点样针蘸取探针溶液将 DNA 直接点到玻璃片表面，探针 DNA 末端的化学基团会与玻璃片表面的基团结合形成共价键。针式点样法的成本低、操作简单、密度高，可达 10 000 个点/3.6 cm^2，转移过程中探针溶液的损失小，但其缺点就是定量的准确性和重现性不太好。另一类是喷墨法，类似喷墨打印，它是将探针 DNA 用喷嘴喷射到活化的载体上，喷嘴与芯片不直接接触，因而其重现性和准确性更高，得到的芯片探针密度也更高，可达 10 000 个点/cm^2。

5.9.3 杂交流程与结果检测

制作好基因芯片后，接下来是对样品进行杂交检测。杂交之前，需对样品进行制备，包括样品的提取纯化和标记。高质量的样品是影响芯片分析准确性最核心和最重要的先决条件。用于基因表达分析的样本是 cDNA，用于基因序列分析的样本是 DNA。样本提取后一般不能直接与芯片反应，需要先对其进行标记。靶基因样品被标记后，才与芯片上的探针分子杂交。为了提高检测的灵敏度和使用者的安全性，通常使用荧光标记。常用的荧光标记物为荧光素 Cy3 和 Cy5，可用来分别标记两种样品。荧光素 Cy3 的激发波长为 550 nm，被激发后发射绿色荧光；荧光素 Cy5 的激发波长为 649 nm，被激发后发射红色荧光。

芯片与样品杂交也是影响芯片结果准确性的重要环节。基因芯片杂交的过程与常规的分子杂交过程基本相似，包括预杂交、杂交、洗脱等步骤。与常规杂交一样，所用的温度、非特异本底等因素都会影响杂交结果。杂交时必须选择合适的条件，既要减少生物分子之间错配，又要能尽量检测出低丰度表达的基因。基因芯片杂交一般在芯片杂交炉中进行，可全自动控制芯片杂交的过程，温度控制更精确，可同时处理多张芯片。

在杂交完成后，一般采用氩离子激光器来激发荧光分子产生荧光信号，然后利用激光共聚焦显微扫描技术，对高密度探针阵列每个位点上的荧光强弱进行记录。通过软件分析，将荧光信号转换成数字信号，然后比对实验样品和对照样品的信号差异，寻找差异表达基因。一般选择信号强度差异 2 倍或 2 倍以上的探针点，对应的基因被认为存在显著差异表达。对差异表达基因进行生物信息学分析，就可获得与研究目的相关的生物信息。

5.9.4 基因芯片技术的应用

基因芯片能同时、快速、准确地对数以千计的核酸分子进行高通量检测，已被广泛应用到生物科学的众多领域中，这些应用主要包括基因表达检测、基因功能研究、突变检测、多态性分析、杂交测序等方面。

基因芯片的主要应用是对基因表达进行检测。随着基因组测序的快速发展，人们已掌握许多生物的全基因组序列信息，但是这对于理解基因的功能是远远不够的。利用基因芯片技术，对全基因组范围的基因表达进行检测，是基因组功能注释的强有力工具。在缺乏任何序列信息的条件下，基因芯片可用于新基因发现，因为 mRNA 就是自然界中存在基因的最有力和最直接的证据。利用基因芯片技术，可以快速方便地检测大量基因的时空表达模式。同一组织或细胞在不同的发育阶段，或在不同的外界条件、环境因素作用下，其基因表达模式存在差异。基因芯片因其高并行性和高通量的特点，非常适合大规模的基因表达模式分析，从而方便研究生物体在进化、发育、遗传等过程中的规律。利用基因芯片技术，对不同来源的个体、组织或细胞，或者对不同细胞周期、发育阶段、分化阶段以及突变或实验处理细胞内的 mRNA 或 cDNA 进行检测，分析 mRNA 转录丰度的差异，可寻找表型突变相关的基因，甚至发现新基因。

基因芯片技术也可用于杂交测序。将一组已知序列的核酸探针固定在芯片上，与目的 DNA 分子杂交，通过检测荧光强度获得互补的探针序列，然后由计算机软件推导出目的核酸分子的序列，是一种新的高效快速的测序方法。此外，利用这种杂交方法，还可对基因突变、DNA 多态性进行分析，在 DNA 分子水平上研究基因与性状的关系。

基因芯片技术在疾病诊断与治疗中的应用前景也十分广阔。基因诊断是目前基因芯片最具有商业价值的领域。基因芯片具有高通量和高并行的优点。与传统的检测方法相比，基因芯片诊断的灵敏度更高、结果更准确，还可同时对多种疾病进行检测，因而在早期诊断中可发挥重要作用，也有助于从分子水平了解疾病发生的机制。例如，将基因芯片应用于产前筛查，抽取少许羊水就可以检测胎儿是否患有先天遗传性疾病，还可同时对多种疾病进行早期筛查。又如，对病原微生物的感染诊断，传统的诊断方法所需时间长、准确率也不高，而采用基因芯片技术则能快速检测出病人感染病原微生物的类型。再如，在对有高血压、糖尿病等家族病史的高危人群普查、肿瘤筛查、中医针灸等领域的应用中，利用基因芯片技术能得到可靠的结果，诊断率将大大提高。除此之外，基因芯片技术在新药开发、临床用药指导、法医鉴定、营养与食品卫生领域、环境科学领域等方面也具有巨大优势，可大大缩短检测时间，提高工作效率。未来，基因芯片发展的趋势将在探针密度、荧光标记、自动化、结果检测、分析软件等各方面不断优化，以便降低成本，提高检测的灵敏度、准确性和重复性，从而更好地为生命科学研究与实际应用服务。

5.10 分子标记技术

分子标记(molecular marker)是遗传标记(genetic marker)的一种，随着分子遗传学的发展而兴起，是一门基于 DNA 多态性的技术。作为可识别的 DNA 片段，分子标记既可能位于基因的编码区域，也可能位于基因的非编码区域，其基础在于 DNA 的多样性。常见的分子标记有限制性片段长度多态性(restriction fragment length polymorphism，RFLP)、随机扩增多态性 DNA(random amplification polymorphism DNA，RAPD)、扩增片段长度多态性(amplified fragment length polymorphism，AFLP)、简单重复序列(simple sequence repeats，SSR)或称微卫星 DNA(microsatellite DNA)等类型。

广义的分子标记是指可遗传并能检测的 DNA 序列或蛋白质，而狭义的分子标记是指能反映生物个体或种群间基因组中某种差异的特异性 DNA 片段。随着人类基因组计划的实施和完成，基因组测序技术和基因组学得到了飞速发展。许多物种的全基因组测序和重测序相继完成，更多更完善的序列分析方法使人们对基因组的认识越来越深入，同时也促使 DNA 分子标记技术越来越成熟。基因组 DNA 序列上的差异可以通过不同的检测方法显示出来，这些方法主要是通过限制性内切酶酶切或 PCR 扩增，再结合凝胶电泳、分子杂交或 DNA 测序来进行差异片段的检测。分子标记技术在遗传学、进化生物学、医学和农学等领域得到了广泛应用，这些应用包括分子标记遗传图谱的构建、人类疾病的检测、分子标记辅助选择以及分子育种等方面。

5.10.1 遗传标记的类型

遗传标记是指不同生物个体间可稳定遗传的、易于识别的遗传变异或遗传多态性形式。作为遗传学研究的基本工具，遗传标记的最基本特征是可遗传性和可识别性。在经典遗传学中，遗传标记是指不同个体中等位基因(allele)的变异，可以用来研究和理解生物的遗传与变异规律。常见的遗传标记有形态学标记，如株高和花色等；细胞学标记，如染色体数目和结构等；生化标记，如种子贮藏蛋白和同工酶等；分子标记，如 RFLP、RAPD 和 SSR 等。作为一种遗传特性，遗传标记在经典遗传学中可用于追踪家系中某个染色体、染色体的某一区段或某个基因座(locus)的传递。遗传标记作为染色体上的界标，在遗传学中主要用于连锁分析、染色体变异、遗传作图等方面的研究。理想的遗传标记应具备多态性高、呈共显性遗传、易于鉴别、与目标性状紧密连锁、对生物体生长无影响或影响小等特点。

1. 遗传标记的发展

遗传标记的发展与遗传学和分子生物学的发展紧密相连。随着人类对生物遗传和变异现象的认识从宏观的外部形态特征深入到微观的细胞学和分子水平，遗传标记也由形态标记发展到如今广泛应用的分子标记。

19 世纪 60 年代，孟德尔以豌豆为材料，通过对外部形态特征(表型)具有明显差异(即单位性状表现相对差异)的亲本进行杂交，然后对后代表型进行分类和统计，提出了性状遗传的“分离定律”和“自由组合定律”，认为生物体中存在“遗传因子”(即后来所说的基因)控制生物体的性状，这是将形态标记作为遗传标记的开端。1910 年，摩尔根提出了“遗传的染色体学说”，认为孟德尔提出的“遗传因子”的行为与染色体的行为一致，并通过对果蝇白眼突变体的研究发现控制白眼性状的基因位于果蝇的 X 染色体上，证实了“遗传因子”是染色体上占有一定位置的实体，从而创立了以染色体为研究主体的细胞遗传学。通过对不同物种染色体的数目、形态和结构进行研究，发现各种染色体结构变异(如重复、缺失、倒位和易位)、染色体数目变异(如整倍体变异和非整倍体变异)以及各种异常的染色体都有其特定的细胞学特征。这些特征能够作为一种遗传标记，不仅可用于对基因进行定位，即测定基因所在的染色体位置，还可用于进行染色体代换等遗传操作。这种能明确显示遗传多态性的细胞学特征，被称为细胞学标记。

在生化标记或蛋白质标记方面，最常见的是同工酶标记，它是随着生化遗传学的发展而建立起来的。1941 年，Beadle 和 Tatum 通过研究红色面包霉的不同生化突变型，对一系列营养缺陷型进行遗传分析，提出了“一个基因一个酶”的学说，标志着生化遗传学的创立。之后，科学家们发现同一种酶可能具有多种不同的形式，这些形式在电泳时能以酶谱带型的方式展示出来。1959 年，Markert 和 Moiler 在研究动物的乙醇脱氢酶电泳谱带时，提出了同工酶(isozyme)标记的概念。此后，同工酶开始被作为一种遗传标记。通过同工酶的电泳谱带，可以清楚地识别同工酶的基因型，并且可以通过遗传分析将同工酶基因定位到染色体上。

1953 年，Watson 和 Crick 提出了 DNA 分子的双螺旋结构模型，完美地解释了 DNA 作为遗传物质的自我复制等问题，标志着分子遗传学时代的到来。1980 年，人类遗传学家 Botstein 等首先提出 RFLP 遗传标记的概念，从而开始了基于 DNA 多态性发展遗传标记的新阶段。RFLP 标记的开发，大大加速了各种生物遗传图谱的建立和发展，提高了基因定位的精度和速度。1990 年，由 Williams 和 Welsh 分别领导的两个研究小组，同时应用 PCR 技术又发展了一种新的分子标记——RAPD。此后，基于PCR技术的新型分子标记不断涌现，使得DNA分子标记逐渐走向商业化和实用化。

从形态标记、细胞学标记、蛋白质标记到分子标记逐步发展的过程，伴随着人们对遗传物质从表象到本质逐步深入的认识。传统的形态标记和细胞学标记是遗传标记发展的基础，而蛋白质标记和DNA分子标记则是遗传学、生物化学、分子生物学和基因组学发展的必然结果。随着芯片技术和测序技术的不断进步，新型的分子标记还将不断涌现。

2. 遗传标记的种类

(1)形态学标记　形态学标记是指个体的外部形态特征，通过肉眼能够直接在形态学上进行区分。形态学标记主要与色泽、生理、生殖及抗性等特征有关，如株高、穗长、粒色、粒型、粒重、花色、叶色、叶型和雄性不育等特性。形态标记的优点是简单、直观、观察记录方便。在作物的种质资源鉴定和育种工作中，长期以来选择育种材料都是依据形态特征进行筛选和区分。遗传学的三大基本定律，也都是基于不同形态的亲本杂交，通过对后代的表现和比例进行分析而发现的。在遗传学上，可以通过两点测验和三点测验分析不同形态标记之间的关系，从而进行连锁分析和基因定位。此外，对具有不同形态类型的种质资源进行保存和利用，可以提高选择的效率。但是，形态标记的数量往往有限，多态性较差，其表现易受环境因素的影响，而且可能与不良性状连锁，分离纯合的周期较长，导致其应用受到一定限制。

(2)细胞学标记　细胞学标记是指能明确显示不同个体间遗传多态性的细胞学特征，如染色体的数目变化或结构变异等特性，这些变化常常可导致表型性状发生改变。细胞学标记反映了细胞染色体的变异，因为各个物种的染色体都有其固定的特征，这主要是指染色体的核型和带型。核型一般包括染色体的数目和结构、随体的有无、着丝粒的位置等特性，而染色体的带型通常包括C带、N带、G带等方面的变化。染色体的带型分析，是基于染色体上带纹的数目、位置、宽窄与浓淡等具有相对稳定性。通过化学或温度变化等物理因素处理，然后用Giemsa、芥子喹吖因等染料进行染色，可以使染色体表现出深浅不同的染色带纹，从而对染色体进行精细的观察与比较。细胞遗传学作图是指采用适当的染色方法，区分染色体的长短、异染色质和常染色质、臂比、着丝粒位置等特征，以便显示染色体结构的改变。目前，人们已经建立了一系列染色体显带技术，其中应用最广泛的是G显带技术。与形态标记相比，细胞学标记的优点是能将染色体的细微变化精确定位到某个特定区带上，从而可将不同基因定位于不同的染色体或染色体区域，粗略显示基因在染色体上的物理位置。细胞学标记的缺点在于其材料较难获得，有些变异难以用细胞学方法检测到，而且细胞学标记的数量有限，导致基因定位相对粗略。

(3)生化标记　生化标记是指以基因表达的蛋白质产物为主的一类遗传标记，包括酶蛋白质和非酶蛋白质两种标记类型。酶蛋白质主要是指同工酶和等位酶，而非酶蛋白质主要指种子贮藏蛋白，如清蛋白、球蛋白、醇溶蛋白等。同工酶或等位酶(allozyme)是指生物体内能催化相同反应，但其蛋白质的分子结构、理化性质和免疫性能等方面存在明显差异的一组酶。同工酶通常是由一个以上的基因位点编码的不同类型酶，而等位酶通常是由同一个基因位点的不同等位基因编码的不同类型酶。同工酶或等位酶的遗传方式符合孟德尔遗传定律，呈共显性表达，具有多型性，因此是一种较好的遗传标记。生化标记的检测较简单，其方法首先是进行动植物组织蛋白质的提取，然后进行电泳和染色，将酶的多态性转变成肉眼可分辨的酶谱带型。生化标记检测的蛋白质是基因表达的直接产物，反映了基因表达的特异性，故此类标记可用于物种进化、遗传变异、杂交育种和组

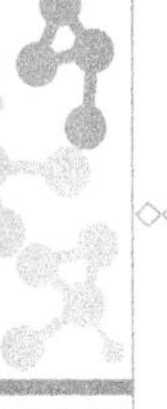

织发育等方面的研究。例如，通过对地理分布不同的物种进行某一同工酶谱的普查，可以推测物种的地理来源并进行物种分类。通过对子代和亲代同工酶谱的比较，可以鉴别动植物的遗传变异。在法医学中，可以利用多种同工酶谱的分析来鉴定亲子关系。与形态标记和细胞学标记相比，生化标记具有一定优势，如表现近中性，对个体性状一般没有较大的不良影响，还可直接反映基因表达产物的差异，受环境的影响也较小。但是，生化标记的数量仍然相当有限，有些酶的染色和电泳分离存在一定难度，而且蛋白质的表达存在时空特性，从而限制了生化标记的应用。

(4)DNA 分子标记　DNA 分子标记，简称分子标记，是以直接检测核苷酸序列变异为基础的遗传标记。分子标记源于 DNA 水平的突变，是 DNA 水平遗传多态性的直接反映，即由碱基的缺失、插入、重排或重复而产生的基因组 DNA 多态性。按照遗传表现形式，可将分子标记分为显性标记和共显性标记两类。显性分子标记是指 F_1 代的多态性片段与其亲本之一完全相同，如 RAPD 标记，而共显性分子标记是指双亲的多态性片段均在 F_1 代中表现，如 RFLP、SSR 标记。与其他遗传标记相比，DNA 分子标记具有明显的优越性。例如，大多数的分子标记为共显性标记，因而对杂合性状的选择十分便利。由于基因组范围内的变异极其丰富，所以分子标记的数量几乎是无限的。分子标记揭示的是来自 DNA 的变异，它不受外界环境因素的影响，在生物个体的不同发育阶段、不同组织都可进行分析。分子标记的表现呈中性，DNA 多态性不一定会导致个体的表型或生化水平发生改变。分子标记的检测手段通常较简单、迅速。目前，分子标记已广泛应用于遗传育种、基因组作图、基因定位、物种亲缘关系鉴别、基因库构建、基因克隆、亲缘关系鉴定及系统进化等方面。

随着基因操作技术的发展，DNA 分子标记已有数十种。理想的分子标记必须满足以下几个条件：多态性丰富，数量众多；呈共显性遗传，能区分杂合体和纯合体，能辨别等位基因；均匀分布于整个基因组；表现呈中性，对生物体本身无害，对性状的影响非常小；检测的手段简单、快速；开发成本和使用成本低廉；重复性和稳定性好。

常见的一些 DNA 分子标记见表 5-6。总的来说，可以将 DNA 分子标记划分为三代：以分子杂交技术为基础的分子标记，如 RFLP，是第一代分子标记；以 PCR 技术为基础的分子标记，如 RAPD、SSR、AFLP、STS 等，是第二代分子标记；以芯片技术和测序技术为基础发展起来的一些新型分子标记，如 SNP 等，是第三代分子标记。下面将介绍几种常见的分子标记。

表 5-6　常见的 DNA 分子标记

中文全称	英文全称	英文缩写
限制性片段长度多态性	restriction fragment length polymorphism	RFLP
随机扩增多态性 DNA	random amplified polymorphic DNA	RAPD
简单重复序列(微卫星 DNA)	simple sequence repeat(microsatellite DNA)	SSR
扩增片段长度多态性	amplified fragment length polymorphism	AFLP
序列标签位点	sequence tagged site	STS
简单序列长度多态性	simple sequence length polymorphism	SSLP
序列特征化扩增区域	sequence characterized amplified region	SCAR
单核苷酸多态性	single nucleotide polymorphism	SNP
表达序列标签	expressed sequence tag	EST

续表5-6

中文全称	英文全称	英文缩写
插入缺失	insertion/deletion	InDel
酶切扩增多态性序列(或限制性片段长度多态性聚合酶链式反应)	cleaved amplified polymorphic sequence	CAPS(PCR-RFLP)
数目可变串联重复序列	variable number of tandem repeat	VNTR

5.10.2 RFLP 标记

作为第一代的分子标记,限制性片段长度多态性(restriction fragment length polymorphism,RFLP)是最早发展的 DNA 分子标记,自问世以来已经被广泛应用。RFLP 是指不同基因型个体的 DNA 在限制性内切酶消化后产生的片段在长度上存在的差异(或称多态性),这种差异主要是由于碱基的插入、缺失、重排或替换,导致限制酶识别位点缺失或获得而造成的。同种生物的不同个体由于基因组 DNA 序列存在多态性,如果多态性位点恰好处于限制性内切酶的识别位点内,则会导致不同个体的相同 DNA 区段切割后产生不同长度的 DNA 片段,即表现出限制性片段长度多态性(RFLP)。

二维码 5-1 RFLP 技术的发明者——大卫·波特斯坦的科研故事

RFLP 的原理是利用限制性内切酶切割样品 DNA,产生大量限制性酶切的片段,然后通过凝胶电泳将 DNA 片段按照各自的长度分开,再与适当的 DNA 探针进行 Southern 杂交和放射自显影,即可获得个体基因组内与探针有关的 DNA 区域的 RFLP 图谱。RFLP 主要有两种类型:一类是点的多态性,即限制酶识别位点发生了单个碱基的突变,导致限制酶识别位点丢失或获得,从而使酶切产生的片段在长度上有差异;另一类是序列的多态性,即染色体 DNA 分子内部发生了较大的序列变异,如缺失、重复、倒位和易位等,虽然酶切位点可能未变,但相对位置发生了变化,从而导致酶切产生的片段在长度上也显现较大差异(图 5-27)。

RFLP 广泛分布于基因组的低拷贝和单拷贝区域,数量众多且非常稳定,不受个体发育阶段的影响。RFLP 标记表现为共显性方式遗传,能区分纯合和杂合的个体,分析起来非常方便。RFLP 不仅为各种生物的遗传图谱绘制提供了必要的标记,而且当遗传标记与某个特定的性状如人类遗传性疾病位点紧密连锁时,利用该标记可对特定性状进行筛选或鉴别,还能应用于后代鉴定和群体研究中。但是,RFLP 主要以 Southern 杂交技术为基础,对基因组 DNA 的质量要求高、需要量大,还需要筛选"探针/内切酶"组合,探针的获得也较为困难,而且操作步骤烦琐,检测周期长,使用成本高。此外,该技术需使用放射性同位素标记探针,对环境和操作人员存在一定的危害。因此,RFLP 分子标记并不适合大规模的分子标记基因型检测和分子育种。

为了操作简便,有时可将 RFLP 标记转换成以 PCR 为基础的标记,如酶切扩增多态性序列(cleaved amplification polymorphism sequence,CAPS),或称为限制性片段长度多态性聚合酶链式反应(PCR-RFLP)标记,它是将 PCR 技术与 RFLP 技术结合起来的一种分子标记。CAPS 或 PCR-RFLP 与 RFLP 类似,也是对基因组中特定 DNA 区段的多态性进行检测。不同的是,CAPS 或 PCR-RFLP 通过设计目标区段的特异性引物对不同个体进行 PCR 扩增,然后对 PCR 产物进行限制酶消化,消化后的产物通过凝胶电泳分离,即可显示特定 DNA 区段

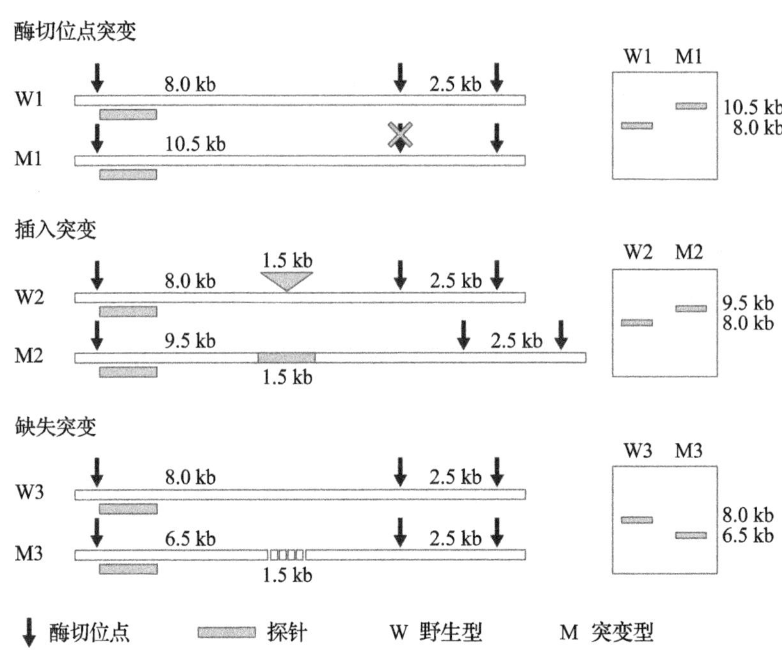

图 5-27 RFLP 分子标记的基本原理

内限制性片段长度上的差异。CAPS 或 PCR-RFLP 方法利用 PCR 技术扩增出特定的 DNA 区段，大大提高了目的 DNA 的含量和相对特异性。若此 DNA 区段发生了碱基的替换、插入或缺失等突变，可能会导致限制酶识别位点改变或限制性酶切片段大小发生改变，通过凝胶电泳就可以直接检测出来。该技术不仅精确度高，而且节省 RFLP 分析中的探针制备和分子杂交步骤，操作更简单快速。

5.10.3 RAPD 标记

随机扩增多态性 DNA(random amplified polymorphic DNA，RAPD)标记，是以 PCR 技术为基础开发的 DNA 多态性检测方法。RAPD 标记的基本原理是利用一系列长度为 8～10 nt 的随机引物对基因组 DNA 进行非定点(随机)PCR 扩增，然后通过凝胶电泳分析扩增出的 DNA 片段的多态性(图 5-28)。RAPD 技术所用的引物较短，退火温度较低，在基因组中往往有多个结合位点。若基因组 DNA 在某个区域发生点突变或较大区段的变异，就会使这些区域的引物结合位点发生变化，导致扩增片段的数量和大小发生改变，表现出多态性。单一引物只能检测基因组特定区域的 DNA 多态性，如果利用一系列引物则可检测整个基因组的多态性。利用 RAPD 标记，可以对整个基因组 DNA 的多态性进行扫描，因此 RAPD 技术在基因组指纹图谱、遗传多样性、品种鉴定、系谱分析、进化分析等许多研究中得到了广泛应用。

与 RFLP 相比，RAPD 具有以下优点：设计引物无须知道序列信息，多态性丰富，能反映整个基因组的变化；技术简单，检测速度快；DNA 样品需要量少；没有种属特异性，一套引物可用于不同生物的基因组分析；成本较低。但是，RAPD 标记也存在一些缺点：大部分属于显性遗传(极少数为共显性)，不能鉴别杂合和纯合的个体；存在条带共迁移的问题，即凝胶电泳只能区分开不同长度 DNA 片段，而不能区分分子量相同但碱基序列组成不同的 DNA 片段；RAPD 分析受影响的因素较多，导致结果的稳定性和重复性较差、可靠性较低。因此，在进行

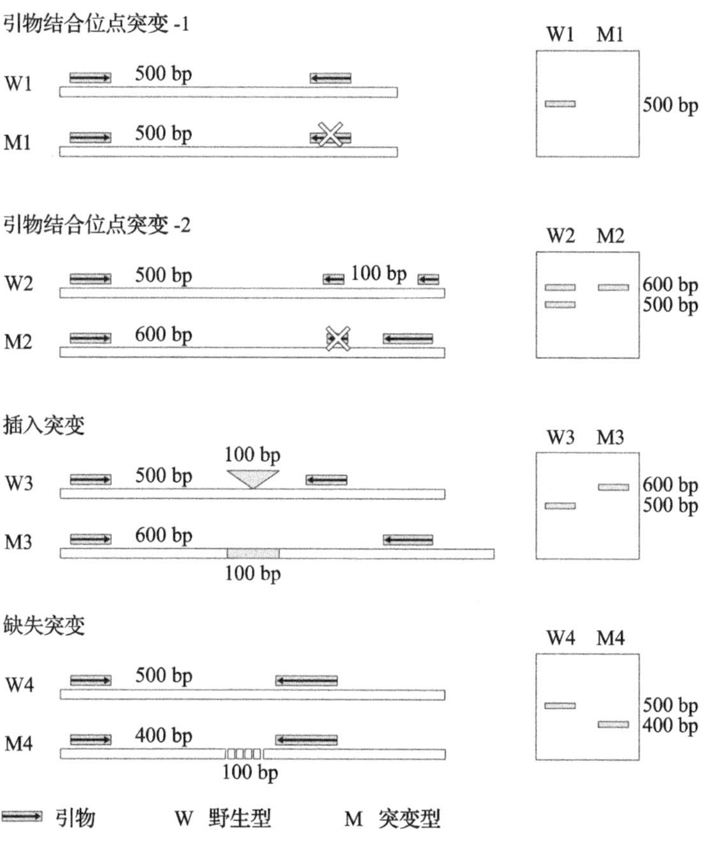

图 5-28 RAPD 标记的基本原理

RAPD 标记分析时，对实验条件的摸索和优化非常关键。必须严格控制模板 DNA 和 Mg^{2+} 的浓度，严格保证反应条件和参数的一致性，以便提高 RAPD 标记的再现性和可信性。

DNA 扩增指纹印迹(DNA amplified fingerprinting，DAF)是一种改进的 RAPD 分析技术。DAF 分析中使用的随机引物更短(一般为 5～8 nt)，引物浓度更高，扩增的产物更丰富，PCR 产物电泳后提供的谱带信息比 RAPD 更丰富。但是，DAF 分析的 PCR 扩增产物需要通过聚丙烯酰胺凝胶电泳分离，然后利用银染色观察带型结果，操作比 RAPD 烦琐。

另一种与 RAPD 类似的分子标记是任意引物 PCR(arbitrarily primed polymerase chain reaction，AP-PCR)，它所使用的引物较长(一般为 10～50 nt)。AP-PCR 分析中，PCR 分为两个阶段：第一阶段是在低严谨度的条件下引物与模板 DNA 退火，以便稳定模板与引物之间的相互作用；第二阶段是在高严谨度的退火条件下进行循环合成，在低严谨度退火条件下发生的引物延伸可继续在高严谨条件下得到扩增。此外，还可选择不同的引物组合配对进行 PCR，以便产生新的多态性谱带。与 RAPD 相同，AP-PCR 方法也不需要预知序列的信息，且能随机检测基因组的任意位置，但该方法需采用变性聚丙烯酰胺凝胶电泳分析 PCR 产物。

为了减少 RAPD 标记的不稳定性，使用时需尽可能把 RAPD 标记转化为更稳定和更有效的经典 PCR 标记，如序列特异扩增区域(sequence characterized amplified region，SCAR)标记。SCAR 标记的基本原理：首先对多态性 RAPD 片段进行克隆和测序，据此设计特定的引物，然后对基因组 DNA 再进行特异 PCR 扩增，即可将多态性 RAPD 片段对应的位点转换成 SCAR 标记。

SCAR 标记检测手段更为方便,可以快速检测大量个体,同时具有结果稳定性好和重现性高的特点。

5.10.4 AFLP 标记

扩增片段长度多态性(amplified fragment length polymorphism,AFLP)标记,是一种结合了 RFLP 和 PCR 技术特点的分子标记,被誉为迄今为止最有效的 DNA 分型技术之一。AFLP 是对基因组 DNA 酶切后的片段进行选择性扩增而产生的扩增产物的多态性,本质上与 RFLP 相似,都是基于基因组 DNA 经限制酶酶切后产生的片段长度多态性,但是这种多态性以 PCR 扩增的片段长度差异显示出来。AFLP 结合了 RFLP 技术的稳定性和 PCR 技术的简便高效性的特点,但是其提供的信息量远大于 RFLP,同时又克服了 RAPD 技术不稳定性的缺点。

AFLP 标记的基本原理如图 5-29 所示:首先利用限制性内切酶酶切基因组 DNA,形成许多大小不等的随机限制性片段,接着利用 T4 DNA 连接酶在这些片段的两端连接上特定的寡聚核苷酸接头,然后根据接头上已知的序列设计引物对酶切片段进行 PCR 扩增,最后进行聚丙烯酰胺凝胶电泳,以比较不同样品间电泳条带的差异。为了避免扩增出全部的限制性片段导致产物条带太多而难以通过电泳区分,在设计引物时一般会在引物的 3′端加入 1～3 个选择性碱基,只有与选择性碱基配对的片段才能与引物结合,从而实现对限制性酶切片段进行选择性扩增的目的。传统的 AFLP 技术是通过聚丙烯酰胺凝胶对 PCR 扩增产物进行电泳分离,而改进的 AFLP 技术则在 PCR 过程中加入荧光标记,扩增产物经毛细管电泳后,依靠自动化仪器和软件读取条带,不仅降低人为读取的误差,还能同时对大量样本进行快速检测。

AFLP 标记的关键在于设计高质量的选择性扩增引物及设定合理的引物组合。AFLP 分析有许多优点,如模板需要量少,表现为显性或共显性遗传。由于可以采用的限制酶及选择性碱基种类很多,所以 AFLP 标记的数量非常丰富。AFLP 分析时每次反应可检测 100～150 个扩增产物,意味着一次分析就可以同时检测多个座位,效率非常高,而且分辨率和多态性也很高、结果稳定、重复性强,非常适合于基因组指纹图谱的构建及分类学研究。但是,AFLP 标记技术要求较高,操作相对较烦琐。目前,随着荧光标记技术及自动化测序技术的发展,AFLP 技术的应用性大大提高,但是其使用成本也相对较高。

5.10.5 SSR 标记

真核生物的基因组结构复杂,根据基因组中序列的重复性,可将基因组的组成序列分为重复序列和非重复序列(即单拷贝序列)。依据拷贝数的不同,重复序列又可分为高度重复序列(几百至几百万个拷贝)、中度重复序列(10 至几百个拷贝)和轻度重复序列(少于 10 个拷贝)。根据重复序列在基因组中的分布形式,可将其分为串联重复序列和散在重复序列,其中串联重复序列由相关的重复单位首尾相连、成串排列而成。在人类基因组中,串联重复序列约占 10%,主要分布在非编码区,少数位于编码区。

数目可变的串联重复序列(variable number tandem repeat, VNTR)是指包含微卫星 DNA 和小卫星 DNA 在内的串联重复序列区域。个体基因组间重复单元的数目变异是产生 VNTR 多态性的基础。在同一生物不同个体的基因组中,VNTR 区内重复单元的数目是高度可变的,重复数目少则几个,多则十几至几十个,甚至几百个。当重复单元的长度小于 10 bp 时,常常称之为微卫星(microsatellite)DNA,如$(CA)_n$、$(AT)_n$、$(GGC)_n$ 等。当重复单元的长度在 10～100 bp 时,常

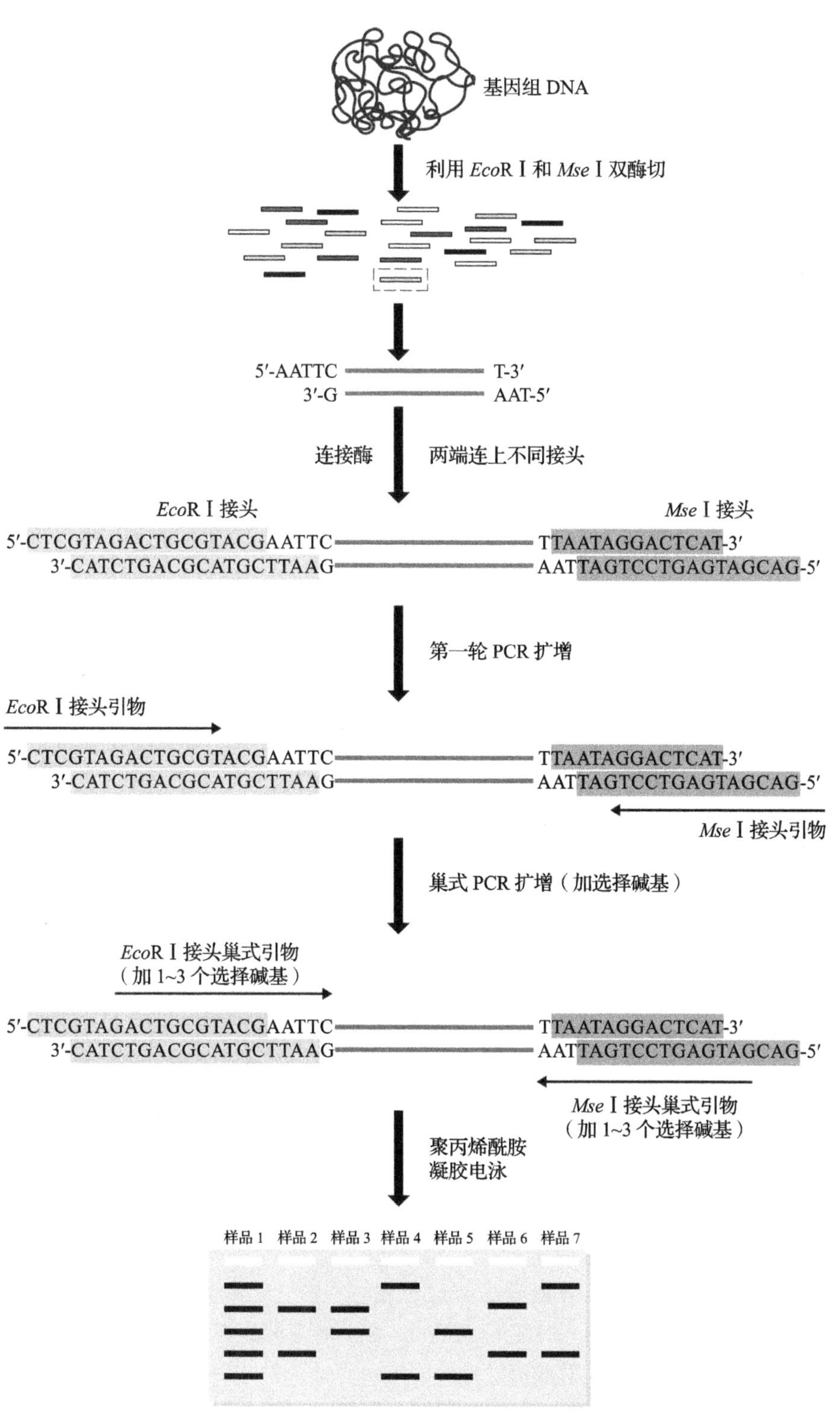

图 5-29　AFLP 标记的基本原理

称之为小卫星(minisatellite)DNA。微卫星比小卫星更常用于 DNA 标记,主要是因为小卫星在基因组中常见于染色体的端粒区,而微卫星则广泛分布于基因组各个位置。利用 PCR 技术进行 DNA 长度多态性分型时,通常都是扩增片段较短(一般小于 300 bp)的效果较好。大多数的小卫星序列重复单元较长,其 PCR 扩增区段往往大于 300 bp。微卫星序列的重复拷贝数一般为 10~30 个,重复单元的长度一般为 2~6 bp,因此其 PCR 扩增片段通常较短,更适合基因分型。

微卫星 DNA 标记,也称简单序列重复(simple sequence repeat,SSR)标记,是近年来发展起来的一种以 PCR 技术为基础的分子标记。SSR 的序列一般较短,而且每个 SSR 两侧的序列都较保守,因此根据 SSR 两端保守的单拷贝序列设计特异引物,然后从基因组 DNA 中将 SSR 扩增出来,经过聚丙烯酰胺凝胶电泳,就可以分析个体间条带的差异(图 5-30)。

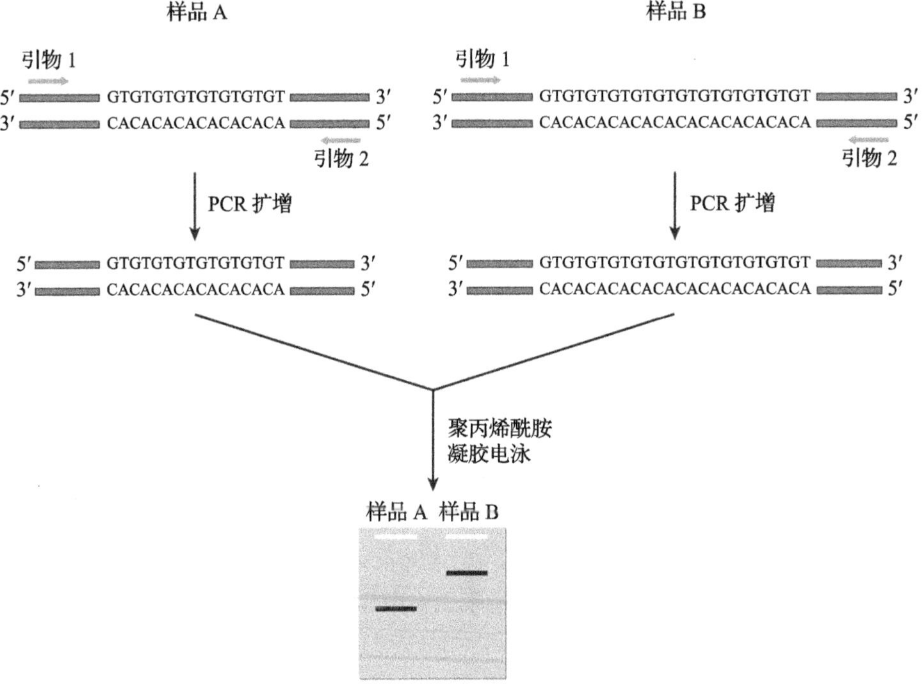

图 5-30 SSR 分子标记的基本原理

SSR 标记的优点较多,如所需 DNA 量少、表现为共显性遗传、数量丰富、覆盖整个基因组。微卫星序列重复数目的变异很大,因此个体基因组间具有较多的等位性变异,提供的信息量多,揭示的多态性高。SSR 分析的重复性好,结果稳定可靠,尤其是以 PCR 技术为基础,操作和分析简单。SSR 标记已在品种资源鉴定、遗传图谱构建、指纹图谱绘制及基因定位等方面得到了广泛应用,是目前最常用的分子标记之一。但是,SSR 标记的开发首先需要对微卫星的旁侧序列进行克隆和测序,才能设计合成引物。另外,大多数 SSR 标记位于基因组的非编码区域内,需要对标记进行染色体定位。因此,对于尚未测定基因组序列的物种,SSR 标记的开发存在一定困难,费用也相对较高。

在 SSR 标记的基础上,又衍生出一些新的分子标记,如内部简单重复序列(inter-simple sequence repeat,ISSR)标记、随机微卫星扩增多态性 DNA(random microsatellite amplified polymorphic DNA,RMAPD)标记等。ISSR 标记是利用锚定的微卫星序列作为引物,然后在引物的 5′端或 3′端加上 2～4 个选择碱基，对两个相距不太远的微卫星之间的基因组区域进行 PCR 扩增(图 5-31)。ISSR 标记具有操作简单、检测记录方便、物种间通用、多态性较高、精确度高和开发费用低等优点，在动植物品种鉴定、遗传图谱建立、遗传多样性分析等研究中也被广泛应用。RMAPD 标记是利用随机引物和根据微卫星序列设计的上游或下游引物配对组合，也即所用的两个引物中，一个是加了选择碱基的 ISSR 特异引物，另一个是随机引物，对微卫星及其旁侧的基因组区域进行扩增。

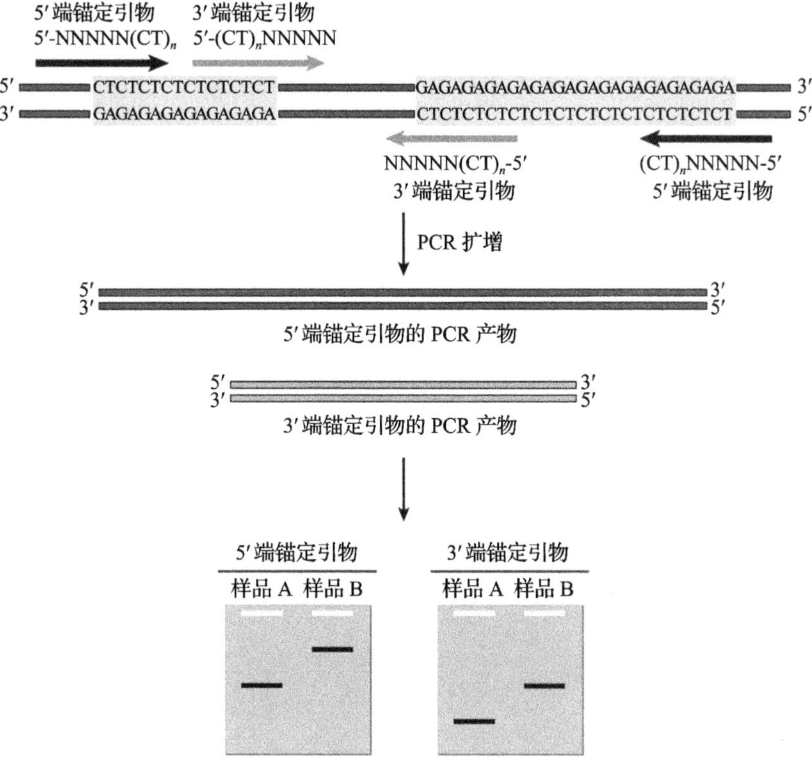

图 5-31　ISSR 标记的基本原理

5.10.6　SNP 标记

单核苷酸多态性(single nucleotide polymorphism，SNP)标记，是指在基因组水平上由单个核苷酸变异如单碱基的转换、颠换、插入或缺失所引起的 DNA 序列的多态性。SNP 在基因组中的发生频率非常高，是最常见的一种碱基变异。在人类基因组中，大约平均每 1 000 bp 就有一个 SNP 位点。根据 SNP 在基因组中的位置，可以将其分为：基因编码区 SNP(coding-region SNP，cSNP)、基因周边 SNP(perigenic SNP，pSNP)和基因间 SNP(intergenic SNP，iSNP)，其中 cSNP 又分为同义 cSNP(synonymous cSNP)和非同义 cSNP(non-synonymous cSNP)。总的来说，cSNP 数量较少，因为外显子内碱基的变异率只有其周围序列的 1/5，但 cSNP 在表型变异相关的研究中具有重要意义。

基因组 DNA 中每一个碱基位点都有可能发生 4 种碱基变异，因此理论上每一个 SNP 有 4 种等位基因，但实际上发现的 SNP 多数只有两种等位基因，也就是说碱基的变异多数是转换，如大多数情况下 C 都是变成 T，而变成 A 或 G 的概率很小。一般认为 SNP 是双等位的，而微卫星由于重复单元的数目变异较大则可以表现为多等位。SNP 在基因组上分布密集、数量巨大，因为任何碱基都有可能发生变异，从而弥补了 SNP 标记的不足，使 SNP 成为目前最理想的第三代分子标记。

随着分子生物学技术的不断发展，SNP 标记的检测方法越来越多。传统的 SNP 检测方法是先设计合适的引物，然后通过 PCR 扩增结合凝胶电泳或者测序来进行检测。如图 5-32 所示，首先利用一对外侧特异性引物（引物 a 和 b），对包含 SNP 位点在内的 DNA 区段进行第一轮 PCR 饱和扩增（25～30 个循环）；同时针对 SNP 位点设计特异性引物（引物 i 和 j），它们只在 3′端的最后一个碱基具有差异并分别与 SNP 中的差异碱基配对；利用两种不同的引物组合分别对第一轮饱和扩增的产物进行第二轮扩增，即一组引物组合为 j 和 b，而另一组引物组合为 i 和 b；在第二轮 PCR 扩增中，只有模板与引物的序列完全配对的组合才能在不饱和的 PCR 扩增（7～9 个循环）中获得明显可见的扩增产物。

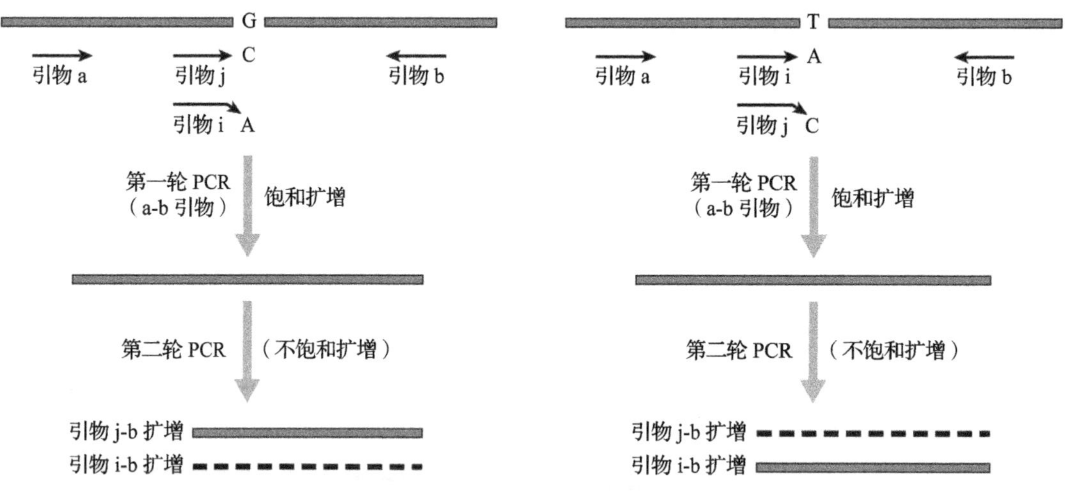

图 5-32 SNP 标记的基本原理

PCR-RFLP 标记是对传统 SNP 标记的改进，也是 SNP 分析最经典的方法，其原理是设计合适的引物并扩增出包含目标位点的 DNA 区域，然后进行适当酶切，再经电泳检测片段的长度多态性。现在不仅能够对包含酶切位点的 SNP 进行分型，还可以对不包含酶切位点的 SNP 位点进行改造，即在 PCR 引物的 3′端改变个别碱基，以便引入合适的限制性内切酶识别位点，从而可使绝大多数的 SNP 位点都能用 RFLP 来分析。PCR-RFLP 的最大优势在于它不需要特殊的仪器，操作简单，费用低廉，适合少量或中量样本的检测，其缺点就是耗时耗力，不适合高通量大样本检测。

直接测序法是 SNP 分析中最为准确的方法，也是 SNP 分析的金标准，它通过测定不同样本某一特定区域的 DNA 全序列来进行分析，即首先针对目标位点设计合适的引物，然后扩增出含突变位点的片段，经测序分析了解 SNP 的碱基突变类型。纯合型 SNP 位点的测序峰为单一峰型，而杂合型 SNP 位点的测序峰为套峰，因而很容易将它们区分开来。通过直接测序进行 SNP 检测，检出率接近 100%，准确性最高。

熔解曲线分析法也可以用于检测 SNP，其原理是在一定的温度范围内将 PCR 扩增产物变性，其间实时检测体系内的荧光信号，根据荧光信号值随温度的变化绘制熔解曲线，若存在SNP位点，那么扩增产物的熔解曲线就会表现出差异（图5-33）。

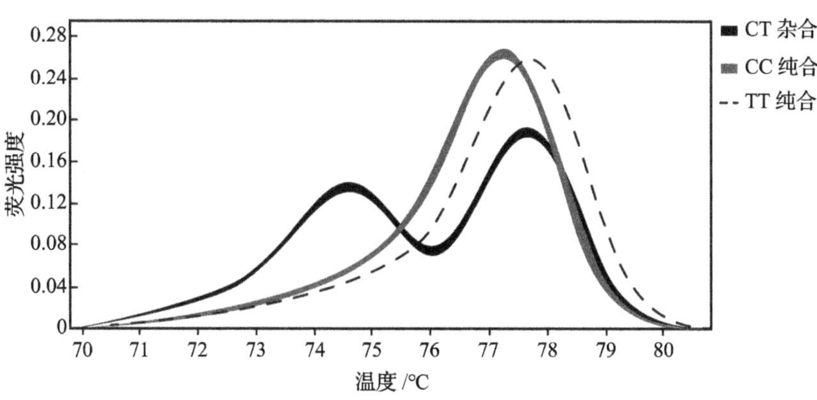

图5-33 SNP的熔解曲线分析

定量PCR技术也可用于SNP分析，如TaqMan探针SNP分型法，该方法由美国应用生物系统公司（ABI）研发。其基本原理是在PCR时加入用不同荧光标记的特异探针（TaqMan探针）来识别不同的SNP等位基因。TaqMan探针的5′端为荧光报告基团（reporter），3′端为荧光淬灭基团（quencher），在PCR过程中探针能与扩增产物中的目标序列特异结合。当探针以完整形式存在时，由于能量共振转移，荧光报告基团只发出微弱荧光。当特异的TaqMan探针与相应的等位基因结合后，Taq DNA聚合酶发挥5′→3′外切酶活性，把荧光报告基团切割下来，使其脱离3′端荧光淬灭基团的淬灭作用，从而发出荧光，根据检测到的不同荧光种类就可判断样本中的SNP等位基因类型。

DNA单链构象多态性（single strand conformation polymorphism，SSCP）分析，也可用于SNP标记的检测。SSCP是指等长的单链DNA因核苷酸序列差异而产生的构象变异，在非变性聚丙烯酰胺凝胶电泳中会表现出电泳迁移率的差别。单链DNA构象对DNA序列的改变非常敏感，常常一个碱基的差别都能通过非变性聚丙烯酰胺凝胶电泳显示出来。SSCP分析的过程首先是利用PCR技术扩增出基因组DNA的目标区域，然后将扩增产物变性，使双链DNA分开成单链，再通过非变性聚丙烯酰胺凝胶电泳分离，根据条带位置的变化就可以判断扩增的DNA区段中是否存在突变。SSCP方法分析快速、简便，对于差异几个碱基的片段很容易区分，但可能漏检一些较小的变异，个别SNP形成的DNA分子构象差异有时也很难区分，另外还需要进行大规模的测序胶制备，操作较烦琐，因而限制了SSCP标记的广泛应用。

SNP标记分布广泛、数量庞大，而且SNP的检测以测序或PCR技术为基础，自动化程度高，非常适合快速及大规模的筛查，但是SNP分析的成本和技术要求都较高。目前，SNP标记已成功应用于多个领域，包括物种进化研究、疾病相关基因的鉴定、疾病高危群体的筛选、药物靶点个体差异性分析、法医学中犯罪身份的鉴别和亲子鉴定等。

5.10.7 其他类型分子标记

除了常见的分子标记，还有一些特殊的分子标记也有着广泛的应用。例如，抗病基因同源物(resistant gene analog,RGA)标记,是一类针对基因组中特定结构域的分子标记。目前已在许多植物中克隆了抗病基因,序列分析显示不同植物中的抗病基因具有同源性,尤其是功能相关的保守结构域。根据抗病基因的保守结构域设计简并引物,对基因组 DNA 进行扩增,得到抗病基因的同源序列,进而可开发出 RGA 标记。RGA 标记本身就可能代表抗病基因,一旦确认其抗病功能,则可直接应用于抗病基因的选择。RGA 标记的应用主要有以下几个途径:①设计简并引物进行 PCR 扩增,对 PCR 产物进行克隆和测序,然后选择合适的序列作为探针对不同样本进行 RFLP 分析;②利用简并引物扩增,对扩增产物进行变性聚丙烯酰胺凝胶电泳,通过比较电泳条带的差异来分析样本间抗病基因的多态性;③借鉴 AFLP 分析技术的原理,首先对基因组 DNA 进行酶切,接着给酶切片段两端加上合适的接头,利用接头上的外侧序列设计引物对片段进行预扩增,然后利用一端依据接头内侧序列设计的引物和另一端的 RGA 简并引物进行选择性扩增,或者在基因组 DNA 酶切和片段加接头后,直接利用一对 RGA 简并引物进行 PCR 扩增,扩增产物经聚丙烯酰胺凝胶电泳分离后,比较条带差异,以分析样本间抗病基因的多态性。

相关序列扩增多态性(sequence related amplified polymorphism,SRAP)标记,是通过独特设计的选择性引物对基因的开放阅读框(ORF)特定区域进行扩增。SRAP 标记利用基因外显子区域富含 GC 而启动子和内含子区域富含 AT 的特点设计两套引物,其中上游引物长 17 bp,由长 10 bp 的 5′端填充序列、针对外显子区域的核心序列 CCGG、3′端的 3 个选择碱基组成,专门用于外显子的特异扩增,而下游引物长 18 bp,由 11 bp 的 5′端填充序列、针对内含子和启动子区域的核心序列 AATT、3′端的 3 个选择碱基组成,专门用于内含子区域和启动子区域的特异扩增。由于不同个体或物种的内含子、启动子及间隔区长度存在差异,所以扩增出的片段长度会有所不同,这种长度多态性可以通过变性聚丙烯酰胺凝胶电泳进行检测。SRAP 标记具有简便、高效、产率高、共显性、重复性好、易测序、便于克隆目标片段的优点,已成功应用于作物遗传多样性分析、遗传图谱构建、重要性状的标记以及相关基因的克隆等许多领域。

靶位区域扩增多态性(target region amplified polymorphism,TRAP)标记,是利用大规模测序所产生的基因序列数据(主要是 cDNA 或 EST 序列)来设计引物,对目的基因序列进行 PCR 扩增以产生多态性标记。TRAP 标记实际上是在 SRAP 标记的基础上改进而来的,SRAP 采用两个任意引物,而 TRAP 标记采用一个固定引物和一个任意引物。固定引物依据已知的序列(cDNA 或 EST 序列)设计,而任意引物的设计与 SRAP 类似,根据外显子或内含子的特点,分别设计出富含 GC 或 AT 核心区的任意序列。

序列标签位点(sequence tagged site,STS)标记,是以一对特异引物进行 PCR 扩增来检测基因组 DNA 多态性的一种分子标记。STS 标记一般位于基因组的单拷贝区域,根据基因组 DNA 序列中的特定结合位点设计特异引物,扩增基因组的特定 DNA 区域,然后通过凝胶电泳检测多态性。

插入/缺失(insertion/deletion,InDel)标记,与 STS 标记类似,也是通过特异引物进行 PCR 扩增,主要检测基因组 DNA 单拷贝序列的多态性。该标记技术的原理是对样本间基因组相应区段进行序列比对,寻找插入或缺失位点,以便设计出能扩增包含插入/缺失位点的特异引物,然后通过 PCR 扩增和对产物进行电泳以区分不同的基因型。STS 标记和 InDel 标记都是根据基因组的特异区段设计引物进行 PCR 扩增,因此这两种标记的结果稳定、可靠,且能表现为共显性遗传,应用很广泛。

总之，随着基因测序和分子生物学技术的不断发展，已经开发出了多种分子标记。这些分子标记的开发原理不尽相同，一些常用分子标记的比较如表 5-7 所示。它们各有不同的优缺点，在实际应用中，需要根据研究目的有选择地使用。

表 5-7　常用分子标记的比较

名称	基本原理	多态性水平	检测基因组区域	可靠性	遗传特性	DNA 质量要求	实验周期	开发成本
RFLP	限制性酶切结合 Southern 杂交	中等	单（或低）拷贝区	高	共显性	高；需要量 5～30 μg	长	高
RAPD	随机 PCR 扩增	较高	整个基因组	中	显性或共显性	中；需要量 10～100 ng	短	低
AFLP	限制性酶切结合 PCR 扩增	非常高	整个基因组	高	共显性或显性	高；50～100 ng	较长	高
SSR	PCR 扩增	高	以非编码区重复序列为主	高	共显性	中；需要量 10～100 ng	短	高
ISSR	随机 PCR 扩增	高	重复序列间隔区	高	显性或共显性	中；需要量 10～100 ng	短	低
SCAR	特异 PCR 扩增	特异	整个基因组	高	共显性	中；需要量 10～100 ng	短	高
STS	特异 PCR 扩增	中等	单拷贝区	高	共显性或显性	中；需要量 10～100 ng	短	高
CAPS	PCR 扩增结合限制性酶切	特异	整个基因组	高	共显性	中；需要量 10～100 ng	短	高

5.10.8　分子标记在植物分子育种中的应用

分子标记具有多态性好、特异性强、灵敏度高、准确可靠等优点，因此广泛应用于基因组学、遗传育种、起源进化、分类鉴定等多个研究领域。在植物分子育种中，分子标记的应用尤为广泛和深入。

1. 构建高密度遗传图谱

遗传图谱又称遗传连锁图，是指采用遗传学的连锁分析方法，把基因或遗传标记按遗传距离和相对位置线性排列并标定在染色体上而构建成的图谱。构建高密度的遗传图谱是遗传学和基因组学研究的重要内容，借助饱和的遗传连锁图，就可以通过连锁分析和共分离分析快速定位和分离基因。构建连锁遗传图依据的原理是减数分裂中非姐妹染色单体间发生交换或重组，因交换而使两个连锁基因分开的频率与其在染色体上的相对距离成正比。通过计算重组率（即交换性配子占总配子数的百分率）来确定基因之间的相对距离，也就是遗传距离，通常以 centimorgan(cM)表示。将不同基因座之间的重组率计算出来，就可绘制出包含这些基因座在染色体上的相对位置和距离信息的连锁遗传图。确定了不同分子标记在染色体上的相对位置或排列情况，就可以为作物种质资源收集、目的基因定位、基因克隆及分子育种等提供操作依据。

传统的遗传图谱构建多使用形态标记，但形态标记数量少、稀疏，分布不均匀，限制了其在基因定位中的应用。分子标记以遗传物质 DNA 的核苷酸序列变异为基础，是 DNA 水平遗传多态性的直接反映。分子标记多数呈共显性或显性遗传，且不受生育期及环境因素的影响。此外，分子标记的数量丰富，覆盖整个基因组，因此适用于绘制高密度遗传图谱。对于已完成基因组测序的物种，其分子标记遗传图谱可直接转换成分子标记物理图谱。

分子标记遗传图谱的构建主要包括 4 个步骤：①根据遗传材料之间的遗传差异，选择合适的亲本组合；②建立分子标记基因型处于分离状态的分离群体或其衍生系，即建立作图群体；③筛选亲本间的多态性分子标记，并利用这些分子标记对作图群体中的个体进行标记基因型分析；④确定分子标记间的连锁关系。每条染色体涉及多个分子标记，需要对所有分子标记位点进行连锁分析。常常利用作图软件(如 MapMaker)，输入标记基因型分析的数据后，借助计算机来完成连锁图的构建。

选择合适的亲本和作图群体非常关键，这直接关系到遗传图谱构建的难易程度、准确性和适用性。若亲本间遗传差异过大，可能会造成后代的育性显著下降，从而影响遗传图谱的准确性；若亲本间的遗传差异过小，亲本间呈多态性的分子标记数量会很少，那么构建的遗传图谱密度就不高，使用价值降低。因此，在保证足够杂交亲和性的前提下，应选择具有较大遗传差异的亲本。

作图群体主要有两种类型，即暂时性分离群体(如 F_2、BC_1 群体)和永久性分离群体(如 DH、RIL 群体)，这两类群体的遗传稳定性或遗传组成各有特点(表 5-8)。暂时性分离群体中的分离单位是个体，这类群体一旦自交或近交，其遗传组成就会发生变化，因此无法永久保存，只能使用一代。F_2 群体包含的基因型种类全面、信息量大、作图效率高，而且群体的构建简单、省时。而回交(backcross)或 BC_1 群体的基因型种类较少，信息量有限，但统计和作图分析比较简单。永久性分离群体中的分离单位为株系，不同株系之间存在基因型的差异，但株系内的个体基因型相同且纯合，自交后不会发生分离，因此这类群体可通过自交或近交繁殖后代，且群体的遗传组成不会发生改变，可以永久使用。双单倍体群体(doubled haploid，DH)是通过 F_1 代花药培养或其他途径获得的单倍体材料，再经染色体加倍后得到的群体。DH 群体中包含了各种重组基因型的纯合株系，相当于一个永不分离的 F_2 群体，能够长期保存，但是构建 DH 群体需要经过花药培养和染色体加倍，技术难度较大，故 DH 群体的个体数往往较少，提供的遗传信息量受到限制。重组自交系群体(recombinant inbred line，RIL)是由 F_2 群体不加选择地连续自交至少 5～6 代栽培获得的群体，它包含数百个具有不同重组基因型的纯合株系。一般采用单粒传法构建 RIL 群体，即通过两个亲本杂交获得 F_1 代，F_1 代自交后从 F_2 代中随机选取单株(如 188 个)进行种植，每个单株再自交产生株系，传代时每个株系仅保留 1 个单株，并连续自交 5 代以上，这样就建立了一个包含 188 个株系的 RIL 群体。RIL 群体一旦建立，就可以代代相传并长期保存。利用 RIL 群体作图的准确度更高，对于分析和定位受多基因控制或易受环境影响的数量性状位点(QTL)尤为重要。

表 5-8 不同作图群体的特点

群体名称	群体构建方法	性状研究对象	准确度	群体规模	分离比例
F_2 群体	F_1 自交后代	个体	低	大	1∶2∶1或3∶1
BC_1 群体	F_1 回交后代	个体	低	大	1∶1
DH 群体	F_1 单倍体加倍	株系	高	中	1∶1
RIL 群体	F_2 个体自交后代	株系	高	中	1∶1

2. 分子标记基因定位

基因定位(gene mapping 或 gene tagging)是指鉴定与目的基因座位紧密连锁的遗传标记,并确定其在染色体上的位置。高密度分子标记遗传图谱的建立,使得基因定位更加方便和精细。分子标记基因定位的步骤主要包括:①群体的表型分析;②分子标记基因型分析,包括两个亲本间的多态性分析和作图群体中个体的基因型分析;③基因的分子图谱定位,即对作图群体中各单株进行 DNA 分子标记基因型与目标表型的共分离分析,以确定分子标记与目的基因座位的连锁关系。

分子标记基因定位的主要内容就是确定作图群体中每个单株的分子标记基因型。在 F_2 群体中,每个分子标记存在 3 种基因型,即两种亲本的纯合基因型和一种 F_1 杂合基因型;回交群体中只有两种基因型,即 F_1 的杂合基因型和轮回亲本的纯合基因型;而 DH 群体和 RIL 群体中都只有两种亲本的纯合基因型。分子标记的遗传表现有两种,即显性和共显性。在作图群体中,显性标记和共显性标记的分离情况不同。在 F_2 群体中,显性标记呈现 3∶1 的分离比,而共显性标记呈现 1∶2∶1 的分离比。回交群体中,显性标记呈现 1∶1 的分离比(非轮回亲本为显性性状)或不分离(轮回亲本为显性性状),而共显性标记则呈现 1∶1 的分离比。无论显性标记或共显性标记,在 DH 群体和 RIL 群体中,都呈现 1∶1 的分离比。

利用作图群体对目标性状的基因座位进行分子标记定位时,每一个分子标记的基因型可通过分子生物学实验进行测定(如检测分子标记的带型),而通过目标性状与分子标记基因型组合出现的频率可估算分子标记之间以及分子标记与目标性状之间的重组值。两个基因座位之间是否存在连锁的概率用似然比表示,对似然比取以 10 为底的对数,即为 LOD 值。LOD 值的大小反映两个座位存在连锁的可能性大小,其值越大则连锁的可能性越大。一般 LOD 值大于 3 表示很可能存在连锁,LOD 值小于 −2 则表示几乎没有连锁。

3. 分子标记辅助图位克隆

图位克隆(map-based cloning)是指利用分子标记对目的基因座位进行遗传图谱的精细定位,再通过分子标记辅助构建包含目的基因在内的物理图谱,即建立覆盖目的基因的重叠群(contig),然后从重叠群中选择候选基因,通过遗传转化进行功能互补试验,以验证该候选基因能否互补突变体中的异常目标性状。物理图谱是指利用限制性内切酶把染色体切成片段,然后借助分子遗传图谱确定片段之间的重叠关系及分子标记之间的物理距离。物理图谱既增加了遗传图的分辨率和准确性,同时又有利于基因组测序和测序后的拼接。对已经完成全基因组测序的物种,可以根据与目的基因紧密连锁的分子标记在染色体上的位置,直接建立包含目的基因的物理图谱。

根据所研究的性状,图位克隆分为质量性状基因的图位克隆和数量性状基因的图位克隆,二者由于遗传性质的复杂程度不同，在分析方法上也存在一定的差异。对于质量性状的分子标记辅助图位克隆，一般采用近等基因系(near isogenic line,NIL)分析法或群体分离分析法(bulked segregation analysis,BSA)。NIL分析法依据的基本原理是：如果一对近等基因系材料在目标性状上表现出差异，那么凡是能在这对近等基因系之间揭示多态性的分子标记就可能位于目的基因的附近，故利用NIL材料就可寻找与目的基因紧密连锁的分子标记。BSA是从NIL分析法演化而来的，它克服了许多作物没有或难以创建NIL的限制，可快速获得与目的基因连锁的分子标记。BSA所依据的基本原理是：根据目标性状的相对差异(如抗病与感病、可育与不育等)将作图群体中的个体或株系分成两组，然后分别对两组中的个体或株系DNA进行等量混合，形成相对的两个DNA池(pool)。两个DNA池间，除了目的基因座位所在的染色体区域DNA组成上存在差异外，染色体其他部分的DNA组成应该基本相同，即两个DNA池间的差异相当于两个近等基因系基因组之间的差异，或者说构成了一对近等基因系的DNA池。因此，在这两个DNA池之间表现出多态性的DNA分子标记，就有可能与目的基因连锁。通过NIL法或BSA法获得的分子标记，还需在作图群体中进行共分离分析验证，并以此为基础寻找与目标性状基因座位更加紧密连锁的分子标记，以便进行下一步的分子标记辅助图位克隆。

数量性状一般受多基因控制，其遗传机制复杂，受环境因素影响较大，在不同个体间表现为连续变异，表现型与基因型之间没有明确的对应关系，因此传统的遗传分析方法无法了解单个基因在基因组中的位置和效应。高密度分子标记遗传图谱的建立为研究数量性状的遗传基础提供了可能，借助与数量性状位点(quantitative trait locus,QTL)连锁的分子标记，在育种中就能对其进行追踪，从而提高选择数量性状优良基因型的准确性和预见性。QTL定位常用的分析方法是区间作图法，即将控制某个数量性状的多个QTL分解，并像研究质量性状一样，将各个QTL区间分别定位于染色体的不同位置，以便借助与各个QTL紧密连锁的分子标记构建物理图谱，然后对各个QTL进行图位克隆和基因功能验证。

4. 分子标记辅助育种

传统的常规育种是通过具有不同性状的个体间杂交，从杂交后代的个体中选择具有目标性状的个体进行培育。在传统育种中，对后代的选择是建立在植株表型的观察基础之上，要求育种家必须具有丰富的实践经验，而且此过程烦琐、周期长、工作量大，有些非目标性状往往会与目标性状伴随出现。此外，作物的许多重要农艺性状为数量性状或由多基因控制的质量性状，因此仅根据表型对性状进行评价并不准确，会导致选择的随机性很大、效率较低。

将分子标记用于育种工作中，可大大提高目标性状选择的准确性和效率。利用分子标记辅助选择(marker assisted selection,MAS)，可大大减少非目标性状的连锁累赘现象，增加育种的针对性，而且在低世代就可能找到目标材料。分子标记辅助选择技术是应用分子标记对目标性状进行选择的一种有效辅助手段，其基本原理是利用与目的基因紧密连锁或表现共分离关系的分子标记，对个体基因组DNA进行基因型分析，鉴别可能具有目标性状的个体，以达到提高育种效率的目的。目的基因的标记筛选是进行分子标记辅助选择育种的基础，用于MAS的分子标记必须具备3个条件：①与目的基因紧密连锁，一般要求遗传距离小于5 cM，最好是1 cM或更小；②实用性强，重复性好，而且能够经济、简便地检测大量个体，最好以PCR技术为基础；③能适用于不同的遗传背景。

分子标记辅助选择还可以应用于聚合育种。聚合育种是指通过聚合杂交将多个有利的目的基因聚集到同一材料中，以培育出同时具有多个有利性状的品种。常规的聚合育种方法是通过多次杂交，然后分离筛选出聚合了多个品种优良性状的个体，但是此过程的年限较长、筛选效率较低。如果要培育一个含有多个抗性基因的品种，由于新导入的基因的表型常被预先存在的基因所掩盖，或者许多基因的表型相似而难以区分，以及接种条件要求很高等因素，导致在实践中基于表型的抗性选择变得非常困难。但是，如果利用 MAS 技术，就可以借助紧密连锁的分子标记对新的有利基因进行跟踪，从而为快速培育含有多个有利性状的品种提供强有力工具。值得注意的是，分子标记辅助育种的手段与常规育种并不是截然分开的，二者是相辅相成，特别是利用分子标记辅助选择可以加速常规育种的进程。

5. *展望*

遗传多样性是指品种间及品种内个体在 DNA 水平上的差异。DNA 分子标记能客观、准确地显示全基因组 DNA 水平的差异，因而有利于遗传多样性和亲缘关系的研究。利用分子标记可以确定种质资源保护所需的最小繁种群体和最小保种量、筛选核心种质，还可以帮助了解物种的遗传结构，并准确地鉴定和筛选具有优良遗传变异的材料。遗传多样性狭窄已成为限制育种突破的一个重要因素，因此进行种质资源的创新是当前育种的一个重要方向。远缘杂交是导入外源遗传物质以扩大遗传变异的一个重要途径，由于远缘杂交的亲本遗传差异大，如何鉴定杂交后代到底发生了哪些基因组水平的变异，分子标记则提供了一种强有力的手段。

分子标记辅助育种是当前和今后育种发展的一个重要方向，对农作物育种和产量的提高将产生巨大的推动作用。但是，目前分子标记育种技术还不完善，尤其是与常规育种经验的结合还不充分，限制了其效益的产生。随着基因组测序技术的发展，构建不同物种的高密度分子标记遗传图谱已成为可能，从而为分子标记辅助育种提供了广阔的发展空间。利用现有的分子标记，开发新的更稳定、更高效、更简便的分子标记，尤其是能实现高效自动化检测的分子标记是未来发展的方向。

5.11 目的基因的分离技术

基因工程研究的主要目的是使具有优良性状的基因聚集在同一生物体中，从而创造出具有高度应用价值的新生物。因此，首先必须从现有的生物群体中分离出符合需要的目的基因，然后将目的基因与适当的载体连接，接着把连接形成的重组 DNA 分子转入适当的寄主细胞中并进行筛选和鉴定。所谓目的基因，就是指人们将要对其进行分离、改造、扩增或表达等操作的特定基因或特定核苷酸片段。生物界的长期进化积累了大量对人类有用的基因，这是一个宝贵的资源库。但是，生物基因组如同一个汪洋大海，它所包含的基因数量有成千上万甚至上百万个，要想从中分离出目的基因谈何容易！因此，想要获得某个目的基因，必须对其有所了解，然后根据其特性来制定相应的分离策略。

目的基因的分离方法都是基于基因的基本特性而创建的，这些特性包括基因的核苷酸序列、基因在染色体上的位置、基因编码的 mRNA 以及基因的表达差异等。利用这些特性中的一种或者数种，已创建了各种各样的基因分离方法，如化学合成法、序列克隆法、功能克隆法、分子标记辅助图位克隆法、基因文库法、表达差异克隆法、生物信息学辅助分离法以及基于蛋白质互作的分离方法等，这些方法也可相互组合进行目的基因的分离，实际应用中采用何种方法或策略需要依具体情况而定。下面将对目的基因分离中常用的一些方法或策略进行介绍。

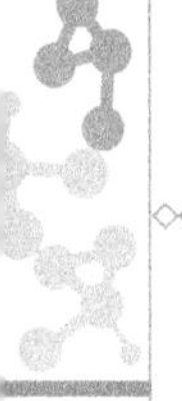

5.11.1 化学合成法

化学合成法的原理很简单，若已知某个基因的 DNA 或 mRNA 序列，或者由已知的蛋白质氨基酸序列反推出编码的密码子序列，就可以利用核苷酸序列合成仪按照已知的核酸序列人工合成 DNA 短片段，再利用 DNA 连接酶将这些短片段依次连接，最终形成一个完整的基因片段。化学合成法的优点在于能够根据需要定制合成基因，并可以任意增加、减少或变更基因中的一个或若干个核苷酸。化学合成法的缺点是只适用于较短的基因片段合成，操作较难，成本较高，当基因片段较大时费用会显著增加，因此化学合成法主要用于 PCR 引物及一些较小片段基因的合成。

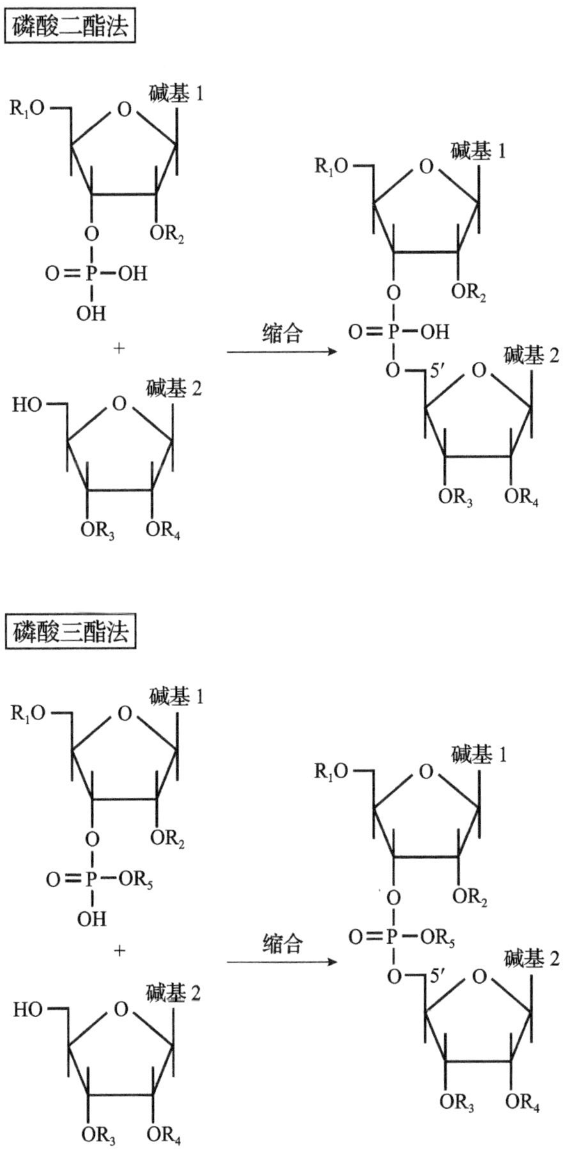

化学合成是以核苷或单核苷酸为原料，完全利用有机化学的方法来合成核酸。化学合成法的实质是按照预先设计好的序列将脱氧核苷酸单体一个一个地连接上去。每连接一个单体就是一个循环反应，每个反应可简单概括为基团保护、分离、缩合、分离、去保护五大步骤。依据反应机理的不同，化学合成法可分为磷酸二酯法、磷酸三酯法、亚磷酸三酯法以及在这些方法的基础上发展起来的固相合成法，其中固相合成法是目前最常用的 DNA 合成方法。

磷酸二酯法的基本原理是将一个 5′端带有保护基团的脱氧单核苷酸与另一个 3′端也带有保护基团的脱氧单核苷酸偶联起来，形成一个由磷酸二酯键连接的脱氧二核苷酸分子。此反应是由磷酸单酯和羟基缩合生成 3′,5′-磷酸二酯，故称为磷酸二酯(合成)法(图 5-34)。利用磷酸二酯法一般能合成长达 200 bp 的寡核苷酸片段，但是由于此法的产物为磷酸二酯，磷酸上还剩下一个—OH 基团。虽然此—OH 基团的化学活性较小，但仍有可能参与化学反应。因此，当合成的寡核苷酸链逐渐增长时，由这个磷酸上的—OH 基团引发的副反应就愈加严重，使合成产率急剧下降，故磷酸二酯法目前已基本上被淘汰。对磷酸二酯法的改进方法之一是采用适当的保护基团把磷酸上剩余的—OH 基团也保护起来，然后再进行缩合反应(图 5-34)，这个方法称为磷酸三酯法。

磷酸二酯法

磷酸三酯法

图 5-34　磷酸二酯法和磷酸三酯法

若以带有保护基团的亚磷酰胺单体(图 5-35)为原料，经 1-H-四氮唑活化后与羟基组分连接，首先生成亚磷酸三酯，再经过氧化得到磷酸三酯，此法称为亚磷酸三酯法或亚磷酰胺法。固相合成法(图 5-35)就是在磷酸三酯法和亚磷酸三酯法的基础上发展起来的，其基本原理是先将要合成的寡核苷酸链的 3′-OH 与一个不溶性载体(如多孔玻璃珠)连接，然后依次按 3′→5′的方向将核苷酸单体加上去，所使用的核苷酸单体其活性官能团都是经过保护的，延长的链始终被固定在载体上。当整个链的增长达到所需要的长度后，再将寡核苷酸链从固相载体上切割下来并脱去保护基团，经过分离纯化就得到所需要的最终产物。

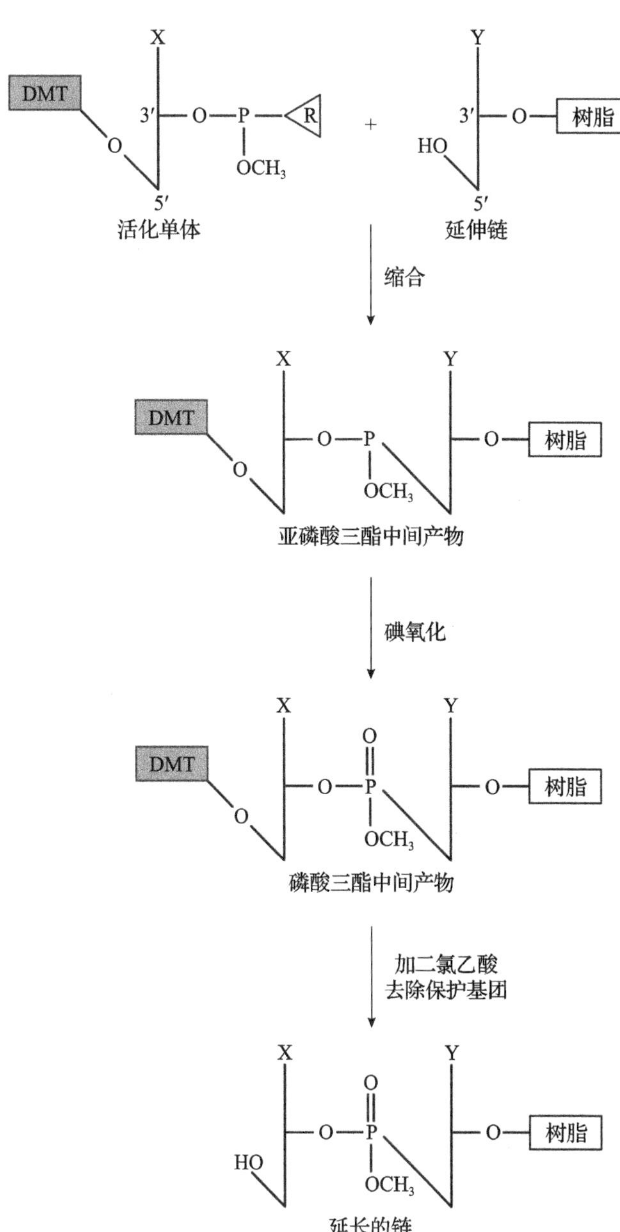

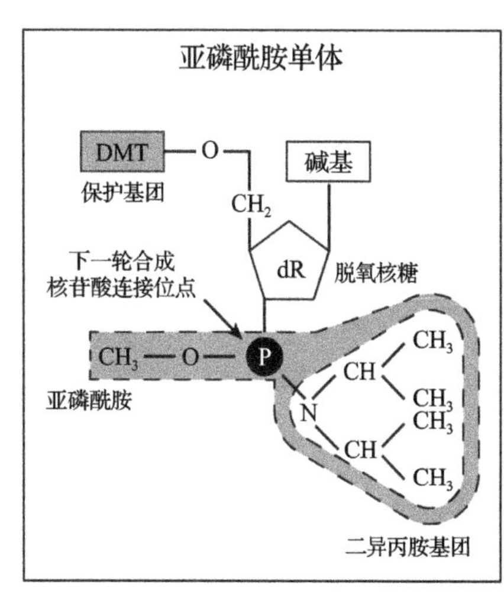

图 5-35　亚磷酰胺单体(右)及固相合成法(左)

固相合成法的准确性极高，速度也较快，而且每一个缩合循环都经历相同的反应步骤，容易实现自动化控制。目前的全自动合成仪在每一次循环中的连接产率可以达到97%～99%，而每轮循环的时间最长不到10 min，合成的片段最长可达到100 bp以上。但是，固相合成法也有其缺点，那就是合成得到的核苷酸链通常都较短，一般不大于80 bp，故主要用于PCR引物、寡核苷酸探针、人工接头或较小片段基因的合成。对于较长片段的人工合成，一般采用分段合成法，即先分别合成多个小片段，然后再将它们连接组装成一个完整的基因，但是这种方法的费用较高。

5.11.2 基因文库法

在基因文库未出现以前，除了人工合成基因外，分离目的基因通常是直接从基因组DNA或mRNA出发。在基因工程研究中，需要将某种生物的全部遗传信息存储在可以长期保存的稳定重组体中，以备随时使用。自从基因文库问世后，许多分离基因的方法都依赖于文库的构建。有了文库的概念，所谓基因的分离就可理解为从文库中"钓出"目的基因的过程。许多分离目的基因的方法，如分子标记辅助图位克隆法、缩减杂交法等都是建立在基因文库的基础之上。

基因文库(gene library或gene bank)是指某一生物体全部或部分基因的集合，它就像一个没有目录的"基因图书馆"。将某个生物的基因组DNA或cDNA片段化，与适当的载体在体外重组后转入宿主细胞，并通过一定的选择机制筛选得到大量的阳性菌落(或噬菌体)，所有这些阳性菌落(或噬菌体)的集合即为该生物的基因文库。

为什么要构建基因文库？因为单个目的基因在基因组或某个特定发育阶段或特定组织中所占的比例非常小，直接分离的难度非常大。通过构建基因文库，我们可以把某种生物的基因储存起来，并可使基因组的不同片段得到增殖。当我们需要该种生物的某个基因时，就可以通过文库筛选技术获得包含目的基因的阳性克隆，然后对阳性克隆进行鉴定，从而大大提高成功分离目的基因的可能性。文库的筛选就像钓鱼一样，利用特异的探针从文库中"钓"出目的基因。探针的来源可以是目的基因的部分序列，也可以是近缘种或近缘属生物中与目的基因具有相同功能的基因序列，还可以是某些同源基因的保守序列。如果预先知道基因的蛋白质产物，也可以从其氨基酸序列推导出核苷酸序列作为探针。如果对某个基因的产物一无所知，则可以利用与目的基因紧密连锁的分子标记作为探针，然后通过染色体步移法寻找目的基因。

根据DNA片段来源的不同，基因文库可分为基因组文库和cDNA文库两种。基因组文库是指将某生物体的全部基因组DNA用限制酶酶切或机械打断成一定长度范围的DNA片段，再与合适的载体在体外重组，转化相应的宿主细胞后获得的所有阳性克隆的集合。这些阳性克隆含有的插入片段虽然只是该种生物基因组的部分序列，但是它们叠加起来能覆盖整个基因组的全部序列。cDNA文库是指将某种生物基因组转录的全部或部分mRNA反转录后，再将产生的各种cDNA片段与载体在体外重组，然后转化相应的宿主细胞而获得的所有阳性克隆的集合。cDNA文库仅包含所选材料在特定时期表达的基因信息，而且这些基因在表达的丰度上各有差异。

使DNA片段化的方法有物理法和酶法两种。物理法，如超声波处理、机械剪切力打断、紫外线照射等，可将DNA打断，这是利用DNA分子在溶液中具有刚性的特性。对于酶法，必须选用适当的酶，因为识别序列不同的限制酶其切割频率各不一样。一般情况下，具有较短识别序列的酶其切割频率比具有较长识别序列的酶高，所产生的片段总体上也较小。例如，识别序列为4 bp的限制酶，理论上每隔256(4^4) bp切割DNA分子一次，而识别序列为6 bp的限制酶，则每隔 4 096(4^6) bp 切割 DNA 分子一次，因此在实际操作中要依实际情况来选择不同的消化酶。DNA 片段化时，通常进行不完全消化，因为如果采用完全消化，不仅克隆群体的数量大，浪费人力物力，而且克隆的片段之间没有重叠性，难以在后期进行拼接。不完全消化是指利用机械切割或限制酶对 DNA 进行不完全断裂，因而片段数少，片段相对较大，而且片段之间存在部分重叠，有利于序列拼接。如果事先知道目的基因的大小范围，还可利用电泳对断裂片段进行大小分级分离，对一定范围内的片段回收后再进行克隆，从而可以提高克隆群体中目的基因的分离效率。

基因组文库和 cDNA 文库的构建过程大体相同，都需要将酶切后的 DNA 或 cDNA 片段连接到适当的载体中，转化宿主细胞，然后对含有插入片段的菌落进行筛选(图 5-36)。但是，这两种文库也存在明显区别：基因组文库是以基因组 DNA 为操作对象，因此分离出的基因(有内含子)在真核系统中表达会较方便，且遗传信息完整，每个基因都有克隆，但其缺点就是数量庞大，构建文库时需要耗费较大的人力、物力；cDNA 文库是以 cDNA 为对象，只保存表达的基因，具有时空特异性。相对于基因组文库，cDNA 文库不含内含子，因而数量较少，节省人力，并且分离出

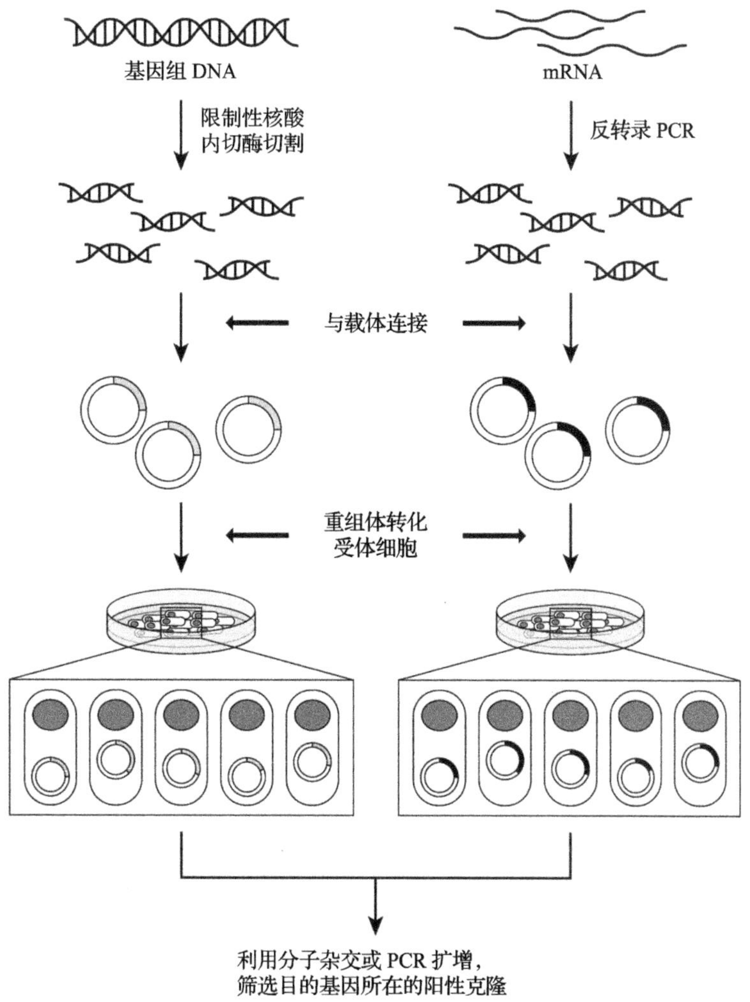

图 5-36　基因组文库和 cDNA 文库的构建

的基因能够在原核中直接表达。对于研究基因表达的时空特异性以及发育与调控，cDNA 文库是首选。如果将 cDNA 文库与基因组文库的测定序列进行比较，可以分析基因的内含子和外显子结构。但是 cDNA 文库只能反映生物体特定时期的遗传信息表达情况，故遗传信息量较少。此外，构建 cDNA 文库需要进行反转录，故对 mRNA 的操作具有较高的技术要求。总的来说，基因组文库和 cDNA 文库各有特点、各有所长（表 5-9），在实际应用中需根据具体情况进行选择。

表 5-9　基因组文库与 cDNA 文库的比较

基因组文库	cDNA 文库
来源于基因组 DNA	来源于 mRNA
克隆数多，筛选工作量大	克隆数少，筛选工作量小
某个生物体的全部遗传信息	特定部位特定时期表达的遗传信息
可用于分离特定的基因片段、分析特定的基因结构、研究基因的起源与进化、基因的表达调控、物理图谱构建和全基因组测序等方面	可用于大规模基因测序、发现和寻找新基因、基因注释、基因表达谱分析和基因功能研究等方面

1. 基因组文库

用于构建基因组文库的载体主要有质粒、噬菌体、黏粒及人工染色体等。这些载体可以分为两类：一类是基于噬菌体基因组改建，这类载体利用了噬菌体包装效率高和杂交筛选背景低的优势；另一类是经过改造的质粒载体和人工染色体。构建大片段基因组 DNA 文库的载体主要有 λ 噬菌体载体、黏粒载体、细菌人工染色体（BAC）、酵母人工染色体（YAC）、P1 噬菌体载体和噬菌体人工染色体（PAC）。载体的类型决定了插入片段的大小和用途，每类载体适用于构建不同的基因文库，以满足不同的研究目的（表 5-10）。

表 5-10　不同类型载体的特点和适用性

类型	特点
质粒文库	插入片段的大小一般在 10 kb 以内，适用于鸟枪法测序研究、构建亚克隆文库或亚基因组文库
噬菌体文库	在早期被广泛应用，进行分子杂交筛选文库时特别有利（具有背景低、密度大等优点），适用于构建 cDNA 文库、BAC 或 PAC 的亚克隆文库
黏粒文库	以黏粒（柯斯质粒）为载体，适用于小基因组物种的基因文库构建
人工染色体文库	主要利用 BAC、YAC、PAC 等载体，能容纳很大的片段（100 kb～1 Mb），适用于大片段基因克隆、大基因组物种的基因文库构建、物理图谱构建和全基因组测序

基因组文库系统的发展是基于研究的需求而不断开发和改良的。当分离单个基因或几个串联的基因，以及构建小基因组物种的基因文库或亚基因组文库时，质粒、噬菌体和黏粒载体就可以满足需求。亚基因组文库是指那些仅包含基因组的某一特定区段而非整个基因组的文库，例如由基因组的某一特定大小酶切片段构成的文库、某个 BAC 或 YAC 克隆包含的插入片段的亚克隆文库。当进行大片段基因的克隆、构建物理图谱、全基因组测序、构建大基因组物种的基因文库时，则需要选用装载量更大的载体，如人工染色体。除此之外，双元细菌人工染色体（BIBAC）和可转基因人工染色体（TAC）因含有 T-DNA 功能元件而具有特殊优势，它们不仅能容纳大片段，还能用于直接转化植物。

基因组文库的代表性是指基因文库中任一基因被包含的概率，反映了文库中所有克隆携带的 DNA 片段对整个基因组的覆盖程度，是衡量基因组文库质量的重要指标。1975 年，Clark 和 Carbon 提出计算公式 $N = \ln(1-p)/\ln(1-f)$，可对一个完整的基因组文库应包含的克隆数进行估算，式中的 N 表示基因组文库中应包含的重组克隆数，p 表示目的基因在文库中期望出现的概率(一般无限接近于 100%)，f 表示克隆片段的平均大小与生物基因组大小之间的比值。例如，人基因组的核苷酸总长约为 3.2×10^9 bp，若文库中克隆片段的平均大小为 20 kb，则构建一个完整性为 99%的基因文库需要大约 73 万个克隆，而当完整性提高到 99.99%时，基因文库则至少需要 147 万个克隆。由此可见，当基因组很大时，构建基因文库所需要的克隆数目庞大到难以想象，这在实际操作中会带来极大的困难。对于基因组较大的生物，应该选择装载容量更大的载体系统，这样就可以大大减少所需要的克隆数量。提高文库的代表性，需要做到两点：一是要保证克隆的随机性，这可以通过采用酶切或机械力使基因组 DNA 随机断裂来实现，从而保证基因组 DNA 的每部分在文库中出现的频率相等；二是增加文库的容量(克隆数)，提高覆盖基因组的倍数。通常情况下，需保证实际克隆数至少是理论克隆数的 4～6 倍。

基因组文库的构建流程包括载体制备、高纯度大分子量基因组 DNA 提取、基因组 DNA 部分酶切与脉冲电泳分级分离、载体与外源片段连接、转化宿主细胞以及重组克隆保存等步骤。为了减少所需的重组克隆数量，用于基因组文库构建的载体通常是装载量较大的载体，如 λ 噬菌体(最大装载 25 kb)、黏粒(最大装载 45 kb)、BAC(最大装载 300 kb)和 YAC(最大装载 1 000 kb)。载体制备时，必须注意的是：载体本身要完整、载体的去磷酸化要彻底、载体的纯度要高。为了最大限度地保证基因在克隆过程中的完整性，必须制备高纯度的大分子量基因组 DNA，在分离纯化操作中应尽量避免 DNA 过度断裂。如果制备的 DNA 分子量越大，切割后样品中含有不规则末端 DNA 片段的比率就越低，那么重组率和完整性也就越高。一般要求所提取的基因组 DNA 片段大小是文库最终平均插入片段长度的 3～5 倍。用常规的方法(液相法)制备的染色体 DNA 由于振荡、移液等机械剪切力导致的 DNA 损伤，DNA 片段长度一般在 100 kb 以内，能基本满足小插入片段基因组文库的要求。如果先将细胞包埋固定在低熔点琼脂糖凝胶中，然后置于含有 SDS、蛋白酶 K、RNase 的缓冲液中浸泡(固相法制备 DNA)，则可获得几百甚至上千 kb 的大分子量 DNA 片段。用于基因组文库构建的大分子量 DNA 片段，一般采用超声波断裂或限制性内切酶部分酶切进行处理，其目的是保证 DNA 片段之间存在重叠性，以及保证 DNA 片段的大小均一。若用超声波处理，DNA 片段呈平末端，需加装人工接头以便于后续的连接反应；若采用限制酶部分酶切，一般选用识别序列为 4 bp 的限制性内切酶，如 *Sau*3A Ⅰ 或 *Mbo* Ⅰ 等，酶解片段的大小也可控。在与载体连接前，必须通过脉冲电泳对大片段 DNA 进行分级分离，然后根据载体的容量回收合适大小的片段，以提高文库的质量。在 T4 DNA 连接酶的作用下，载体与 DNA 片段连接形成重组体。用于转化的受体细胞，应根据载体的类型选择合适的大肠杆菌或酵母菌菌株制备感受态细胞。基因片段如果与噬菌体载体重组，重组后的噬菌体需要包装到外壳蛋白中，才能感染大肠杆菌。基因文库构建好后，需挑取阳性克隆进行保存，并对文库的质量进行检测。文库质量的检测主要从文库的克隆数目、插入片段的长度、插入效率或假阳性比率、基因组覆盖度与覆盖倍数、嵌合体比例以及细胞器(如叶绿体)DNA 克隆所占的比例等方面进行评估。

2. cDNA 文库

互补 DNA(complementary DNA，cDNA)是指以 mRNA 为模板，在反转录酶的作用下合成的与 mRNA 反向互补的 DNA 链(即单链 cDNA),以单链 cDNA 为模板还可以合成得到双链 cDNA。将生物体某组织细胞中的总 mRNA 分离出来作为模板,在体外用反转录酶合成互补的双链 cDNA,然后连接到合适的载体上并转化宿主细胞,用这种方法产生的所有克隆的集合体称为 cDNA 文库。cDNA 文库具有 4 个主要特征:①cDNA 只含有对应于成熟 mRNA 的转录区,不含启动子、终止子、内含子、基因间隔区等序列;②cDNA 一般较短,平均长度 1.5 kb 左右,多数为 100 bp~10 kb;③基因表达的时空特异性决定了 cDNA 文库具有特异性;④不同基因表达的 cDNA 存在丰度差异。

随着分子生物学研究的发展,构建 cDNA 文库的目的发生了重大转变。构建 cDNA 文库,不仅仅能保存特定的基因,还有许多其他重要用途。例如,cDNA 文库可用于研究特定器官(或组织)、特定发育时期的基因表达谱,发现新基因;通过大规模测定 cDNA 文库中各个克隆的序列,可获得表达序列标签(expressed sequence tag, EST),或者发现基因的单核苷酸多态性(SNP);对全长 cDNA 文库中的克隆测序,可揭示 RNA 的不同剪切方式;通过缩减杂交构建的 cDNA 文库,可用于寻找差异表达的基因。

cDNA 文库的构建流程包括 RNA 分离、cDNA 合成、与载体连接以及转化和筛选等步骤。mRNA 是构建 cDNA 文库的起始材料,但是总 RNA 中绝大多数是 rRNA 和 tRNA,mRNA 的比例取决于细胞的类型和生理状态,平均只占总 RNA 的 2%,因此从总 RNA 中富集 mRNA 是构建 cDNA 文库的一个重要步骤。通过降低 rRNA 和 tRNA 的含量,可大大提高筛选到目的基因的灵敏度。由于真核生物 mRNA 的 3′端都带有 polyA“尾巴”,利用这一特性使 mRNA 吸附到带有 polyT 的支持物表面,然后再进行洗脱,就可以把 mRNA 从总 RNA 中富集出来。

合成 cDNA 的第一条链要依赖于反转录酶来实现。反转录酶一般都无 3′→5′外切酶活性,但都具有 RNase H 活性。RNase H 活性在反转录中起负面作用,可降解 cDNA/mRNA 杂交分子中的 mRNA。不同的反转录酶,其反应温度及 RNase H 的活性存在差异,在实际应用中需根据实验的要求区别采用。

合成 cDNA 第二条链的传统方法是“自身引导法”,即将第一链合成过程中形成的 cDNA/mRNA 杂交分子变性,降解其中的 mRNA,随后单链 cDNA 分子的 3′末端会自身环化并形成发夹结构,这个发卡结构的末端序列可以作为引物,在 DNA 聚合酶的作用下合成第二链(图 5-37)。但是,由这种方法得到的产物其 5′端为发夹闭环结构,需要使用单链特异的 S1 核酸酶消化,才能得到可用于克隆的双链 cDNA 分子。由于 S1 核酸酶的作用难以精确控制,不可避免地会导致 5′端序列缺失,所以需对该法进行改进。改进之处是在合成第一链的反应体系中加入 4 mmol/L 的焦磷酸钠,以抑制发夹结构的形成,从而避免使用 S1 核酸酶,然后改用其他方法合成第二链。例如,可以采用置换合成法(图 5-38):在 4 mmol/L 焦磷酸钠存在的条件下先合成 cDNA 第一链,再用 RNase H 降解 cDNA/mRNA 杂交分子中的 mRNA,就会产生一系列带 3′-OH 的 RNA 片段,这些片段附着在 cDNA 单链上,并可以作为引物被 DNA 聚合酶 Ⅰ 延伸;在合成第二链的反应体系中加入 DNA 连接酶后,最终可以得到完整的 cDNA 链。但是,这种方法仍然存在基因 5′端信息丢失的风险,因为 DNA 聚合酶 Ⅰ 具有 5′→3′外切酶活性,可能使 5′端序列缺失。目前,更常用的 cDNA 合成方法是利用末端转移酶给单链 cDNA 的 3′端加上 polyC“尾巴”,然后使用分别带有 polyG 和 polyT 序列的两端引物(这些引物还带有酶切位点和保护碱基)进行 PCR 扩增,从而可直接得到双链 cDNA(图 5-39),接着将双链 cDNA 酶切,与载体连接后形成重组分子,最后转化到受体菌中繁殖。

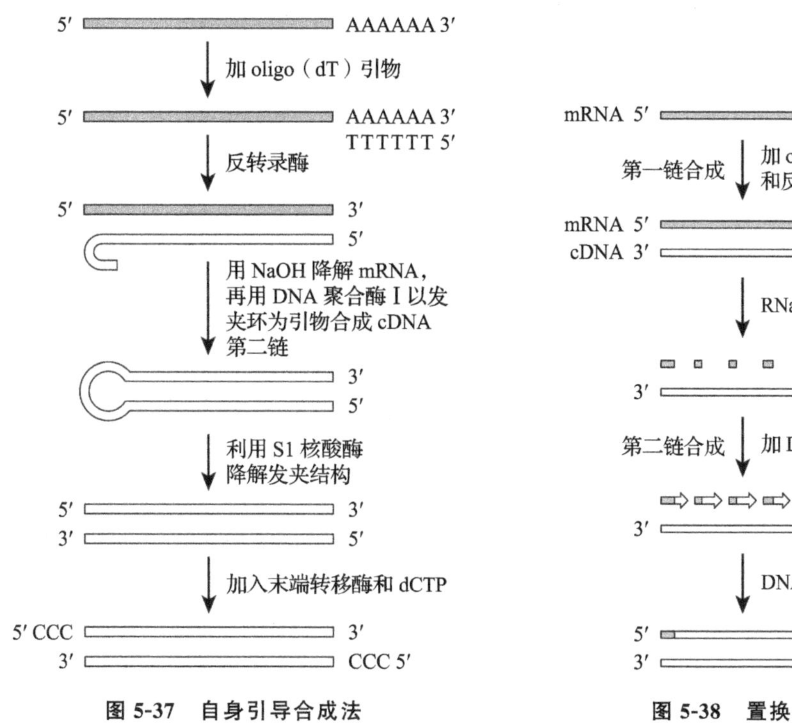

图 5-37　自身引导合成法

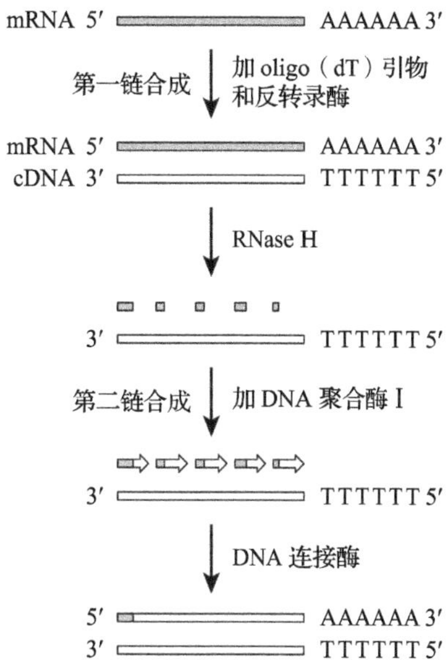

图 5-38　置换合成法

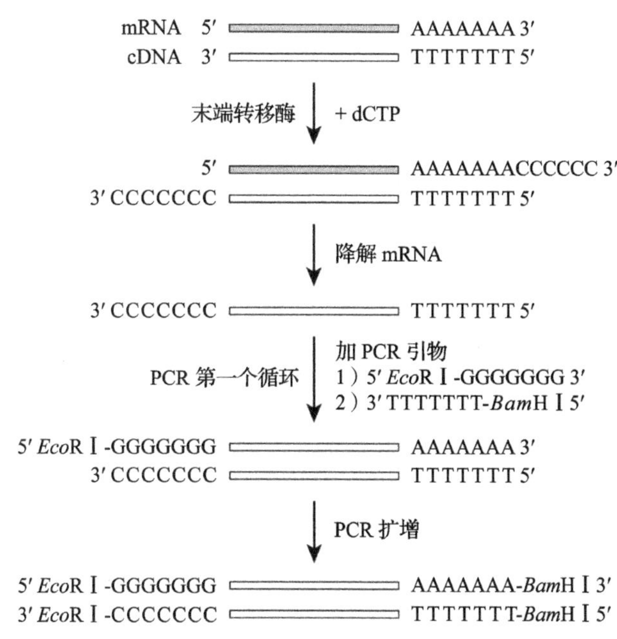

图 5-39　PCR 法合成双链 cDNA

在单个细胞中，绝大多数基因的表达丰度属于中等或低等，只有 1～15 个拷贝，而高丰度表达的基因拷贝数可达 5 000 个左右，且其表达量约占总表达量的 25%。这种基因表达上的巨大差异会使 cDNA 文库的代表性受到严重影响，给大规模研究带来困难，因为高拷贝基因在文库中的大量存在会给基因的筛选和鉴定带来麻烦，甚至使低表达基因漏检。因此，对 cDNA 文库必须进行均一化处理，以便克服由基因转录水平上的巨大差异所带来的文库筛选和分析困难。

cDNA 文库的均一化是指使某一特定组织或细胞中的所有表达基因都被包含在内，而且使 cDNA 文库中各个表达基因的拷贝数相等或接近。cDNA 文库的均一化主要有两种方法：一种是基于复性动力学的原理，即高丰度 cDNA 在退火条件下复性的速度较快，而低丰度 cDNA 复性需要较长时间。通过控制变性和复性的条件，使高丰度 cDNA 大部分复性成为双链，然后利用羟基磷灰石柱将单链 cDNA 分离出来，从而达到降低高表达基因的丰度的目的。此方法的优点是基因丢失较少、均一化效果较好，但是操作难度较大，因为复杂条件难以掌握。另一种是基于基因组 DNA 在拷贝数上具有相对均一化的特性，先将随机打断或酶切的基因组 DNA 片段标记为探针，再与总 cDNA 单链饱和杂交，并弃除未杂交的 cDNA，然后从 cDNA/DNA 杂交体上变性释放出均一化后的 cDNA 分子，从而达到降低文库中高拷贝基因的丰度的目的。此方法相对简单，但是由于基因组结构的复杂性，容易导致部分基因 cDNA 的丢失。

3. 基因文库的筛选

构建好基因文库后，就可从转化细胞中筛选出含有目的基因片段的阳性克隆，以便进一步研究该基因的结构和功能。从基因文库中筛选目的基因克隆的方法有很多，如表型筛选法、杂交筛选法、混合池 PCR 筛选法、免疫筛选法等。

表型筛选法是指在宿主菌(如大肠杆菌)中表达目的基因，使宿主产生新的表型或使宿主恢复野生型的表型来筛选目的基因克隆。表型筛选法对具有明显的形态学特征或容易检测的生化性状的基因筛选非常有效，如营养缺陷型相关的基因、抗生素抗性基因等，但该方法要求宿主细胞中不能携带有目的基因。由于真核生物编码的基因很难在原核细胞中表达，所以表型筛选法主要用于原核生物基因的筛选。

当目的基因的功能未知或不能直接在原核生物中表达时，可以使用适当的核酸探针对基因文库进行杂交筛选，方法主要有菌落原位杂交筛选和噬斑原位杂交筛选两种。探针是与目的基因同源的核酸片段，其来源通常是目的基因本身的部分序列、同源基因的序列、由蛋白质氨基酸序列推导的核苷酸序列或者来源于与目的基因紧密连锁的分子标记。

如果目的基因的序列或部分序列已知，可以采用更加简便快速的方法，即混合池 PCR 筛选法。混合池 PCR 筛选法的基本流程是先将基因文库储存于多个 384 孔培养板中进行培养，然后将每块培养板中的所有菌落(384 个)等量混合，作为一个主混合池，再利用基因特异引物对每块培养板的混合样品(主混合池)进行 PCR 扩增，就可以确定目的基因所在的特定培养板。确定目的基因所在的培养板后，将培养板中的菌落按行和列分别等量混合，作为行混合池样品和列混合池样品，再利用基因特异引物对各个行、列的混合池样品进行 PCR，以判断目的基因所在的特定行和列。最后，挑选目的基因所在的克隆再次进行 PCR，以验证是否真正含有目的基因。

如果能获得目的基因产物对应的抗体，那么就可以通过免疫学方法进行目的克隆的筛选。免疫筛选法的基本过程是先制备目的蛋白的抗体，然后通过抗原-抗体杂交筛选包含目的基因的表达文库。免疫筛选法有原位杂交法和免疫沉淀法两种：原位杂交法与菌落/噬斑原位杂交相似，通常是先将菌落或噬斑原位影印到固相支持膜上，将菌体原位溶解并释放出抗原蛋白，然后按照 Western 杂交流程先后进行一抗和二抗的孵育，通过标记物检测就可找到阳性克隆；免疫沉淀法是在培养基中添加特异性的抗体，如果有菌落分泌出对应的抗原蛋白，由抗原和抗体特异结合而形成的沉淀会在菌落周围形成白色圆圈，这种方法适合筛选能产生分泌蛋白的文库克隆。

5.11.3 PCR 法

当已知目的基因的序列时，通常采用 PCR 方法来分离目的基因。根据目的基因的已知序列，设计并合成特异性寡核苷酸引物，提取包含目的基因的染色体 DNA(若是 mRNA，则需要在反转录酶作用下合成 cDNA 第一链)。然后利用 PCR 技术扩增特定的 DNA 片段，扩增的片段经过纯化后连接到合适的载体中，转化宿主细胞。最后通过酶切和测序分析鉴定含有目的基因的重组子。

利用 PCR 方法分离目的基因简便快速，已被广泛用于各种分子生物学实验中。在设计引物时，通常是基于目的基因两端的特异性序列。但是，许多基因的两端可能不具有特异性序列，或者虽有特异性序列却不适宜设计引物。在这种情况下，可以从基因的内部寻找保守序列并设计基因特异性引物(GSP 引物)，通过 PCR 扩增出目的基因的部分序列，再以此序列为基础，利用 RACE 技术获得目的基因的全长 cDNA 序列，或者以此序列为探针筛选基因文库来获得完整基因。

利用 PCR 法分离目的基因，需要预先获得目的基因的序列信息，才能根据实验要求设计相应的引物。一般从生物数据库中获取目的基因的相关序列，主要有两种方法：如果已知目的基因在数据库中的编号或基因名称，可直接从数据库中提取相关序列。值得注意的是，基因编号一般具有唯一性，但是对于基因的名称或缩写，可能出现多个基因名称相同的情况，此时需要仔细鉴别。如果基因的编号或名称未知，则不能从数据库中直接获取序列，此时需要通过同源比对查找目的基因的相关序列。假如我们需要查询某个基因在同一物种中的同源拷贝或在近缘物种中的同源基因，可以利用序列比对工具 BLAST(basic local alignment search tool)对生物数据库进行搜索。

常用的生物数据库网站中，美国国立生物技术信息中心(National Center for Biotechnology Information，NCBI)(https://www.ncbi.nlm.nih.gov)是综合性最强、应用最广泛的生物技术和生物医学信息数据库网站。NCBI 隶属于美国国立卫生研究院的美国国家医学图书馆，该网站包含了一系列的生物技术和生物医学数据库，如 GenBank(核酸和蛋白质序列数据库)和 PubMed(生物医学文献数据库)等，并提供许多重要的生物信息学分析工具。在植物领域，如果要查询拟南芥的基因序列，常用拟南芥信息资源数据库(TAIR)，它是国际上最权威的拟南芥基因组数据库和拟南芥基因组注释系统，具有丰富的数据资源和最新的注释信息。如果要查询水稻的基因序列，常用水稻注释计划数据库(Rice Annotation Project Database，RAP-DB)和水稻基因组注释计划数据库(MSU Rice Genome Annotation Project)，但这两个数据库在水稻基因的编号和注释上是相互独立的。

根据获得的目的基因相关序列，设计并合成特异性引物，通过 PCR 扩增出目的基因片段，然后将 PCR 产物连接到载体上。PCR 产物连接载体的方法可采用 T 载体直接连接，或利用引物上添加的酶切位点进行酶切后再连接到载体上，或采用平末端载体进行连接。这些操作参见本书相关章节，在此不再赘述。

5.11.4 图位克隆法

图位克隆(map-based cloning)是在不清楚基因的结构、产物和功能的情况下分离目的基因的一种有效方法。图位克隆法利用功能基因在染色体上具有相对稳定基因座的原理，在目的基因的两侧找到紧密连锁的分子标记，利用这些分子标记进行初步定位和精细定位并绘制遗传图谱，然后通过染色体步移构建物理图谱，最后通过功能互补实验鉴定出目的基因。随着分子标记技术和基因组文库技术的快速发展，图位克隆已成为分离基因的一个重要手段。图位克隆的过程一般包括4个基本步骤：构建遗传作图群体、筛选紧密连锁的分子标记、精细定位与作图、目的基因确定。

1. 构建遗传作图群体

构建遗传作图群体是为了筛选多态性分子标记并利用这些分子标记进行基因定位。构建作图群体的两个亲本材料，除了目的基因座位的局部区域外，基因组DNA序列的其余部分应相同，这样在亲本间找到的多态性标记才可能与目的基因座位紧密连锁。选择两个亲本时既要保证亲本间具有较高的DNA多态性，亲本的纯度也要高，而且要保证杂交后代有一定的育性。遗传作图群体的类型可分为两大类，即暂时性分离群体和永久性分离群体，这两类群体的特点和用途参见本书相关章节。

2. 筛选紧密连锁的分子标记

这一步实际上是对目的基因在染色体上进行初步定位，即通过对一个包含目标性状的分离群体进行分子标记分析，把目的基因座位定位于某个染色体的特定区域内，确定目的基因与分子标记的连锁关系。初步定位的目标是筛选出位于目的基因座位两侧且与目的基因座位紧密连锁（遗传距离 $\leqslant$ 5 cM）的分子标记，以便进行下一步的精细定位。

初步定位常用的方法有近等基因系（near isogenic line，NIL）分析法和群组分离分析法（bulk segregate analysis，BSA）。近等基因系是通过一系列回交过程培育出来的，理论上除了目的基因座位毗邻区不同外，近等基因系间基因组DNA的其他区段应完全一致。如果在近等基因系中检测出多态性标记，那么此分子标记就必定与目的基因座位存在紧密连锁关系。群组分离分析法（BSA）是一种变通的近等基因系法，其原理是将分离群体中的个体依据目标性状分成相对的两组，每组中各个个体的DNA等量混合，从而形成两个相对的DNA池（pool），理论上这两个池间只有目的基因座位毗邻区段存在差异。

3. 精细定位与作图

精细定位是图位克隆过程中最为耗时耗力的步骤，其最终目标是将与目的基因座位连锁的分子标记的遗传距离缩小至0.5 cM或更小。用于定位作图的遗传群体越大，就越能精确地定位目的基因座位。一般情况下，需要包含300～400个或更多个体的定位群体，才能对目的基因座位进行精确定位。

进行精细定位时，必须在初步定位的区间内开发新的分子标记。开发新的分子标记有几种途径：利用已经报道的遗传图谱，比较初步定位区间内各个遗传图谱的分子标记，将各种分子标记进行整合，提高定位区间内的分子标记密度；在已经完成基因组测序的物种中，如水稻、拟南芥等，利用数据库获取目的基因座位附近的DNA序列，通过序列比对设计新的分子标记；利用同源物种基因组的共线性，从其他同科属生物的基因组中获得新的分子标记。利用这些新开发的分子标记对作图群体进行分析，以期找到与目的基因更加紧密连锁甚至与目的基因座位共分离或等位的分子标记。

精细定位的群体规模往往很大，若对每个单株都进行DNA分析，工作量将会很大。因此，进行精细定位分析时，常采用DNA混合样品作图法。DNA混合样品作图是指把大群体中的个体或单株分成若干组，每组包含10～20个个体或单株，然后以组为单位提取DNA，形成一个混合的 DNA 池(pool),再对混合 DNA 池进行分子标记分析。利用这种方法可以减少 DNA 提取的工作量,并有利于扩大作图群体,从而大大提高分子标记分析的效率。

4. 目的基因确定

获得目的基因座位的精细遗传图后,下一步是确定和分离目的基因。图位克隆法分离目的基因的原理就是利用精细定位的分子标记作为探针对基因组文库进行杂交筛选,以获得可能含有目的基因的阳性克隆。一般有两种途径:染色体步移法,即以分子标记为起点,通过杂交筛选基因组文库中彼此重叠的克隆,逐步靠近目的基因,但是如果遇到重复序列则染色体步移的过程可能会被打断;染色体登陆法,即找出与目的基因的物理距离小于基因组文库插入片段平均大小的分子标记,通过分子杂交筛选文库,直接获得含有目的基因的克隆。

通过杂交筛选获得的目的基因座位所在的克隆,其插入片段中可能含有多个候选基因,因此还需对这些候选基因进一步鉴定。对候选基因鉴定的方法有以下几种:通过精细定位分析,确认候选基因 cDNA 与目的基因座位是否共分离;确认候选基因 cDNA 的时空表达特性与目的性状表现是否一致;通过查询数据库,预测候选基因是否与目标性状、生理生化途径存在关联;进行功能互补实验,这也是最直接的鉴定方法,即通过遗传转化技术将含有候选基因的载体转入突变体中,如果候选基因的转入使转基因个体恢复野生型的表型或者产生了预期的表型变化,则此候选基因即为目的基因。

5.11.5 DNA 标签法

通过插入 DNA 引起基因组随机发生突变,有助于发现和分离有用的目的基因。DNA 插入突变就是将已知的 DNA 片段插入生物的基因组中,这种插入会引发缺失、重复等类型突变,可能导致基因组内源基因的失活,进而引起生物表型上的变异。利用此方法,可以构建基因组 DNA 的随机突变体库。

基因组中插入的 DNA 可以作为一种标记,使得相关基因的分离变得快速方便。由于插入的 DNA 序列相当于人为地给目的基因加上了一段已知的序列标签,所以利用 DNA 插入突变分离基因的方法又称为 DNA 标签法。利用 DNA 标签法分离基因,近年来获得了迅速发展,已成为克隆基因的有效手段之一。根据插入片段(标签)的不同,DNA 标签法又分为转座子标签法和 T-DNA 标签法两种类型。

1. 转座子标签法

转座子是生物体基因组中广泛存在的一种 DNA 片段,在转座酶的作用下它可以从基因组的一个位置“跳跃”到另一个位置。转座子发生转座的机制一般涉及 DNA 复制或直接切离获得移动片段,然后再插入基因组的其他位置。根据作用方式的不同,转座子分为两种类型,即主动转座子和被动转座子,前者可以自主发生转座,而后者则需要在自主转座子的转座酶帮助下才能发生转座。

根据转座子来源的不同,转座子标签法可分为同源转座子标签法和异源转座子标签法。利用某个物种内源的转座子作标签来分离该物种的基因,称为同源转座子标签法。而异源转座子标签法则是利用某个物种同科属中近缘物种的转座子,这些转座子的转座机制通常已被深入研究,因此可以作为标签来分离异源物种基因组中的基因。在植物中,目前应用较多的转座子标签有玉米中的 *Ac*/*Ds*、*En*/*Spm* 转座子和金鱼草中的 *Tam3* 转座子系统。

利用转座子标签法分离目的基因,其基本流程是:在适宜的条件下,使转座子插入目的基因序列中，然后利用转座子标签上已知的序列，获得插入突变位点的部分序列，最后可根据突变基因的部分序列来分离得到目的基因的全序列。转座子标签法是目前分离基因的有效手段之一，特别是对于未知编码产物的基因分离效果显著。在植物中，应用转座子标签法分离目的基因特别适合，这是因为转座子插入导致的基因突变可保留在杂合体植株中。通过 F_1 代自交，从 F_2 代植株中便可获得纯合的突变体植株。尤其是像拟南芥、金鱼草这样的植物，其植株个体小、世代周期短、种子多，能进行大规模杂交繁殖，容易构建庞大的子代突变体库。

转座子标签法也存在局限性，例如，该方法最适合含有内源活性转座子的植物种类，但是自然界中含有活性转座子的植物种类并不多，大部分内源的转座子都没有活性而处于沉默状态；虽然可以利用异源的转座子，但其插入活性往往不稳定；转座子插入突变的频率可能比较低；转座子插入有可能引发致死突变；如果某种性状是由多基因控制的，那么插入造成的单基因突变可能不足以使植株产生明显的表型变异。

2. T-DNA 标签法

T-DNA 是根癌农杆菌 Ti 质粒上的一段 DNA 序列，它能把左右边界(LB 和 RB)之间的 DNA 片段稳定地整合到植物基因组中。当 T-DNA 插入某基因时，该基因的表达会被破坏，从而产生突变的表型，通过分离表型突变相关的基因便可快速获得有用的目的基因。

T-DNA 标签法就是利用根癌农杆菌介导的遗传转化，将外源 T-DNA 转入植物中，使基因组 DNA 随机发生插入突变，然后以 T-DNA 为标签来分离目的基因的方法。由于 T-DNA 的左右边界及其内部的序列是已知的，那么可以根据这些已知的序列设计引物，对插入突变体进行 PCR 扩增(如 TAIL-PCR)，从而获得突变基因的相关序列，进而克隆目的基因的全长序列。T-DNA 标签法已在拟南芥、水稻等植物的插入突变体库中得到广泛应用。目前世界上已构建了多个接近饱和的拟南芥基因组插入突变体库，包含数万甚至数十万个 T-DNA 插入位点，这些突变体的相关信息可以通过拟南芥信息资源网站 TAIR(https://www.arabidopsis.org)查询到。

T-DNA 标签法具有受体材料范围广、操作简便、转化效率高、插入拷贝数少、转化子稳定等优点，是目前植物功能基因组学研究的最有效途径之一。但是 T-DNA 标签法仍然存在不足。例如，如果植物基因组中某个基因存在多份拷贝，其功能存在冗余性，当 T-DNA 插入其中一个基因时，其他拷贝仍然可以发挥功能，从而导致突变体的表型没有明显变化。据统计，在拟南芥和水稻的 T-DNA 插入突变体库中，只有 10% 的 T-DNA 标签基因能产生明显的表型变化。此外，有些基因只在植物生长的特定阶段或特定生理状态下才表达，若这类基因在非表达阶段被插入突变，则不能观察到明显的表型变化；有些基因在多个生长阶段都具有重要作用，其突变可能引发致死效应而无法鉴定；瞬间表达基因、低水平表达基因以及只在少数细胞中特异表达的基因，其插入突变也难以鉴定到突变体。

5.11.6 基于 RNA 差异表达的分离方法

基因的差异表达是指在生物个体的不同发育阶段、不同组织或不同细胞中不同基因会随时间、空间而选择性地表达。高等生物的基因表达不仅具有发育阶段特异性和组织特异性，而且还受到环境因素的影响。生物的发育与分化、细胞的周期变化、个体的衰老与死亡以及生物体对外界环境压力的反应等所有生命过程，都与基因的差异表达密切相关。不仅如此，正常的代谢过程变化或病理变化，无论是由单基因控制还是由多基因控制，其本质上也都是由基因表达的改变而造成的。因此，鉴定和分离差异表达的基因，对于了解生命过程的机理、发现和克隆具有特殊功能的基因具有十分重要的意义。分离目的基因的许多方法都是从RNA差异表达的角度出发建立起来的。

1. 差别杂交

差别杂交又称差别筛选，它适用于分离特定组织中表达的基因、细胞周期中特定阶段表达的基因、受生长因子调节的基因、特定发育阶段表达的基因或经特殊处理诱导表达的基因。差别杂交是通过核酸探针杂交的方法从cDNA文库中筛选差异表达的基因。其基本原理是先从检测样品和对照样品中分别提取总mRNA，然后以mRNA为模板反转录合成cDNA，并使用这些cDNA制备探针。随后，使用这两种cDNA探针分别与同一cDNA文库杂交。如果某个克隆只与一种探针杂交，就表明该克隆代表的基因在样品中存在差异表达。

差别杂交的技术基础相对简单，因为它不需要已知目的基因的任何序列信息。唯一重要的前提是必须具备两种不同的细胞群体，在一个细胞群体中目的基因正常表达，而在另一个细胞群体中目的基因不表达或表达有所变化。制备两种不同的mRNA提取物，一种是含有正常表达的目的基因的总mRNA群体，另一种是含有异常表达的目的基因的总mRNA群体。以这两种mRNA反转录并标记制备cDNA探针，对含有目的基因的cDNA文库进行平行杂交。通过比较杂交结果，便可以挑选出含有差异表达基因的菌落，以供进一步验证或研究。

然而，应用差别杂交技术分离目的基因存在较多局限性。例如，差别杂交的灵敏度较低，特别是对于低丰度表达的mRNA容易漏检；差别杂交需要筛选大量的杂交膜，鉴定大量的克隆，费时费力，且成本也高；重复性较差，因为杂交信号强度的比较容易出现误差，需要对差异克隆进一步验证。

2. 缩减杂交

缩减杂交(subtractive hybridization)又称扣除杂交或差减杂交，它是通过构建缩减文库(subtractive library)来实现的。对于低丰度表达的基因分离，差别杂交法存在难度，但是缩减杂交法能克服这种困难，因为它能构建富含目的基因序列的cDNA文库。缩减杂交法的核心在于是减去共同存在的或非诱导产生的cDNA序列，从而使欲分离的目的基因序列或低表达的基因序列得到有效富集，提高了基因分离的灵敏度。

缩减杂交法的原理是将检测样品的mRNA反转录成cDNA，然后与过量的对照样品mRNA或cDNA充分杂交，使得检测样品中不形成杂交体的cDNA得到富集，由此建立的cDNA文库即为差异表达基因的cDNA文库。以T细胞中特异表达基因的分离为例：T细胞和B细胞来自共同的前体细胞，但是两者的抗原识别特异性存在区别。有些基因只能在T细胞中表达，而不能在B细胞中表达。以T细胞的mRNA反转录合成单链cDNA，然后与过量的B细胞的mRNA杂交，那么所有能在T细胞和B细胞中同时表达的T细胞基因的cDNA分子(约占98%)，都能与B细胞的mRNA退火形成cDNA/RNA杂交分子，而只能在T细胞中特异表达的cDNA(约占2%)则不能形成cDNA/RNA杂交分子，仍然处于单链状态。将杂交后的混合物通过羟基磷灰石柱，cDNA/RNA杂交分子结合到柱上，游离的单链cDNA则过柱流出。回收这些单链cDNA，转换成双链cDNA，然后与适当载体连接并转化宿主细胞，就可获得T细胞中特异表达且高度富集的cDNA缩减文库。

缩减杂交理论上可富集低表达的差异基因，但是实际操作中仍然存在获得的cDNA克隆数少、重复性较差、灵敏度较低的缺点。现在的缩减杂交技术已进行了多方面改进，例如对双链 cDNA 进行酶切，给 cDNA 两端加上不同的接头，然后应用抑制 PCR 技术，大大降低假阳性率，改进后的程序相对简单，操作也更加简便易行，同时灵敏度大大提高。有关缩减杂交技术的原理和详细步骤，还可参见本章 5.8 节。

3. 差异显示 RT-PCR

早期从 mRNA 转录水平筛选差异表达基因的方法，主要是差别杂交法和缩减杂交法，但是二者都存在灵敏度低、工作量大、周期长及步骤烦琐等缺点。1992 年，哈佛大学医学院的 Liang 等发明了差异显示 RT-PCR（differential display RT-PCR）技术，简称 DDRT-PCR 技术，用于分离差异表达的基因。

差异显示 RT-PCR 是根据绝大多数真核 mRNA 的 3′端具有多聚腺苷酸（polyA）“尾巴”的特性，利用含 oligo（dT）的寡聚核苷酸作为引物，将不同的 mRNA 反转录成 cDNA。进行 RT-PCR 时，上游引物（5′端）是长度为 10 bp 的随机引物，而下游引物是 oligo（dT）引物，且在其 3′端随机添加了 2 个选择性碱基（总共有 12 种不同的组合），从而构成 12 种下游引物。通过 RT-PCR 扩增出所有 mRNA 的 polyA 上游约 500 bp 序列，每一条都代表一种特定的 mRNA 类型（对应于一个特定表达的基因）。随后，通过聚丙烯酰胺凝胶电泳，比较各个样品的条带差异，回收特有的差别表达条带，然后进行 Northern 杂交或测序鉴定，以便获得差异表达的目的基因。

与差别杂交和缩减杂交技术相比，DDRT-PCR 技术具有速度快、操作简便的优点。此外，应用 PCR 技术可以检测低丰度表达的 mRNA，从而提高了灵敏度，而且通过电泳可同时比较两种以上不同来源的 mRNA 样品间基因表达的差异。但在实际操作中，DDRT-PCR 仍存在一些问题，如差别条带太多、假阳性率很高、重复性较差，而且对高拷贝数的 mRNA 有很强的倾向性。有关 DDRT-PCR 技术的原理和详细步骤，还可参见本章 5.3.4 节。

4. 基因芯片

基因芯片（gene chip）是信息技术和生物技术相结合的产物，它利用计算机控制的机械手段将大量已知的探针按照预定位置点阵在固相支持物上。基因芯片技术的本质是反式 Northern 杂交技术，它同样基于基因的差异表达来分离目的基因。

基因芯片技术的原理是将大量 DNA 探针分子固定在固相支持物上，然后与标记的样品分子进行杂交，通过检测每个探针分子的杂交信号强度，来获取样品中各个探针所代表的分子数量和序列信息。探针的杂交信号强弱或有无，直接反映了其所代表的基因在不同样品中的表达状况，因此可同时对大量基因的表达差异进行定量比对分析。

基因芯片的优点是可以一次性对样品中的大量相关信息进行平行检测分析，从而克服了传统核酸杂交技术操作复杂、效率低、可比性差等不足。目前，基因芯片在功能基因组学研究中已经得到了广泛的应用。但是，基因芯片技术也存在一些缺陷，如依赖已知的序列信息、成本较高、灵敏度较低等。关于基因芯片的详细内容，可参见本书相关章节。

5. 转录组测序

转录组测序（RNA-seq）技术是利用高通量测序技术把细胞内的所有 RNA 或部分 RNA 进行测序，以此来反映各个 mRNA 的转录表达水平。随着高通量测序技术的发展和普及，测序成本越来越低，使得 RNA-seq 技术已成为转录组分析中最主流的技术手段。与基因芯片技术相比，RNA-seq 技术具有显著优势，它能够对任意物种细胞内的整体转录活动进行检测，在分析转录本结构和表达水平的同时，还能发现未知转录本和稀有转录本，精确识别可变剪切位点和 cSNP（编码序列的单核苷酸多态性），从而提供更全面的转录组信息。

RNA-seq 技术的基本流程是先将细胞中的所有转录产物反转录成 cDNA,再将 cDNA 随机剪切为小片段,或先将 RNA 片段化后再反转录,接着在 cDNA 片段的两端加上接头,以建立测序文库(最新发展的单分子测序技术可直接对 RNA 进行测序),然后利用新一代高通量测序仪进行大规模的测序,直到获得足够的序列信息。如果测序的物种有参考基因组,那么可以将测得的序列与其进行比对;如果物种没有参考基因组,则需进行从头组装(*de novo* assembly)。最后,通过比较实验组和对照组间转录本的丰度差异,可以分析基因表达的上调和下调情况,从而找到差异表达的基因。

5.11.7 基于蛋白质互作的分离方法

蛋白质在生命活动中扮演着关键的角色,参与构建信号通路并执行多种生物过程,因此,解析蛋白质信号通路成为当前科学研究的焦点。由于蛋白质与基因之间存在紧密的关联,通过生物信息数据库,可以通过比对分析鉴定出与蛋白质对应的基因。因此,蛋白质的分离和鉴定,尤其是基于蛋白质互作的方法,成为发现新基因的重要手段。蛋白质-蛋白质相互作用(protein-protein interaction,PPI),即蛋白质互作,指的是两个或更多蛋白质分子通过非共价键或化学键结合或发生化学反应的过程。这种互作是组建蛋白质复合体、信号传导和执行生物学功能的基础。因此,研究蛋白质-蛋白质相互作用有助于揭示生命活动背后的调控机理,深入了解生命活动的本质,同时有助于分离和鉴定新基因。有多种方法可以用于研究蛋白质互作,理解这些方法的原理、操作流程及适用性对于选择适合不同研究目的的实验方案至关重要。本节重点介绍基于蛋白质互作来分离和鉴定目的基因的常见方法,包括酵母双杂交技术筛库法(yeast two-hybrid screening,Y2H)、酵母单杂交技术筛库法(yeast one-hybrid screening,Y1H)和免疫共沉淀-质谱测序法(co-immunoprecipitation with mass spectrometry,Co-IP-MS)。

1. 酵母双杂交技术筛库法(Y2H)

为了深入研究蛋白质相互作用,尤其是高效筛选目的蛋白的互作蛋白,酵母双杂交技术被广泛采用。该技术分为核系统和膜系统两种类型,分别用于验证细胞核内或细胞质中蛋白间的互作关系,或验证细胞膜与细胞质中蛋白间的互作关系。

1989 年,Fields 等通过研究酵母 β-半乳糖苷酶(GAL)基因 *LacZ* 的转录激活因子 GAL4 的特性,首次建立了酵母双杂交核系统(nuclear yeast two-hybrid,Y2H 核系统)。在不断改进后,该系统已成为蛋白质相互作用研究的成熟工具,广泛应用于蛋白质相互作用验证和互作蛋白筛选等实验。酵母双杂交核系统的原理主要包括以下 5 点:①GAL4 蛋白质结构含有两个独立的功能结构域,即 N 端 1~147 位氨基酸的 DNA 结合结构域(DNA binding domain,BD)和 C 端 768~881 位氨基酸的转录激活结构域(transcription activating domain,AD);②BD 结构域与 *LacZ* 基因启动子区上游激活序列(upstream activating sequence,UAS)结合,而 AD 结构域可招募 RNA 聚合酶及相关转录因子,启动 *LacZ* 基因的转录;③已知目的蛋白或称诱饵蛋白(bait protein)序列与 GAL4 的 BD 结构域序列融合构建表达质粒,未知互作蛋白或称猎物蛋白(prey protein)序列与 GAL4 的 AD 结构域序列融合构建表达质粒,将两种质粒共同转入酵母中;④若诱饵蛋白与猎物蛋白相互作用,BD 与 AD 两结构域在空间上相互接近,形成完整的 GAL4 转录因子活性,激活下游报告基因 *LacZ* 的表达。反之,若无相互作用,则 BD 与 AD 难以接近,无法形成完整的 GAL4 转录因子活性,不激活 *LacZ* 基因的表达(图 5-40);⑤*LacZ* 基因表达的产物 β-半乳糖苷酶水解无色底物 X-gal,生成蓝色产物,通过观察菌落颜色判断猎物蛋

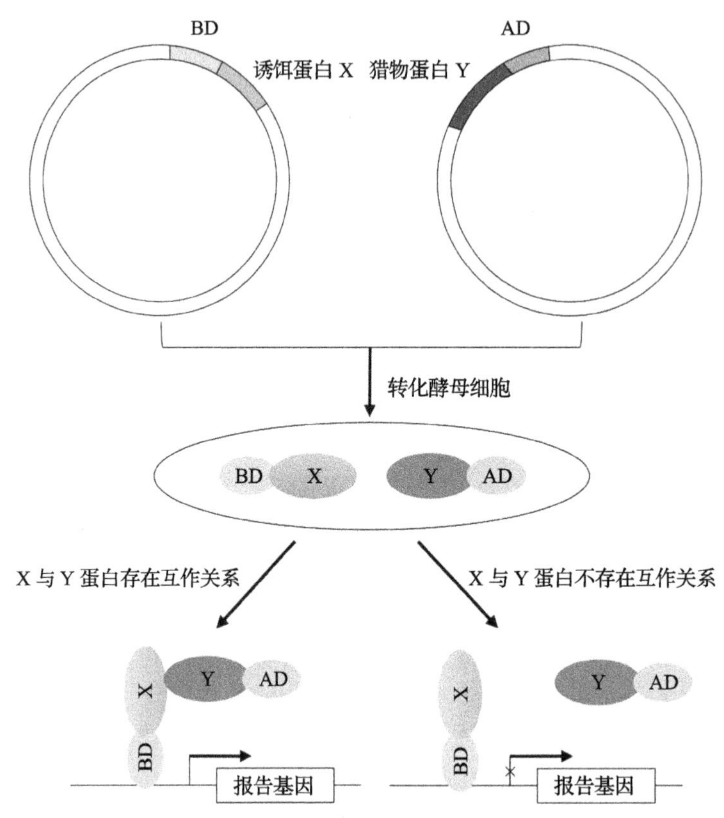

图 5-40　酵母双杂交核系统的基本原理

白与诱饵蛋白是否存在相互作用。菌落呈蓝色说明存在互作,白色则说明无互作。

通过酵母双杂交核系统,对 cDNA 文库进行筛选,可分离和鉴定新的互作蛋白或新基因。将 cDNA 文库中的克隆序列与 AD 结构域序列融合构建表达质粒,与含有 BD 结构域的诱饵蛋白融合表达质粒在酵母中共同表达,通过筛选下游报告基因表达的菌落,最终通过 PCR 扩增和测序分析,可获得与诱饵蛋白互作的未知蛋白的基因序列。以拟南芥中蛋白质复合体亚基 Mediator complex subunit 16(MED16)的研究为例:*MED16* 基因对拟南芥植物的器官大小具有重要调控作用,为了发掘 *MED16* 调控途径中的新基因,Liu 等(2019)采用酵母双杂交核系统,首先将 *MED16* 的全长编码序列插入含有 BD 结构域的诱饵蛋白载体中,然后将拟南芥叶片的总 mRNA 反转录成 cDNA,并将其插入含有 AD 结构域的猎物蛋白载体中,创建拟南芥叶片 cDNA 文库。随后,将含有 *MED16* 基因的诱饵蛋白融合表达质粒与含有拟南芥叶片 cDNA 片段的猎物蛋白融合表达质粒共同转入酵母中,初步筛选出与 MED16 存在互作的新蛋白 DEL1,进一步研究证明 *DEL1* 基因参与了对拟南芥植物器官大小的遗传调控。

在 1994 年,Johnsson 等已建立基于泛素(ubiquitin,Ub)介导的验证蛋白质相互作用的方法。1998 年,Stagljar 等在其基础上开发出酵母双杂交膜系统(membrane yeast two-hybrid,Y2H 膜系统),专门用来研究膜蛋白与其他蛋白的相互作用。酵母双杂交膜系统的原理主要包括以下 5 点:①泛素专一性蛋白酶(ubiquitin-specific protease,UBP)可识别在细胞质中表达的融合蛋白“LexA-VP16-Ub”,(LexA 为大肠杆菌转录抑制因子 LexA 的 DNA 结合结构域,VP16 为疱疹病毒转录激活因子 VP16 的转录激活结构域,Ub 为泛素蛋白),并将泛素蛋白(Ub)切除,产生截短的融合蛋白"LexA-VP16",从而呈现完整的转录激活因子活性;②"LexA-VP16"融合蛋白穿过细胞核膜进入核内,启动下游基因的表达;③泛素蛋白(Ub)有两个独立的结构域,即C端的Cub和N端的Nub结构域。将定位于细胞膜上表达的诱饵蛋白序列与"LexA-VP16-Cub"序列构建融合表达质粒("LexA-VP16-Cub-诱饵蛋白"),而猎物蛋白序列与Nub序列构建融合表达质粒("猎物蛋白-Nub"),然后将两种质粒共同转入酵母中;④若诱饵蛋白与猎物蛋白相互作用,Cub与Nub在空间上接近,形成完整泛素蛋白,然后被UBP识别并切除,释放出"LexA-VP16",随后"LexA-VP16"进入细胞核启动下游报告基因的表达。反之,若诱饵蛋白与猎物蛋白无相互作用,则无法启动下游报告基因的表达(图5-41);⑤通过检测下游报告基因是否表达,可判断膜上表达的诱饵蛋白与猎物蛋白是否存在相互作用。

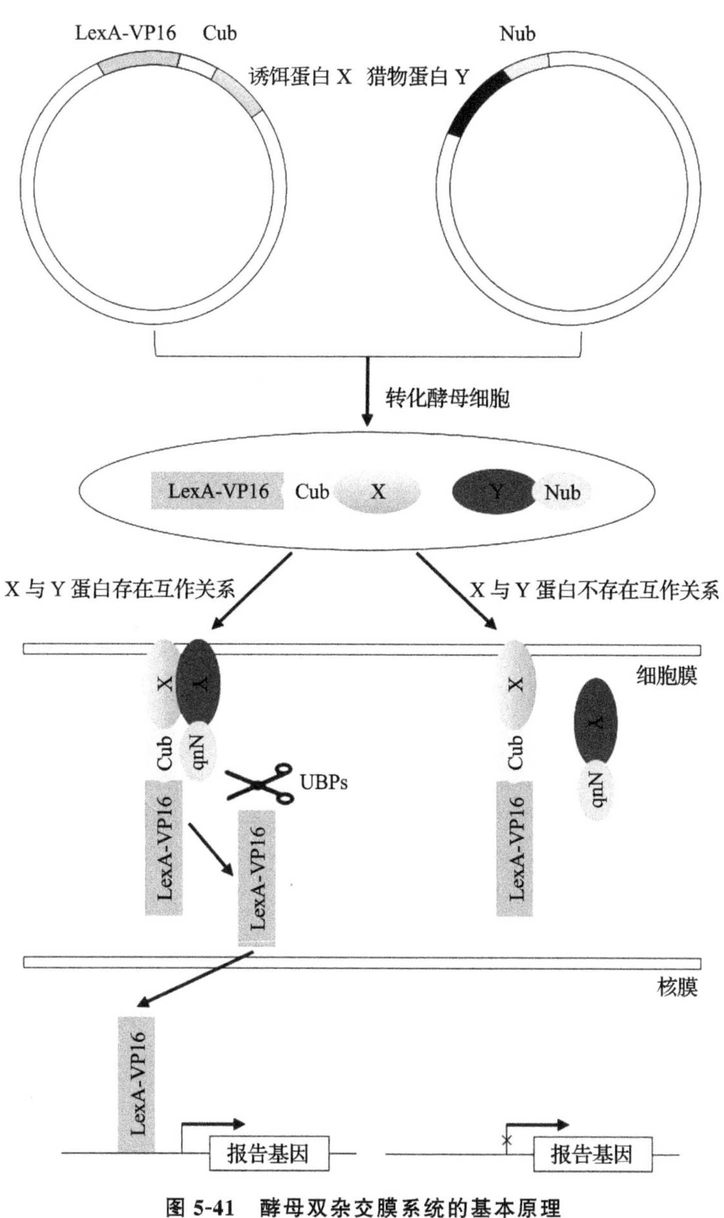

图 5-41 酵母双杂交膜系统的基本原理

利用酵母双杂交膜系统对cDNA文库进行筛选，可分离和鉴定与细胞膜蛋白存在互作的未知蛋白或新基因。将cDNA文库中的克隆序列与Nub结构域序列融合构建表达质粒，而诱饵蛋白与Cub结构域序列构建融合表达质粒，将二者在酵母中共同表达，通过筛选下游报告基因存在表达的菌落，最终通过PCR扩增和测序分析，可获得与诱饵蛋白互作的未知蛋白的基因序列。例如，为了研究裂殖酵母中核膜蛋白CUT11的功能，Varberg等(2020)首先将*CUT11*基因的全长编码序列插入含有“LexA-VP16-Cub”融合蛋白序列的诱饵蛋白载体中，构建融合表达质粒(“LexA-VP16-Cub-CUT11”)。然后，提取裂殖酵母的总mRNA，反转录成cDNA，并将其插入含有Nub结构域序列的猎物蛋白载体中，创建裂殖酵母的cDNA文库。接着，将“LexA-VP16-Cub-CUT11”融合表达质粒与含有裂殖酵母cDNA片段的融合表达质粒共同转入酵母中，初步筛选出与CUT11存在互作的新蛋白NDC1，进一步研究证明*NDC1*基因在维护裂殖酵母核膜的性状及完整性中发挥关键作用。

酵母双杂交技术作为分离和鉴定未知互作蛋白或新基因的方法具有诸多优势。例如，利用该技术可以对未知互作蛋白进行大规模筛选，也可通过融合酵母的强启动子来提高低表达蛋白或瞬时表达蛋白的筛选灵敏度。该技术还具有操作简单、周期短、成本低及效果好等优点。然而，该技术仍存在一些局限性。例如，在酵母双杂交核系统中，诱饵蛋白可能存在自激活现象，因此首先必须进行自激活检测。如果存在自激活现象，可向酵母培养基中添加适量的转录激活抑制剂，如3-氨基-1,2,4-三唑(3-AT)，或通过基因操作手段删去诱饵蛋白的转录激活相关片段，以消除自激活。此外，筛选出的cDNA克隆序列也可能存在自激活现象，导致筛选出的互作蛋白呈假阳性，因此对筛选出的互作蛋白也要进行自激活检测。在酵母双杂交膜系统中，由于诱饵蛋白定位于细胞膜上，即被“挂”在膜上，当没有互作蛋白靠近时，泛素蛋白的Cub和Nub结构域彼此分离，理论上不会启动细胞核内报告基因的转录，所以利用膜系统筛选互作蛋白时假阳性率相对较低。尽管如此，对于酵母双杂交系统筛选出的互作蛋白，仍需采用其他验证手段，如牵出(pull down)、双分子荧光互补(bimolecular fluorescence complementation,BiFC)等技术进行进一步验证。

2. 酵母单杂交技术筛库法(Y1H)

酵母单杂交技术是在酵母双杂交技术基础上发展而来的，主要应用于核酸和蛋白质之间的相互作用研究。目前，该技术已成为验证反式作用因子与启动子序列相互作用或探索新的反式作用因子的常用方法。其原理主要包括以下3个步骤：①将反式作用因子序列与GAL4转录因子的AD结构域序列融合构建表达质粒，同时将启动子序列与报告基因序列融合构建表达质粒，然后将这两种质粒共同转入酵母中进行共同表达；②若反式作用因子与启动子序列发生相互作用，融合表达的AD结构域将招募RNA聚合酶及相关转录因子，启动下游报告基因的表达(图5-42)；③通过检测报告基因的表达情况，可以推断反式作用因子与启动子是否发生相互作用。

基于酵母单杂交技术的原理，先将cDNA文库中克隆序列与AD结构域序列融合构建表达质粒，然后将其与含有启动子及报告基因的融合表达质粒在酵母中共同表达，通过筛选表达报告基因的菌落，并进行PCR扩增和测序分析，可获得与启动子相互作用的反式作用因子的序列，从而揭示参与已知基因调控的新转录因子。以Fu等(2023)对甘薯肉质颜色调控的研究为例。紫肉甘薯中转录因子IbbHLH2在花青素生物合成中发挥关键作用，但对其上游调控因子知之甚少。通过将*IbbHLH2*基因启动子关键序列插入含有报告基因的酵母质粒中，

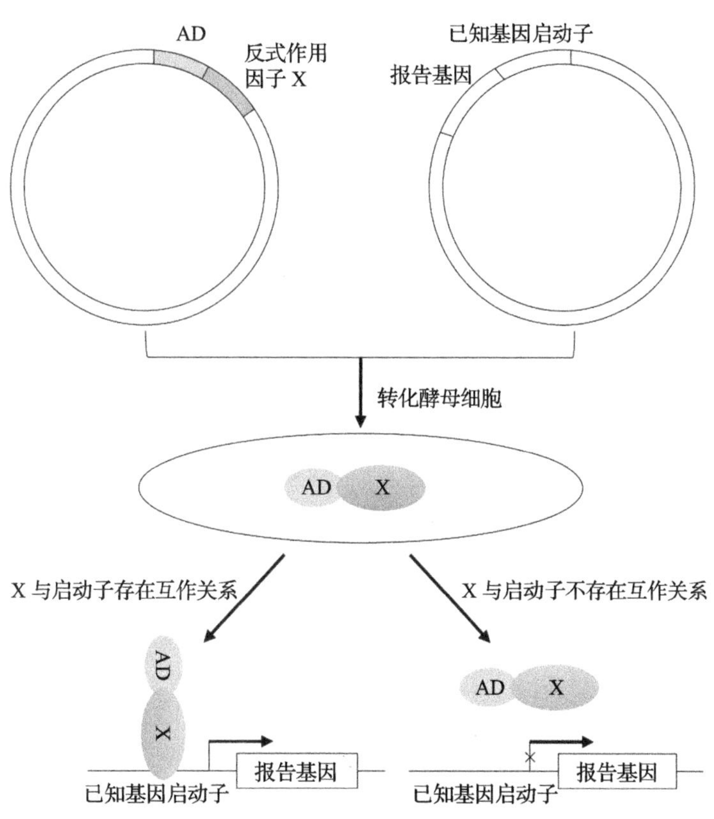

图 5-42 酵母单杂交系统的基本原理

同时将甘薯幼根 cDNA 片段插入含有 AD 结构域序列的载体中，创建甘薯幼根的 cDNA 文库，然后将相关质粒共同转入酵母中。通过筛选和鉴定，成功发现了 7 个新的与 *IbbHLH2* 基因启动子结合的转录因子，如 IbERF1、IbERF10、IbEBF2 等，进一步研究证实这些转录因子参与了 *IbbHLH2* 基因的表达调控，影响了甘薯肉质的颜色和品质。

与酵母双杂交技术相似，酵母单杂交技术在大规模筛选某个启动子的未知反式作用因子方面具有优势。该技术操作简单、周期短、成本低，且能在一次实验中发现多个新的反式作用因子。然而，其筛选的未知反式作用因子或新基因的假阳性率较高，因此需要结合其他生化研究技术如凝胶迁移实验(electrophoretic mobility shift assa，EMSA)、染色质免疫沉淀(chromatin immunoprecipitation assay，ChIP)等进行进一步验证。

3. *蛋白质免疫共沉淀-质谱测序法*(Co-IP-MS)

蛋白质免疫共沉淀-质谱测序法是一种高效的研究方法，用于在完整细胞内探索蛋白质间的相互作用。该方法基于抗原与抗体的特异免疫结合，其基本思路如下：在非变性的细胞裂解液中引入带有目的蛋白或标签蛋白的特异性抗体的琼脂糖珠子或磁珠，由于抗原与抗体的特异结合，目的蛋白或带有标签的蛋白可通过离心沉淀。如果细胞裂解液中存在与目的蛋白结合的互作蛋白，它们也将一同沉淀。通过质谱仪检测和蛋白质数据库分析，可以鉴定互作蛋白的种类和特性。

蛋白质免疫共沉淀-质谱测序法的主要步骤包括构建载体、获得转基因植物、提取总蛋白质、抗体孵育、目的蛋白纯化、蛋白质解偶联、质谱仪检测及数据库分析等。以拟南芥中目的蛋白(A蛋白)的互作蛋白鉴定为例,具体步骤如下:①构建带有亲和标签(如 green fluorescent protein,GFP)序列和A蛋白序列的融合表达载体,其中GFP标签的作用是与GFP抗体特异结合,便于将A蛋白分离;②通过农杆菌介导的遗传转化,获得转基因植物;③采集转基因植物的组织(如叶片),提取总蛋白;④向蛋白提取液中加入带有GFP抗体的琼脂糖珠子,使"GFP-A"融合蛋白特异结合到珠子上;⑤通过离心,将琼脂糖珠子以及其结合的"GFP-A"融合蛋白、与A蛋白互作的未知蛋白共同沉淀,然后通过洗涤去除非特异性结合的蛋白;⑥加入蛋白质解偶联剂,使琼脂糖珠子上结合的蛋白质解偶联,然后分离出未知互作蛋白;⑦通过蛋白酶消化以及脱盐处理后,利用质谱仪对蛋白质样品进行检测(以从GFP空载体转化植株获得的蛋白质样品作为对照);⑧通过蛋白质信息数据库进行比对分析,鉴定互作蛋白的种类和特性(图5-43)。

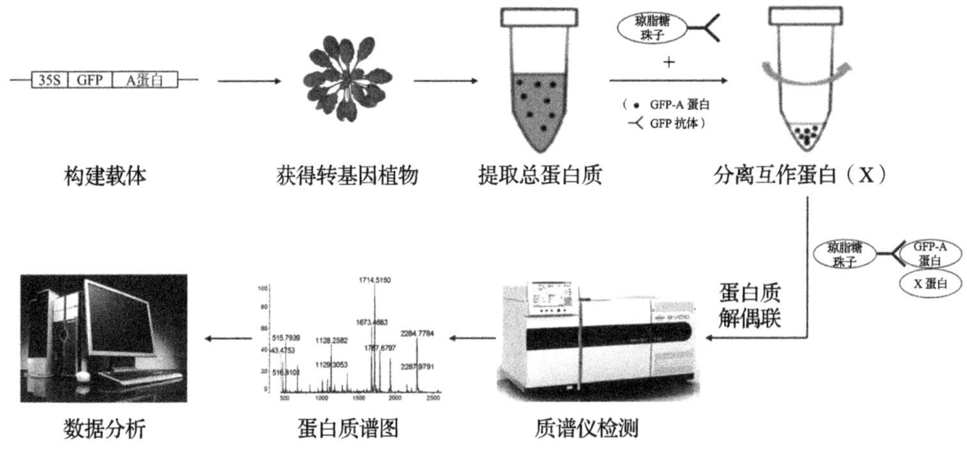

图5-43　蛋白质免疫共沉淀-质谱测序法的基本流程

以 Wang 等(2016)研究拟南芥中 *STERILE APETALA*(*SAP*)基因调控机制的研究为例。*SAP* 基因在拟南芥植物器官大小的调节中扮演关键角色。为了揭示参与SAP蛋白调控拟南芥器官大小的遗传途径中的新基因,将 *SAP* 基因的全长编码序列插入含有GFP标签序列的质粒载体中,构建成"GFP-SAP"融合表达载体(*p35S*::*GFP-SAP*)。通过农杆菌介导,将 *p35S*:*GFP-SAP* 和GFP空载体对照(*p35S*::*GFP*)分别转化拟南芥植物,获得阳性植株。采集植株叶片,提取总蛋白质。向蛋白提取液中加入带有有GFP抗体的琼脂糖珠子(如德国Chromotek公司的GFP-Trap-A),通过孵育(4 ℃,1 h)使GFP或GFP-SAP蛋白与珠子结合。通过离心(4 ℃,1 000 r/min,2 min),使GFP或GFP-SAP蛋白、未知的互作蛋白和琼脂糖珠子共同沉淀。利用清洗液将沉淀清洗3次,然后加入解偶联液(含有8 mol/L尿素),静置10 min,使GFP或GFP-SAP蛋白、未知的互作蛋白从琼脂糖珠子上分离。加入胰蛋白酶液(胰蛋白酶的用量一般为总蛋白质质量的1/50),在37 ℃条件下消化18 h。对蛋白质消化液进行脱盐处理,然后利用高分辨率质谱仪(如美国Thermo Fisher公司的LTQ-Orbitrap)对蛋白质样品进行检测(以GFP空载体转化植株获得的蛋白质样品作为对照)。将检测结果导入蛋白质信息数据库(如 UniProt,https://www. uniprot. org)中进行比对分析,鉴定蛋白质的种类及特性。最终,研究发现2个与SAP互作的新蛋白,即PEAPOD1和PEAPOD2(PPD1/2),进一步的遗传分析证明它们确实参与拟南芥器官大小的遗传调控。

蛋白质免疫共沉淀-质谱测序法用于发现未知的互作蛋白或新基因具有诸多优点。例如，该方法利用抗原与抗体特异性免疫结合的特性来分离互作蛋白，因此特异性很高。同时，该方法利用生物活体组织，互作蛋白与目的蛋白的相互作用符合真实的生理状态，使得获得的实验结果更具可靠性。此外，该方法不仅能检测直接作用的互作蛋白，还能检测可能发生间接作用的互作蛋白。通过一次实验，可成功获得多个未知蛋白，提高了检测效率。然而，该方法也存在一些限制，如对操作环境要求较高、蛋白质提取操作的熟练程度要求较高，而且不适用于表达量较低、结合力较弱或者仅发生瞬间结合的蛋白质互作研究。此外，该方法的实验周期较长，成本也较高。

5.12 外源基因表达技术

生命活动大多数都依赖于蛋白质行使功能，因此蛋白质功能研究是分子生物学和基因工程的一个核心内容。在基因工程出现以前，获取蛋白质样品的主要方法是通过收集生物材料并进行蛋白质分离纯化。但是，由于材料来源和纯化工艺往往受到限制，所能获得的纯化蛋白质数量相对较少。基因工程技术诞生后，通过克隆目的基因，并将其重组到合适的表达系统中进行表达，可获得大量蛋白质产物，同时还可以根据需要对蛋白质进行人工修饰或改造。

外源基因表达的最终目的是研究目的蛋白质的功能，因此首先需要把目的基因重组到表达载体上，这是基因表达的前提。表达载体不仅需要满足克隆载体的基本要求，还要在其基础上增加一些表达相关的元件(如启动子、终止子、核糖体结合位点、增强子和剪切信号等)以及一些与表达产物分离纯化相关的序列。目的基因与表达载体重组后，将其转入宿主细胞中进行表达。大肠杆菌由于研究非常深入，易于培养，而且对外源蛋白的耐受能力强，其表达的外源蛋白可占细胞总蛋白的50%以上，因此以大肠杆菌为宿主的表达系统已成为目前使用最广泛、效率最高的基因过量表达系统。

5.12.1 基因表达的分子生物学基础

基因转录是指在RNA聚合酶(不需要引物)的作用下，以DNA为模板合成mRNA的过程。在原核生物中RNA聚合酶的种类只有1种，而真核生物中RNA聚合酶种类有3种：RNA聚合酶Ⅰ，主要合成rRNA；RNA聚合酶Ⅱ，主要合成mRNA；RNA聚合酶Ⅲ，主要合成tRNA和5S rRNA。

RNA聚合酶与启动子结合才能发生转录。启动子是DNA分子上RNA聚合酶结合的位点，一般长20～200 bp。在原核生物中，转录起始位点上游5～10 bp处有一个保守序列，该序列主要由TATAAT碱基组成，常称为“TATA盒”，这个元件被认为是给RNA聚合酶提供定向的序列，确保RNA分子按5′→3′方向进行合成；在转录起始点上游－35 bp处还有一段长为9 bp的保守序列，常称为“－35序列”，它是RNA聚合酶结合的最初位点。现在发现真核生物中也存在类似于原核转录启动子的结构，但是要注意，原核生物与真核生物的RNA聚合酶及转录启动子的特性各不相同。原核生物的RNA聚合酶只能识别原核启动子，而真核生物的RNA聚合酶则只能识别真核启动子。根据启动子驱动RNA聚合酶转录的效率，可分为强启动子和弱启动子。强启动子每1～2 s就能启动一次转录，而弱启动子至少需要10 min

才能启动一次转录。根据启动子的表达模式，它们还可分为组成型启动子、组织特异性启动子和诱导型启动子。组成型启动子在不同组织器官和不同发育阶段的表达都没有明显差异，组织特异性启动子一般只在某些特定的器官或组织中表达，而诱导型启动子则可根据需要在特定时期、特定组织或特定环境下快速诱导表达。

真核生物的转录起始过程十分复杂，往往需要多种转录因子的参与。转录因子(transcription factor)是指能与基因5′端上游的靶序列特异结合，调控目的基因的转录强度或表达时空特异性的一类蛋白质分子。增强子是指能与DNA上的某些特定序列结合，起增强基因转录作用的一类蛋白质因子。增强子可能位于基因的上游或下游，且不一定靠近目的基因，甚至与目的基因可能不在同一染色体上。在原核生物和真核生物中，转录的产物有所不同。原核生物中为多顺反子，转录出的一条mRNA链能够编码几种多肽链，而真核生物的mRNA为单顺反子，转录出的一条mRNA链仅能编码一种多肽链。原核基因不含内含子序列，而真核基因含有内含子序列，故原核生物的mRNA不用加工即可进行翻译，而真核生物的mRNA还需加工成为成熟的mRNA后才能进行翻译。真核生物的mRNA带有5′端“帽子”和3′端polyA“尾巴”，有利于mRNA结构的稳定，而原核生物的mRNA没有5′端“帽子”结构，其3′端没有或只有较短的polyA“尾巴”。

翻译是指以mRNA为模板，tRNA为运载工具，在核糖体中将单个氨基酸按密码子决定的顺序连接成为多肽链，最后成为蛋白质分子，简单来说，翻译就是将mRNA信息转换成氨基酸链的过程。核糖体是蛋白质合成的场所，常称为蛋白质的加工厂，而核糖体必须与翻译起始结合位点(即Shine-Dalgarno序列或SD序列)结合才能进行翻译。SD序列在原核生物中首先被发现，常位于翻译起始密码子(AUG、GUG或UUA等)上游的3～12 bp处，长度3～9 bp。在真核生物中虽然没有SD序列，但也存在类似功能的特征结构。需要注意的是，由于密码子存在简并性，不同物种或生物体的密码子使用存在着很大的差异(或偏好性)。例如，酵母基因组中编码精氨酸的密码子偏爱AGA，而果蝇基因组中编码精氨酸的密码子却偏爱CGC。为了提高外源蛋白质在大肠杆菌宿主细胞中的稳定性，需要采取措施防止表达产物在细胞内降解，一般通过构建融合蛋白表达体系、分泌蛋白表达体系或包涵体表达体系，以及选择蛋白水解酶基因缺陷型的受体系统，以避免外源蛋白质被细胞内源的蛋白酶破坏。

5.12.2 外源基因在大肠杆菌中的表达

外源基因表达体系是指目的基因与表达载体重组后，导入合适的受体细胞，能在其中有效表达并产生目的基因产物的系统。外源基因表达体系一般由基因表达载体和受体细胞两部分组成，可分为原核基因表达系统和真核基因表达系统两类。原核表达是指发生在原核生物内的基因表达，即通过基因克隆技术，将外源目的基因与表达载体重组，使其在受体原核生物细胞内表达。

原核基因表达系统中，受体细胞通常具备以下优点：便于基因组结构简单，基因的操作和分析；单细胞异养，生长快，代谢易于控制；含有质粒或噬菌体，易于构建表达载体；生理代谢途径及基因表达调控机制比较清楚。但是要注意，原核细胞含有内源蛋白酶，并且缺乏真核生物的蛋白质加工系统。

原核表达系统通常有大肠杆菌表达系统、芽孢杆菌表达系统、链霉菌表达系统和蓝藻表达系统，其中以大肠杆菌表达系统最为常用。大肠杆菌是单细胞生物，生长速度快，代谢易控制，可以通过发酵迅速获得大量表达产物，外源蛋白的产量可高达 1 mg/mL。大肠杆菌不仅基因组结构简单，遗传背景、基因表达调控和代谢都较为清楚，而且遗传稳定，便于基因操作和分析，这些优点使得大肠杆菌成为原核表达的理想宿主系统。然而，并不是所有的外源基因都能在原核大肠杆菌表达系统中得到有效表达，这取决于多个因素，如基因序列的独特性和偏好性、mRNA 的稳定性和翻译效率、蛋白折叠的难易程度、宿主细胞蛋白酶的生物学特性、宿主细胞的密码子偏好性以及外源蛋白对宿主细胞的潜在毒性等。大肠杆菌作为原核表达的宿主细胞，缺乏真核生物的蛋白质加工系统，其表达产物难以正确折叠并且缺乏蛋白质翻译后的修饰加工，这对于需要修饰才具有活性的蛋白质是极大的考验。另外，大肠杆菌内源的蛋白酶会降解表达的外源蛋白，导致表达产物的不稳定，同时细胞周质中含有的内毒素可能也会影响蛋白质的活性和纯化。

外源蛋白质在大肠杆菌中的表达，有包涵体蛋白、可溶性蛋白、融合蛋白和分泌型蛋白等多种形式。目前，大肠杆菌中外源蛋白质大部分都是以包涵体形式表达。通过改变表达条件，或与某些能帮助折叠的蛋白质（如 glutathione-S-transferase，GST）进行融合表达，不仅能提高外源蛋白的可溶性，还可以保护外源蛋白质以免被内源蛋白酶降解。分泌型蛋白实际上也是一种融合蛋白，它是把外源蛋白与分泌信号肽融合表达，从而使表达出来的蛋白质及时转运到大肠杆菌之外，以免被内源蛋白酶降解。

外源蛋白质在大肠杆菌中表达后，需要对其进行分离纯化。包涵体蛋白的纯化不同于可溶性蛋白，需要先将包涵体溶解后才能进行，一般的方法是通过尿素等变性剂溶解包涵体蛋白。外源表达的可溶性蛋白往往带有融合的蛋白标签，因而可以根据标签蛋白的特性选择不同的亲和填料进行过柱纯化。

1. 原核表达载体的构成

大肠杆菌表达载体是在普通质粒载体的基础上发展而来的，除了一般质粒所具备的复制起点、筛选标记、多克隆位点等元件外，还需具备转录启动子、核糖体结合位点（RBS）、翻译起始和终止密码子以及转录终止子。

基因转录是由 RNA 聚合酶识别启动子元件并启动 RNA 合成的过程。转录启动子是 RNA 聚合酶识别和结合的区域，一般位于转录起始点的上游，含有 RNA 聚合酶及转录调控因子特异结合的靶序列。RNA 聚合酶结合启动子后就可驱动下游基因的转录。RNA 聚合酶的特异性只与启动子所含的元件有关，与启动子驱动的下游基因序列无关。因此，一个启动子可以驱动不同基因的转录，所以研究中可以根据具体情况将目的基因与特定的启动子融合。在大肠杆菌中高效大量表达真核蛋白需要一个强效的且可严格调控的原核启动子，这是因为外源蛋白可能对大肠杆菌产生毒性，如果不能严格控制其表达，有可能导致大肠杆菌死亡。在实际应用中，只有当大肠杆菌达到一定数量后才对外源基因的表达进行诱导，从而获得较多的外源蛋白。

原核生物的启动子一般由 4 个部分组成，包括两个六联体序列、间隔序列和转录起始位点。六联体序列是指位于转录起始位点上游约 35 bp 处的 Sextama 框（也称为“－35”序列，具有“TTGACA”的特征结构）和位于转录起始位点上游约 10 bp 处的 Pribnow 框（也称为“－10”序列，具有“TATAAT”的特征结构）。一般认为“－35”序列和“－10”序列是 RNA 聚合酶识别和结合的位点，二者之间的间隔序列长短不一，但是间隔序列的长度与启动子的活性强弱关系很大。间隔序列一般长 16～19 bp（90％的启动子中其长度为 17 bp），小于 16 bp 或大于 19 bp 都有可能降低启动子的活性。转录起始位点是转录开始的位置,此处的核苷酸通常是 A 或 G。

目前,原核表达系统中常用的启动子有乳糖操纵子启动子(lac UV5 启动子)、色氨酸操纵子启动子(trp 启动子)、乳糖操纵子与色氨酸操纵子的复合型启动子(tac 启动子)、λ 噬菌体 PL 启动子和 T7 噬菌体启动子等,且多数都属于诱导型启动子。乳糖操纵子 lac UV5 启动子是最常用的大肠杆菌自身启动子,这种启动子含有乳糖操纵子的调控区,并对 IPTG 有响应,因此外源基因可被 IPTG 诱导表达。在 lac UV5 启动子中,已将 UV5 元件突变,使得 lac 操纵子调控区对分解产物的阻遏不敏感,因而可有效提高外源蛋白的表达量。此外 lac UV5 启动子下游的 *lacZ′*基因内部常带有限制酶 *Eco* R Ⅰ 的识别位点,便于外源基因的插入。色氨酸操纵子 trp 启动子也是大肠杆菌表达系统中一种常用的高效表达的自身启动子,它含有色氨酸操纵子的调控区及 SD 序列。当细胞内色氨酸的浓度过高时,会抑制该启动子的表达。如果在培养基中加入吲哚乙酸(IAA),可与色氨酸竞争结合阻遏蛋白,从而促进外源蛋白的高效表达。tac 启动子是乳糖操纵子与色氨酸操纵子组成的复合型启动子,由 trp 启动子的"－35"序列和 lac UV5 启动子的"－10"序列融合而成。tac 启动子的转录可被 IPTG 诱导,其转录效率分别比 trp 启动子和 lac UV5 启动子高 3 倍和 11 倍。PL 启动子和 T7 启动子都是来源于噬菌体的高效启动子。PL 启动子的活性受温度调控,低温(30 ℃)下 PL 的转录受到抑制,而高温(40～45 ℃)下 PL 则启动转录,因此可以通过改变培养温度来调控外源基因的表达。T7 噬菌体的 RNA 聚合酶非常高效,其合成 mRNA 的速率是大肠杆菌 RNA 聚合酶的 5 倍,因此 T7 启动子驱动外源基因的表达非常高效。此外 T7 启动子呈组成型表达,若通过与乳糖操纵子元件融合构建成复合启动子,则可以受乳糖操纵子阻遏蛋白的抑制调控。

核糖体结合位点(ribosome binding site,RBS)是位于翻译起始密码子上游的一段保守序列,一般带有 5′-AGGAGG-3′的特征序列(即 SD 序列)。SD 序列可被 16S rRNA 通过碱基互补配对识别。在 16S rRNA 的介导下,核糖体结合到 RBS 及 SD 序列上,从而启动下游密码子的翻译。一般情况下,表达载体自身都带有 RBS 序列,但有时也可以由外源基因一同引入。SD 序列与起始密码子 AUG 之间一般相距 6～8 bp,此间隔序列的长度对保证翻译的准确性和高效性非常重要,另外其碱基序列组成有时也影响蛋白质的翻译。

起始密码子和终止密码子对于保证蛋白质的序列正确性、长度和丰度至关重要。起始密码子一般为 AUG,而终止密码子则有 UAG、UAA 和 UGA 三种。由于 AUG 与 SD 序列之间的距离会影响蛋白质翻译的效率,所以大部分表达载体都自带有起始密码子和终止密码子。在构建重组表达载体时,必须使外源目的基因的读码框与载体上已有基因的读码框保持一致,否则将导致目的基因翻译时出错。

终止子是向 RNA 聚合酶提供转录终止信号的特殊元件,一般位于 polyA 位点的下游,长度为数百碱基对。终止子和启动子同样重要,在控制转录本的长度、丰度和稳定性方面具有重要作用,同时也可以避免其他序列的异常表达。在转录终止点前,一般有一段回文序列。终止子可分为两类:一类是不依赖于蛋白质辅因子的终止子,它受模板 DNA 序列结构的影响,在遇到特定的茎环结构时会触发转录终止,其回文序列一般富含 GC,且下游常带有 6～8 个"A－T"碱基对;另一类终止子则依赖于蛋白质辅因子(如 ρ 因子)才能实现终止作用,其回文序列的 GC 含量相对较低,且下游序列的 AT 含量也较低。不同的终止子对转录终止的能力不同,而在原核表达中一般要选用强效的转录终止子。

2. 受体细菌

受体细菌是蛋白质表达的“厂房”，除了一般宿主菌应具备的特征外，还需进行一定的改造，这是因为受体菌中表达的外源蛋白可能极不稳定。另外，不同生物的密码子偏好性不同，从而可能影响蛋白质的翻译效率。造成外源蛋白不稳定的因素，主要有以下方面：大量外源蛋白的表达导致高浓度的微环境，使得蛋白质分子间作用增强而形成包涵体；缺乏真核生物的翻译后修饰和蛋白质折叠系统，导致外源蛋白很难形成正确的构象；受体细菌细胞与真核细胞的亚细胞结构不同，从而影响外源蛋白在细胞内的分布。

为了确保外源蛋白在大肠杆菌中能稳定表达，首先，要降低宿主菌内源蛋白酶的活性。例如，在 BL21 系列受体菌株中，就使 LON 和 OMPT 两个蛋白酶的基因产生了突变，使得外源蛋白不容易被降解。其次，在受体菌中添加真核生物偏好性密码子所对应的 tRNA。例如，在 Rosetta 系列(来源于 BL21)受体菌株中，细胞内含有的 pRARE2 质粒能够提供原本在大肠杆菌中稀少的真核密码子(AUA、AGA、AGG、CCC、CUA、GGA 和 CGG)所对应的 tRNA，从而可提高真核基因在大肠杆菌中的蛋白质表达水平。提高大肠杆菌中蛋白质二硫键形成的能力，如 Origami 2 系列菌株中，使编码硫氧还蛋白还原酶(thioredoxin reductase，TR)和谷胱甘肽还原酶(glutathione reductase，GR)两个酶的基因产生突变，可显著促进二硫键的形成，从而提高外源蛋白的稳定性和表达水平。有些菌株中添加了 T7 RNA 聚合酶的基因，从而可引入 T7 启动子控制的表达系统。有些菌株中使 *lacI* 基因突变为 $lacI^q$，其产生的阻遏物量是野生型(*lacI*)的 10 倍以上，彻底阻断了基础表达(渗漏表达)，从而使得外源蛋白的表达可被精确调控。

3. 外源蛋白的表达形式

外源蛋白在大肠杆菌中的表达主要有包涵体(inclusion body)蛋白表达和可溶性蛋白表达两种形式，而可溶性蛋白表达又进一步分为融合蛋白和分泌蛋白两种形式。真核生物的基因在原核生物中的表达产物，往往以包涵体的形式存在，这是因为原核生物缺乏真核生物的蛋白质翻译后修饰和折叠系统，外源蛋白大量表达会导致蛋白质间作用力增强而聚合形成包涵体。以包涵体形式表达的外源蛋白，基本上能满足抗体制备的要求。

包涵体通常是指在蛋白质外源表达过程中，由于蛋白质表达量过高、宿主细胞的折叠机器无法有效处理大量蛋白质，以及外源蛋白质的折叠状态不稳定等因素，可能导致宿主细胞中形成的不溶性、聚集的颗粒或结构(图 5-44)。在显微镜下，包涵体具有较高的折射率，明显不同于细胞质中的其他成分。真核基因只要能在原核细胞中表达，一般都会产生包涵体，也就是说，包涵体表达是原核表达的最低要求。包涵体表达具有许多优点，如外源蛋白的产量和纯度都较高、分离也较简单；包涵体中的蛋白质受保护，不会被内源蛋白酶降解；蛋白质没有活性，因此不会对宿主菌产生较大的毒性。另外，包涵体表达载体的构建也比较简单。但是，包涵体表达最大的缺点就是所表达的蛋白质没有生物学活性。

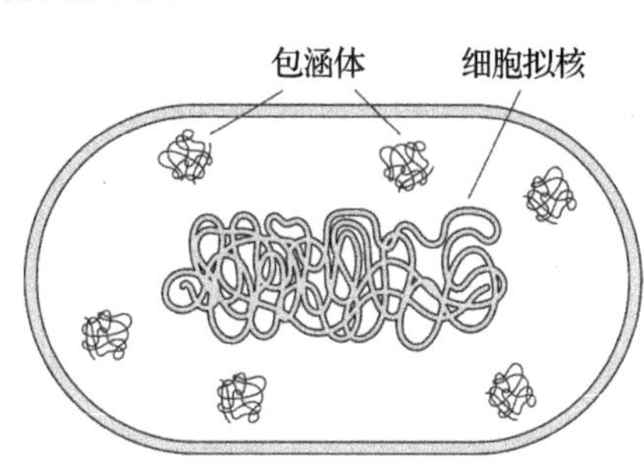

图 5-44 包涵体形式表达

蛋白质的可溶性表达本质上是使要表达的外源蛋白折叠形成正确的构象，不会大量聚集而产生包涵体。通过选择合适的表达载体、宿主菌和表达条件，并采用融合表达或分泌表达的

形式，可以实现蛋白质的可溶性表达。表达载体上的启动子选择对可溶性蛋白表达至关重要，强启动子虽然可以提高外源基因的转录效率，但是更容易导致包涵体的产生，这是因为大量的外源蛋白快速聚集使得它们没有足够的时间和空间进行正确的折叠。因此，在保证外源蛋白能够表达的前提下，采用较弱的启动子更有利于提高蛋白质的可溶性表达。例如，pET 系列载体使用的是强启动子 T7 或 T7 与 lac 组成的复合启动子，容易导致包涵体表达，而 pGEX 系列载体使用的是较弱的 tac 启动子，则有利于蛋白质的可溶性表达。此外，选择拷贝数较低的表达载体，可以降低外源蛋白的表达量，从而有利于外源蛋白的可溶性表达。宿主菌是外源蛋白表达的工具，通过改变宿主菌的内在环境，也有利于蛋白质的可溶性表达。例如，敲除宿主菌内源 LON 蛋白酶的基因，可以有效提高可溶性表达。由于大肠杆菌的细胞质环境具有较强的还原性，不利于二硫键的形成，通过使内源的编码硫氧还蛋白还原酶(TR)和谷胱甘肽还原酶(GR)的两个基因产生突变，提高宿主菌的二硫键形成能力，从而可提高外源蛋白的空间稳定性，有利于可溶性表达。改变原核表达的条件也可有效提高蛋白质的可溶性表达。改变表达条件是为了降低蛋白质翻译的速度，使其有足够的时间进行蛋白质折叠，或是为了提高宿主菌的活力而有利于蛋白质折叠，或是为了降低宿主菌内源蛋白酶的活性，使得可溶性蛋白更稳定。一般情况下，大肠杆菌培养的适宜温度是 37 ℃，但是此温度下进行原核表达极易形成包涵体。降低培养的温度可以提高外源蛋白的可溶性表达，这是因为低温下菌株的生长较慢，相对提高了培养基中可溶性氧的含量，抑制了宿主菌的厌氧生长，从而降低了抑制外源蛋白表达的乙酸的形成。低温也有利于降低蛋白质的翻译速率，给予蛋白质折叠更多的时间，防止未折叠蛋白聚集形成包涵体。低温还可以降低可溶性蛋白降解的速率，提高其稳定性。短暂的热激可以诱导大肠杆菌中某些热激蛋白的表达，这些热激蛋白作为分子伴侣可帮助外源蛋白进行折叠。葡萄糖是大肠杆菌的重要碳源，在诱导表达时保持尽量低的葡萄糖浓度，并以甘油替代葡萄糖作为碳源，可以提高蛋白的可溶性表达。不同外源蛋白的表达需要有各自适宜的 pH 条件，随着菌体的生长和外源蛋白的表达，培养基的 pH 会发生变化，因此在培养基中加入合适的 pH 缓冲液，以保持培养液 pH 的稳定性，有利于可溶性蛋白表达。在培养基中，添加一些蛋白酶抑制剂，可以降低大肠杆菌蛋白酶的活性，从而增加外源蛋白的稳定性，或者添加蛋白折叠酶类发挥活性所需的金属离子，可增加外源蛋白的折叠能力。在培养基中添加一些特定的金属离子或有机物来增加外源蛋白质的稳定性，添加一些非代谢糖类来改变宿主菌的渗透压，或者添加乙醇来抑制某些蛋白质的凝聚，都有可能提高蛋白质的可溶性表达。不同生物对密码子有不同的偏好性，一般情况下，稀有密码子的存在会导致 tRNA 运力不足，使得外源蛋白合成的速度降低甚至不能有效表达，但有时候降低的蛋白质翻译速率却有利于新生蛋白质的正确折叠，反而提高了目的蛋白的可溶性表达。在不改变外源蛋白活性的情况下，适当改造其序列或结构，也可以提高外源蛋白的可溶性表达。

融合表达是指通过基因操作技术将两种基因拼接到一起，没有改变它们的阅读框，使得二者在相同的读码框下进行表达(图 5-45)。为了提高外源蛋白的可溶性表达，可将外源基因与某些特定的基因融合表达，这些特定基因的表达产物往往可以改善外源蛋白的折叠，提高其溶解性，并增加其抵抗内源蛋白酶降解的能力，或者采用分泌表达的形式，最终增加可溶性蛋白的产量。常用的融合标签蛋白有谷胱甘肽-S-转移酶(GST)(图 5-46)、麦芽糖结合蛋白(MBP)和硫氧还蛋白(thioredoxin)等。GST 的大小为 26 ku，可作为分子伴侣促进外源蛋白在大肠杆菌中正确折叠，提高其稳定性。MBP 的大小为 42 ku，来源于大肠杆菌自身，因其具有很高的

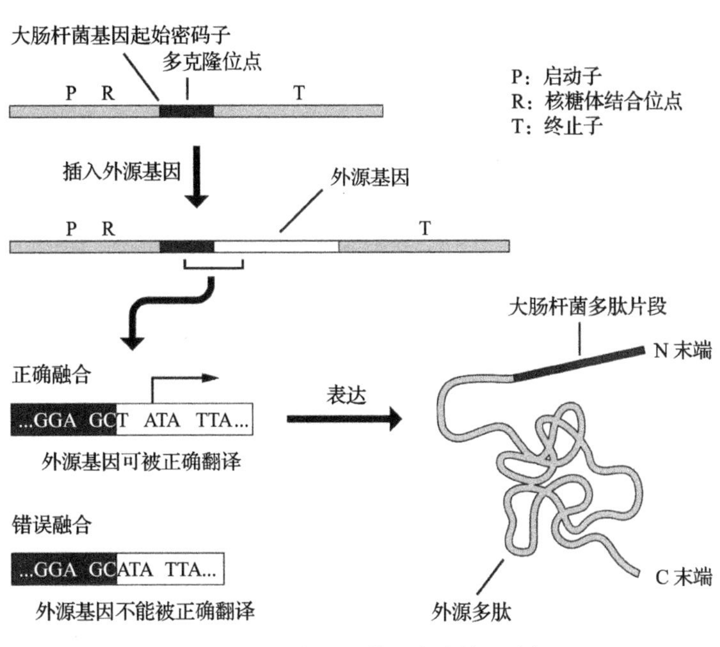

图 5-45 融合蛋白基因表达的阅读框

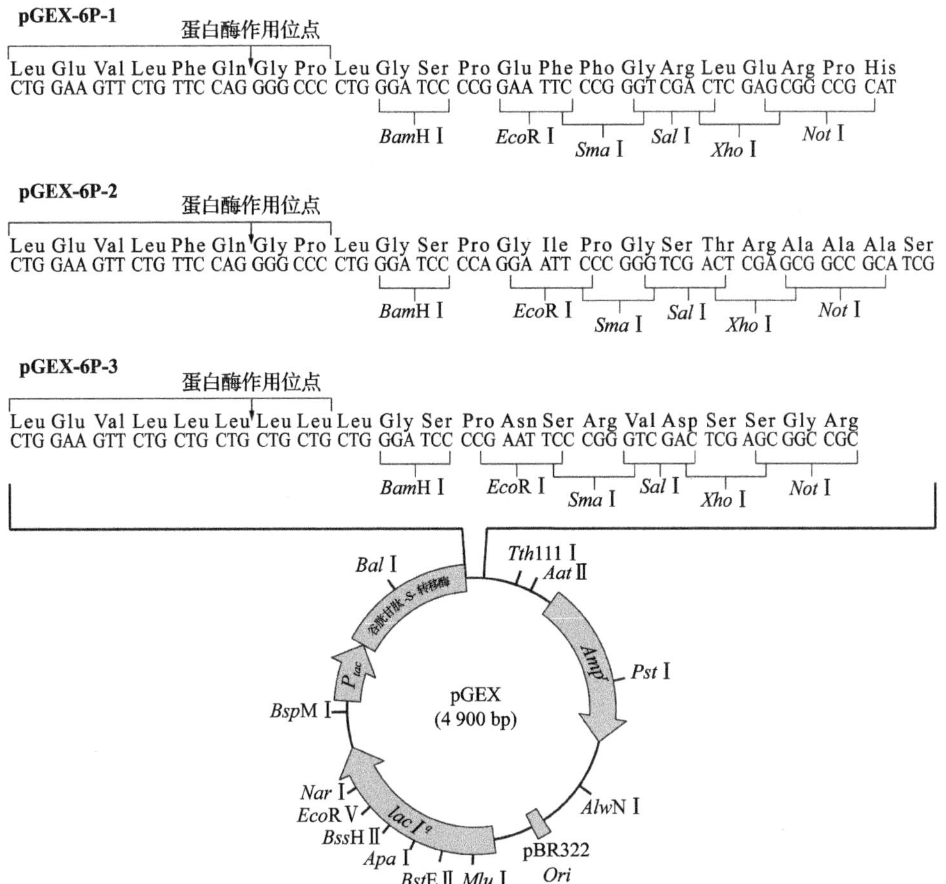

图 5-46 谷胱甘肽-S-转移酶(GST)融合标签表达载体

水溶性,也能作为分子伴侣促进外源蛋白正确折叠,同时它还可以提高外源蛋白向周质空间的分泌表达。Thioredoxin 的大小约为 12 ku,在低温下可以有效提高融合蛋白的可溶性表达。不同的标签蛋白具有不同的分子量,并且对外源蛋白的正确折叠和活性产生不同的影响,故进行融合表达时需要充分考虑标签蛋白本身的分子量和特性。但是,融合蛋白也存在缺点,不具有普遍适用性,因为有的融合蛋白在体外进行切割时,并不能保证将标签蛋白完整地切割下来。

分泌型表达是指通过目的蛋白与信号肽的融合,在信号肽的作用下将目的蛋白运输和分泌到细胞周质空间中的一种表达形式(图 5-47)。大肠杆菌的细胞质是一个还原性环境,不利于外源蛋白二硫键的形成,导致外源蛋白折叠困难,因此通过分泌型表达可以将目的蛋白运输到更有利于其折叠和表达的环境中,从而提高目的蛋白的可溶性表达。分泌型表达还可以降低外源蛋白在细胞质中因大量累积而形成包涵体的风险。此外分泌型表达避免了从大肠杆菌的细胞质中分离外源蛋白的步骤,从而减少了目的蛋白纯化过程中杂质的干扰,简化了外源蛋白纯化的工艺。但是,由于外源蛋白的大小和结构等方面各不相同,分泌型表达有时也存在困难,例如不能完全跨膜转运、转运子的转运能力不足、外源蛋白不能及时转运出去而导致降解等。

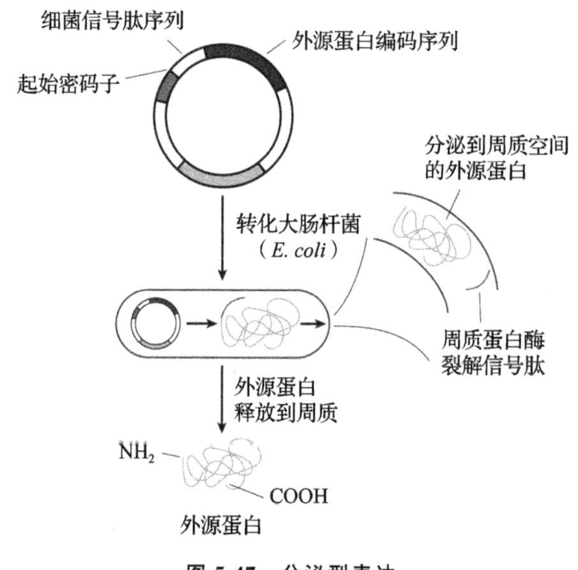

图 5-47 分泌型表达

4. 提高原核表达的策略

影响外源蛋白在大肠杆菌中表达的因素有很多,其中有的因素导致外源蛋白完全不能表达,有的导致只能表达包涵体,有的则导致只能表达微量的可溶性蛋白。为了满足科学研究或商业生产的要求,实际中人们往往需要表达出大量的目的蛋白。为了提高外源基因的表达水平,需从载体的选择、宿主菌的选择、密码子的优化、表达形式的选择及表达条件的优化等方面综合考虑。

一般来说,提高外源蛋白表达的重要途径是提高 mRNA 的转录。大肠杆菌表达载体中常用的启动子一般都有较强的启动子活性,能转录出大量 mRNA,但是由于密码子存在偏好性等,导致某些外源 mRNA 翻译成蛋白质的效率非常低。对于难表达的外源基因,应选择高水平表达的强启动子。但是,外源蛋白在大肠杆菌中的表达量越多,就越容易聚集形成包涵体。因此,对于较易表达且易形成包涵体的外源蛋白,如果要进行可溶性表达,那么应选择具有较低转录活性的弱启动子。如果表达的外源蛋白对宿主菌有害，那么必须使用严格调控的诱导型启动子。表达载体的拷贝数也会影响外源基因的转录水平，选择高拷贝数表达载体可以提高外源 mRNA 的转录丰度，进而提高蛋白质合成的水平。但是，如果载体的拷贝数增加，可能会对宿主菌的生长产生负面影响。一般来说，载体拷贝数越高，宿主菌的生长速度就越慢。此外，当宿主细菌分裂时，高拷贝载体容易导致遗传物质分配的不稳定性。含有低拷贝(或无)载体的宿主细胞其生长速度快于含高拷贝载体的细菌细胞，经过多代繁殖后，可能导致不含外源基因的宿主菌成为优势群体，从而影响外源基因的表达。对于分子量大的外源蛋白，使用高拷贝载体更容易导致外源基因发生重组、缺失、插入、重排等遗传变异，因此实际中应根据研究目的选择拷贝数较低的表达载体。

密码子偏好性是限制外源蛋白表达的一个重要因素，不同的宿主菌其密码子偏好性各有差异，因此选择适合的宿主菌非常关键。选择补充有大肠杆菌稀有密码子对应的 tRNA 的菌株，如 Rosetta 2 系列菌株(来源于 BL21 菌株，该菌株含有 pRARE2 质粒)，可以提高真核基因在大肠杆菌中的翻译速率。选择内源蛋白酶基因突变的菌株，如 BL21 系列菌株，可以提高外源蛋白在大肠杆菌中的稳定性。选择蛋白质二硫键形成能力强的菌株，如果 Origami 2 系列菌株，其编码硫氧还蛋白还原酶(TR)和谷胱甘肽还原酶(GR)的基因被突变，有利于二硫键的生成和外源蛋白折叠，可提高外源基因在大肠杆菌中的可溶性表达水平。

真核生物基因的密码子偏好性往往与大肠杆菌不同。为了获得外源蛋白的高水平表达，在不改变其氨基酸序列的前提下，可以根据密码子的简并性对外源基因的密码子进行改造，使之与宿主菌相适应，以达到提高蛋白质表达量的目的。基因序列分析表明，简并性三联体密码子常常具有"××C"或"××U"的结构特征，其第三位上的嘧啶具有一定偏向性。在高效表达的基因中，如果三联体密码子中前两个碱基是 A 或 U，那么第三个碱基是 C 的可能性最大；如果前两个碱基是 G 或 C，那么第三个碱基为 U 的可能性最大，这是因为密码子与反密码子之间的配对要求二者的稳定性接近或均等。否则，若二者间存在很强或很弱的互作能量，则有可能导致翻译的效率降低。

总之，表达外源蛋白时应根据实验的目的和要求，采取合适的蛋白质表达形式。如果进行可溶性表达，可以将外源蛋白与特定的标签蛋白融合。例如，添加多聚组氨酸标签有利于外源蛋白的分离纯化，而添加谷胱甘肽-S-转移酶或硫氧还蛋白标签有利于外源蛋白正确折叠，与信号肽融合有利于将合成的外源蛋白分泌到周质中，还可以通过改变培养基的成分或培养条件(包括温度、溶氧量等)等措施来增加外源蛋白的可溶性和稳定性，从而最终实现外源蛋白的高效表达。

5. *真核基因在大肠杆菌中表达存在的问题与对策*

基因工程研究的目的之一是在宿主细胞中表达目的基因，通过宿主细胞生产基因工程药物，如人胰岛素、白细胞介素或 α-干扰素等。此外，基因工程还用于研究基因与蛋白质间的相互关系，以及基因的结构与功能间的相互关系。如前所述，大肠杆菌是分子生物学和分子遗传学中研究最广泛、了解最深入的常用材料，且对人体无害，是最常用的表达外源基因的宿主细胞。但是，人类认为有用的目的基因大多数都是真核基因，而大肠杆菌是原核生物，因而立即出现一个问题，即真核生物的基因能否在原核生物中实现表达或被转录并翻译出蛋白质?

真核基因转入原核生物大肠杆菌中，如果要实现正常表达会面临一些难题(图 5-48)，这是因为：①真核基因在结构上与原核基因存在很大差别，真核基因有内含子，转录后需要加工剪辑，而原核生物缺少对真核 mRNA 加工剪辑的系统；②真核基因的转录启动子与原核的启动子不相同，因此大肠杆菌的 RNA 聚合酶不能识别真核启动子；③真核基因 mRNA 的分子结构与原核大肠杆菌的 mRNA 也有所不同。真核生物 mRNA 的 3′端有一段长长的 polyA

大肠杆菌不能剪切内含子

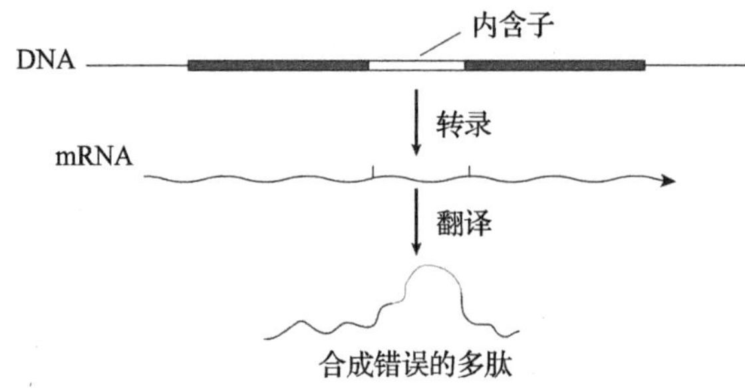

转录提前终止

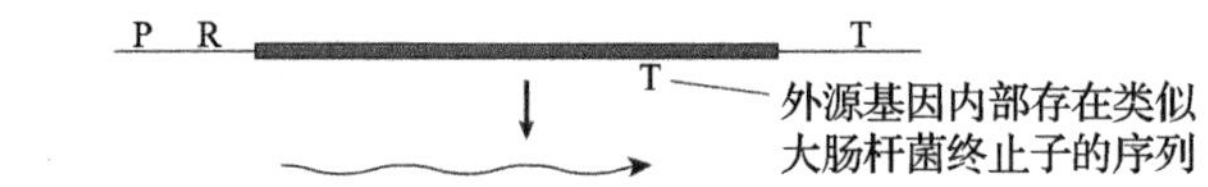

密码子偏好性

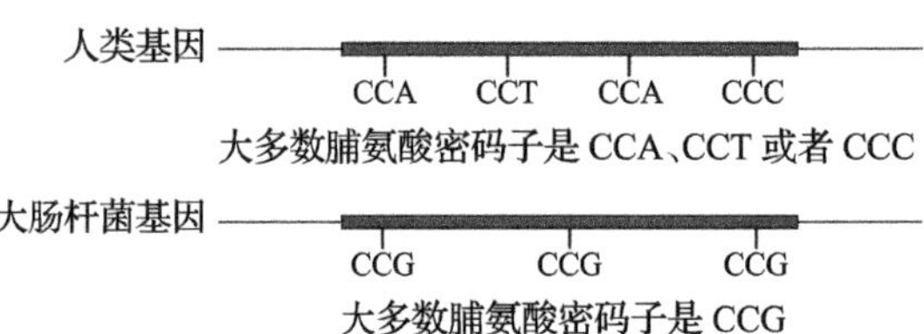

核糖体与 RBS 的结合受阻

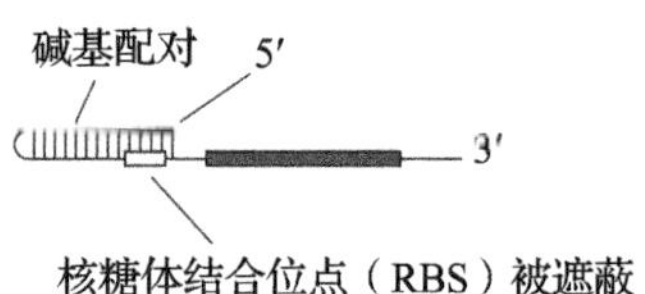

图 5-48 真核基因在大肠杆菌中表达可能存在的问题

“尾巴”，而 5′端有一“帽子”结构，这种结构会影响真核 mRNA 在细菌细胞中的稳定性以及与细菌核糖体的结合能力，从而阻碍正常的转录和翻译；④许多真核基因的蛋白质产物需要经过翻译后的加工修饰和重新装配才有活性，但大肠杆菌细胞不具备真核蛋白质的加工修饰系统，导致表达产物不能正常折叠；⑤大肠杆菌细胞中的内源蛋白酶会识别并降解外来真核基因表达的蛋白质；⑥大肠杆菌与真核生物的密码子使用偏好性各不相同；⑦外源真核基因的序列中可能存在类似大肠杆菌的终止子，从而导致转录可能提前终止。

为了使真核基因在原核生物中正常表达，必须满足至少 3 个条件：首先，在体外将目的基因插入合适的表达载体中；其次，使目的基因置于大肠杆菌的转录启动子控制之下；最后，必须有一段与核糖体 16S rRNA 的 3′端互补配对的序列（即控制核糖体翻译起始的 SD 序列）。为了达到这些条件，通常可以采取下列措施：①利用体外重组技术，将真核基因插入原核启动子的下游，由原核启动子驱动下游的外源基因的转录，同时也将核糖体结合位点及 SD 序列引入表达载体，使之位于外源基因的上游，并保证 SD 序列与起始密码子间的准确距离和碱基组成；②改变外源基因的表达形式（如形成融合蛋白或分泌蛋白）、选用蛋白酶缺陷（如 LON 蛋白酶基因发生突变)的菌株作为受体菌、对外源蛋白中水解酶作用的敏感位点进行改造或修饰、表达外源蛋白的稳定因子(如分子伴侣),以增强外源蛋白在大肠杆菌细胞中的稳定性;③克隆 cDNA 序列或利用化学法合成不带内含子序列的目的基因,以解决真核基因在大肠杆菌中表达的内含子问题;④通过点突变等方法,将外源基因中的密码子优化为大肠杆菌中高频出现的同义密码子,以提高外源蛋白的翻译效率。

利用原核生物大肠杆菌的表达系统生产真核蛋白质,在实践中已经得到了成功应用。下面来看一个简单例子:脑激素是哺乳动物中的一种生长激素释放因子,具有抑制生长激素、胰岛素和胰高血糖素分泌的生理功能,可用来治疗肢端肥大症、急性腺炎和糖尿病。如果按照传统的方法,5 mg 脑激素制品需要用 50 万只羊脑才足以分离到,而采用基因工程的方法,仅需要 9 L 大肠杆菌发酵液就可提取制备。脑激素基因编码包含 14 个密码子,其中第一个 ATG 是转录起始密码子,而紧接着的第二个 ATG 则编码甲硫氨酸(Met)。在翻译后,甲硫氨酸成为溴化氰(CNBr)作用的位点,可以使融合蛋白在此处断裂,从"—COOH"端切开多肽链,从而除去标签蛋白。在脑激素基因序列的两端,存在两个限制酶(*Eco*RⅠ和 *Bam*HⅠ)的识别序列。通过克隆操作,可将该基因插入大肠杆菌表达载体 pBH20 中 *lac* 控制区的下游,*lac* 控制区包含 *lac* 启动子、CAP 结合位点、操纵基因、核糖体结合位点(RBS)以及缺陷型的 *lacZ′* 基因(由 β-半乳糖苷酶基因的前 7 个密码子组成,便于产生融合蛋白)。CAP 是指降解物活化蛋白(catabolite activator protein),它是一种重要的效应物,可以激活糖代谢系统中许多基因的启动子,从而调控基因的表达。将重组的表达载体转化大肠杆菌,可获得由 β-半乳糖苷酶前 7 个氨基酸和脑激素多肽融合而成的蛋白质。由于受 β-半乳糖苷酶部分肽链的保护,脑激素多肽不会被细菌体内的蛋白酶水解。对目的克隆鉴定后,进行大规模的发酵培养,分离纯化融合蛋白,然后用 CNBr 处理以除去 β-半乳糖苷酶标签,最终通过活化步骤可得到脑激素多肽。

5.12.3 外源基因在酵母中的表达

酵母作为最简单的单细胞真核生物,与大肠杆菌有许多相似之处。例如,酵母的遗传背景简单,研究深入,实验操作简便,可以被用于大规模发酵生产外源蛋白质。作为真核生物,酵母表达比大肠杆菌原核表达具有更多的优势:在酵母中,外源蛋白翻译后可以被修饰加工和正确折叠,而原核生物缺乏此过程;当使用原核表达生产药物时,分离纯化的外源蛋白中可能残留有大肠杆菌自身的蛋白质,对人体可能会产生毒性和引起免疫反应,而真核表达可以避免此类问题;酵母的发酵工艺成熟,且成本低廉。

1. 酵母表达载体的组成

酵母表达载体通常属于穿梭载体或双元载体类型,即在原核大肠杆菌中构建载体并进行繁殖,然后在酵母中进行真核表达。酵母表达载体不仅具有一般质粒载体必备的基本元件,如适合细菌的选择标记基因和复制起点(Ori)等,还具有适合酵母复制和表达的相关元件,如酵母复制子、筛选标记和表达盒等。如果是整合类型的酵母载体,则还需具备与基因组 DNA 重组、整合相关的元件。

酵母表达载体的复制子具有完整的自主复制功能,被称为 ARS(autonomous replication sequence)。其来源有两种:一是直接克隆宿主酵母染色体 DNA 上的 ARS;二是选用酵母中一种长度为 2 μm 的内源质粒的复制子,二者都能进行自主复制,且能在酵母细胞中维持较高的拷贝数。酵母中使用的筛选标记一般是酵母自身的一些野生型基因,如 *LEU2*、*HIS3*、*URA3*、*TRP1* 等,而受体菌则是相应基因的缺陷型，通过功能互补的方式进行筛选。表达盒(expression cassette)一般由酵母的启动子、核糖体结合位点(RBS)、多克隆位点、转录终止子以及编码信号肽或标签蛋白的序列等元件组成。启动子对酵母中外源基因表达的影响最大，与原核启动子类似，大部分酵母的启动子由上游调控区和核心区两部分组成。在酵母启动子的核心区，转录起始点上游－20 bp处存在一个保守的"TATA "框，决定转录起始的位置，而在上游调控区，转录起始点上游－40 bp处常有一个"CAAT"框，－110 bp处常有一个"GC"框，这些框控制着转录的频率。

酵母表达载体所用的启动子类型，有组成型和诱导型两种。对于一般的外源蛋白质，如果大量表达对酵母没有毒害或较严重的影响，则可以使用组成型启动子，如乙醇脱氢酶1(ADH1)基因的启动子、丙糖磷酸异构酶1(TP1)基因的启动子、甘油醛磷酸脱氢酶(GPD)基因的启动子。组成型启动子的表达不需要诱导，外源基因的mRNA产量可达到总mRNA的1%以上，但是它也受酵母细胞生理状态的影响，并会随着发酵过程中培养基状态的变化而改变。当外源蛋白的表达会危害宿主酵母时，或外源蛋白的表达需要被严格调控的情况下，应该使用诱导型启动子，这类启动子常受培养基中碳源的调控表达，如*GAL1*或*GAL10*基因的启动子。

2. 酵母表达系统

1981年，Hitzeman等首次利用酿酒酵母在酵母中实现了外源基因的表达。随后，多个酵母表达系统发展起来，如毕赤酵母、乳酸克鲁维酵母、粟酒裂殖酵母、解脂耶氏酵母表达系统等，其中毕赤酵母表达系统的应用最为广泛。

酿酒酵母也被称为面包酵母，传统上用于制作酒类和面包，它具有生长速度快、抗逆性强、需氧量低、生物安全性好、操作简单和遗传背景清晰等特点。目前，医药产品或真核基因产物基本上都是由酿酒酵母生产的。酿酒酵母表达系统具有许多优点，如基因组小、遗传背景清晰，易于操作；具有真核的蛋白质翻译加工系统，有利于表达有活性的外源蛋白；安全性高、不产生内毒素；生长速度快，易于培养，生产成本低；环境适应性强。但是，酿酒酵母表达系统也存在一些缺陷，如其翻译后修饰系统与高等生物不完全相同、蛋白质的过度糖基化现象较严重、不易进行高密度发酵、分泌效果不佳，以及表达质粒的遗传稳定性较差且容易丢失。

毕赤酵母表达系统是目前最常用的真核表达系统。该系统是甲醇营养型表达系统，醇氧化酶(AOX)基因是毕赤酵母利用甲醇的关键基因，其受甲醇严格诱导。根据是否含有AOX以及甲醇利用能力的高低，可以将毕赤酵母分为3个类型：甲醇利用正常型，含有完整的醇氧化酶(AOX1和AOX2)，可以利用甲醇快速生长；甲醇利用缓慢型，*AOX1*基因突变，而*AOX2*基因完好，但由于AOX2只占甲醇利用酶活性的15%，因此该型只能缓慢地利用甲醇；甲醇利用负型，*AOX1*和*AOX2*都发生突变，不能利用甲醇。与酿酒酵母表达系统相比，毕赤酵母表达系统具有更多优势：营养需求单一，以甲醇为唯一碳源；可以进行高密度发酵培养；外源蛋白的纯化简单，适合于大规模表达；具有完善的翻译后修饰系统，且糖基化程度低于酿酒酵母，因此蛋白质的活性较高。

乳酸克鲁维酵母与酿酒酵母在形态上相似，一般也使用诱导型启动子，如*LAC4*，该启动子可以由半乳糖和乳糖诱导表达，而葡萄糖则抑制其表达。乳酸克鲁维酵母表达系统具有以下优点：生物安全性好，适合用于发酵生产食品；能够进行高密度发酵，故蛋白质产量高；适合大分子量的外源蛋白表达；不需要甲醇诱导表达，因而发酵时可以避免爆炸事故；发酵培养基的碳源成本较低。

粟酒裂殖酵母表达系统主要利用乙醇脱氢酶(ADH1)基因、*SV40*或*CaMV 35S*等的启动子来驱动外源基因的表达，其中乙醇脱氢酶基因的启动子是诱导型启动子，受葡萄糖和甘油的诱导,而 *SV40* 启动子和 *CaMV 35S* 启动子则是组成型表达启动子。粟酒裂殖酵母表达系统最大的优点是与高等生物具有相似的生物学特性,具有与人类相似的糖蛋白折叠机制,而且糖基化程度较低。

解脂耶氏酵母是一种非常规酵母的代表,能利用有机酸(如柠檬酸、异柠檬酸)和蛋白质类物质进行营养代谢,因此逐渐成为流行的外源蛋白表达系统。解脂耶氏酵母表达系统具有以下优点:生物安全性好,适用于食品和药品的生产;能大量分泌产生高分子量产物;碳源广,成本低廉;拥有完善的修饰系统,且糖基化程度低。

3. 提高酵母中基因表达的策略

与大肠杆菌表达系统类似,酵母表达系统中外源基因的表达效率也受多种因素的影响,这些因素包括启动子的强度、载体的拷贝数、启动子和起始密码 AUG 间的距离、密码子偏好性、分泌表达的情况、表达系统类型以及表达工艺等。酵母表达系统中这些因素对基因表达的影响与大肠杆菌表达系统类似,以下仅介绍酵母表达系统中独特的方面。

不同的酵母表达系统各自具有不同的特点和优势,进行酵母表达时应根据实验目的和要求进行选择,而且要注意,不同的酵母表达系统应选择相匹配的表达载体和启动子。在培养基中添加某些营养物质,如添加某些限制性氨基酸、金属离子等,或补充相应的碳源,可以增强蛋白质的合成速率或提高蛋白质的稳定性,从而提高外源蛋白的表达。每种表达系统都有其最适宜的表达温度,温度过高或过低将影响酵母的生长和外源蛋白的表达效率。有时,适当降低表达的温度反而可以提高外源蛋白的表达量,这可能是因为低温增强了蛋白质的折叠能力。诱导时间和外源蛋白的表达水平之间也存在显著相关性,虽然延长诱导时间可能会提高表达产量,但并不是诱导表达的时间越长越好,时间太长反而可能导致外源蛋白的降解。对于不同的酵母表达系统和不同的外源基因,需要摸索各自最优的诱导表达时间。最后,酵母表达需要有足够的通气量,通气若不足会抑制酵母的生长和外源蛋白的表达。大规模培养时,应使用发酵罐进行搅拌和通气。如果是小规模培养,可以使用有棱的三角瓶进行摇动培养,或在三角瓶中放置试管刷以增加搅动,并用多层无菌纱布代替密封纸包裹瓶口,有助于增加通气量。

5.12.4 外源基因在哺乳动物细胞中的表达

大肠杆菌表达系统和酵母表达系统虽然具有高效表达外源基因的能力,且能满足大部分外源蛋白表达的需求,但是并不能表达所有的真核基因。同时,由于可能缺乏完善的翻译后修饰系统,这些系统表达出的蛋白质不能够折叠成正确的构象。哺乳动物细胞表达系统虽然存在表达量低、成本高、操作复杂、对实验条件和操作技术要求高等不足,但为了获得具有正确构象的外源蛋白,有时只能选择这种系统。哺乳动物细胞表达系统的最大优势是具有完善的翻译后折叠和修饰系统,能够准确进行糖基化等修饰,从而使表达出来的蛋白质具有正确的构象,并具有类似天然蛋白质的生理生化功能。因此,利用哺乳动物细胞表达系统生产重组蛋白药物已逐渐成为主流。

1. 哺乳动物细胞表达载体的组成

哺乳动物细胞表达载体分为病毒载体和质粒载体两大类,其中病毒载体的转染效率高,对细胞毒性低,但是安全性较差且实验要求较高,而质粒载体往往是穿梭载体,一般先在大肠杆菌中构建和繁殖,然后在哺乳动物细胞中表达。哺乳动物细胞表达载体一般都具有以下元件:哺乳动物中表达所需的转录调控元件、适合哺乳动物细胞和细菌细胞筛选的标记基因、哺乳动物和细菌的复制子，以及多克隆位点。

哺乳动物表达载体的转录调控元件包括启动子、增强子、内含子剪接信号、终止子和polyA等。哺乳动物表达载体的启动子一般使用病毒启动子或哺乳动物的强启动子，由核心区和上游调控序列两部分组成，大小约为100～200 bp。上游调控序列位于转录起始点上游－200～－60 bp处，含有“CAAT”框和“GC”框，主要作用是调控转录的频率；核心区位于调控序列和转录起始点之间，含有“TATA”框，决定转录起始的位置。外源基因表达时，一般使用组成型启动子，但是如果表达产物对细胞有毒性，则需要使用诱导型启动子。常用的启动子有巨细胞病毒(CMV)启动子、猿猴病毒(SV40)启动子、腺病毒(AD)启动子、热休克启动子和激素诱导型启动子等。增强子具有增强启动子转录的能力，强的增强子可提高启动子的转录能力10～100倍甚至更高。为了提高外源基因在哺乳动物中的表达效率，表达载体一般至少含有一个增强子，常用的增强子来源于SV40、RSV或CMV。在进行真核基因表达时，一般直接表达成熟的cDNA序列，但有些基因需要有内含子才能有效表达，此时表达载体上就必须携带有剪接信号，以便将外源基因的前体mRNA加工成熟。常用的剪接序列来源于SV40的内含子序列，或由腺病毒和免疫球蛋白基因内含子构成的复合内含子序列。转录还需要有终止信号，无限的转录既会影响下游基因的表达，也会导致目的基因的转录减少，从而无法保证目的基因mRNA的长度和丰度，因此在目的基因的下游必须要有终止子信号。转录终止后，由核酸内切酶复合体识别polyA加尾信号(具有“AAUAAA”特征结构，且下游富含GU或U)并切除一段mRNA序列，然后在ployA聚合酶的作用下加上一段100～200 bp的polyA“尾巴”。当表达载体缺少polyA加尾信号序列时，外源基因的表达量可能下降10倍以上。

哺乳动物表达载体上的细菌筛选标记与普通质粒载体相同，大多数都是使用抗生素基因进行筛选，而在哺乳动物细胞中进行筛选的标记则通常使用抗药性基因。这些抗药性标记基因不仅可用于筛选转化子，有些还可以增加细胞中质粒的拷贝数，从而使目的基因得到扩增。常用的哺乳动物细胞筛选标记基因有胸腺嘧啶核苷激酶(TK)基因、氨基葡萄糖苷3′-磷酸转移酶(APH)基因、二氢叶酸还原酶(DHFR)基因、潮霉素B磷酸转移酶(HPT)基因、黄嘌呤-鸟嘌呤磷酸核糖转移酶(XGPRT)基因、天冬酰胺合成酶(AS)基因、腺苷脱氨酶(ADA)基因等(表5-11)。

表5-11　哺乳动物细胞筛选的标记基因

标记基因	筛选药物	筛选原理
胸腺嘧啶核苷激酶(TK)基因	氨基蝶呤(抑制dCTP向dTTP转化)	TK补救合成dTTP
氨基葡萄糖苷3′-磷酸转移酶(APH)基因	G418(抑制蛋白质合成)	APH磷酸化G418使其失去活性
二氢叶酸还原酶(DHFR)基因	氨甲蝶呤(MTX，抑制DHFR活性)	MTX可以诱导带DHFR质粒扩增，增加拷贝数
潮霉素B磷酸转移酶(HPT)基因	潮霉素B(Hyg，抑制蛋白质合成)	HPT磷酸化Hyg使其失去活性
黄嘌呤-鸟嘌呤磷酸核糖转移酶(XGPRT)基因	霉酚酸(抑制鸟嘌呤从头合成)	XGPRT催化从黄嘌呤合成鸟嘌呤的反应
天冬酰胺合成酶(AS)基因	*β*-天冬氨酰-异羟肟酸(*β*-ASH)	*β*-ASH提供酰胺
腺苷脱氨酶(ADA)基因	9-*β*-*D*-木酮呋喃嘌呤糖苷(Xyl-A)	ADA钝化Xyl-A

2. 哺乳动物细胞表达系统的常用载体

(1)猿猴病毒(SV40)系列表达载体　SV40 的基因组为环状双链 DNA,大小为 5 243 bp。SV40 病毒的侵染具有宿主特异性,感染特定的细胞后会大量繁殖,然后组装成病毒颗粒并裂解细胞释放出来。SV40 能提供一整套真核基因表达元件,外源基因可以直接插入 SV40 的启动子和剪接信号之间,如果外源基因自身携带有表达调控元件,则可以插入 SV40 下游非编码区。但是野生型 SV40 存在缺陷,如包装受限制、受体细胞具有特异性、不能稳定表达,因而需对 SV40 载体进行改造,如将大部分基因组序列删除,仅保留复制子、早期启动子序列、剪接信号、转录终止信号和 polyA 信号,并引入多克隆位点、哺乳动物细胞筛选的标记基因、噬菌体启动子、细菌的复制子和筛选标记基因等元件。改造后的载体可以在大肠杆菌中构建和繁殖,然后直接转染哺乳动物细胞,而且转化后不会裂解哺乳动物细胞,可以建立稳定的表达菌株。此外,这种载体不需要包装,也不存在包装限制,可以插入分子量较大的外源基因,但缺点就是其转化效率低于病毒的感染效率。SV40 系列载体需要整合到宿主细胞的基因组中才能获得稳定的转化细胞系,但是其插入基因组的位置是随机的,这可能导致位置效应,既可能破坏内源基因,也可能插入异染色质区而导致外源基因不表达。

(2)牛疣病毒(BPV)系列表达载体　牛疣病毒Ⅰ型(BPV-Ⅰ)能引起牛表皮和间质细胞产生肿瘤,它是一种环状双链 DNA,长度为 7 954 bp。BPV-Ⅰ感染细胞后,会以染色体外 DNA 的形式在细胞中存在,具有 20～100 个拷贝。经过改造后的 BPV-Ⅰ载体,除携带部分 BPV-Ⅰ DNA 外,还具有哺乳动物表达的启动子(如 SV40 早期启动子、金属硫蛋白启动子等)、多克隆位点、哺乳动物细胞筛选的标记基因、ployA 信号(来源于 SV40)、适合细菌的复制子和筛选标记等元件。BPV 系列载体的构建、转化和筛选都较简便,故应用范围较广。

(3)人腺病毒(adenovirus,AD)系列表达载体　AD 是一群广泛分布的呼吸道病毒,其基因组为线性双链 DNA,长度约 36 kb。AD 的基因组两端各有一个末端反转重复序列(ITR),且 5′端带有病毒的包装信号,这两者都是腺病毒基因组复制和包装的关键元件。构建载体时,AD 系列载体存在包装大小的限制,其范围为原基因组的 75%～105%。AD 载体具有许多优点,例如改造后的载体中非必需区可被外源基因替换,从而增大了承载能力,载体稳定性好且构建简单;感染性强,宿主范围广,以游离形式存在于宿主的基因组之外,拷贝数高,且没有位置效应。但是,AD 载体也存在缺点,如包装限制导致其承载能力仍然有限,载体中包含的病毒基因可能产生细胞毒性,此外也容易发生重组等。

(4)反转录病毒(retrovirus)系列表达载体　反转录病毒的基因组为单链 RNA,该 RNA 在反转录成 cDNA 后可整合到宿主的基因组中。构建反转录病毒载体通常有两种方法,一种是置换非必需区,另一种是置换必需区,前者允许病毒正常感染宿主细胞并进行繁殖,而后者则需要辅助病毒的帮助才能感染宿主细胞。反转录病毒表达载体一般包含与病毒包装、转录和翻译有关的元件、哺乳动物细胞中的筛选标记、适合细菌和哺乳动物的复制子,以及外源基因的表达调控序列。反转录病毒载体具有以下优点:感染率非常高(几乎能感染所有类型的细胞);外源基因可以整合到宿主的基因组中,而且仅插入少数几个拷贝甚至单拷贝;不仅宿主范围广,而且生物安全性高。

3. 哺乳动物基因表达系统的宿主细胞

用于哺乳动物表达外源基因的宿主细胞,应具备来源丰富、易于培养、转化率高及表达产量高的特点。正常细胞一般具有接触抑制性,但是肿瘤细胞不存在这种抑制。理论上肿瘤细胞可以无限增殖，而且传代速度快，有利于迅速获得大量的表达产物。但是，肿瘤细胞作为受体细胞也存在缺点，因为其生理生化状态及基因表达调控与正常细胞不同，故在选择宿主细胞时要尽量选择与正常细胞相近的肿瘤细胞。哺乳动物外源基因表达的宿主细胞，常用的有中国仓鼠卵巢细胞(CHO-K1)、COS 细胞、小仓鼠肾细胞(BHK)、小鼠胸腺瘤细胞(NSO)和小鼠骨髓瘤细胞(如 NS0、SP2/0)等。

CHO-K1 细胞一般用于稳定整合表达，其培养要求较低，可以在无血清和蛋白质的条件下繁殖，这种细胞既可以贴壁培养也可以悬浮培养，适用于大规模生产。虽然 CHO-K1 作为宿主细胞时，外源基因表达的产量较低，但是可以通过改造来增加表达量。例如，二氢叶酸还原酶基因不仅可以作为筛选标记，而且在添加氨甲蝶呤的情况下，可以使该基因缺陷型的细胞株中外源基因的拷贝数扩增，从而增加外源基因的表达量。CHO-K1 细胞适合外源基因的整合表达，传代培养稳定，其表达的蛋白质翻译后糖基化修饰与人类细胞相似，因此当前大部分重组蛋白类药物都是由 CHO 细胞生产。COS 细胞是在非洲绿猴肾细胞系(CV-1)中组成型表达 SV40 大 T 抗原的细胞株。SV40 大 T 抗原调控宿主细胞的多种分子途径，并诱导 DNA 复制，可以使多种细胞实现无限扩增，因此 COS 细胞可以长期传代培养。COS 细胞来源丰富，且易于转染和培养。由于该细胞含有 SV40 的大 T 抗原，进入 COS 细胞后带有 SV40 复制子的质粒会大量复制，能瞬时产生大量表达产物，所以 COS 细胞广泛用于瞬时表达，但是这种高表达可能导致宿主细胞无法承受而死亡。小鼠骨髓瘤细胞，如 NS0 和 SP2/0 细胞株，是广泛使用的哺乳动物外源基因表达系统的宿主细胞，主要用于单克隆抗体的生产。这种细胞易于培养和转染，而且在无血清培养基中能实现高密度培养并能高效表达外源基因。此外，它们还能将表达蛋白分泌出细胞外，而且这些蛋白在翻译后具有糖基化修饰功能。

4. 提高哺乳动物细胞外源基因表达的策略

与大肠杆菌和酵母的表达系统类似，提高哺乳动物细胞外源基因表达的策略也是通过改造载体或宿主菌，从而达到增加外源基因的拷贝数和转录活性、提高蛋白质翻译能力或改善翻译后修饰与正确折叠的目的。

(1)提高外源基因的转录水平　染色体上不同区域的基因转录活性各不相同。例如，异染色质区的转录活性很低，甚至不发生转录，如果外源基因插入异染色质区，将极大地影响其表达。相反，常染色质区的转录较为活跃，是外源基因插入的理想位置。为了筛选出高效表达的细胞株，可以对载体进行改造。例如，通过弱化筛选标记基因来实现较弱的筛选标记基因不足以对抵筛选压力，从而可能导致细胞死亡，而细胞为了存活就会增加标记基因的转录，那么活下来的细胞株中外源基因往往也呈现高表达。为了弱化筛选标记基因，可将控制筛选标记基因表达的 SV40 启动子的增强子删除，以减少其转录水平，或者改变内含子的序列，以减少筛选标记基因的正确剪接，或者在起始密码子前添加不同读码框的 ATG，以影响其正确翻译。提高外源基因转录活性的更直接的方法是在载体上加入特定的序列，使载体能够整合到染色质活跃区域，或者在载体上加入骨架附着区(scaffold attachment region，SAR)或核基质附着区(matrix attachment region，MAR)序列，使表达载体整合到染色体后能够模拟高活跃区的转录，还可以在载体上添加宿主染色体的同源序列，通过同源重组使外源基因直接插入到染色体的特定位置，这样既保证了外源基因的高效表达，而且避免了因随机插入而破坏内源基因的功能。通过增加筛选压力，可以促使筛选标记基因扩增来抵抗这种压力，同时载体中外源基因的拷贝数也会相应增加。为外源基因配备更强的启动子、增强子或这些元件的高效组合也是一个有效的策略，但是如果外源基因的表达产物对宿主细胞有害，那么最好使用诱导型启动子。

(2)提高外源基因的翻译水平　提高蛋白质的翻译效率，主要需考虑 mRNA 的稳定性和正确性、核糖体结合 mRNA 的频率和密码子偏好性等问题。哺乳动物细胞的表达中，有些外源基因需要有内含子，而内含子的正确剪接是获得成熟 mRNA 的前提，如果内含子剪接发生错误，将导致翻译效率下降、mRNA 不稳定或蛋白质序列发生错误，因此必须选择合适的内含子剪接信号。此外，终止子和 polyA 加尾信号也至关重要，因为转录终止是否及时关系到转录的效率。polyA 不仅增加 mRNA 的稳定性，而且对提高外源基因的翻译能力具有类似增强子的作用。真核生物基因的翻译依赖于 mRNA 的 5′端“帽子”结构，而病毒 mRNA 的 5′-UTR 区往往存在一段特殊的序列，称为内部核糖体进入位点(internal ribosome entry site，IRES)，它可帮助下游编码区的翻译。若在外源基因的 5′端引入 IRES 序列，则可以有效提高外源基因的翻译能力。但要注意，不同来源的 IRES 序列在不同宿主细胞中的活性不同，因此应根据宿主细胞的类型选择不同的 IRES 序列。为了提高外源基因的翻译能力，还可以在表达载体中加入翻译增强子，或者根据宿主细胞的密码子偏好性对外源基因的密码子进行改造或优化。

(3)改造宿主细胞　宿主细胞是外源基因表达的加工厂，其特性和生理状态会极大地影响外源基因的表达。与大肠杆菌和酵母的表达类似，哺乳动物细胞表达外源基因也需要等细胞生长至一定的密度后才可进行。缩短细胞的增殖期，使宿主细胞在较短时间内达到所需密度，可以节省成本和时间。例如，在宿主细胞中过量表达细胞周期蛋白 Cyclin-E，可使细胞周期缩短，加快细胞增殖。当细胞达到一定的密度后，则需要控制细胞的增殖以便进行蛋白质表达。在宿主细胞中过量表达 *p21*、*p27* 或 *p53* 基因，可以诱导细胞长时间停留在 S 期而不分裂，从而有利于外源蛋白的大量表达。例如，在 CHO 细胞中过量表达 *p21*，可以抑制细胞增殖长达几周，同时提高外源蛋白的产量 10～15 倍。如果表达 *p27*，可以使细胞保持静止生长状态，而通过诱导 *p27* 的反义序列可以降低 *p27* 的丰度，使细胞再次进入快速增殖状态。因此，同时表达 *p27* 及其反义序列，就可以对宿主细胞的快速增殖和静止生长状态进行精确调控。随着培养基中含氧量的降低和营养物质的减少，细胞可能会产生有害的代谢物质，从而诱导细胞自身凋亡。通过提升如提高抗凋亡基因(如 *bcl-1*、*bcl-2* 和 *bcl-XL*)的表达或抑制凋亡执行基因(如 *caspase-3*)的表达，可以有效增强宿主细胞的抗凋亡能力，从而提高外源基因的表达水平。蛋白质的糖基化是一种常见的蛋白质翻译后修饰过程，它与氨基酸序列、糖基转移酶的种类与活性以及细胞内的环境密切相关。虽然 CHO 细胞中蛋白质的糖基化与人类细胞相似，但仍有差别。通过寻找与人类细胞中蛋白质糖基化一致的细胞，如 Burkitt's 淋巴瘤细胞(Namalwa 细胞)，或者通过改变外源基因的氨基酸序列来改造糖基化位点，可以达到改善蛋白质糖基化修饰的目的。

(4)优化表达条件　大规模表达蛋白质产物或进行商品化生产时，往往采用无血清、无蛋白质的培养基，以降低生产成本。但是，这些培养基中往往缺少黏附因子、扩展因子、生长刺激因子等细胞生长所必需的物质，从而导致培养过程中细胞的活力低、贴壁性差，以及细胞的增殖能力下降，进而影响宿主细胞表达外源蛋白的能力。向培养基中补充胰岛素、成纤维细胞生长因子等物质，以恢复细胞的增殖能力。随着细胞的增殖和外源蛋白的表达，培养基的成分会逐渐改变，含氧量也会不断消耗，可能导致细胞内产生各种有害物质，从而诱导细胞凋亡。通过优化培养基营养成分和氧气的供应,或补充适当的化学添加剂(如抗氧化剂),可以减少细胞凋亡。此外,优化细胞的培养环境也非常重要,如改变培养基中糖类物质的成分、添加地塞米松、降低培养温度等,以调节外源蛋白的 N-糖基化,使表达的外源蛋白的糖基化形式与人类的基本一致。

5.12.5 外源基因在植物细胞中的表达

与原核表达系统、酵母表达系统和哺乳动物细胞表达系统相比,植物细胞表达系统具有独特的优点。植物细胞表达系统具有完善的翻译后修饰和蛋白质折叠系统,可以保证外源蛋白的功能完整性。由于植物细胞具有全能性,每个细胞都有可能被诱导成为单独的个体,通过有性或无性的繁殖方式能产生大量后代,而且植物的种植成本较低,可以显著降低表达外源基因的生产成本。另外,多种植物都可以利用农杆菌介导的遗传转化方法,并且植物细胞生长对抗生素敏感,因此植物转基因的操作也较简单。植物细胞表达系统不仅能用于生产动物蛋白质,还能在生产食品和药品时降低因为提纯不够而导致的过敏反应风险。

植物细胞表达系统的应用范围非常广泛,它既能用于创造转基因植物,如转基因大豆、玉米、棉花等转基因作物,也能用于生产食品、药品等有用物质,但是植物表达系统也存在表达产物的产量较低、蛋白质糖基化与哺乳动物存在差异、表达产物的加工成本较高等不足。

1. 植物细胞表达系统

外源基因转入植物细胞中,存在稳定表达和瞬时表达两种表达形式。根据转化受体和表达形式的不同,植物表达系统可进一步分为稳定的核转化表达系统、细胞器转化表达系统、悬浮细胞系表达系统和瞬时表达系统等。

植物中大部分的转基因操作都是针对细胞核的转化,尤其在食品和药品的生产中,这种转化方式被广泛采用。一般来说,首先在大肠杆菌中构建好穿梭载体(双元载体),然后通过遗传转化将该载体转入受体细胞的核中。表达载体上的 T-DNA 区会发生转移,插入并整合到植物的基因组中,并能稳定遗传给后代,所获得的这种稳定的遗传系统背景单一、后代性状稳定,因此可以通过大量繁殖来扩大生产规模。在用于生产食品和药品的核基因组转化中,很多都采用使外源基因在作物的种子器官中特异表达的策略,这是因为种子的主要成分是淀粉,使得分离蛋白质产物较容易,而且种子是可食用器官,即使外源基因产物的纯度不高,对人体的危害也不大。此外,种子在干燥后可以较长期保存,且不会影响表达产物的活性。

与细胞核转化表达系统相比,细胞器转化表达系统具有更多的优点。细胞器的遗传背景更简单,所含蛋白质的数量也相对较少,一般只有约 3 000 种,而高等植物细胞核编码的蛋白质至少有 2 万～ 3 万种。细胞器的遗传属于母性遗传,故转基因成分只能通过母体遗传给后代,不需要担心转基因成分发生遗传漂移的问题。细胞器转化主要是指叶绿体或线粒体的转化,一般通过基因枪法来实现。在大肠杆菌中先构建好表达载体,然后通过基因枪轰击,将重组的表达载体转入细胞器中。目前,在很多植物中已成功实现了细胞器的遗传转化。但是,细胞器转化也存在缺点,如每个细胞中可能含有大量的线粒体和叶绿体,但并非每个细胞器都能成功转化。此外,在细胞分裂时,细胞器随细胞质的分裂而随机分配到子代细胞中,不能保证子细胞中一定含有外源目的基因。

植物的悬浮细胞系也可以作为表达系统。通过对愈伤组织进行遗传转化,将外源基因整合到宿主的基因组中,然后以转基因的愈伤组织为基础在液体培养基中进行悬浮培养,经过多次继代培养后制备成悬浮细胞系，便能生产外源基因的表达产物。植物悬浮细胞系作为表达系统具有许多优点，如可以使用容器进行悬浮细胞培养，直接生产基因表达产物，也可以将表达产物分泌到细胞外，使得分离纯化更为方便。有些植物细胞的再生比较困难，而通过细胞悬浮培养则不需要经历再分化的过程，操作非常方便，能更快速地生产表达产物。此外，悬浮细胞系的细胞遗传背景相近，具有较好的均一性，因此外源基因表达产物的异质性较低。植物悬浮细胞系表达目前已得到了广泛应用，如在鸡新城疫疫苗和人葡萄脑苷脂酶等药物的商品化生产中已成功应用。

瞬时表达系统是最快速、最方便的植物表达系统。在稳定转化表达系统中，导入的外源DNA整合到植物细胞的染色体DNA上并能稳定地遗传给后代，而在瞬时表达系统中，外源基因DNA与宿主细胞的染色体DNA并不发生整合，外源基因DNA随载体进入细胞后，在12 h内就可以发生表达，并且这种表达会持续约80 h。瞬时表达系统具有许多优点，例如它可以克服有些植物不能进行稳定遗传转化的困难；转化后1周左右就可以对外源基因进行分析，因而操作简单、快速，避免了组织培养的烦琐过程，而且表达水平较高、结果可靠；不受植物生长发育过程的影响；安全有效，不产生可遗传的后代，因此不存在基因漂移的风险。植物瞬时表达系统在启动子分析、快速验证基因功能、亚细胞定位和表达生产外源蛋白等许多方面已被广泛应用。

2. 植物细胞表达载体

根据表达系统的类型，植物表达载体大致可分为两类，即瞬时转化表达载体和稳定转化表达载体。瞬时转化表达载体类似于普通的质粒，除了含有细菌中繁殖和筛选所需的元件外，还需要具备适合植物基因表达的启动子、终止子等元件。

稳定转化植物表达载体通常是穿梭载体（双元载体），它既能在原核生物中也能在真核生物中进行复制和筛选。这类载体必须含有适合细菌的复制子和筛选标记，以便能在细菌中进行表达载体的构建，同时还需携带根癌农杆菌Ti质粒上的T-DNA功能元件（图5-49）。Ti质粒是根癌农杆菌中游离于染色体之外且能自主复制的环状双链DNA分子，长约23 kb。T-DNA功能区占Ti质粒DNA总长度的10%左右，是决定植物肿瘤形成的功能区段，它能转移并整合到植物细胞的核基因组内。T-DNA区的左右两端各有一个边界，称为LB（left brim）和RB（right brim），长度均为25 bp。LB和RB的序列呈正向重复，是T-DNA发生转移的顺式作用元件，可引导左右边界之间的DNA整合到植物基因组中，而且可以携带一定大小的外源片段同时发生转移。T-DNA需要有致病基因（如*virA*、*virB*、*virC*、*virD*、*virE*、*virF*、*virG*和*virH*等）的辅助才能发生转移，其中*virA*基因可被植物创伤诱导激活，活化后的*virA*进而激活其他的致病基因表达；*virD*可识别T-DNA的左右边界并造成T-DNA切割，其余的致病基因则负责将T-DNA带入细胞核并发生整合。为了扩大载体容量，植物表达载体中的T-DNA元件一般只含有左右边界序列，而致病相关基因则由根癌农杆菌

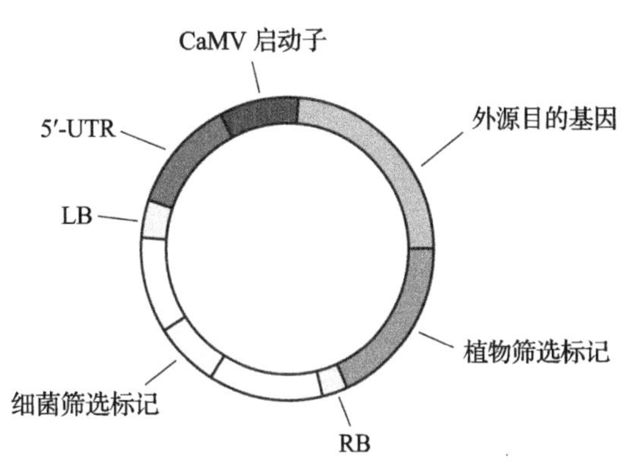

图5-49 植物基因表达载体

中的辅助质粒来提供。在 T-DNA 左右边界序列之间，含有多克隆位点、适合植物的筛选标记和报告基因，以及植物中外源基因表达所需的表达盒(包括植物启动子、终止子等)。

植物表达载体上携带的启动子有组成型启动子、诱导型启动子和组织特异性启动子等几种类型。常用的组成型启动子包括烟草花叶病毒(CaMV)35S 启动子、玉米泛素(ubiquitin，Ubi)基因启动子、水稻肌动蛋白(actin)基因启动子和 Ti 质粒胭脂碱合成酶(NOS)基因启动子等，其中 CaMV 35S 启动子较适合应用于双子叶植物，而 Ubi 启动子和 actin 启动子较适合用于单子叶植物。已报道的诱导型启动子有四环素诱导启动子、乙醇诱导启动子、地塞米松诱导启动子、雌激素诱导启动子等类型，但是这些启动子在植物表达中的应用并不普遍。常见的植物组织特异性启动子，有花药特异表达启动子、胚乳特异表达启动子、ADP-葡萄糖焦磷酸化酶基因启动子和番茄成熟果实特异表达的多聚半乳糖醛酸酶基因启动子等。终止子对于有效终止 RNA 的转录非常重要，植物表达载体中常用的终止子有 Ti 质粒胭脂碱合成酶(NOS)基因终止子、CaMV 35S polyA 终止子等，它们都有很强的终止转录能力，有助于 mRNA 高效表达。

植物表达载体中常用的筛选标记基因一般包括潮霉素磷酸转移酶(HPT)基因、草铵膦磷酸转移酶(Bar)基因、新霉素磷酸转移酶(NPTⅡ)基因、二氢叶酸还原酶(DHFR)基因等。潮霉素会抑制细胞内蛋白质的合成，而 HPT 可以磷酸化潮霉素并令其失活。氨甲蝶呤(MTX)是二氢叶酸还原酶(DHFR)的抑制剂，带有 *DHFR* 基因的载体转化 *dhfr* 缺陷型细胞，当细胞培养基内含有 MTX 时，通过反馈调节，阳性细胞内的载体质粒会得到扩增。卡那霉素会干扰细胞内的蛋白质合成而杀死细胞，而 *NPT Ⅱ* 基因编码的酶能对卡那霉素进行磷酸化修饰而令其失效。草铵膦(Basta)是一种广谱性除草剂，其作用原理是通过抑制细胞内的谷氨酰胺合成酶活性干扰氮代谢，导致细胞死亡，而 Bar 则可以修饰草铵膦而令其失活。*Bar* 基因一般更适合于双子叶植物细胞的转化筛选，而 *HPT* 和 *NPT Ⅱ* 基因一般多用于单子叶植物细胞的转化筛选。

植物表达载体常携带有报告基因，主要用来反映外源基因在植物中的表达位置和表达水平，而且通常对细胞无毒。常用的报告基因有 β-葡萄糖苷酸酶(Gus)基因、绿色荧光蛋白(GFP)基因和荧光素酶(luciferase)基因。Gus 可以将 5-溴-4-氯-3-吲哚-β-葡萄糖苷酸(X-Gluc)分解成为蓝色物质，通过肉眼或普通光学显微镜就可观察显色结果。绿色荧光蛋白(GFP)基因是从海洋生物水母中克隆得到的，它在许多异源组织中都能表达并发出绿色荧光，通过激光共聚焦显微镜等仪器即可进行检测。而荧光素酶(luciferase)基因则是从萤火虫等生物中克隆得到的，它编码的荧光素酶能够催化荧光素(luciferin)氧化并发出生物荧光，可以通过荧光测定仪进行检测。这些报告基因因具有检测效率高、灵敏度好、费用低、不需要使用放射性同位素等优点，在植物基因工程研究中已得到了广泛应用。

3. 植物表达载体的转化方法

将表达载体导入植物细胞，可以采用多种方法，如 PEG 法、浸泡法、基因枪法、显微注射法、农杆菌介导法以及目前正在研究的纳米技术。

聚乙二醇(PEG)法要求先游离出植物细胞的原生质体，再与携带有外源基因的表达载体质粒 DNA 混合，然后通过 PEG 处理促使 DNA 进入原生质体中。利用 PEG 法，可以在很多植物中进行外源基因的瞬时表达，但此法的缺点是原生质体再生成为植株比较困难，转化效率较低，实验需在短时间内完成，而且无法对只在特异分化的组织或器官中表达的基因进行研究。浸泡法是将受体材料浸泡到含有外源基因的质粒或RNA溶液中，以便外源质粒或RNA渗透进入植物细胞内进行瞬时表达，但是该方法成功率不高。基因枪法的原理是通过基因枪轰击，将附着有载体质粒DNA的金属颗粒高速射入植物细胞中。由于金属颗粒的直径(1.2 μm)非常小，所以不用去除细胞壁就能实现转化，从而避免了原生质体再生植株的难题。基因枪法的最大优点是没有宿主特异性，几乎所有植物都可以用此方法进行转化和瞬时表达，而且操作简单、快速。但是，该方法的缺点是转化效率较低，而且需要有特殊的设备，价格昂贵、费用较高。显微注射法的原理是利用显微注射仪将含有外源基因的载体质粒DNA直接注入细胞核或细胞质中，该方法最初使用的受体材料主要是原生质体，目前悬浮细胞、花粉粒、卵细胞和子房等都可以使用显微注射。农杆菌介导法的原理是将构建好的携带有外源基因的穿梭载体质粒先转化到农杆菌中，再经农杆菌侵染受体材料的伤口或愈伤组织，诱导载体上的T-DNA区发生转移并整合到受体的基因组中。农杆菌介导法是当前最流行的植物遗传转化方法，无论是稳定转化还是瞬时转化都适用，具有操作技术简单、费用低、重复性好、拷贝数低、基因沉默现象少、能转化较大片段等许多优点。

纳米材料因其分子量小，能够轻易地进出细胞，因而在转基因技术中得到了广泛应用。目前，纳米材料在动物的细胞、组织或器官的转基因以及药物靶向治疗中已成功应用，但是在植物中的应用相对滞后。通过将构建好的载体质粒DNA，或直接将外源基因的RNA、蛋白质用纳米材料包裹成纳米颗粒，就可以将这些遗传物质直接导入植物细胞中。与传统的转基因技术相比，纳米技术用于转基因具有很多优势。例如，该技术没有宿主限制，几乎适用于所有植物；利用纳米技术，可以转移RNA或蛋白质，不需要构建载体就可以实现内源基因的表达变化；纳米技术也非常高效，不仅可以转移大分子DNA，还能同时将多种DNA分子导入细胞内。

5.12.6 外源基因表达产物的检测与纯化

外源基因导入受体细胞后，筛选出含有目的基因的重组体，接下来需要对外源基因的表达产物进行检测，以验证受体细胞中确实转入了外源目的基因并成功表达，最后还需对外源基因的表达产物进行分离纯化，以便研究目的基因的功能或实现表达产物的大量生产。如果外源基因未能有效表达，通过检测可以发现问题究竟出在哪一步；如果实现了有效表达，则需要根据不同的目的，对目标产物进行分离纯化。

1. 外源基因表达产物的检测

基因的表达包括转录、翻译和翻译后的修饰三个主要阶段。转录是指以DNA为模板合成mRNA的过程；翻译是指从mRNA合成蛋白质的过程；而翻译后的修饰是指给蛋白质中的某些氨基酸加上一些共价结合的功能基团。由于翻译后的修饰往往较难进行检测，所以表达产物的检测通常主要集中在转录过程和翻译过程的产物上。有些目的基因难以直接检测，如果其与报告基因同时表达，则可以通过检测报告基因的表达水平来间接分析目的基因的表达情况。

判断外源基因是否表达的首要证据来自mRNA检测的结果，因为转录出的mRNA水平会直接影响蛋白质表达的水平。检测mRNA的方法较多，也较容易，主要有RT-PCR、qRT-PCR、Northern杂交和原位杂交等方法。无论使用哪种方法，都必须先分离出高质量的RNA。对于RT-PCR或qRT-PCR检测方法，需要先将mRNA反转录成cDNA，然后进行PCR扩增。RT-PCR需要设定合适的扩增循环数，然后通过电泳检测扩增的产物，以分析表达量的高低，而 qRT-PCR 需要利用定量 PCR 仪测定 *Ct* 值来分析目的基因的表达量。无论 RT-PCR 还是 qRT-PCR，都需要设置内参基因，以便对不同样品中的基因表达量进行比较。Northern 杂交检测的方法较为复杂，需要通过电泳分离 RNA，再将凝胶中的 RNA 原位印迹到杂交膜上，然后利用目的基因的同源探针进行分子杂交，以分析基因的表达量。不过，Northern 杂交检测方法需要的 RNA 用量大，而且对低表达基因的杂交信号可能较弱。原位杂交检测方法可以对不同细胞、组织或器官中目的基因表达的特异性进行检测，但是其流程非常复杂，包括材料固定、石蜡包埋、切片、脱水、复水以及探针制备、杂交、结果检测等诸多步骤，因此在外源基因表达的检测中较少采用。

对外源基因的翻译产物进行检测，最简单的方法是提取总蛋白，电泳分离，比较转基因细胞与非转基因细胞的蛋白条带差异，观察转基因细胞是否出现与目的蛋白分子量大小一致的条带，初步确定目的基因是否表达及表达量的高低。如果要准确检测外源蛋白是否表达，通常使用免疫学检测方法。最常用的方法是酶联免疫吸附法（ELISA）和 Western 杂交法，这两种方法都需要提取出总蛋白，而且需要具备特异性抗体。二者不同的是，ELISA 只能检测可溶性蛋白，而 Western 杂交对可溶性蛋白和不可溶性蛋白都能检测。ELISA 检测的原理是先将目的蛋白的特异性抗体固定在固相介质上，然后加入提取的可溶性蛋白一起孵育，使目的蛋白与抗体结合，洗去非特异性结合蛋白后，再加入酶标抗体（即另一种带有酶标记的目的蛋白的特异性抗体）与目的蛋白结合，经洗涤后加入酶的底物进行显色反应，根据显色的深度即可分析目的蛋白的表达丰度。Western 杂交的方法与 Northern 杂交法类似，只是二者检测的对象不同。在 Western 杂交中，将提取的总蛋白进行电泳分离，然后将凝胶中的蛋白质原位印迹到杂交膜上，依次加入目的蛋白的抗体（一抗）、带有某种标记的目的蛋白抗体的抗体（即二抗）进行杂交，再加入底物进行显色反应，分析目的蛋白表达量的高低。标记抗体常用的酶包括辣根过氧化物酶（HRP）和碱性磷酸酶（AKP）。如果对目的蛋白的生化功能已了解清楚，还可以依据其特定的生物学活性来进行检测。

2. 外源表达产物的分离纯化

外源表达的蛋白质产物主要分为两类：包涵体蛋白和可溶性蛋白。有些研究只需获得包涵体蛋白即可满足要求，而大部分的研究都要求获得可溶性蛋白。对不同形式表达的蛋白质，分离纯化的方法也存在区别，但是无论哪种方法，都需要对组织细胞进行破碎和蛋白质提取。

组织细胞破碎的方法一般有表面活性剂破碎、超声波处理、机械应力法或酶解法破碎等。哺乳动物细胞因为无细胞壁，所以利用机械应力或超声波简单处理即可进行破碎。如果要提取溶解性较差的蛋白质，或提取细胞器中的蛋白质，可加入表面活性剂（如 SDS、NP-40 或 Triton X-100 等）进行处理。大肠杆菌、酵母和植物的细胞具有细胞壁，故其细胞的破碎相对较难。总的来说，这三种细胞中以植物细胞的蛋白质提取最容易，大肠杆菌次之，酵母的蛋白质提取最难。植物蛋白质的提取一般只需通过研磨组织后加入表面活性剂就可以获得较好的提取效果，而大肠杆菌和酵母的蛋白提取需要通过酶解、超声波破碎等方法。现在可以通过高压破碎的方法，直接将细胞压破从而释放出蛋白质，可大大提高大肠杆菌和酵母的蛋白质提取效率。

外源基因在原核中表达最常见的形式是包涵体蛋白。一般来说，细胞中的包涵体含量较高，而且被外膜包裹也较稳定，故包涵体的分离纯化方法最简单。将细胞破碎后，通过离心收集沉淀就很容易获得包涵体，而且通过进一步的洗涤可以显著提高包涵体的纯度。利用尿素、

SDS 或盐酸胍等变性剂处理,可以使包涵体中的外源蛋白得到充分释放。为了获得可溶性蛋白,可以尝试将纯化得到的包涵体蛋白进行复性。但是注意,包涵体蛋白即使复性,也不一定能恢复其原始的生物学活性。如果是融合了组氨酸标签的包涵体蛋白,可以用尿素将包涵体蛋白溶解,然后经镍(Ni)离子柱纯化,即可获得很高纯度的外源蛋白质。

对于可溶性蛋白的分离纯化,首先必须对目的蛋白进行可溶性表达。将宿主细胞破碎后,通过离心分离得到上清液,再对上清液进行进一步的纯化处理。如果采用亲和柱层析,可以获得高纯度的外源目的蛋白。为了便于目的蛋白的分离纯化,可以将外源蛋白与标签蛋白进行融合表达,或使用分泌型表达载体,以便目的蛋白表达后可以被分泌到细胞外。不同标签蛋白的融合表达产物,其分离纯化的方式各不相同。对于带有融合标签的蛋白质产物的纯化,可以利用标签蛋白的特性,使融合蛋白结合到层析柱的填料上,然后通过洗涤去除非特异结合蛋白,再采用特定的方法使标签蛋白与目的蛋白的融合部位发生水解,最后利用特定的溶液将外源蛋白从填料上洗脱下来,从而获得很高纯度的外源蛋白质。例如,对于融合了多聚组氨酸标签的外源蛋白,可以通过多聚组氨酸使融合蛋白结合到 Ni 离子柱的填料中,然后利用不同浓度的咪唑进行漂洗和洗脱;对于融合了谷胱甘肽-S-转移酶标签的外源蛋白,依据谷胱甘肽-S-转移酶与谷胱甘肽能发生特异且可逆结合的特性,利用含有谷胱甘肽基团的填料就可以对外源蛋白进行过柱纯化(图 5-50),从而获得高质量的蛋白质样品。

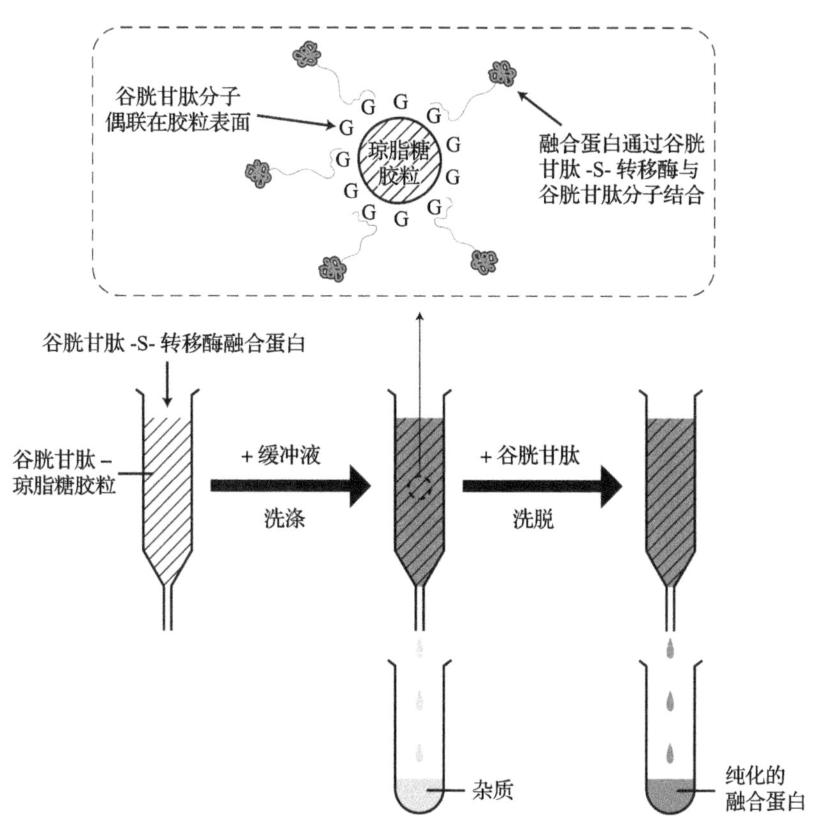

图 5-50 谷胱甘肽-S-转移酶(GST)标签融合蛋白的亲和层析

5.13 合成生物学技术

5.13.1 合成生物学研究概述

在过去的10年里,随着分子生物学、多组学测序及大数据分析工具的快速发展,基因工程技术取得了显著进步。不再局限于对单个基因或仅涉及少数基因的操作,基因工程技术已经扩展到对多个基因、整个代谢通路以及复杂网络的调控,从而进入了一个全新的发展阶段,并与合成生物学(synthetic biology)有机融合。合成生物学是一个新兴的跨学科领域,融合了生物学、基因组学、工程学、信息学等多个学科的知识,应用了系统生物学和工程学的原理和思维。其核心目标是以分子生物学和基因组学为基础,创造全新的生物系统,并对这些系统进行精细的调控和优化。如今,合成生物学在农业、畜牧业、医疗健康等多个领域崭露头角,为解决人类食品安全、能源短缺、环境污染、医疗健康等多个领域的重要问题提供了新的可能性。

合成生物学的历史可以追溯到1911年,当时法国物理化学家史蒂芬·勒杜克(Stephane Leduc)首次提出了"合成生物学"这一术语。然而,合成生物学作为一个独立的学科,直到2000年才正式确立,当时美国科学家埃里克·库尔(Eric Kool)开发了一套基于微生物的分子遗传开关系统。随后的重要时刻包括2010年美国科学家约翰·克雷格·文特(John Craig Venter)团队宣布首次成功实现了"人工合成基因组细胞",2013年加州大学的杰伊·基斯林(Jay Keasling)成功实现了青蒿素的从头合成,2017年CRISPR基因编辑技术的应用实现了快速诊断,以及2020年美国斯坦福大学的克里斯蒂娜·D. 斯莫尔克(Christina D. Smolke)在酵母中合成托品烷生物碱。

合成生物学的发展历程可以划分为3个关键阶段。首先是初期阶段(2000—2007年),这一时期涌现出跨学科的理论知识,设计了各种研究方法,特别是建立了基因工程技术,并广泛应用于代谢工程。其次是创新和应用阶段(2008—2013年),在这个时期,新技术不断涌现,尤其是人工合成基因组效率的提高以及基因编辑技术的突破,为合成生物学的发展提供了新的思路和方向。最后是快速发展阶段(2013年至今),随着基因工程技术的快速发展,合成生物学研究已经从原核微生物系统逐渐过渡到更为复杂的多细胞生物体系,同时从简单的基因线路设计扩展到基因组合成。

5.13.2 合成生物学技术的原理

合成生物学是一门工程化的生物学科,旨在以目标为导向,设计方案并构建标准化的生物元件。其核心策略是通过重新设计和改造天然生物系统,重新构建生物元件、组件和系统,并对元件和装置进行重新组合,赋予生物体新的生物学功能,甚至创造出自然界中不存在的生命体系。合成生物学的核心策略是采用"设计(design)-构建(build)-测试(test)-学习(learn)"技术路线,即DBTL循环。在"设计"阶段,研究人员通过分析相关数据库和软件资源,选择适当的宿主(如细胞、微生物、真菌和植物等),并确定合成目标产物的代谢通路。在"构建"阶段,使用DNA元件的合成、DNA线路的组装和基因编辑等工具,将设计的代谢通路导入宿主细胞。在"测试"阶段,通过各种检测技术,如微流控芯片、质谱分析等,对宿主细胞进行筛选,以验证目标产物是否按设计的要求成功合成。在“学习”阶段，分析所设计的代谢通路的各个方面，找出实际产量与设计产量之间的差距，以进一步优化设计，为下一个研究循环提高目标产物的产量奠定基础。

合成生物学研究的方法主要分为两类：①自上而下的方法，即通过重新设计或改造现有的天然生物系统，以获得新的合成功能。例如，通过改变或优化生物体内的代谢途径，以实现新的代谢产物的生产。②自下而上的方法，即通过设计和构建新的生物元件、组件和系统，创造自然界中尚不存在的生物基因回路，以实现特定的功能或产物合成。这些生物元件包括来自自然界的生物功能元件（如启动子、核糖体开关和终止子等）以及人工合成的生物元件，可以按照特定的逻辑组合成基因线路，然后进一步构建成完整的代谢系统，从而赋予生物体新的功能或创造全新的生命形式。

合成生物学的三大基石包括合成元件、基因线路和合成模块。合成元件通常可以分为三大类别：①催化元件，包括各种酶，如氧化还原酶、转移酶、水解酶、裂解酶、异构酶和连接酶等，用于催化生化反应，实现特定的代谢途径或生物合成。②转运元件，包括物质从细胞外向细胞内转运或运输的相关蛋白，如膜电化学梯度的转运蛋白、离子通道蛋白等，用于调控细胞内物质的流动和代谢。③调控元件，包括启动子、核糖体结合位点、终止子、转座子、核酸开关、核酸调节子和 CRISPR/Cas9 系统等，用于调控基因的表达和活性，实现对基因工程的精确控制。这些合成元件可以进一步组装，以构建具有特定生物功能的基因线路。这些基因线路又可以以新的方式组合成不同的功能模块，包括形成初级代谢产物的初级合成模块、次生代谢产物的基本骨架模块以及修饰模块等。这些元件、线路、模块为合成生物学家提供了工具，使他们能够重新设计和改造生物系统，以实现特定的生物学功能或生产特定的代谢产物。

合成生物学研究的内容主要包括目的基因的获取及密码子优化、多基因的转化策略以及多基因表达载体的构建等方面。

获取目的基因的方法主要有以下 3 种：①当目的基因的序列已知时，可以使用化学合成法获取目的基因。②当目的基因的序列未知时，可以构建一个包含目的基因在内的基因文库，从中获取目的基因。③对于已知物种的目的基因，可以使用 PCR 技术，根据设计好的特异引物，从相应物种的 DNA 或经 RNA 反转录产生的 cDNA 中扩增目标片段。

密码子在生物信息传递中扮演着至关重要的角色，但不同宿主中不同密码子的翻译效率存在显著差异，因此密码子的优化对于实现基因的高效异源表达非常关键。密码子的优化通常遵循以下原则：①选择宿主中最常用的密码子。宿主生物中某些密码子对应的 tRNA 较为丰富，因此使用这些密码子能够提高翻译效率和蛋白质产量。②避免稳定性问题。密码子的优化需要确保不引入可能导致序列不稳定的二级结构或其他易降解的序列特征，从而避免影响 mRNA 的稳定性和翻译的准确性。③保持氨基酸序列不变。在密码子的优化过程中，必须确保氨基酸序列不发生改变，以保证目的蛋白的功能不受影响。④避免引入新的 CpG 岛。CpG 岛（CpG island）是 DNA 中一种富含 CpG 二核苷酸的区域，其存在可能对甲基化和基因表达产生不利影响，因此在密码子的优化过程中需要避免引入新的 CpG 岛。⑤确保适当的 GC 含量。适当的 GC 含量对于 DNA 的结构和热力学稳定性至关重要，因此密码子的优化还需要考虑 GC 含量，以保持 DNA 序列的稳定性。密码子的优化需根据具体宿主和项目需求进行调整，以实现最佳的基因表达效果。

多基因表达对于合成生物学至关重要，因为它能够同时表达多个靶基因或整个代谢途径，以确保生物体的代谢通量不受限制。为了实现这一目标，研究人员已经开发出多种多基因转化的策略，主要包括以下几种：①多基因载体转化策略。这种策略涉及将多个靶基因或整个代谢途径连接到单个多基因载体中，然后将这个载体整体转化到宿主生物体中。这使得多个转基因可以被视为一个单元，一次性整合到宿主中，减少了多次转化的复杂性。这一方法在作物改良等领域广泛应用，因为它相对高效。②多顺反子转基因策略。在这一策略中，通过 2A 自切割肽(2A peptide)，如 T2A 和 E2A 等，将多个靶基因或代谢途径的组成部分连接在一起，然后一起进行表达。这种方法允许多个蛋白质通过共享同一个启动子同时进行表达，然后在翻译时产生不同的蛋白质。这种方法相对灵活，适用于多种生物体。③质体转化策略。在这一策略中，将每个靶基因或代谢途径的组成部分分别克隆到不同的质体中，然后将这些质体同时转化到宿主生物体中。这种方法相对独立，因为每个质体可以包含一个特定的基因或部分途径。

构建多基因表达载体是实现多基因转化的关键，确保能将多个基因有效导入宿主生物体中。目前，有多种方法可用于构建多基因载体，这些方法包括：①经典的"酶切-连接"克隆法。这一方法要求首先使用相同的限制性核酸内切酶对受体载体和目标片段进行线性化处理，生成带有互补黏性末端或平末端的两个双链 DNA 片段。其次通过 DNA 连接酶将这两个片段连接成重组载体。最后通过转化技术将构建好的载体导入宿主细胞进行复制。但随着连接片段数量的增加，可用的酶种类逐渐减少，连接效率会显著下降，因此这种方法仅适用于少数基因的组装。②ⅡS 型限制性核酸内切酶法或 Golden Gate 法。此方法依赖ⅡS 型限制性核酸内切酶(ⅡS restriction enzyme)。这种酶在双链 DNA 上特异识别靶位点，但在靶位点之外非特异性地切割 DNA 双链，生成带有任意 4 个碱基的黏性末端。通过在多个 DNA 片段的两端添加不同的互补黏性末端，可以实现这些片段的"无缝拼接"(seamless assembly)，因此该方法适用于多个小片段的组装。③Gateway 重组法。这是一种专利技术，广泛应用于分子生物学基因克隆。Gateway 系统包括入门载体(entry vector)和目的载体(destination vector)，它不依赖于限制性核酸内切酶，而依赖于载体上的特定重组位点和重组酶。该方法能够高效、快速地将目的基因从入门载体克隆到目的载体上，但受载体上 Gateway 重组位点数量和试剂盒成本高的影响，因此在多基因组装中受到一定限制。④Gibson 组装法。该方法利用了三种酶的协同作用，分别是 DNA 外切酶(如 T5 外切核酸酶)、DNA 聚合酶(如 Phusion 聚合酶)和 DNA 连接酶(如 Taq DNA 连接酶)。这种方法适用于大片段和多个基因的组装，因此在许多实验室中得到广泛应用。关于 Gibson 组装法的详细原理和具体操作，参见本书 4.1.2 节及"实验五"。⑤基于 Cre/*loxP* 不可逆特异重组的多基因叠加(TransGene Stacking)系统Ⅱ，或简称 TGSⅡ系统。这是华南农业大学刘耀光/祝钦泷团队开发的一种植物多基因组装与转化方法，该方法利用 Cre/*loxP* 位点特异重组系统和可转化人工染色体(TAC)作为骨架的载体，采用循环方式进行多基因的组装。TGSⅡ系统包括一个双元受体载体、两个靶基因供体载体和带有无选择标记(marker-free)元件的供体载体。TGSⅡ方法的组装过程主要包括以下步骤：首先，将一个或多个靶基因克隆到供体载体中；其次，将供体载体和受体载体一同共转化至大肠杆菌菌株 NS3529 中。该菌株中表达的 Cre 酶利用野生型 *loxP* 位点将携带一个或多个目的基因的供体载体整合到受体载体上，接着通过突变型 *loxP* 位点(*loxP1L*/*loxP1R* 或 *loxP2L*/*loxP2R*)之间的不可逆重组反应，将供体载体骨架切除；当多轮目的基因重组完成后，通过 Gateway 反应，将 marker-free 元件组装到载体上，最终得到带有 marker-free 功能的多基因载体。在转基因植物的花粉中，通过 Cre/*loxP* 重组切除标记基因和 *Cre* 表达盒，可获得 marker-free 转基因植物。此外，该团队在 TGSⅡ系统的基础上，整合特异核苷酸序列引导缺刻酶(unique nucleotide sequence-guided nicking endonuclease，UNiE)介导的 DNA 组装技术，开发出更简单和高效的多基因叠加系统，名为 TGSⅡ-UNiE 系统，为多基因载体的构建策略提供了更多选择。

5.13.3 合成生物学研究发展与展望

随着基因工程技术的不断发展，合成生物学获得了大量新的研究工具和策略，用于分析和重新构建生物代谢途径。这些进展为生物产品的生产提供了新的思路和方向，已经在多个领域得到了广泛应用。

合成生物学借助多基因叠加技术成功构建了多基因代谢途径，为增强植物中多种营养成分的含量提供了可行途径。具体而言，合成生物学通过引入外源基因，实现在宿主植物中产生更多或更丰富的对人类健康有益的营养成分，如类黄酮、花青素、原花青素、类胡萝卜素、青蒿素和紫杉醇等次生代谢产物。这些成分虽然植物本身也能合成，但通常含量有限。传统的提取方法效率较低，可能导致资源浪费，同时对野生植物资源构成潜在威胁。合成生物学为解决这些问题提供了有效途径，即通过在宿主植物中异源表达目的基因，可以显著提高植物中有益营养成分的含量。以维生素 A 为例，其对人类的生长和发育至关重要，但人体无法自行合成，因此需要从饮食中获得。然而，水稻胚乳中几乎不含有维生素 A 的前体 β-胡萝卜素。第一代“黄金大米”(Golden Rice)通过使用水稻胚乳特异启动子 *Gt1* 和烟草花叶病毒的 *35S* 启动子，分别来调控水仙(*Narcissus pseudonarcissus*)的八氢番茄红素合成酶基因(*NpPSY*)和细菌 *Erwinia uredovora* 的八氢番茄红素脱氢酶基因(*EuCrtI*)，从而在水稻胚乳中富集 β-胡萝卜素。随后的研究通过优化关键基因的表达，开发了第二代“黄金大米”。此外，主粮作物(如水稻、高粱、小麦等)提供的微量营养元素(如维生素、叶酸、铁和锌等)通常无法满足人体正常代谢需求。然而，通过在这些作物中过量表达关键基因，可以显著增加这些微量营养元素的含量。例如，通过过量表达 GTP 水解酶Ⅰ(GTP cyclohydrolase Ⅰ)、氨基脱氧纤维素分支盐合成酶(aminodeoxychorismate synthase)、叶酰聚谷氨酸合成酶(folylpolyglutamate synthase)或叶酸结合蛋白(folate binding protein)基因，可以显著增加水稻、玉米、马铃薯和番茄中叶酸的含量。同样，过量表达维生素 B_6 生物合成途径中的关键酶基因，如吡啶醛磷酸合酶(pyridoxal phosphate synthase)，可以显著增加木薯中维生素 B_6 的含量。类似的策略也适用于提高维生素 C 和维生素 E 的含量，研究人员通过过量表达与维生素 C 或维生素 E 生物合成相关的关键酶基因，成功实现了番茄、马铃薯和玉米等作物中维生素 C 的生物强化，并提高了水稻、玉米和大麦中维生素 E 的含量。另外，油料作物(如大豆和油菜)通常富含油脂和蛋白质，但产量相对较低。与之相反，粮食作物通常产量较高，但其籽粒中油脂和蛋白质含量有限。中国水稻研究所的张健团队运用合成生物学方法，将水稻籽粒中的油脂含量从 2.3%提升至 11.7%，这为将高产粮食作物(如水稻、玉米、马铃薯、木薯等)改造为油料作物提供了新的技术途径。他们通过 3 个策略来实现这一目标：首先，利用水稻胚乳特异性启动子，促使拟南芥油脂合成限速基因 *AtDGAT1* 在水稻胚乳中表达，提高了油脂合成的效率；其次，利用 CRISPR/Cas9 技术敲除水稻淀粉合成的关键基因 *AGPL2*，部分关闭淀粉合成途径，将碳源导向油脂合成途径；最后，通过敲除负调控稻米糊粉层厚度的基因 *MTSSB1*，增加油脂储存组织糊粉层的厚度，从而扩大了水稻籽粒中的油脂库容。尽管这一技术提高了油脂含量，但也导致了产量下降，因此需要进一步改进以保持合理的产量水平。最后合成生物学也被用来解决一些在特定植物组织器官中合成特定生物活性物质的问题。例如，一些黄酮类化合物生物合成的关键基因在水稻胚乳中不表达或无功能，因此水稻无法产生高活性的类黄酮、花青素和原花青素等抗氧化剂。为了解决这一问题，华南农业大学的刘耀光/祝钦泷团队使用多基因叠加技术，成功构建了一个花青素合成通路的多基因载体，通过不同的胚乳特异性启动子，驱动 8 个与花青素合成相关的基因共同表达，培育出能在胚乳中特异合成花青素的水稻新种质，名为“紫晶米”。此外，该团队利用不同的水稻胚乳特异性启动子驱动 *ZmPSY*（玉米八氢番茄红素合成酶基因）、*PaCrtI*（细菌 *Pantoea ananatis* 八氢番茄红素脱氢酶基因）、*HpBHY*（雨生红球藻 *Haematococcus pluvialis* β-胡萝卜素羟化酶基因）和 *CrBKT*（衣藻 *Chlamydomonas reinhardtii* β-胡萝卜素酮酶基因）在胚乳中共同表达，成功开发出富含虾青素(astaxanthin)的水稻新种质，名为“赤晶米”。这些工作为解决植物中抗氧化生物活性物质的合成问题提供了新思路与新途径。

合成生物学也可以用于提高植物的光合作用效率，从而增加农作物的产量。目前，主要采用以下策略来提高光合作用效率：①改良植物光合通路基因的效能。通过改良光合通路基因的效能，可以增强植物对碳酸氢盐（HCO_3^-）的吸收，从而促进光合碳同化作用。从蓝藻中筛选出的 *Ictb* 基因在这方面发挥了积极作用。通过过量表达 *Ictb* 以及果糖-1，6-二磷酸酶/景天庚酮糖-1，7-二磷酸酶（FBPase/SBPase）基因，不仅提高了水稻的光合效率，还增加了水稻籽粒的产量。②提高植物对 CO_2 的利用效率。例如，通过过量表达 *GLK*（Golden2-Like）基因，可以增加水稻叶片对 CO_2 的固定以及光合自养器官的性能，从而更有效地利用 CO_2，对植物的生长和发育产生积极影响。华南农业大学彭新湘团队通过 TGSⅡ系统在水稻中同时表达 3 个基因（*OsGLO3*、*OsOXO3* 和 *OsCATC*），成功构建了一种新的光呼吸支路，显著提高了水稻的光合效率、生物量和产量。此外，该团队通过优化叶绿体信号肽（RC2），将 4 个水稻基因（*OsGLO1*、*EcCAT*、*EcGCL* 和 *EcTSR*）导入叶绿体，使光呼吸过程中产生的部分乙醇酸能在叶绿体内直接代谢释放 CO_2，形成类似 C_4 植物的 CO_2 浓缩机制，进一步提高了水稻的生长效率。此外，合成生物学还可以用于提高植物对营养矿物元素的吸收效率。例如，通过过量表达植酸酶基因和紫色酸性磷酸酶基因，可以促进苜蓿对根际有机磷的分解，从而增加植物对磷元素的吸收。过量表达苹果酸脱氢酶（malate dehydrogenase，MDH）和柠檬酸合成酶（citrate synthase，CS）基因，可以调控烟草中有机酸的合成，促进植物对难溶性无机磷的转化，提高对磷肥的有效利用。合成生物学的应用范围还可以扩展到生物反应器（bioreactor）。生物反应器是一种设备或装置，通过生物体内的生物功能，可以生产特定的目标产物，包括细胞、组织或器官系统。根据宿主的不同种类，生物反应器可以分为微生物反应器、动物反应器以及植物反应器等类型。不同宿主类型各自具有独特的优点和限制。例如，原核生物（如细菌等）作为生物反应器具有明显的优点，包括代谢通路的构建相对简单、培养的周期较短以及成本较低等。然而，原核生物也存在一些限制，如缺乏表观遗传修饰和糖基化等功能，导致某些目标某些产物无法合成或者合成的产物无生物活性。相比之下，酵母或哺乳动物细胞具有正常的蛋白质折叠和加工功能，因此它们可作为生物反应器用于生产具有生物活性的蛋白质，但培养成本较高，同时也存在病毒传播的潜在风险。植物作为生物反应器的优势在于成本低廉、易于大规模生产、安全性高，且不具有毒性等，故在蛋白质生产中备受青睐。

目前，研究者不仅使用整株植物，还研究如何利用植物细胞或不同组织部位作为生物工厂来生产蛋白质。在这方面，水稻胚乳作为生物反应器具有显著的优势：①丰富的遗传和生物信息资源。水稻提供了大量生物信息学数据，包括启动子、功能性酶、调控因子以及代谢产物等，这些数据对于合成生物学中的生物合成途径设计、来源选择、流程优化以及下游加工等起到了非常重要的作用。②高效的蛋白质表达。水稻胚乳的组织结构和成分相对稳定，适于储存重组蛋白质或其他生物活性物质。此外，水稻胚乳细胞的蛋白质合成和修饰机制使其能够制备高活性的复杂蛋白质。例如，人类 α-抗胰蛋白酶(AAT)是一种结构复杂的人类血浆蛋白，通过其他生物反应器难以高效表达和制备，然而，通过水稻胚乳表达的重组人类 AAT(Os-rAAT)蛋白，不仅与人类 AAT 蛋白结构相似，还具有更高的生物活性。此外，水稻胚乳中表达的蛋白质通常具有较好的亲和力和低致敏性，从而显著降低了在临床应用中的风险。③易于提取和加工。在许多生物反应器中，产品的纯化成本通常占成本的 80%左右。然而，宿主的选择可以显著降低生产成本。以水稻胚乳作为生物反应器，通过选择不同的缓冲体系，可以相对轻松地从水稻胚乳中分离出目的蛋白。水稻胚乳中已成功表达和纯化多种重组蛋白，如抗人类免疫缺陷综合征病毒(HIV)的灭菌剂，不需要进一步纯化。④低生产成本。水稻具有高产量，且在种子成熟期内(30～45 d)可以持续积累重组蛋白质或具有生物活性的代谢物。这些产物可在 4～8 ℃的干燥环境中储存多年，而不会发生明显的变性或降解。⑤低生物安全风险。水稻是严格的自花授粉植物，其花粉寿命短暂，因此限制了转基因的逃逸风险。此外，水稻不含对人体有害的生物碱或过敏原，因此在食品及医药应用中的安全性较高。总之，水稻胚乳作为植物的生物反应器拥有高表达水平、低生产成本、产品安全可靠、易于储存和加工、易于规模化生产以及环保等多重优势。国内外已经成功在水稻中合成多种重要物质，包括营养元素、重组人血清白蛋白、生长激素、单克隆抗体以及作为疫苗的抗原蛋白等。

总体而言，随着对复杂代谢通路的深入研究和合成生物学技术的不断发展，更多复杂和精细的合成基因线路将被应用到农业作物中。特别是合成生物学与代谢工程相结合，即合成代谢工程，在农业生产、天然产物和生物医药等领域展现出巨大潜力，包括增加作物产量、改善品质、提高作物的抗逆性，以及实现目标产物的异源合成等方面的重要进展。成功的案例，如异源合成紫杉醇前体、类胡萝卜素、单克隆抗体及青蒿酸等，为合成生物学的未来发展提供了重要的指导，并对其他学科的发展产生了深远影响。

然而，合成生物学领域面临多项挑战，包括对转基因植物在田间试验和商业化生产中的严格法规、水稻和动物之间蛋白质糖基化的差异，以及纯化合成产品的需求等问题。尽管存在这些挑战，但随着越来越多国家政府认识到转基因技术的重要性，相信这些问题最终将被克服。目前已采取一些实际措施，如建立隔离区以限制花粉介导的转基因传播，同时制定了标准的操作程序，包括播种、种植、收获、干燥、运输、加工和储存，以确保食品供应不受污染。除了政策上的挑战，合成生物学研究还需关注以下几个方面：①复杂生物合成途径的挑战。许多重要的药用活性物质，如青蒿素、紫杉醇、人参皂苷和藏红花素等，涉及复杂的合成途径。为了实现异源从头合成，需要研究人员开发更高效的功能基因鉴定技术和多基因叠加技术。②基因叠加技术的改进。当基因叠加过多时，载体构建的难度增加且稳定性下降，从而难以通过稳定转化获得转基因植株，因此开发由一个启动子驱动多个基因表达的载体构建方法尤为关键。③生物信息学的关键作用。例如，通过转录组学、蛋白质组学和代谢组学等多组学的联合分析来快速锁定目的基因，并优化合成途径的“设计”。④基因编辑技术的应用。基因编辑技术可以精确调控关键基因，从而可用于优化植物的代谢通路或网络，增加目标次生代谢产物的产量。

第6章

基因工程在农业作物上的应用

自基因工程问世以来，已经过40多年的高速发展，该技术如今已成为生物技术领域的核心内容。通过应用基因工程技术，人们能够按照自己的意愿创造出自然界原本不存在的新生物类型。基因工程的研究和应用涵盖了农业、工业、医药、能源、环保等多个领域，而在这众多应用领域中，农业被认为是基因工程技术最广泛应用的领域之一。相对于传统育种方法，基因工程技术为农作物的改良提供了更为精确和多样化的途径。著名美国遗传学家及诺贝尔奖获得者诺曼(Norman)认为，要满足全球粮食供给的需求，仅仅依赖于耕地面积的扩大和灌溉能力的提高是不够的。他强调，只有通过改良和选育高产的作物品种，才能实现这一紧迫目标，而基因工程技术可能是实现这一目标的唯一选项。中国作为农业大国，面临着庞大的人口和日益增长的需求，粮食的产量和质量问题成为亟待解决的挑战。在未来较长时期内，利用基因工程技术，尤其是植物转基因技术来改良农作物，将成为保障我国粮食安全、确保农业可持续发展的最佳手段。

6.1 植物转基因技术概述

植物转基因技术是一项高度先进的基因工程技术，其核心原理是将经过人工分离或修饰的目的基因导入植物细胞，使植物能够表达特定的性状。通过将外源基因整合到植物基因组中，实现后代的稳定遗传，最终形成转基因植物。植物转基因技术应用广泛，涵盖经济作物、粮食作物、瓜果蔬菜、花卉、经济与造林树木等各类植物。其目标包括改善植物的抗性(如抗虫、抗病、抗除草剂等)或耐逆境性(如耐旱、耐寒、耐盐碱等)、提高产量、改变观赏植物的花色或花型、改善植物食品的营养品质或风味、生产食品添加剂或功能性食品、改进食品加工工艺以及延长植物产品的储藏期等方面，从而为农业、食品工业以及环境适应性等领域提供多样化的创新解决方案。

植物转基因技术的历程可溯源至20世纪80年代。早期的研究主要集中在拟南芥等模式植物上，科学家们致力于将外源基因导入植物细胞，深入研究转基因技术的可行性。关键的技术突破发生在1983年，农杆菌介导的转基因技术首次成功应用于植物，创造了世界首个抗除草剂的转基因植物——转基因烟草。随后于1986年，转基因烟草获得田间试验批准。到了1994年，美国商业领域迎来了首个转基因农作物——抗虫玉米(Bt玉米)。该玉米通过表达导入的细菌Bt毒素基因，具备抵抗玉米螟等害虫的特性，标志着植物转基因技术正式迈入商业应用阶段。同年，美国食品和药品监督管理局(FDA)批准了全球首个转基因植物食品——延长保鲜期的转基因番茄上市。孟山都(Monsanto)公司研发的转*EPSPS*基因抗草甘膦大豆在同一年获得批准。随着植物转基因技术的飞速发展,21 世纪初,转基因大豆、玉米、棉花和油菜等作物相继投入商业化种植,并在市场上取得了巨大成功。与此同时,基因工程技术不断创新,尤其是新兴基因编辑技术如 CRISPR/Cas9 的发展,使得转基因技术更加高效、精准和可控。

植物转基因技术实现基因转移的方法多种多样,包括物理法、化学法和生物学法。物理法利用机械力或电脉冲等手段实现基因转移,如基因枪法、电击法和显微注射法等。基因枪法通过高速气流推动包裹有目的基因 DNA 的金属粒子(如金粉或钨粉),穿透植物细胞壁,将 DNA 引入植物细胞。电击法则通过电脉冲在细胞膜上形成瞬时可逆的开放小孔,为外源 DNA 分子进入细胞提供通道,实现转基因。显微注射法在显微镜下使用玻璃毛细管直接将 DNA 注射到受体细胞或细胞核内。化学法则借助化学试剂实现基因转移,如聚乙二醇(PEG)法和脂质体法。聚乙二醇法利用了 PEG 使大分子沉淀及提高细胞膜通透性的特性,将 DNA 与植物细胞一同暴露在 PEG 中,促使 DNA 穿过细胞膜,进入植物细胞。脂质体法则通过带负电的脂质体与植物原生质体融合,将包含外源基因 DNA 的物质输送入细胞。生物学法包括农杆菌介导法、花粉管通道法和病毒 DNA 介导法等。农杆菌介导法目前广泛应用于植物转基因,通过农杆菌体内的转移 DNA(transfer DNA,T-DNA)将目的基因引入植物细胞,并整合到植物基因组中。然而,由于单子叶植物细胞表面缺乏足够的酚类物质,该方法难以应用于这类植物,额外添加酚类物质(如乙酰丁香酮)则可实现单子叶植物的农杆菌介导转基因。花粉管通道法通过使外源 DNA 沿着花粉管渗入植物细胞而实现基因转移,该方法由中国科学家于 1983 年首次报道,并成功培育了中国推广面积最大的转基因抗虫棉。植物病毒 DNA 介导法则通过设计植物病毒为外源基因的传递载体,依赖病毒的复制和传播机制引入目的基因。

在植物转基因中,经常出现基因沉默(gene silencing)现象。基因沉默是指引入的外源基因在植物细胞中未能有效表达,表现为外源基因在受体植物中表达量很低或不表达。目前,导致基因沉默的机制尚未完全明确,但与外源基因的插入位置密切相关。当外源基因整合到转录活跃的常染色质区域时,毗邻的寄主基因可能调控外源基因表达。相反,若插入重复 DNA 或异染色质区域,可能会导致外源基因表达失活。此外,外源基因插入的拷贝数与基因表达失活的频率密切相关,多拷贝插入通常会增加失活程度。外源基因沉默一般分为两种类型:转录水平的基因沉默(transcriptional gene silencing,TGS)和转录后水平的基因沉默(post-transcriptional gene silencing,PTGS)。在 TGS 机制中,外源基因不能正常合成 mRNA,与位置效应、高度甲基化和启动子失活密切相关。位置效应指外源基因整合到高度甲基化、转录活性低的异染色质区域时,可能导致外源基因失活;而整合到甲基化程度低、转录活性高的常染色质区域时,其表达可能受两侧 DNA 序列的影响。此外,外源基因的插入,可能导致启动子区域或 5′端非编码区出现甲基化,触发 TGS 机制,影响启动子的活性。对于 PTGS 机制,外源基因的启动子是活跃的,但不能正常积累 mRNA。PTGS 机制更为复杂,当转基因植株中存在与外源基因同源的内源基因时,不仅外源基因失活,还能诱导同源的内源基因沉默,称为共抑制。共抑制涉及复杂的过程,存在不同的假说,如 RNA 阈值模型和 RdRP-cRNA 模型。RNA 阈值模型认为外源基因的高水平转录积累到一定阈值时,会触发 PTGS 机制,导致特定 mRNA 的降解。然而,某些共抑制与外源基因的 mRNA 转录量无关,而与非正常 mRNA 相对于正常 mRNA 的比率相关。此外,共抑制也可能与外源基因的甲基化有关,但目前尚不能完全确定甲基化是否是引起共抑制的唯一原因。RdRP-cRNA 模型则基于 RNA 依赖的 RNA

合成酶(RdRP),通过以 mRNA 为模板合成互补 RNA(cRNA),然后与 mRNA 杂交形成双链 RNA,从而激活 RNA 降解机制,导致外源基因沉默。

转基因沉默的现象给推广转基因技术带来了挑战。为了有效解决这一问题,科学家们提出了多种策略,主要集中在解决 DNA 甲基化或其他可能导致外源基因沉默的表观遗传学修饰问题上。DNA 甲基化被认为是导致外源基因沉默的主要原因之一。为了减轻这一问题,可以采取一系列措施,包括选择不易甲基化的启动子和调控元件、优化密码子、干扰植物体内甲基化相关基因的表达以及修饰外源基因的结构(如使其 GC 含量与受体基因组相似)等,从而避免引发 DNA 甲基化。另外,采用去甲基化试剂,如 5-氮胞苷,可以使甲基化失活,从而恢复转基因的表达活性。然而,需注意 5-氮胞苷处理可能导致植株产生不利性状,如植株矮小、结实率下降、分蘖数减少等。采用能够获得单拷贝转基因的植物转化技术是防止转基因沉默的有效策略。农杆菌介导的遗传转化往往产生相对较少的拷贝数,但仍需注意转基因的潜在沉默问题。新兴的转基因方法,如 Ac/Ds 转座系统、Cre/*loxP* 位点特异性重组系统和 BIBAC 载体系统等,可实现单拷贝插入,提高转基因的位点专一性。通过结合 MAR(matrix attachment region)或 SAR(scaffold attachment region)区域的特异结合序列构建转化载体进行转基因,能够确保每个转录单元相对独立,从而有效地避免位置效应的产生。同时,在转化载体的设计中,应避免使用相同的启动子和重复序列,以确保构建序列在同一方向阅读,从而避免产生异常或反义 RNA,进而防止共抑制或反义抑制的发生。转基因沉默的发生还受外界环境条件及人为因素的影响,因此研究外界条件对转基因沉默的影响是必要的,包括不同光照、温度、培养条件、环境胁迫以及有性杂交和嫁接等处理。此外,新兴的基因编辑技术为基因表达提供了更为精准可控的手段,有望克服传统转基因技术中的一些表达问题。综合而言,解决转基因基因沉默问题需要深入了解植物分子生物学和基因表达的机制,然后采取一系列谨慎的方法提高外源基因的表达稳定性和表达效率,从而推动转基因技术的可靠应用。

6.2 植物转基因技术在农业作物上的关键应用

传统的常规育种方法是基于经典的遗传规律,通过自交或杂交等手段在个体水平上操作目标性状,将目的基因转移到待改良的作物品种中。尽管常规育种为培育优良的农作物新品种做出了贡献,尤其是提高了一些重要粮食作物的品质和产量,但其存在一些不可避免的局限性,如对理想环境条件的依赖、需大量化肥和农药、遗传背景狭窄等。相反地,通过基因克隆技术,人们能够获得具有抗病、耐旱等有益性状的基因,然后将其引入重要农作物中,如水稻、小麦、玉米等,以改良相关性状。转基因技术在农业作物上的应用十分广泛,在一些重要领域已经取得了显著进展。例如,通过从豆科植物的根瘤菌中克隆固氮基因,将其转移到禾本科作物中,使这些作物具备类似大豆的固氮能力。同时,通过鉴定和克隆高光合效率基因、优良品质基因,再将其引入目标作物,提高粮食产量或改良品质,从而对人类的生产生活产生深远影响。目前,植物转基因技术已成功应用于重要农作物中,如获得了抗除草剂的大豆、抗虫的玉米和棉花等多种转基因作物,且在全球范围内大面积种植。总体而言,植物转基因技术在提高光合作用效率、固氮基因利用、作物品质改良、增加次生代谢物产率,以及增强作物的抗病虫害、抗除草剂和抗非生物胁迫能力等方面取得了显著进展。

6.2.1 提高作物的光合作用效率

光合作用是植物生命活动的核心过程,将太阳能高效转化为可储存的化学能并释放 O_2,是绝大多数生物的主要能量来源,对农作物产量和生物质积累至关重要。尽管光合作用为人类提供主要物质和能量,但当前植物对太阳能的利用效率相对较低。据报道,农作物对太阳光能的利用率仅达到约 5%,暗示光合作用效率还有提升潜力。研究表明,通过基因工程技术提高光合作用效率可使作物产量提高超过 40%。因此,提高植物光合作用效率对于增加农作物产量、保障粮食安全和应对气候变化具有重要意义。

植物光合作用的核心组成部分包括光系统Ⅰ(PSⅠ)、光系统Ⅱ(PSⅡ)以及 1,5-二磷酸核酮糖羧化/加氧酶(Rubisco)等。PSⅠ和 PSⅡ是能量转化的核心,其中 PSⅠ通过电子传递合成 ATP 和 NADPH,而 PSⅡ通过水的光解产生 O_2,并参与 NADPH 的生成。Rubisco 是光合作用的核心酶,催化 CO_2 的固定反应,最终生成糖类。光合作用分为光反应和暗反应两个阶段。光反应在叶绿体的类囊体中进行,将光能转化为化学能,生成 ATP 并释放 O_2。暗反应在叶绿体基质中进行,通过消耗 ATP 提供的能量,将 CO_2 和水合成有机物。对于大多数植物而言,光合作用的暗反应首要步骤是由 Rubisco 催化 CO_2 与 1,5-二磷酸核酮糖(RuBP)结合,生成含有 3 个碳原子的 3-磷酸甘油酸(3-GPA),即 C_3 途径。采用这种途径进行光合作用的植物称为 C_3 植物,如水稻、小麦等。然而,一些植物采用 C_4 途径,通过磷酸烯醇式丙酮酸(phosphoenolpyruvate,PEP)羧化酶催化 CO_2 与 PEP 结合,形成含有 4 个碳原子的草酸(oxaloacetic acid,OAA)。随后,草酸被转运至基质细胞中释放 CO_2,供给卡尔文(Calvin)循环。C_4 途径在固碳效率上表现出明显优势,特别是在一些农作物的光合作用中,如玉米、甘蔗、高粱等。总的来说,光合作用是一个复杂而精妙的过程,涉及复杂的通路和基因。通过深入解析光合作用的分子机制,我们有可能运用基因工程技术对其中的关键基因进行改造或编辑,以提高作物的光合效率。目前,在提高光合作用效率的基因工程领域已取得显著进展,主要包括以下几个方面:

①改良 Rubisco 的特性。Rubisco 在光合作用中扮演不可或缺的角色,但其对 CO_2 的亲和力相对较弱,影响了光合作用效率。通过基因工程技术,可以增强 Rubisco 蛋白对 CO_2 的亲和力,从而提高 CO_2 的固定效率。例如,引入具有更高催化效率的蓝细菌 Rubisco 基因到烟草植物中,可以显著提高在高 CO_2 浓度条件下 Rubisco 的羧化效率。此外,过量表达 Rubisco 基因或增强 Rubisco 活化酶的表达水平,能够促使 Rubisco 的含量或活性水平进一步提高。还有研究通过点突变的方式改变 Rubisco 的功能特性,如提高 Rubisco 的耐热性,可以提升植物对高温等恶劣环境的适应能力。

②优化光合元件的性能。光合元件是植物捕获太阳能的核心组成部分,通过基因工程技术重塑色素-蛋白质复合体,以优化光合元件,可增强植物捕获太阳能的能力。例如,缩短色素分子"天线"的长度,可以减少多余的光能吸收,确保每个光子都得到充分利用。同时,改变光系统中色素分子也可以影响其对光能捕获。例如,将蓝细菌中的叶绿素 f(Chlf)引入植物中,这种叶绿素对蓝光和红光高度吸收,可以提高植物对太阳光的全光谱吸收。通过调整叶绿素的组成,例如降低叶绿素含量、调节叶绿素 a 氧化酶的活性等,可以进一步提高光吸收效率。在光合作用的电子传递方面,可以通过优化电子传输链和 Cytb6/f 复合体,提升光合电子传递效果,增强 CO_2 的同化。过量表达 Rieske FeS 蛋白,可以增加 Cytb6/f 复合体的数量,从而提

高电子传递效率。对于 PSⅡ的响应速度进行优化，也是提升光合作用效率的重要方向。例如，通过改变 PSⅡ中氧化还原反应的动力学特性，可以实现更快的电子传递速率。过量表达庚糖-1,7-二磷酸酶(SBPase)、果糖-1,6-二磷酸酶(FBPase)和甘氨酸脱羧酶-H(GDC-H)，可以提高 PSⅡ的光量子效率。最后，通过优化非光化学淬灭(NPQ)模块，可以改善在不稳定光照条件下的光能利用效率，以适应环境变化。

③改良光呼吸途径。光呼吸是植物在有光条件下进行的一种代谢过程，也是植物保护光合机构免受光伤害的重要机制之一。然而，光呼吸涉及 O_2 的消耗和 CO_2 的产生，导致光能和光合产物的损耗。通过基因工程技术对光呼吸途径进行改良是改进植物光合作用效率的一个重要方向。其中一种策略是减弱 Rubisco 的氧化反应，因为这种反应会增加光呼吸过程中的 O_2 消耗和 CO_2 产生。同时，提高 2-磷酸甘油酸(2PG)的回收效率是一种有效方案，这可以减少光呼吸过程中碳的损失。另一种策略是引入或优化光呼吸的替代途径。例如，通过设计新的代谢途径，使得 2PG 可以直接转化为 CO_2 或其他代谢产物，或者直接将 CO_2 传递到叶绿体并在其中释放，可以显著减少光呼吸过程中的能量损失。2019 年，中国科学家们创新性地在水稻中同时表达 3 个水稻自身的基因，即 *OsGLO*3(乙二醇酸氧化酶基因)、*OsOXO*3(草酸氧化酶基因)和 *OsCATC*(过氧化氢酶基因)，在叶绿体中建立了一条名为“GOC”的光呼吸代谢支路。在该代谢支路中，由光呼吸产生的乙醇酸可以直接在叶绿体内被氧化，产生 CO_2 和水。这一机制与 C_4 植物中的 CO_2 固定机制相似，有效地提高了水稻的光合效率和生产力。

④改良其他影响光合作用因素的限制。光合作用效率还受到其他多种因素的影响。例如，水稻叶片的叶绿素含量和种类通过叶色反映，因此，叶色相关基因的表达，如 *OsChlH*、*OsCAO1* 和 *OsCAO2* 等，会对叶绿素的生成和分布造成影响，进而直接影响光合作用效率。同时，改变气孔相关基因的表达也能够影响光合作用效率，这些基因控制气孔的密度和大小以及开启和关闭的速度，也是决定光合作用速率的关键因素。光合反应的效率也可以通过光信号传导来调控。光受体可以调节下游激素信号通路，从而影响光合作用过程。另外，卡尔文循环作为植物主要的固碳途径，是影响光合作用效率的一个核心因素。通过优化卡尔文循环的效率，能进一步提高整个光合作用过程的效率。最后，通过基因工程的方法，将 C_4 植物玉米中的 *GLK* 基因引入水稻中，被证明能够增大维管束鞘细胞器体积、提高光合酶积累、增强细胞间相互作用，从而显著提升水稻的光合效率和产量。

综合而言，光合作用是维持地球上生命的基本过程，而基因工程技术在提高植物光合效率方面扮演着关键角色。通过这一手段，有望显著提升农作物的产量，为解决全球粮食短缺问题做出积极贡献。深入理解光合作用的过程及其调控机制，对于创造更高光合效率的农作物和提升农作物产量具有深远意义。未来的研究有望持续揭示影响作物光能利用的主要限制因素，并提出新的解决思路。例如，通过比较基因组学和转录组学等方法，可以挖掘光合作用相关的种间自然遗传变异，识别潜在的有用基因，并将其应用于作物品种改良。此外，新兴的基因组编辑技术和合成生物学方法也能在改良光合作用中发挥重要作用。通过敲除或降低某些关键基因的表达水平，可以提高光能捕获效率和光合作用的速率，从而提高作物的产量和品质。通过对植物光合系统进行改造和优化，例如引入蓝细菌中具有高效 CO_2 浓缩机制的 CO_2/HCO_3^- 泵到植物叶绿体中，将增加 Rubisco 蛋白周围的 CO_2 浓度，进一步提高光合作用的效率。通过这些方法和策略的综合应用，有望提高作物的生长速率和产量，有效应对全球粮食安全和可持续能源的挑战。

6.2.2 增强作物的固氮能力

氮元素是植物生长和发育的必需元素之一，同时也是细胞结构和众多生物过程的重要组成部分，其不足会导致植物生长缓慢和发育异常等问题。中国作为全球最大的氮肥生产国和使用国之一，却面临着氮肥利用效率低的难题，导致大量氮肥流失，引发水源污染和土壤酸化等严峻问题。因此，迫切需要减少氮肥用量，提高氮肥利用效率。解决氮素供应问题的方法之一是利用固氮微生物，因为它们能够侵染豆科植物根部形成根瘤，并通过生物固氮（biological nitrogen fixation，BNF）过程将游离氮气转化为植物可吸收的铵态氮（NH_4^+）。这也是植物获取氮素的重要途径之一，据估计全球每年有 2×10^8 t 的氮气被微生物固定。在陆地植物中，豆科植物与根瘤菌的共生关系是最为典型和有效的固氮方式。然而，如果非豆科植物也能够具备固氮能力，将是一项具有历史意义的突破。特别是对于禾本科植物，包括水稻、小麦和玉米等重要粮食作物，通过基因工程方法使它们具备固氮能力，将显著减少对氮肥的依赖，从而降低农业生产成本，减轻氮素污染对环境的不良影响。

为了实现生物固氮的基因工程改造，首先需要深入了解生物固氮的途径，包括各种固氮基因的克隆和功能研究。在这个过程中，植物与共生固氮微生物的相互识别和交流显得至关重要，而豆科植物与根瘤菌的相互识别是其中最典型的途径之一。在缺氮等土壤条件下，豆科植物的根系会分泌和积累类黄酮（flavonoid）类化合物，这些类黄酮类化合物作为信号分子被根瘤菌中的 NodD 蛋白所识别，并激活 *Nod* 基因的表达，从而促使结瘤因子合成。在根瘤菌与豆科植物的共生过程中，一些关键蛋白或转录因子发挥着重要作用。以豆科植物苜蓿为例，首先 LysM 型类受体激酶（如 MtLYK3）和感知根瘤因子的假激酶（如 MtNFP）形成蛋白复合体，识别结瘤因子，并与共受体蛋白 DMI2 一起激活细胞内的共生信号通路。其次，钙离子通道蛋白 DMI1、CNGC15 和 MCA8 的活性被激活，形成钙振荡（calcium oscillation）信号，这被认为是传递共生信号的重要途径。钙振荡信号会激活位于细胞核内的受体蛋白激酶 DMI3，从而使 IPD3/CYCLOPS 蛋白磷酸化。这个磷酸化蛋白与 DELLA 蛋白一起招募与根瘤共生相关的转录因子，如 NSP1 和 NSP2，进一步激活根瘤形成相关基因表达。在根瘤共生固氮过程中，结瘤起始因子 NIN 也是一个重要的转录因子，其表达受多种途径调控，包括 IPD3/CYCLOPS 以及 NSP1 的转录调控。NIN 转录因子可以激活核因子 Y 亚基基因 *NF-YA1* 和 *NF-YA2* 表达，同时也可以直接激活结瘤所需的乙烯响应基因 *MtERN1* 的表达，从而推动根瘤的侵染和形态发生。根瘤形成后，NIN 蛋白的水解产物会激活固氮基因（如 *Nif*）的表达，开始生物固氮。研究还表明，小 G 蛋白 ROP、侵染复合体蛋白 VAPYRIN（VPY），以及植物激素（如生长素、细胞分裂素和赤霉素等）代谢相关蛋白在根瘤共生固氮过程中也发挥着重要调控作用。

作为氮源供给者，根瘤菌需要从植物体内获得多种物质来维持其生存和固氮作用，这些物质包括苹果酸、高柠檬酸、磷酸盐、钼酸盐、铁离子、锌离子以及硫酸盐等。在豆科植物中，根瘤菌的固氮通常需要高柠檬酸，它可以由根瘤细胞特异表达的高柠檬酸合酶 FEN1 来合成。然而，有一些固氮菌不依赖于宿主植物提供高柠檬酸，因为它们拥有自己的高柠檬酸合酶基因 *NifV*，可以独立合成高柠檬酸。其他的必需元素，如钼酸盐，可通过特定的钼酸盐转运蛋白（如 MtMOT1.2 等）将其转入根瘤菌体内，而亚铁离子（Fe^{2+}）则通过铁转运蛋白（如 GmVTL1、LjSEN1、MtVTL8 等）进行转运，以满足根瘤菌需求。然而，有些物质如苹果酸和铁离子(Fe^{3+})等如何通过共生体膜转运到根瘤菌体内尚未明确。

在共生固氮领域,中国科学家做出了杰出贡献。例如,2017 年,王二涛研究团队首次揭示了一种以脂肪酸为主要碳源的共生关系。在这个关系中,宿主植物通过 STR-STR2 转运蛋白将 RAM2 催化合成的脂肪酸分子(2-单酰甘油)转移到根际真菌,以满足其生命需求。此外,研究还揭示了豆科植物与根瘤菌结瘤共生的关键模式,其中包括 SHR-SCR 干细胞分子模块,该模块能够响应根瘤信号,促使豆科植物的皮层细胞继续分裂。同时,王学路研究团队发现大豆中光诱导的 GmSTF3/4 和 GmFT 复合物可从茎部移动到根部,直接激活 NSP1,从而诱导根瘤的形成。该团队还发现 GmNNL1 可与结瘤外蛋白 P(NopP)相互作用,通过一种根毛免疫的方式抑制根瘤产生。此外,谢芳等提出了硝态氮抑制共生结瘤的机制:当硝态氮浓度较低时,结瘤起始转录因子(NIN)会激活下游基因表达,从而促进根瘤形成;当硝态氮浓度升高时,细胞核内 NIN 表达受抑制,与此同时,核膜上的类 NIN 蛋白 1(NLP1)会进入细胞核,竞争性地抑制 NIN 对 *CRE1* 的激活,导致无法形成根瘤。最后,陈三凤等发现了一种在高铵(30~300 mmol/L)条件下仍能够固氮的微生物,并揭示了其中的固氮机制。这些研究为共生固氮的理解和应用提供了宝贵见解,并推动了植物固氮基因工程的开展。

在生物固氮领域,非豆科作物固氮是一个充满前景的新兴领域。为了使非豆科植物也具备固氮能力,需要解决一系列关键问题,包括氮阻遏、氧胁迫和能量限制等。首先,根瘤菌的全部固氮基因(*Nifs*)需要能够在植物细胞中表达。其次,固氮酶是生物固氮过程中的关键催化酶,能够将氮气还原为氨。因此,固氮酶复合体必须能够被适当地加工和重新组装。此外,必须维持一个厌氧的环境,提供足够的 ATP 和 NADPH 等能源。然而,通过植物基因工程技术增强非豆科作物的固氮能力,仍然存在较大的难度和挑战。其中有两个主要限制条件需要克服,首先是固氮酶受到氧抑制,其次是维持固氮过程所需的高 ATP 生成速率。目前,虽然共生固氮尚未在全球主要粮食作物中广泛利用,但利用基因工程方法在水稻、小麦等作物上实现共生固氮是一个备受关注的研究领域,近年来已取得了一些重要进展。例如,研究发现水稻中由 OsMYR1/OsLYK2 和 OsCERK1 组成的复合体能够介导根系对从枝菌根真菌的感知,从而增强了共生效率。还有研究已经筛选出能够促进固氮细菌氮酵母梭菌(*Glucanacetobacter diazotrophicus*)在植物根部形成生物膜的关键化合物,如芹菜素(apigenin)等。通过 CRISPR/Cas9 技术编辑水稻中与芹菜素代谢相关的关键基因 *CYP75B3* 和 *CYP75B4*,极大地增强了水稻根系的固氮能力。最近,还有研究成功开发出能够产生根瘤甲苯胺的大麦株系和相应的吸收系统,促进根际固氮细菌和大麦根系的共生,从而提高联合固氮效率。此外,自 20 世纪以来,科学家在水稻、小麦和玉米等植物的根际也发现了固氮作用,并成功分离出多种固氮细菌,如克雷伯氏菌(*Klebsiella pneumoniae*)等。尽管水稻根际中联合固氮效率目前仍然相对较低,但研究人员已经观察到不同水稻品系之间存在显著的固氮能力差异,这表明通过杂交培育或基因编辑等方法,可以培育出更具固氮能力的水稻品种。如果将固氮效能高的细菌与具有强大共生潜力的水稻基因型相结合,有望不断提高固氮细菌与粮食作物之间的联合固氮效率。

总的来说,尽管基因工程技术在改造生物固氮方面仍处于初期,但已取得了一些关键成果。首先,科学家研究了根瘤菌与植物的共生关系,发现不同植物能够与多种根瘤菌协同共生,重新定义了根瘤菌的"寄主专一性",为未来研究提供了新方向。其次,固氮基因和正调控基因的深入研究增进了我们对固氮基因表达和调控机制的理解,包括其对氧气和温度的敏感性。再次，对豆科植物与根瘤菌相互作用机理的研究发现了提高固氮效率的关键基因，而且固氮酶结构和功能的研究也取得了显著成就。最后，合成生物学也开始应用于人工固氮工程菌的构建，叶绿体和线粒体也开始作为导入固氮酶系统的细胞器等。生物固氮研究未来将侧重于联合固氮、信号传递、氮代谢、与光合作用之间的关系，以及共生固氮中的功能基因组学等领域。

6.2.3 改良作物的品质

随着社会生活水平的提高，人们对食物的需求逐渐从简单的填饱肚子转向更为注重美味、营养和健康的方向。作为农产品的核心特性，作物品质直接关系到农业的发展和人们的健康，同时也是农产品商品价值的基石。作物品质涵盖多个方面，包括营养、外观、风味，以及储藏和加工特性等。当前，科学家正积极投入克隆和鉴定与作物品质相关的功能基因的研究，并通过基因工程技术修改作物的关键基因，改善其品质，以满足人们对高品质和高营养食物的需求。

品质改良的重心通常集中在作物的种子上，因为作物种子是人类主要的食物来源之一。种子中的营养成分，特别是氨基酸的组成，对品质至关重要。不同作物种子中蛋白质、氨基酸、淀粉和油脂等成分的含量和比例存在很大差异，而科学家通过基因工程可以调整这些成分的含量，提升作物的品质或营养价值。例如，大多数谷物作物的种子缺乏人体内必需的赖氨酸(Lys)，而大多数双子叶植物(如大豆)的种子含有这种氨基酸，但缺乏甲硫氨酸(Met)。为了解决这一问题，研究人员尝试将双子叶植物种子的蛋白质基因引入禾谷类作物中，提高必需氨基酸的含量，从而使新的作物营养更加均衡。同时，研究人员尝试将编码赖氨酸的密码子插入已克隆的种子贮藏蛋白基因中，或者通过碱基突变的方法来优先合成富含必需氨基酸的蛋白质，以增加作物种子的贮藏蛋白营养价值。此外，研究人员还尝试通过合成一段含有各种必需氨基酸的 DNA 序列，然后将这一 DNA 片段引入马铃薯中，以改善马铃薯贮藏蛋白的必需氨基酸含量；或者通过将大豆的蛋白质基因引入马铃薯，以培育高蛋白马铃薯品种，使其营养价值接近大豆。

基因工程还可以用于改善作物种子的其他营养成分。例如，将与 β-胡萝卜素生物合成相关的基因插入水稻中，可以显著提高稻米的可食用营养物质含量，从而开发出了“黄金大米”。由于 β-胡萝卜素赋予大米金黄色，所以得名“黄金大米”。β-胡萝卜素是合成维生素 A 的前体，可以在人体内转化为维生素 A，有助于预防维生素 A 缺乏症，如失明和免疫系统失调等，对一些贫困地区的健康至关重要。中国科学家也在利用基因工程改善水稻品质方面取得了重大突破。2021 年，中国科学院李家洋团队应用基因工程和分子育种技术，成功研发出高产优质的双季早熟粳稻品种“中科发早粳 1 号”，为全球水稻产业的发展做出了重大贡献。

基因工程技术不仅可以用于改善食物作物的品质，还可以改变花卉和水果的颜色，提高其市场吸引力和商品价值。例如，通过反义 RNA 技术抑制查尔酮合酶(CHS)基因的表达，研究人员成功改变了矮牵牛花的颜色；将玉米色素合成中的一个还原酶基因引入矮牵牛，成功让矮牵牛开出砖红色花朵；从矮牵牛中分离出一个合成蓝色色素的基因并引入玫瑰，成功制造出蓝色玫瑰。在蔬菜品质改良方面，中国科学院遗传与发育生物学研究团队通过 CRISPR/Cas9 基因编辑技术，成功创造了不同颜色的番茄，为改善番茄品质提供了更多选择。

总的来说，基因工程技术为改良农产品品质提供了新的可能性和技术支撑，从提高种子的蛋白质含量和氨基酸平衡到增加食物的营养价值，再到改变颜色等，这些技术不断推动农业的发展，提升农产品的价值，更好地满足人们对高品质和高营养食物的需求。

6.2.4 增加作物的次生代谢产物含量

植物通过其独特的生物能源利用机制，将太阳能和 CO_2 等转化为碳水化合物、脂类和蛋白质等初级代谢产物的同时，合成各种次生代谢产物，如碱类、类胡萝卜素、酚类化合物、酮类化合物等。尽管这些次生代谢产物对细胞的生长和繁殖非必需，但在植物的生存和发展中却发挥着至关重要的作用，尤其是在应对逆境压力、促进植物与环境互动方面。此外，这些物质还直接影响着植物源食品的特性，包括口感、颜色、气味和营养价值等。许多生物技术制品，如药品、酶制剂、生化试剂、化妆品和食品添加剂等，也可从这些次生代谢产物中获得。例如，一些医疗和食品工业中广泛使用的物质，如奎宁(治疗疟疾)、长春新碱(治疗白血病)、吗啡因(麻醉用药)、地高辛(强心剂药物)和高果糖(甜味剂)等，均源自植物次生代谢，具有重要的经济价值。尤其是在医药和工业领域，它们有广泛的应用前景，用于制造临床药物、染料、杀虫剂、食品添加剂以及各类日常用品。然而，植物中次生代谢产物通常含量较低，如果仅从天然植物中提取，难以满足人类需求。由于植物次生代谢的多样性和复杂性，传统育种方法进展缓慢，且无计划采集对生态环境造成损害，导致野生植物濒危。另外，化学合成方法成本高昂且可能引发环境污染。因此，基因工程技术在植物次生代谢的遗传改良方面具有广泛的应用前景。

随着对植物次生代谢网络的深入研究，植物次生代谢途径的遗传改良已取得显著进展。通过引入靶标基因或整个代谢途径，已成功取得多项重要成果，包括富含锌的枸杞品种、提高人参中乳铁蛋白含量、增加黄芪中白藜芦醇含量，以及改良绞股蓝以增加甜味。黄酮类化合物是一类在植物中广泛存在的次生代谢产物，具有多种生物活性。研究人员通过引入关键的酶基因，如查尔酮异构酶(CHI)基因，成功使转基因番茄中黄酮类物质显著积累。研究人员还通过引入异黄酮合成酶(IFS)基因，显著增加了拟南芥、烟草和玉米等植物中的异黄酮类物质。此外，基因工程技术还能更精细地调控植物次生代谢途径，如通过反义或干涉技术降低靶标基因的表达水平，抑制竞争性代谢途径，改变代谢流向，从而增加目标化合物的含量。研究人员应用这些方法成功提高了人参、长春花和青蒿等药用植物中次生代谢产物的含量。近年来，CRISPR/Cas9 基因编辑系统在植物次生代谢的遗传改良中得到广泛应用，其更灵活、精准和高效。研究人员利用该系统成功抑制了丹参中迷迭香酸合成酶基因(*SmRAS*)，从而增加了丹参酸 A 钠(SAAS)和丹参多酚(DHPL)钠的含量。

植物次生代谢的基因工程，又称代谢工程，旨在通过改造植物的遗传特性来提高次生代谢产物的质量和产量，以满足农业、医学、化学和食品工业的需求。该方法的原理包括选择合适的目标化合物、了解植物代谢途径、改进基因表达和调节代谢途径，以及引入合适的底盘(chassis)受体，如大肠杆菌、酵母、模式真菌和植物等，以提高代谢产物的产量。多种策略可用来提高次生代谢物的质量和产量，包括将整个次生代谢途径导入异源植物，或修饰控制代谢途径的酶基因或转录因子，还可以利用基因敲除或基因沉默技术关闭有毒次生代谢产物的合成或改变代谢流的方向。目前，代谢工程已在不同底盘(包括大肠杆菌、酵母、植物细胞、发状根，以及各种植物如烟草、拟南芥、番茄、水稻、玉米等)成功生产了多种次生代谢产物，如青蒿酸、紫杉烯、丹参素、人参皂苷、多种类胡萝卜素、多种类黄酮和大麻素等。例如，在青蒿素的合成中，首先合成其前体青蒿酸，再通过化学方法转化为青蒿素，就可以实现青蒿素的全合成。

研究人员通过引入关键基因，包括紫穗槐-4,11-二烯合酶(ADS)、细胞色素 P450 家族还原酶(CPR)、CYP71AV1 羟化酶和青蒿醛双键还原酶(DBR2)基因，首次在烟草中实现了青蒿酸的异源合成。美国加州大学的研究团队还成功构建了高效生产青蒿酸的酿酒酵母，产量高达 25 g/L。在代谢工程领域，中国科学家也做出了重要贡献。2014 年，中国科学家利用酵母为底盘，通过引入人参皂苷合成的关键基因，首次在酵母中实现了从单糖到稀有人参皂苷 compound K(CK)的合成。2017 年和 2018 年，中国科学家利用水稻为底盘，在水稻胚乳中分别合成了花青素和虾青素，成功创制了功能型水稻新种质"紫晶米"和"赤晶米"。灯盏乙素(scutellarin)是灯盏花中一种重要的次生代谢产物，具有多种有益的生理特性，如抗炎、抗氧化、抗血小板聚集、改善微循环、保护神经以及抗肿瘤等。然而，目前的灯盏乙素生产方法主要依赖于从灯盏花中提取和分离，但产量受到限制，难以满足市场需求。2022 年，中国科学家采用解脂耶氏酵母(*Yarrowia lipolytica*)为底盘，并通过基因工程技术模块化地优化和组合了多个与灯盏乙素合成相关的基因，包括 *PAL*、*C4H*、*4CL*、*CHS*、*CHI*、*FSII*、*F6H* 和 *F7GAT*，成功实现了灯盏乙素的大规模生产，最高产量达到 346 mg/L，为有效解决灯盏乙素供应短缺问题提供了新的解决方案。

生物反应器在植物代谢工程中扮演关键角色，可用于大规模生产有价值的次生代谢产物。传统的生产方式因植物生长缓慢和复杂的生态需求而受限。生物反应器具备多项优势，如连续的液体培养系统，类似于生物工厂，能高效生产次生代谢产物。可以根据初始原料的不同，选择不同类型的生物反应器，包括悬浮细胞、毛根和微繁殖植株。另外，还可以采用共培养方式，即同时培养两种不同(或相似)物种的两个不同器官，如茎+根、悬浮细胞+毛根等，从而更多的生产次生代谢产物。

尽管植物次生代谢途径的遗传改良具有广泛的应用前景，但仍然面临多项挑战。当前我们对植物次生代谢途径及其调控机制的理解相对有限，仅鉴定和克隆了极少数相关基因。因此，未来的研究任务之一是深入了解植物次生代谢途径及其网络，包括中间产物和终产物的生成过程、酶及其基因表达和调控、次生代谢产物的合成和分布，以及不同代谢途径之间的相互关系。近年来，调控因子的应用和多基因的协同转化成为研究的新方向。植物代谢途径中的转录因子发挥着重要作用。通过基因工程对其进行调控，如过量表达或沉默转录因子、有针对性的基因编辑，可以更有效地提高特定化合物的积累。例如，科研人员通过过量表达关键转录因子，成功诱导了玉米中完整的黄酮类合成途径，导致紫色素的含量显著增加。

可以预见，随着植物次生代谢网络的深入研究和相关基因的克隆，以及生物技术的不断发展，植物次生代谢基因工程将更好地满足人类的需求。一方面，随着多组学和大数据分析的发展和完善，越来越多重要次生代谢产物的合成通路被解析。已经建立的公共数据库和模型将为整合遗传信息、蛋白质组学和代谢组学的知识提供强大支持，使我们能够研究植物的基因多样性和次生代谢物合成途径，确定代谢基因工程的靶标。另一方面，随着合成生物学的不断发展和新工具的利用(如基因编辑技术)，以及多功能微生物、真菌和新型植物底盘的开发和完善，我们将能够更精确地设计和控制代谢通路，提高产物合成的效率，降低成本，生产更多的甚至未知的次生代谢产物。然而，需要谨慎考虑的是，在某些情况下，目的基因的过量表达或抑制未必会提高预期代谢产物的产量，反而可能导致出乎意料的结果。不同转基因体或不同植物种类之间，目的基因的表达水平存在明显差异，且限速酶基因的表达和酶活性的变化有时与目标产物的合成不一致。此外，高水平表达次生代谢物可能带来潜在的毒性，存在安全风险。

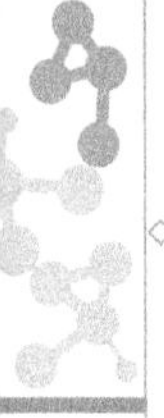

因此，在植物次生代谢基因工程的研究和应用中，需要认真考虑以上因素，进行充分的监测和评估。

6.2.5 增强作物的抗病虫害能力

作物的病害和虫害一直是全球农业所面临的重大挑战，因为它们经常导致作物产量急剧下降，引发粮食短缺。然而，传统的防治方法，如化学农药，不仅可能导致残留有害化学物质，还会造成环境污染，威胁人类的健康和生存。因此，作物病虫害问题已成为全球性的头等难题。特别是，由病毒引发的作物病害对全球农业经济造成了巨大损失，每年高达 200 亿美元。植物病毒的寄生性很强，使得传统的化学防治措施难以奏效。同时，不同的真菌病害也严重威胁作物的产量和质量，而且它们具有不同的抵抗机制，常常需要多个防御反应基因的参与。植物细菌性病害同样造成了农业的重大损失，如青枯病、白菜软腐病、柑橘溃疡病和水稻白叶枯病等，而且历史上曾多次出现细菌性病害导致农业绝产和社会动荡的事件。此外，植物虫害也对农业生产构成了严重威胁，导致大规模作物损失。

为提高农作物产量，人们采取了多种方法，包括使用化学农药。然而，这些方法存在各种问题，如化学农药可能引发环境污染，害虫可能产生抗药性。尽管生物杀虫剂已被广泛使用，但由于存在见效较慢、不稳定、仅对有限范围的害虫有效等缺点，其在世界农药市场上的份额相对较小。尽管传统的杂交育种有效，但由于抗原材料有限、选育周期较长等，其效果受到限制。然而，植物基因工程技术的不断发展为培育抗病虫害的作物新品种提供了崭新途径。通过利用基因工程技术，发掘和利用抗病虫害的基因资源，从而培育出更多抗性作物品种，可为解决作物病虫害问题提供根本性的解决方案。为了培育具有自身抗病虫害能力的新品种，首先需要分离和鉴定与抗病虫害相关的关键基因。通过操纵这些关键基因，可以使作物具备更强的自我保护机制，减少化学农药的使用，降低成本，减少环境污染，最终造福人类。以下详细介绍增强作物抗病害和抗虫害能力两方面的进展。

1. 增强作物的抗病害能力

(1)抗病毒病　1985 年，Sanford 和 Johnston 首次提出了病原介导抗性(pathogen-derived resistance，PDR)的方法，即通过将植物病毒的基因引入宿主植物，使植物获得对这些病毒的抗性。如今，这一技术已经广泛应用，包括使用病毒外壳蛋白(coat protein，CP)基因、复制酶(replicase，Rep)基因、运动蛋白(movement protein，MP)基因、卫星 RNA(satellite RNA，Sat-RNA)，以及反义 RNA(antisense RNA)和缺陷干扰 RNA(defective interfering RNA)技术等多种方法来实现病毒抗性。其中 *CP*、*Rep* 和 *MP* 基因是目前应用较广泛的基因。

①*CP* 基因。CP 是构成病毒颗粒的结构蛋白，具有多种功能，包括包裹病毒基因组以保护核酸，与宿主植物相互识别决定宿主范围，以及参与病毒的长距离传输等。研究人员最早用 *CP* 基因来实现植物对病毒的抗性。1986 年，Beachy 和 Powell 将烟草花叶病毒(tobacco mosaic virus，TMV)U1 株系的 *CP* 基因引入烟草，成功获得 TMV 抗性明显增强的转基因烟草植株，这是首次将病毒 *CP* 基因成功转入植物的例子。目前，这种策略已经成功应用于马铃薯、番茄、烟草和水稻等多种作物。1990 年，美国孟山都公司将马铃薯 X 病毒(potato virus X，PVX)和马铃薯 Y 病毒(potato virus Y，PVY)的 *CP* 基因同时引入北美最重要的马铃薯品种 Russet Burbank 中，成功获得了双抗 PVX 和 PVY 病毒的马铃薯转基因株系。1991 年，日本国家农业环境所将水稻条纹叶枯病毒(rice stripe virus，RSV)的 *CP* 基因引入水稻中，成功获

得 RSV 抗性增强的转基因植株，这也是利用基因工程技术改良禾本科作物抗病毒能力的第一例成功报道。中国科学家也开展了大量工作，例如，成功获得了抗黄瓜花叶病毒(cucumber mosaic virus，CMV)的转基因番茄和甜椒，其中抗病毒甜椒还获批了我国农业部(现农业农村部)颁发的安全证书。尽管转 *CP* 基因的技术路线已取得一定成功，但仍然存在一些问题，如抗病毒的范围较窄、抗性强度不够，而且大多数仅能推迟发病，而不能彻底根治。

②*Rep* 基因。病毒的 *Rep* 基因编码非结构蛋白，将病毒 *Rep* 基因引入植物，可以赋予植物很强的抗性，而且强度明显高于 *CP* 基因引发的抗性。利用病毒 *Rep* 基因改良作物的病毒抗性，在烟草、马铃薯、木瓜等植物上都取得了成功。例如，将豌豆早褐病毒(pea early brown virus，PEBV)中的 *Rep* 基因引入烟草，获得的转基因植株对高达 1 000 μg/mL 的病毒接种量仍具有高度抗性。将 PVX 和 PVY 的 *Rep* 基因分别引入马铃薯和烟草中，转基因植株均表现出良好的病毒抗性。华南农业大学的李华平研究团队将来自广东本地番木瓜环斑病毒(papaya ringspot virus，PRSV)的 *Rep* 基因引入本地普通番木瓜品种中，获得的转基因番木瓜对 PRSV 广东株系表现出很高抗性，从而研发出抗病性能和园艺性状都很优良的番木瓜品种“华农一号”。2006 年，该品种获得了我国农业部颁发的安全证书，这也是我国唯一一种可以合法上市的转基因水果。

③*MP* 基因。病毒的 MP 蛋白能与细胞骨架中的微管和微丝结合，具有在细胞内沿微管移动的特性。MP 还可与病毒的 RNA 形成复合物，因此能帮助病毒 RNA 通过胞间连丝进入邻近细胞，促进病毒传播。通过干扰或阻碍 MP 与胞间连丝的结合，就可以阻止病毒的转移，将入侵病毒局限在最初的侵染部位，从而实现抗病毒目标。这种抗病毒机制与 CP 不同，需要转基因植物表达功能缺陷的 MP(defective movement protein，dMP)，才能表现出抗病性。各种病毒的 MP 之间存在功能上的共通性，因此突变的病毒 *MP* 基因转化植株具有广谱抗病性，可以抵抗不同种类的病毒。目前，利用 *MP* 基因提高植物抗病性的策略，已在烟草和马铃薯等作物上取得成功。

(2)抗真菌病　为了提高植物对真菌病害的抵抗力，研究人员正在积极发掘和应用各种抗病基因资源。这些基因资源包括：①植保素基因。植保素(phytoalexin，PA)是植物在感染病原体后产生的低分子质量化合物，如类黄酮、芪类、倍半萜类、类固醇和生物碱等，具有抗真菌的活性。例如，通过将植物中克隆的芪合酶(STS)基因引入目标植物，可以增强植物抵御真菌病害的能力。这项策略已经成功用于多种作物，如烟草、小麦、水稻和油菜等，提高了它们对真菌病害的抵抗力。②核糖体失活蛋白基因。核糖体失活蛋白(ribosome inactivating protein，RIP)能破坏真菌细胞内核糖体的功能，从而抑制病原体的蛋白质生物合成。大多数 RIP 具有 RNA 糖苷酶(RNA glycosidase)活性，少数具有 RNA 水解酶(RNase)活性，有的 RIP 还具有激活植物自身防御系统的能力。通过引入 *RIP* 基因到植物中，可以增强植株对真菌病害的抵抗力。目前，已经有多个 *RIP* 基因成功地应用于烟草、水稻和甜菜等作物，提高了它们对真菌病害的抵抗力。③多聚半乳糖醛酸酶抑制蛋白基因。多聚半乳糖醛酸酶(polygalacturonase，PG)是真菌侵染植物时分泌的第一个水解酶，它能水解果胶，破坏植物的细胞壁，是真菌的关键致病因子。多聚半乳糖醛酸酶抑制蛋白(polygalacturonase inhibiting protein，PGIP)是植物细胞壁上的一种糖蛋白，它能与病原真菌分泌的 PG 特异结合，降低其活性，从而抑制真菌侵染。目前，已有多个 *PGIP* 基因成功应用于番茄、烟草等作物。④病程相关蛋白基因。病程相关蛋白(pathogenesis related protein，PR 或 PRP)通常在植物体受到病原体侵染或胁迫时诱导表达，可以分为 17 个家族，每个家族具有不同的酶活性，如 β-1,3-葡聚糖酶、几丁质酶、蛋白水解酶、过氧化物酶和核糖核酸酶等，有的家族还具有防御素、硫素蛋白或脂质转移蛋白的活性，从而能够破坏真菌，阻止其生长和发育。通过将 *PR* 基因导入不同作物中，包括烟草、小麦、马铃薯、水稻、棉花、大豆和油菜等，转基因植株对真菌病害的抵抗力都得到了不同程度的提高。

(3)抗细菌病　植物细菌性病害对农作物生产造成了巨大损失，成为全球关注的焦点。例如，青枯病、白菜软腐病和水稻白叶枯病等病害一直在不同地区造成重要农作物减产。为了应对这一挑战，我国从 20 世纪 80 年代初开始，以水稻、番茄和烟草为主要对象，开展了植物抗细菌病基因工程研究。这项研究需要利用多种基因资源，主要包括：①病原菌自身的抗性基因。以丁香假单胞杆菌菜豆病理变种为例，该病原菌产生菜豆毒素，能抑制植物中精氨酸合成相关的鸟氨酸氨甲酰基转移酶(ornithine carbamyl-transferase，OCTase)的活性。然而，该病原菌自身也能产生抗菜豆毒素的 OCTase，科学家成功克隆了编码 OCTase 的基因 *argK*，将其导入菜豆和烟草，获得了对丁香假单胞杆菌菜豆病理变种的抗性转基因植株。此外，丁香假单胞杆菌烟草变种产生野火毒素(tabtoxin)，能抑制烟草细胞中谷氨酰胺合成酶(glutamine synthetase，GS)的活性，对植物产生毒害。不过，该病原菌自身还编码一种烟毒素乙酰基转移酶(tabtoxin transferase，TTA)，可以将野火毒素乙酰化，从而减轻或消除病原菌对植物的毒害作用。科学家通过将编码 TTA 的基因引入烟草，获得了对野火毒素处理及病原菌侵染具有良好抗性的转基因植株。②抗菌肽基因。昆虫体内合成的抗菌肽，如 cecropin 和 attacin 等，对多种植物病原细菌具有杀伤作用。通过转基因技术，将这些抗菌肽基因引入烟草、水稻、番茄、马铃薯、西瓜、辣椒和大豆等植物中，成功提高了它们对细菌的抗性。③防御素基因。植物防御素(plant defensin)是一类新型的植物抗菌肽，通过基因工程，科学家将一些抗细菌的植物防御素基因引入植物。例如，将植物防御素基因 *StPR-1* 引入马铃薯中，成功提高了转基因植株对马铃薯块茎软腐病的抵抗力。④溶菌酶基因。溶菌酶(lysozyme)是一种抗菌物质，能溶解细菌的细胞壁。目前，一些溶菌酶基因如编码卵清溶菌酶、T4 噬菌体溶菌酶和人溶菌酶的基因被引入马铃薯、烟草等作物中，显著提高了它们对病原细菌的抵抗力。⑤病程相关蛋白基因。前文提到的病程相关蛋白(PR)大多数还具有抑制细菌生长的作用，通过转基因技术使其在植物体内过量表达，可以提高转基因植株对某些细菌的抗性。研究还发现，液泡内的碱性 PR 蛋白比胞外的酸性蛋白表现出更强的抗菌活性。此外，当多个 PR 蛋白在同一植株中共同表达时，能协同提高植物的抗性水平。

2. 增强作物的抗虫害能力

植物虫害对农业生产造成了严重的经济损失，因此预防和控制害虫已经成为提高农作物产量的关键措施。通过基因工程技术，挖掘抗虫害的基因资源并培育抗虫害作物品种是应对植物虫害的创新途径。抗虫害基因主要分为微生物来源、植物来源和动物来源 3 类。

微生物来源的抗虫基因主要包括：① *Bt* 基因。*Bt* 基因源自苏云金杆菌(*Bacillus thuringiensis*)，在芽孢形成过程中产生 δ-毒素(δ-endotoxin)或称为杀虫结晶蛋白(insecticidal crystal protein，ICP)。ICP 在昆虫的消化道中被激活，具有高度特异的杀虫活性。根据 ICP 的抗虫范围和序列同源性，*Bt* 基因分为 4 个主要类型，分别针对不同的害虫：类型Ⅰ(*Cry*Ⅰ)作用于鳞翅目昆虫，类型Ⅱ(*Cry*Ⅱ)作用于鳞翅目和双翅目昆虫，类型Ⅲ(*Cry*Ⅲ)作用于鞘翅目昆虫，而类型Ⅳ(*Cry*Ⅳ)作用于双翅目昆虫。每个类型中还存在多种亚型，如 *Cry*Ⅰ 亚型包

括 *IA*(*a*)、*IA*(*b*)、*IA*(*c*)、*IB*、*IC* 等 10 余种。自 1987 年首次获得转 *Bt* 基因植株以来，这些 *Bt* 基因已被转化到多种作物中，如烟草、水稻、玉米、棉花、番茄、大豆等，为提供抗虫害保护做出了贡献。目前，*CryⅠ* 基因的应用最广泛，对烟草天蛾、番茄果螟和玉米螟等多种鳞翅目害虫表现出显著作用。近年来，*CryⅡA* 基因也开始应用于植物抗虫基因工程，赋予植物抗鞘翅目害虫(如马铃薯甲虫)的能力。自 20 世纪 90 年代以来，*Bt* 基因技术已发展到第二代，不仅受体植物种类增加，而且 *Bt* 基因在植物中的表达水平大大提高。②胆固醇氧化酶基因。胆固醇氧化酶(cholesterol oxidase，Cho)基因来自两种链霉菌属(*Streptomyces*)细菌，编码的乙酰胆固醇氧化酶能催化胆固醇的氧化反应，导致昆虫死亡。这一基因对棉铃象甲幼虫和美洲烟草夜蛾表现出高毒性，具有广泛的应用前景。③营养杀虫蛋白基因。近年来发现的营养杀虫蛋白(vegetative insecticidal protein，Vip)基因包括 *Vip1*、*Vip2* 和 *Vip3* 等类型，其中 *Vip1* 和 *Vip2* 来源于蜡状芽孢杆菌(*Bacillus cereus*)，*Vip3* 来源于苏云金杆菌。这些基因编码的蛋白质作用于昆虫肠道的敏感细胞，导致细胞破裂和肠道受损，最终导致昆虫死亡。*Vip3* 基因对多种鳞翅目害虫表现出有效作用，尤其对小地老虎、黏虫和甜菜叶蛾等害虫，因此被称为第二代营养性杀虫蛋白抗虫基因。

植物来源的抗虫基因主要包括：①植物蛋白酶抑制剂基因。植物中含有的蛋白酶抑制剂(proteinase inhibitor，PI)是一类蛋白质，存在于大多数植物的种子和块茎中，构成了天然防御系统，用于保护植物免受昆虫和病原体的侵袭。这些蛋白酶抑制剂分为 3 类，即丝氨酸蛋白酶抑制剂、巯基蛋白酶抑制剂和金属蛋白酶抑制剂。目前，豇豆胰蛋白酶抑制剂(CpTI)、马铃薯蛋白酶抑制剂Ⅱ(PI-Ⅱ)和水稻巯基蛋白酶抑制剂(RCPI)基因是具有明显抗虫作用的代表性基因。CpTI 属于丝氨酸蛋白酶抑制剂类，对多种害虫如鳞翅目的烟草芽蛾、棉铃虫、黏虫和玉米螟，鞘翅目的玉米根叶甲、四纹豆象和杂拟谷盗，直翅目的蝗虫等具有抑制作用。将 *CpTI* 基因导入植物如烟草、棉花和水稻中，已实现显著的抗虫效果。PI-Ⅱ对胰蛋白酶和胰凝乳蛋白酶起抑制作用，将 *PI-Ⅱ* 基因导入烟草，转基因植株对烟草天蛾等害虫表现出明显抵抗效果。RCPI 对依赖巯基蛋白酶来消化植物蛋白质的昆虫(如鞘翅目昆虫)具有特殊抗性，对抵御杂拟谷盗、米象、赤拟谷盗、大谷盗、马铃薯甲虫、豇虫象等害虫具有显著效果，对线虫、黄粉虫和棉铃虫等害虫也有一定效果。②植物凝集素基因。植物凝集素(lectin)是一类具有特殊生物活性的蛋白质，能与特定的糖分子结合，促使细胞聚集或沉淀糖蛋白。植物凝集素在植物体内广泛分布，尤其是豆科植物的种子中含量最为丰富。当昆虫食用植物时，这些外源凝集素在昆虫的消化道内与膜上的糖蛋白结合，影响昆虫对营养的吸收。凝集素还可能在昆虫的肠道内引发病灶，促进细菌生长，对害虫产生危害，从而实现杀虫的目的。雪花莲凝集素(Gna)是一种典型的植物凝集素，对蚜虫、叶蝉、稻褐飞虱等同翅目害虫有极强毒性。科学家将雪花莲凝集素基因导入烟草，转基因烟草对蚜虫表现出明显的抗性。引入麦胚凝集素基因到玉米中，转基因玉米获得了对欧洲玉米螟的有效抵抗能力。③淀粉酶抑制剂基因。淀粉酶抑制剂(α-amylase inhibitor，αAI)是植物中普遍存在的一类蛋白质，尤其在禾谷类作物和豆科作物的种子中含量丰富。αAI 能抑制昆虫消化道中 α-淀粉酶的活性，阻止昆虫对淀粉的正常消化。αAI 和淀粉酶结合形成的复合物还能刺激昆虫过度分泌消化酶，通过神经系统反馈引发厌食反应，最终导致昆虫的非正常发育或死亡。科学家发现大麦和小麦中的 αAI 对谷仓类害虫和异色蝽有明显的抑制作用。此外，将菜豆的 *αAI* 基因导入烟草表现出对黄粉虫的肠道 α-淀粉酶的抑制效果。

动物来源的抗虫基因主要包括：①蝎毒素基因。蝎毒素(AaIT)的作用靶点主要位于神经细胞膜上的钠离子通道，能导致神经麻痹，使昆虫失去知觉。目前，一些蝎毒素基因已成功分离并导入烟草等作物，使转基因植物对某些害虫具有致命作用。此外，蝎毒素具有很高的专一性，不对其他非害虫生物造成危害。②蜘蛛毒素基因。蜘蛛毒素是一种来源于蜘蛛毒液的小肽，通常由 37 个氨基酸组成，对许多农业害虫具有杀伤作用，但对哺乳动物无毒害。将蜘蛛毒素基因导入烟草等植物后，转基因植株表现出明显的抗虫效果，这主要通过影响昆虫的蜕皮和生长发育，从而减轻害虫对作物的损害。

除了上文提到的蛋白质或多肽类抗虫物质，还存在一些非蛋白质类的杀虫物质，在农作物抗虫保护中发挥着重要作用。例如，印楝素(azadirachtin)是一种来自印楝的杀虫成分，通过多种机制影响害虫，如对神经系统产生毒性、抑制摄食或蜕皮。苧烯(limonene)是许多水果和蔬菜中普遍存在的一种非蛋白质类物质，有助于植物减轻虫害。长春花(*Catharanthus roseus*)中含有的生物碱，称为长春花生物碱(CRA)，对许多昆虫具有毒杀作用。此外，番茄素(tomatine)是存在于番茄中的一种天然物质，对昆虫也有毒杀作用。这些非蛋白质类物质的合成都受到特定基因的调控，通过了解相关的生物合成机制，可以开发抗虫策略，或将关键基因导入目标作物，以提高它们对虫害的抵抗力。

总体而言，Bt 抗虫基因是目前广泛应用且被认为是最成功和有效的抗虫基因之一。这是因为 *Bt* 基因表达所产生的 δ-内毒素对棉铃虫等多种害虫具有很强的毒杀作用。通过不断的修饰和改良，人们已经能够在植物体内实现高水平的 *Bt* 基因表达，使其对害虫产生致命影响。与 *Bt* 基因不同，尽管 *CpTI* 基因研究较早，由于其表达量难以达到足以对大批害虫致死的浓度，所以人们已不再将其列入转基因抗虫植物培育的范畴；相反，根据 CpTI 富含硫的特点，人们将其用于改善食物的营养品质。在胰蛋白酶抑制剂基因方面，人们发现大豆 Kunitz 型胰蛋白酶抑制剂对棉铃虫等棉花害虫的杀伤性较强，故可能成为一种较理想的抗虫基因。此外，来自雪花莲植物的 *Gna* 基因也备受欢迎，因为它能有效杀死刺吸式害虫，如棉蚜虫。值得提到的是，中国在 20 世纪 80 年代初期就开始在抗虫基因领域进行克隆研究，并取得了显著进展。中国农业科学院的范云六研究团队首次从苏云金杆菌的蜡螟亚种(*Bacillus thuringiensis* subsp. *galleriae*)中成功克隆了 δ-内毒素基因。1990 年，他们率先在中国获得了转 *Bt* 基因的水稻和棉花植株。随后，他们进行了对 *Bt* 基因的人工修饰和改造工作，并成功合成了能在植物中高效表达的具有不同杀虫机制的 *Bt* 基因、豇豆胰蛋白酶抑制剂基因(*CpTI*)和昆虫特异性的蝎神经毒素基因(*AaIT*)，这些基因都被成功地导入水稻、棉花和烟草等多种作物中。在国家“863 计划”的关键支持下，中国在棉花抗虫基因工程领域取得了重大突破，成功培育出多个携带 *Bt* 基因的棉花品种。此外，中国在小麦、烟草、甜菜和马铃薯等多种作物的抗虫基因工程研究中也取得了重要科研成果。这些成就为提高农产品产量和质量，减少化学农药的使用量，改善农业生态环境做出了积极贡献。

6.2.6 增强作物的抗除草剂能力

在农业生产中，除草剂的使用不仅能够节省劳动力、降低劳动强度，还能减少劳动成本，因此成为未来农业发展的一个重要方向。然而，由于除草剂通常具有广谱的杀灭作用，可能对农作物造成损害，从而限制了其广泛应用。通过基因工程技术增强作物对除草剂的抗性，可以拓宽除草剂的使用范围。以阿特拉津为例，它是一种除草剂，通过干扰植物光合途径中的某些关键酶，导致杂草和作物都受到损害。通过向目标作物中引入能够分解阿特拉津的酶基因，或者改造目标作物中受阿特拉津作用的靶标酶基因，可以增强作物对阿特拉津的抗性，从而在生产中安全使用这种除草剂。

利用基因工程技术增强作物对除草剂的抗性，可以采取多种策略。例如，可以过量表达除草剂的靶标基因，以产生更多的靶标酶。通过靶标基因的突变或修饰，可以减少对除草剂的敏感性。还可以引入来自其他植物或微生物的具有抗性的靶标基因到目标作物中，使其获得抗性。另外，引入具有氧化或分解除草剂成分能力的基因，可以减少有害成分的影响，获得更安全的抗除草剂品种。

自 1996 年美国华盛顿大学与孟山都公司培育出第一批抗除草剂的转基因作物以来，抗除草剂转基因作物已经在全球广泛应用，占据了转基因作物面积的 60%以上。这些作物包括大豆、玉米、水稻、小麦、油菜、棉花等。其中，抗除草剂转基因大豆和玉米的应用最为广泛，全球超过 80%的抗除草剂转基因作物种植面积属于抗草甘膦转基因作物。随着基因工程技术的不断进步，我们可以期待更多抗除草剂耐受性基因的发现和应用。以下将详细介绍几种实际应用较多的抗除草剂基因。

(1)抗草甘膦基因　草甘膦(glyphosate)是美国孟山都公司研发的一种广泛使用的除草剂，其销售量和应用范围在全球名列前茅。草甘膦以高效、广谱、低毒、低残留以及稳定的理化性质等特点而著称，能够有效铲除大多数杂草和植物。草甘膦的作用机理是通过抑制植物体内的芳香氨基酸合成途径中的关键酶活性，即 3-磷酸甘氨酸合成酶(5-enolpyruvylshikimate-3-phosphate synthase，EPSPS)，妨碍植物体内氨基酸的生成，最终导致植物死亡。研究人员从多种生物中克隆到编码 EPSPS 的基因，这些基因编码的酶具有高度保守的氨基酸序列，其中的突变可导致对草甘膦的抗性。目前，应用最广泛的抗草甘膦基因主要是来自农杆菌 CP4 的 *EPSPS* 基因和来自玉米 *EPSPS* 突变的 *zm-2mepsps* 基因。中国也成功筛选出一些具有自主知识产权的抗草甘膦基因，如 *G6-EPSPS* 和 *G10-EPSPS*。研究人员已将这些基因成功应用于大豆、玉米、棉花、油菜、苜蓿和甜菜等多种作物的育种中，使草甘膦抗性作物技术迅速发展。

(2)抗草铵膦基因　草铵膦(glufosinate)也称草丁膦(phosphinothricin)，是一种有机膦类除草剂，其作用机理是通过干扰植物的磷酸化过程，影响氮代谢途径中关键酶的活性，即谷氨酰胺合成酶(glutamine synthetase，GS)，导致植物无法正常合成氨基酸，最终导致其死亡。抗草铵膦作物的抗性基因来自两种乙酰转移酶同源基因，一种来自吸水链霉菌(*Streptomyces hygroscopicus*)的草丁膦乙酰转移酶(dicamba acetyltransferase)基因(*DAA*)，另一种来自绿色色素链霉菌(*Streptomyces viridochromogenes*)的膦丝菌素乙酰转移酶(phosphinothricin acetyltransferase)基因(*PAT* 或 *BAR*)。在乙酰转移酶的作用下，可以使草铵膦的自由氨基乙酰化，消除草铵膦的毒性。近年来，这些基因已成功应用于多种作物中，尤其在油菜、玉米和棉花中种植面积较大。抗草铵膦作物虽然其商业化程度不如抗草甘膦作物，但在控制一些棉花和大豆中最顽固的草甘膦抗性杂草方面非常有效，如帕尔默苋、水麻等。

(3)抗 ALS 抑制类除草剂基因　ALS 抑制类除草剂以乙酰乳酸合成(acetolactate synthase，ALS)为靶标，通过抑制 ALS 的活性来干扰植物支链氨基酸的合成，最终导致植物死亡。这种机制对控制禾本科杂草特别有效，因为这些杂草对支链氨基酸的需求较高。科学家们已经研发了多种 ALS 抑制类除草剂，其中磺酰脲类和咪唑啉酮类除草剂最为典型，它们具有选择性强、杀草谱广、低毒高效等诸多优点。为了帮助作物抵抗这些 ALS 抑制剂类除草剂，研究人员开发了抗 ALS 抑制类除草剂基因，将这些基因转入作物中，使作物对这些除草剂产生抗性。例如，美国氰胺公司(American Cyanamid Company)培育出了一系列抗咪唑啉酮除草剂的突变体，包括玉米、油菜、水稻、小麦和向日葵等作物，而杜邦公司(DuPont)也开发出了抗氯嘧磺隆与噻磺隆等磺酰脲类除草剂的转基因大豆及棉花品种，从而使这些作物能够在受到抗 ALS 抑制类除草剂的干扰时存活，提高农作物的产量和质量。

除了上述提到的基因，还存在其他类型的抗除草剂基因，如植物过氧化物酶(PPO)抑制剂基因、P450 单加氧酶基因以及谷胱甘肽巯基转移酶基因等。通过组合多个抗性基因，可以减少杂草对特定除草剂产生抗性，并且可以使不同类型的除草剂混合使用。CRISPR/Cas 基因编辑技术为改善抗除草剂能力提供了新的机会，并已应用于水稻、玉米、番茄等多种作物，使作物能够抵抗不同类型的除草剂。尽管这些技术提供了新的希望，但仍然面临一些挑战，如编辑效率较低、脱靶效应和抗性杂草的产生等。未来的研究需要更深入地挖掘植物自身的抗性基因，以培育多抗性和复合抗性作物品种，以降低生态和食品安全的风险。

6.2.7 增强作物的抗非生物胁迫能力

全球气候变化和环境恶化引发了多种非生物胁迫，如干旱、盐碱、低温、重金属污染等，给作物生产构成了巨大挑战。这些胁迫对作物的生长、产量和品质造成了负面影响，增加了农业的不稳定性。在漫长的进化过程中，植物已经发展了一系列应对逆境的生存机制。发掘植物抵抗非生物胁迫的基因，并将其应用于作物生产，将显著提高农业生产的稳定性。然而，传统遗传育种的方法虽然可行，但进展较慢。通过基因工程，可以筛选和培育更具抗性的新品种，因此基因工程育种技术已成为提高作物抗非生物胁迫能力的有效途径之一。

植物抗非生物胁迫的基因工程研究采用多种策略。首先，增强植物合成渗透调节物质的能力，如海藻糖、甘露醇和甜菜碱等，以维持细胞的渗透平衡，增强抗旱能力。目前，已成功导入多种与干旱抗性相关的基因到主要作物中，这些基因包括脯氨酸合成相关基因(如 *P5CS*、*hrf1* 和 *MtCaMP1*)，能够在干旱胁迫下促进脯氨酸的积累，减少水分丧失；可溶性糖合成相关基因(如 *AtCBF4* 和 *AhSuSy*)，可以增加可溶性糖含量，降低细胞渗透势，保护细胞内酶活性；甜菜碱合成相关基因(如 *CMO* 和 *BADH*)，调控甜菜碱的积累，维持渗透平衡；甘露醇合成相关基因(如 *mtlD*)，增加甘露醇含量，提高抗旱能力。此外，导入与盐碱抗性相关的基因(如 *SOS1* 和 *NHX* 等)可以帮助植物排除过多的盐分，提高对盐碱胁迫的忍受性。液泡对盐离子的隔离有助于避免细胞质受到盐离子的损害，因此引入在液泡膜上表达的 Na^+/H^+ 反转运蛋白基因，促进盐离子向液泡转运，也能够提高植物的耐盐性。需要注意的是，抗旱相关基因的导入同时也可能提高植物对盐胁迫的耐受性。其次，增强植物对活性氧自由基的清除能力，也是提高植物抗旱和抗盐胁迫能力的一个关键策略。清除活性氧的酶，如超氧化物歧化酶(SOD)等，在此过程中发挥着关键作用。植物在应对低温胁迫时常采用一种防止细胞内结冰的策略，其中抗冻蛋白(AFP)发挥关键作用。一些与渗透胁迫相关的基因，如编码 cold-regulated(COR)蛋白、late embryogenesis abundant(LEA)蛋白等蛋白质的基因，在抗寒机制中也扮演着重要的角色。这些基因的综合运用有望增强作物抗非生物胁迫的能力，但在实际应用中，研究较多的抗非生物胁迫相关基因主要包括渗透调节物质合成相关基因、抗氧化酶相关基因、LEA 蛋白基因和抗冻蛋白基因等。

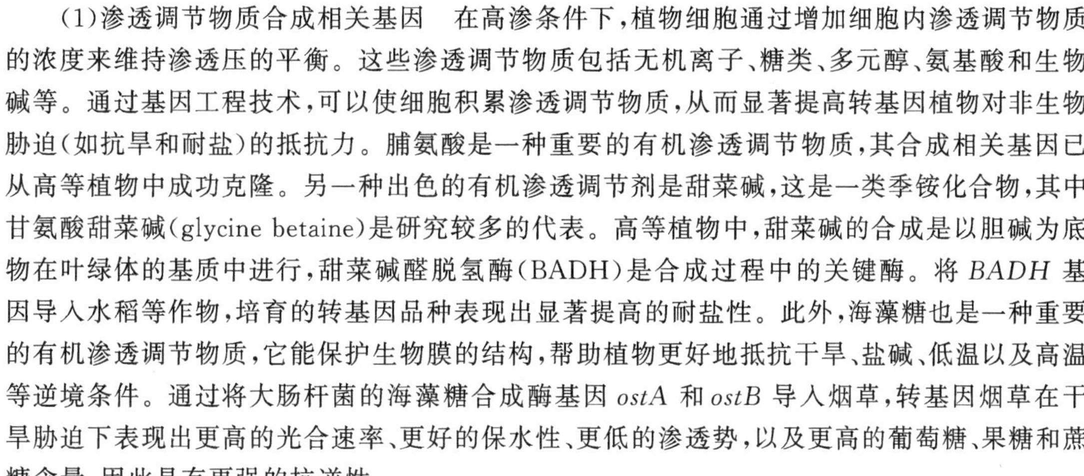

(1)渗透调节物质合成相关基因 在高渗条件下，植物细胞通过增加细胞内渗透调节物质的浓度来维持渗透压的平衡。这些渗透调节物质包括无机离子、糖类、多元醇、氨基酸和生物碱等。通过基因工程技术，可以使细胞积累渗透调节物质，从而显著提高转基因植物对非生物胁迫(如抗旱和耐盐)的抵抗力。脯氨酸是一种重要的有机渗透调节物质，其合成相关基因已从高等植物中成功克隆。另一种出色的有机渗透调节剂是甜菜碱，这是一类季铵化合物，其中甘氨酸甜菜碱(glycine betaine)是研究较多的代表。高等植物中，甜菜碱的合成是以胆碱为底物在叶绿体的基质中进行，甜菜碱醛脱氢酶(BADH)是合成过程中的关键酶。将 *BADH* 基因导入水稻等作物，培育的转基因品种表现出显著提高的耐盐性。此外，海藻糖也是一种重要的有机渗透调节物质，它能保护生物膜的结构，帮助植物更好地抵抗干旱、盐碱、低温以及高温等逆境条件。通过将大肠杆菌的海藻糖合成酶基因 *ostA* 和 *ostB* 导入烟草，转基因烟草在干旱胁迫下表现出更高的光合速率、更好的保水性、更低的渗透势，以及更高的葡萄糖、果糖和蔗糖含量，因此具有更强的抗逆性。

(2)抗氧化酶相关基因 抗氧化酶在植物的抗逆性中发挥着至关重要的作用，超氧化物歧化酶(SOD)是其中的一个关键酶，它的主要功能是将超氧自由基($\cdot O_2^-$)转化为较少有害的分子，如氧气(O_2)或过氧化氢(H_2O_2)，起清除超氧自由基的作用，避免细胞和组织受到氧化损伤。此外，植物中还存在不同类型的过氧化物酶，如抗坏血酸过氧化物酶(APX)、谷胱甘肽过氧化物酶(GPX)和愈创木酚过氧化物酶等，在植物对抗非生物胁迫和维持活性氧平衡方面发挥着关键作用。例如，抗坏血酸过氧化物酶(APX)能够将 H_2O_2 还原为 H_2O，起到清除细胞内过氧化氢的作用。在水稻基因组中，共有 8 个 *OsAPX* 基因编码抗坏血酸过氧化物酶，其中 *OsAPX2* 基因受干旱胁迫诱导表达，而且 *OsAPX2* 基因过量表达植株的 APX 活性和抗胁迫能力都得到显著提高。

(3)LEA 蛋白基因 LEA 蛋白(late embryogenesis abundant protein)是一组在植物种子胚胎发育后期大量积累的蛋白质，广泛分布于高等植物中。LEA 蛋白的表达受多种非生物胁迫因素的影响，包括干旱、高盐、低温等。这些蛋白有助于植物在水分亏缺时维持细胞膜和生物大分子的完整性。根据 LEA 蛋白的氨基酸序列和特殊基序(motif)的不同，它们被分为 6 组，包括 D7、D11、D19、D29、D95 和 D113，其中 D11 组 LEA 蛋白又称为脱水素(dehydrin)。这些 LEA 蛋白在植物抵抗非生物胁迫方面发挥重要作用，因为它们具有很强的亲水性，在水分亏缺时能够捕捉足够的水分，保护细胞免受水分胁迫的伤害。一些研究表明，通过在华羊草中过量表达小麦的 LEA 蛋白基因 *TaLEA3*，可以显著提高抗旱性。此外，将 *LEA3* 基因导入水稻，转基因植株在抗渗透胁迫方面表现出强大的抵抗力。

(4)抗冻蛋白基因 抗冻蛋白(antifreeze protein，AFP)是一类具备热滞效应和抑制冰晶生长效应的蛋白质，最初在极地海鱼中被发现。这些蛋白质具有极高的亲水性和热稳定性，能够有效地保护植物免受低温伤害。研究人员将比目鱼的抗冻蛋白基因引入番茄，结果显示转基因番茄在冰冻条件下表现出有效抑制冰晶生长的特性。将美洲拟鲽的抗冻蛋白基因导入番茄后，田间实验表明在寒冷条件下，转基因植株的生长状况明显优于对照组，且致死温度下降了 2 ℃。此外，还发现了一些植物内源性抗冻蛋白基因，它们也能够提高植物的低温耐受性。

总体而言，在农业生产中，许多作物如甜菜、甘蔗、甜高粱、甜叶菊、甘薯、马铃薯、棉花和紫花苜蓿等经常受到干旱、盐碱、高温和寒冷等逆境胁迫的威胁，导致产量和品质下降，因此，深入研究这些作物在逆境胁迫下的应对机制对于抗非生物胁迫基因工程变得非常重要。此外，通过基因工程技术，不仅可以提高作物的单一抗逆性，甚至还可以使其表现出多重抗逆性，从而提高作物的生产稳定性和品质。在未来的研究中，需要提高基因挖掘的效率，特别关注主要粮食作物和重要经济作物，如水稻、小麦、玉米、大豆、棉花和油菜等。通过建立核心种质、遗传分离群体和突变体等研究材料，有望更深入地理解这些作物的基因组，为基因挖掘提供更坚实的物质基础。植物在应对各种逆境胁迫中，还涉及多种转录因子，如 NAC、AP2、TFIIA、bZIP、MYB、DREB、bHLH、WRKY 和 CBF 等。这些转录因子通过调控不同的基因网络和途径，在抗旱、耐盐、耐热、抗寒等逆境条件下起到关键作用，因此也成为植物抗非生物胁迫研究中的重要工程靶点。未来，通过深入研究和应用适当的基因工程技术，有望为农业生产带来更大的突破，以更好地满足不断增长的粮食需求。

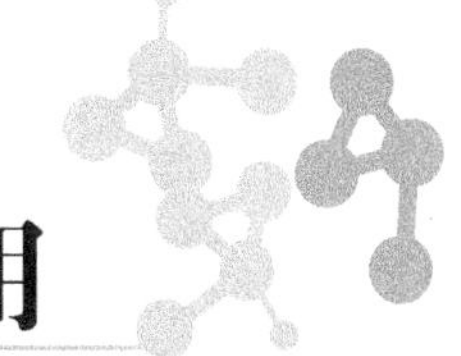

第7章 基因工程在园艺植物上的应用

中国被誉为世界上主要的园艺植物起源中心之一。园艺植物包括果树、蔬菜、观赏植物和茶树等，涵盖了乔木、灌木、藤本以及一二年及多年生的草本植物。这些园艺植物蕴藏着丰富的遗传资源，为当前植物基因组学的研究提供了宝贵的材料。园艺植物与人类之间存在密切的联系，具有极高的营养和经济价值，在日常生活中扮演着不可或缺的角色。其中，蔬菜和果树为人们提供鲜美的菜肴、水果和干果等，而观赏植物则用于美化室内和室外环境。

基因工程技术为园艺植物的改良提供了一条重要途径。通过基因工程方法，可以将外源基因导入园艺植物的基因组，或者改造特定的基因，从而改变园艺植物的一些遗传特性。这包括提高对生物或非生物胁迫的耐受性、增加产量、改善产品质量和延长货架寿命等，有助于培育出高产、优质、抗病虫、抗逆境、抗除草剂、耐储藏等特性的新品种。通过转基因园艺植物或离体培养的细胞，还可以用来生产外源基因的表达产物，包括药用成分或保健功能食品。园艺植物基因工程研究已取得显著进展，尤其在延长货架寿命、改进花卉颜色等方面。自从 1983 年首例转基因烟草植物诞生以来，已有近 100 种园艺植物通过基因工程技术获得了转基因品种，包括果树、蔬菜和花卉等。目前，大量的转基因园艺植物已经从实验室引入田间，甚至一些转基因产品已经投放市场。以下详细介绍基因工程在园艺植物上的几个重要应用领域。

7.1 改善园艺植物的抗性

7.1.1 提高抗病能力

各种病害，包括病毒、真菌和细菌病害，对园艺作物的生产造成了巨大的损失，因此抗病育种已成为园艺作物育种的重要目标。现代生物技术的发展使我们能够分离出多个抗病基因，并成功引入园艺植物中，以提高其抗病性，从而培育更具抗病性的品种。

通过引入病毒外壳蛋白(CP)基因或者利用植物自身编码的抗病毒基因，可以使植物对特定病毒表现出抗性。通过反义 RNA 和 RNA 干涉(RNAi)等技术抑制病毒基因的表达，也可增强植物对病毒的抗性。在植物抗病毒基因工程领域，应用较多的是病毒基外壳蛋白基因。例如，在草莓和辣椒中分别过量表达黄边花叶病毒(YVMV)和黄瓜花叶病毒(CMV)的外壳蛋白基因，都显著提高了这些植物抵抗病毒的能力。北京大学生命科学学院蛋白质与植物基因研究国家重点实验室自 1986 年开始一直研究植物病毒分子生物学和抗病毒基因工程，已成功克隆多种病毒的外壳蛋白基因，并培育出一些抗病毒的转基因植物，包括番茄、甜椒、烟草和马铃薯等，显示出广阔的发展前景。1998 年，美国康奈尔大学和夏威夷大学合作，通过将抗木

瓜环斑病毒(PRSV)的外壳蛋白基因转移到番木瓜中，使其对木瓜环斑病毒表现出抵抗力，研发的两个转基因抗病品系("SunUp"和"Rainbow")在美国市场上占据了80%的份额，并分别于2003年和2010年进入了加拿大和日本市场。但是，这两个品种对中国的病毒株系不具备抗性。华南农业大学的李华平研究团队通过将番木瓜环斑病毒复制酶基因引入番木瓜中，使其表现出高度抗性。2006年，该团队研发的转基因番木瓜"华农1号"通过了国家安全性评价，可以进行商业化生产。

通过引入几丁质酶、β-1,3-葡聚糖酶、渗透素或防御素等相关基因，可以增强园艺作物抗真菌和细菌病害的能力。几丁质酶和β-1,3-葡聚糖酶能降解真菌和细菌细胞壁的主要成分，从而抑制它们的生长。研究人员从烟草中分离出几丁质酶和β-1,3-葡聚糖酶基因，将其在番茄中同时表达，结果显著提高了植物对尖孢镰刀菌的抗性。植保素对某些真菌有毒性，不同植物产生不同种类的植保素，而真菌对非寄主植物产生的植保素通常很敏感。目前已经鉴定出200多种植保素，其中类黄酮和类萜类植保素研究最深入。通过将葡萄中分离出的类黄酮物质合成相关的3′,4′,5′-三羟芪合成酶基因导入烟草或番茄中，可以显著提高植株对灰霉病和早疫病的抗性。此外，研究人员从秘鲁番茄中克隆出抗细菌斑点病的基因*Pto*，该基因编码一种色氨酸/苏氨酸激酶蛋白，可与细菌的非毒性基因产物互作，因此转*Pto*基因的番茄植株表现出抗细菌斑点病的能力。应用与植物防御机制相关的系统获得抗性(SAR)相关基因也是一种重要策略。例如，通过过量表达抗氧化相关基因*AtDHAR1*和*AtAPX1*，可以提高植物对青枯病菌和灰霉病的抗性，而且转基因植物表现出显著提高的抗氧化酶活性，表明抗氧化反应对提高抗性至关重要。

7.1.2 提高抗虫能力

在园艺作物的栽培中，害虫侵害是一个普遍问题。植物自身的抗虫基因有限，传统育种难以培育抗虫性品种，因此植物基因工程技术成为提高抗虫园艺植物的首选方法。抗虫基因的来源主要有两类：一是从细菌中分离出来的抗虫基因，如苏云金杆菌(*Bacillus thuringiensis*)毒蛋白基因(*Bt*基因)；二是从植物或动物中分离出来的抗虫基因，如凝集素(lectin)、蛋白酶抑制剂等相关基因。*Bt*基因是研究最广泛的抗虫基因之一，其成功应用可追溯到1987年，美国孟山都公司研究人员将*Bt*基因(*CryIAd*)导入番茄，使其对多种害虫表现出一定抗性。迄今为止，近180个改良型*Bt*基因被克隆和测序，相比于原始基因，其抗虫效果提高了100多倍。这些基因被分为四大类，分别针对不同类型的昆虫。通过农杆菌介导，研究人员将不同类型的*Bt*基因导入多种蔬菜作物(如番茄、辣椒、茄子、青花菜、花椰菜、甘蓝和菜心等)和果树作物(如苹果、核桃、葡萄和柿子等)，成功培育出一系列对特定害虫具有抗性的种质资源。例如，茄子中表达*CryIAb*基因提高了对东方果实蛾的抵抗力，而甘蓝中表达*CryIB*和*CryIAb*基因则提高了对菜青虫的抵抗力。总体而言，引入抗虫基因为实现园艺植物中精确控制抗虫性提供了有效手段，有助于减少对化学农药的需求，降低生产成本，并对环境友好。同时，通过引入多种抗虫基因，可以发挥互补或相互协同作用，阻止昆虫产生耐受性，提高植物的抗虫持久性，扩大抗虫的范围。然而，由于园艺作物通常用于直接食用，目前在实际生产中还未广泛使用抗虫转基因品种。

7.1.3 提高抗逆能力

在全球范围内，极端气候现象如高温、寒冷、干旱和盐碱对植物构成重大挑战，是园艺植物生产的主要环境制约因素，威胁农业的可持续性。解决这些问题需要改善生产条件、保护环境，同时运用植物基因工程技术提高园艺植物的逆境耐受性，或培育更具抗逆性的品种，使其更好地适应不利环境条件。

温度胁迫是一种常见的非生物胁迫，极端温度条件影响园艺植物的各个方面，包括生理和生化反应。高温和寒冷会导致产量下降、品质降低，甚至植株死亡，从而降低农业生产水平。研究人员主要通过调控热激应答元件来提高植物的耐热性，包括过量表达热激蛋白(heat shock protein，HSP)、提高渗透压调节剂的积累、改变细胞膜的流动性及增加细胞解毒酶的表达等。研究表明，在番茄和烟草中过量表达叶绿体热激蛋白，可有效保护植物的光合系统，提高其对高温的抵抗力。类似地，在烟草中过量表达线粒体热激蛋白也能增强植物的耐热性。另外，过量表达抗坏血酸过氧化物酶(APX)、Cu/Zn 超氧化物歧化酶(Cu/Zn SOD)等相关基因，可以显著提高苹果、番茄等植物的热耐受性。另外，为了提高园艺植物的抗冻性，抗冻蛋白(antifreeze protein，AFP)基因被应用于园艺植物中，以提高其抗寒能力。尽管抗冻蛋白的作用机制尚未完全清楚，但这为培育抗冻性园艺植物提供了有力途径。通过导入抗冻蛋白基因，马铃薯、胡萝卜和番茄等园艺作物成功提高了抗寒性。自从北极鱼中的抗冻蛋白基因被揭示后，人们开始尝试利用转鱼类抗冻蛋白基因的方法来提高园艺植物的抗冻性。研究人员将比目鱼体内的抗冻蛋白基因导入番茄，发现转基因番茄产生一种新的蛋白质，能够阻止冰晶生长，导致植物的抗冻能力显著提高。中国的研究人员采用花粉管或子房注射方法将美洲拟鲽的抗冻蛋白基因导入番茄，也显著提高了其抗冻能力。1998 年，英国研究者首次发现了胡萝卜植物中的抗冻蛋白，从而为园艺植物抗冻基因工程注入了新的活力。

除了温度胁迫，干旱和盐碱也对园艺植物的生长产生显著影响。通过引入抗干旱或抗盐碱相关的转录因子或基因，可以提高植物对这些逆境的抵抗力。在番茄、辣椒、苹果、葡萄、香蕉和菊花中过量表达特定的转录因子(如 CBF1、DREB1b、MYB4、WRKY1 等)可显著提高这些植物对干旱胁迫的耐受性。类似地，番茄、辣椒、葫芦瓜、草莓、香蕉和柑橘中过量表达特定转录因子(如 WRKY71)或基因(如 *HAL2*、*cAPXS*、*AMD*、*CAVP*)可增强这些植物对盐胁迫的耐受性。通过基因编辑技术对植物类受体激酶(receptor-like kinase，RLK)基因进行编辑，山东农业大学创制了耐盐碱的番茄材料。

7.2 改良园艺产品的品质

由于经济水平和市场需求等的限制，园艺植物基因工程的研究过去主要侧重于提高产量和减少病虫害等方面。随着人们对个性化需求的不断增加，已逐渐专注于对品质的改良。园艺植物的品质分为内在品质和外观品质，内在品质主要指园艺产品中可食用的营养物质，而外观品质则主要指果实、叶片和花的颜色、外形等性状。

基因工程技术可用于调控植物的生长、发育和代谢过程，从而提高产量和改良品质。品质改良包括提高蛋白质、淀粉、多糖和脂类等物质的含量，以及改善其组成等。研究者们首先通

过正向遗传学手段鉴定控制园艺产品品质的关键基因，然后克隆这些基因，最后通过转基因或者基因编辑的方式，过量表达或敲除这些基因，以实现提高或者降低某种成分的目标。例如，为了满足糖尿病患者对新鲜水果的需求，可以生产含甜蛋白的西瓜。为了满足高血脂患者的膳食需求，可以生产富含不饱和脂肪酸的水果。还可以通过改变维生素 C 的代谢途径，提高番茄果实中维生素 C 的积累。2023 年，美国 Pairwise 公司通过 CRISPR/Cas9 基因编辑技术成功去除了芥菜的辛辣味和苦味，使其更像生菜的味道，从而可用作沙拉菜。2019 年，华南农业大学雷建军团队克隆了控制辣椒素积累的关键基因 *MYB31*，并开发了紧密连锁的分子标记，以便在苗期就能筛选高辣椒素含量品种，同时该团队还试图将 *MYB31* 基因导入番茄，以生产带有辣味的番茄品种。

随着经济的快速发展，人们对花卉的需求不断增长，特别是对高档、独特的花卉。基因工程技术的发展使得花卉的花色和花香等方面的改良更为精准。改良花色可以采用多种策略，包括引入外源基因、过量表达关键调控基因、反义 RNA、RNA 干涉以及基因编辑等，以修改与花色或花香相关的生物合成途径。花朵的颜色主要受类黄酮化合物、类胡萝卜素和甜菜碱等次生代谢产物的控制。通过反义 RNA 技术，抑制类黄酮或类胡萝卜素等生物合成相关基因的表达，导致中间产物积累发生变化，从而改变花的颜色，这种技术已经在矮牵牛、菊花等花卉中得到应用。美国的 DNAP 公司通过从矮牵牛中分离编码蓝色的基因，将其导入玫瑰中，成功获得了蓝色玫瑰。目前，基因工程技术还成功地改变了康乃馨、非洲菊、报春花等花卉的颜色。此外，基因工程技术还可以用于改良花卉的香气特性。通过引入外源基因或调控植物内源基因的表达，可以改善花香物质的种类和含量。例如通过克隆编码芳樟醇合成相关的基因，将其导入康乃馨中，成功改善了花香的品质。花香物质主要包括萜烯类化合物、苯丙酸类化合物/苯环型化合物和脂肪酸衍生物等，目前的研究主要集中在前两类物质上。这些物质的合成途径包括甲羟戊酸-非甲羟戊酸途径、莽草酸途径和丙二酸途径，目前已鉴定出多个关键酶以及编码这些酶的基因，包括芳樟醇合成酶（LIS）、（异）丁子香酚-O-甲基转移酶（IEMT）、苯甲醇乙酰基转移酶（BEAT）和水杨酸羧基甲基转移酶（SAMT）等。

7.3　改善园艺产品的耐储性

通过基因工程技术，可以有效延缓果实成熟和衰老过程，提高果实的耐储性，这可以通过抑制成熟激素乙烯的生成或改变果实细胞壁降解酶的活性来实现。园艺作物的成熟和衰老过程与乙烯密切相关，而乙烯的生物合成受多种因素的复杂调控。通过基因工程手段，调节乙烯生物合成相关酶的含量或活性，可以有效减少或阻断乙烯产生，以延缓植物的成熟或衰老，这也是果蔬保鲜的重要策略之一。目前，已经从多种果树、蔬菜和微生物中克隆了乙烯合成相关酶的基因，如 ACC 合成酶、ACC 氧化酶、ACC 脱氨酶和 SAM 水解酶等。研究人员通过转基因方法调控乙烯的生物合成，延长了花朵的保鲜期，从而改变花卉的插花寿命。番茄中多聚半乳糖醛酸酶（polygalacturonase，PG）在果实成熟时分解果胶，会导致果实软化和腐烂，从而限制其货架寿命。1994 年，美国 Calgene 公司通过反义 RNA 技术成功抑制 PG 基因的表达，开发出第一个商业化的转基因植物，即转基因番茄“Flavr Savr”。该番茄的果实软化速度显著降低，在货架上能够保持 2 周以上不变软，这也是基因工程在果蔬保鲜上的首次商业化应用。然而，由于易感病害等问题，后来该番茄退出了市场。另一个例子来自加拿大 Okanagan 公司的研究，他们利用基因沉默技术抑制多酚氧化酶的活性，成功创制出一种名为“北极苹果”的苹果新品种。这种苹果切开后能够更长时间地保持新鲜，不容易出现褐变。2017 年，美国正式批准上市第一批转基因苹果，其中就包括“北极苹果”。此外，还有针对桑树的研究，通过过量表达 *AtSHN1* 基因，可以增加桑树叶片上的蜡层，减少水分蒸发，提高叶片的保湿能力。还有研究人员在桃子中克隆了与低温适应性相关的基因及其启动子，包括内切几丁质酶基因和脱水蛋白基因，通过诱导这些基因的表达，有助于桃子更好地适应低温条件，从而有利于桃子的冷藏和运输。这些研究和应用表明，基因工程技术在改善园艺产品的耐储性方面具有广泛的潜力，可以减少食品浪费，提高食品供应的质量和可持续性。

7.4　在园艺植物其他方面的应用

基因工程在园艺植物中的应用不仅仅限于前文提到的方面，还可以用于提高园艺作物的除草剂抗性和创造雄性不育系等方面。在现代农业中，除草剂在控制杂草的生长和繁殖中发挥着至关重要的作用。培育抗除草剂的园艺作物对农业生产具有重要意义，因为这些植物能够有效地避免除草剂对园艺作物本身造成伤害，使田间的除杂草工作更加简便，同时降低农民的除草成本。利用基因工程技术培育抗除草剂的园艺作物主要采用两种策略：①修饰除草剂的作用靶标。通过过量表达植物中的靶蛋白或使其对除草剂不敏感，达到植物在吸收除草剂后仍能正常生长发育的目的。例如，草甘膦是一种强效的除草剂，可以抑制高等植物中的 5-烯醇丙酮-磷酸芳香氨基酸合酶（EPSPS），导致植物无法合成必需的芳香族氨基酸而停止生长并最终死亡。通过基因工程技术，可以使园艺作物对草甘膦具有耐受性，使它们在草甘膦喷洒后仍能继续生长，同时杂草被消除。②导入解毒蛋白基因。通过导入解毒蛋白基因，解除除草剂对植物的毒害作用，这些基因包括乙酰 CoA 转移酶基因（*Bar*）、2,4-D 单氧化酶基因（*TfdA*）和腈水解酶基因（*Bxn*）等。自 1983 年美国首次创造抗除草剂的转基因烟草以来，已经有 328 个抗除草剂转化植物事件。其中，番茄、辣椒、甜瓜、菊苣等多种园艺作物通过转基因技术培育出抗除草剂的品种，但由于转基因管控措施的严格限制，这些品种尚未真正商业化种植。

获得和应用雄性不育系对于园艺植物杂交种子的生产至关重要，这不仅可以降低种子生产成本和劳动力需求，还能显著提高杂交种子的纯度。最初，园艺作物雄性不育系是通过自然变异和人工选择获得的。随着花粉发育分子生物学研究的深入和基因工程技术的发展，人们开始采用基因工程方法来创造雄性不育系。在植物的雄性器官发育过程中，阻断或干扰其中任何一个环节都可能导致雄性不育。构建雄性不育系的方法主要包括以下几种：①利用植物花药特异启动子来控制毒素基因的表达，干扰花粉发育，以实现雄性不育。这种方法通过细胞毒素基因在花药特异启动子的调控下，特异性地破坏花粉和花药的结构，从而创造出雄性不育植株。例如，研究人员将烟草花药绒毡层特异表达基因 *TA29* 的启动子与核糖核酸酶（RNase）基因融合，将其导入烟草和油菜，成功获得了基因工程雄性不育株。②通过提前降解胼胝质壁来引发雄性不育。这种方法通过基因工程手段降解胼胝质壁，干扰小孢子外壁的形成，导致小孢子败育，从而获得雄性不育植株。③导入使线粒体结构或功能异常的基因以实现雄性不育。例如，线粒体 ATP 合成酶亚基 9 基因（*Atp9*）的转录产物需要经过编辑才能形成成熟的 mRNA,研究人员将未编辑的 *Atp9* 基因与酵母 CoxⅣ转导肽的编码序列融合并转化烟草,从而扰乱线粒体的功能,获得烟草雄性不育株。④通过基因沉默技术来阻断花粉发育相关基因的表达以实现雄性不育。例如,中国的研究人员将肌动蛋白基因的反义 RNA 与花药特异启动子融合,将其转化到番茄和烟草中,特异性地抑制花药内源肌动蛋白基因的表达,导致花药畸形或无活力,最终产生雄性不育植株。因此,基因工程技术使得创造园艺作物雄性不育系的方法变得更加简便、快速和有效。

总的来说,植物基因工程为改良园艺植物品种、提高农业生产效益、减少农药使用和减轻环境污染等方面提供了强大的工具和途径。除了上述应用,基因工程技术还可用于提高园艺植物的光合效率、改变园艺植物的株型、果形和叶形等性状,从而增加其产量。基因工程技术还被用于植物制药,生产干扰素、胰岛素和疫苗等药物。例如,番茄、香蕉和马铃薯等园艺植物可充当生物反应器,用于制造口服疫苗和药用蛋白。然而,与广泛推广的转基因农作物不同,基因工程技术在园艺植物领域的商业化应用案例有限。尽管如此,园艺植物分子育种仍具有广阔的前景。随着新一代测序技术的问世,许多园艺植物,如草莓、木瓜、葡萄、甜橙、杧果、辣椒、番茄、黄瓜、白菜等,都已经完成了全基因组测序,解决了基因组信息不足的问题。另外,许多与园艺植物重要性状相关的基因或 QTL 被鉴定出来,有助于确定基因编辑的靶点。如今,CRISPR/Cas9 基因编辑技术已成功应用于多种园艺植物,包括番茄、菜心、矮牵牛、柑橘、葡萄、苹果和马铃薯等。值得注意的是,由于园艺植物种类众多,种质资源非常丰富,所以园艺植物基因工程研究必须首先深入了解植物材料的遗传背景、生物学特性及遗传学规律,才能事半功倍地实现研究目标。

第8章

基因工程在林木上的应用

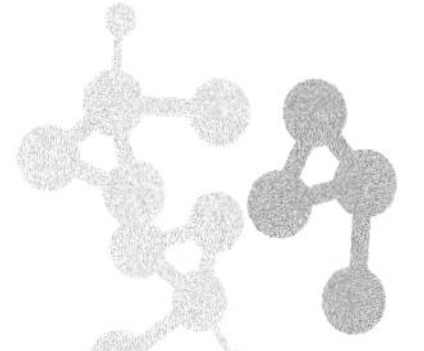

森林树木作为至关重要的生态资源,在多个层面发挥着关键作用。它们不仅为建筑材料、道路绿化和能源供应提供必需资源,还在气候调节、氧气供应和水源净化等关键生态功能中扮演不可替代的角色。更为重要的是,森林生态系统拥有地球上80%的生物多样性,不断为人类提供良好的生活环境。然而,由于林木的长生命周期,林木育种需要几代人的不懈努力。通过应用基因工程技术,能够极大地优化林木的性状,解决传统育种中的问题,并同时改进多个林木特性,提高林木的适应性和生产力。

在林木育种中,基因工程能够充分利用现有的遗传资源,实现对林木的快速、精确改良。例如,科学家们已成功开发出抗虫害的杨树品种,显著减少了对农药的需求,提高了林木产量,并有助于保护生态环境。基因工程还可用于精细设计林木品种,通过编辑与木材性质相关的基因,改变木材的密度、硬度等性状,以满足不同用途的需求。例如,松树木材在地板和家具制造等领域有着广泛的应用,但这些领域对木材性质有不同的要求。通过基因编辑,可以生产出满足特定需求的松树品种。目前,CRISPR/Cas9 基因编辑技术正在林木基因工程研究中得到广泛应用。在杨树中,科学家通过编辑 *BRC* 基因,成功地增加了杨树的侧芽和分支数量。编辑与木材形成相关的基因,如 *DET2*,可以影响木材的生物质糖化和生物乙醇产量,为生物能源树种的培育提供了新途径。此外,CRISPR/Cas9 技术还在杨树的生长、抗旱、抗病及次生代谢物合成等方面取得了广泛成功。除了杨树,CRISPR/Cas9 技术在其他经济林木中也得到广泛应用,包括果树(如柑橘、猕猴桃等)、饮料树(如咖啡、可可等)和工业原料树(如木薯、橡胶树等)。如今,林木基因工程研究已经取得了丰富的成果,涵盖了高效的基因转化方法、外源基因的导入以及转基因植物的再生等多个方面的进展。这些成果不仅深入剖析了林木中重要基因的功能和调控机制,还在林木品种改良中成功应用,包括抵御害虫、对抗除草剂、应对非生物胁迫、抗击病害、改善木材性质、调控开花以及植物修复等多个方面,从而为森林资源的可持续利用和保护做出了积极而重要的贡献。

8.1 林木基因工程研究历史

林木基因工程研究的历史可以追溯到20世纪80年代末期。最初的研究主要集中在利用标记基因来研究树木的基因转化过程,包括将外源基因引入林木基因组的技术、基因表达情况的分析,以及通过组织培养再生来培育完整植株的方法等。20世纪90年代,一些具有重大经济价值的基因,如抗虫基因和抗除草剂基因等,陆续被引入双子叶林木品种中。例如,在杨树中成功引入抗虫特性,在果树(如苹果、梨、葡萄、木瓜等)中成功引入抗除草剂或抗病虫害性状，这些转基因林木品种逐渐进入田间试验阶段。尽管取得了这些进展，大多数林木，尤其是针叶树种，其组织培养技术和基因导入技术仍然不够成熟。此外，林木分子生物学研究相对滞后，可用于林木改良的基因资源仍然非常有限。这些因素制约了林木基因工程改良的发展。

然而，林木基因工程研究仍然存在一些成功的案例，特别是在转基因杨树研究方面。中国的林木转基因研究起步较早，1990年我国研究人员在欧洲黑杨品种中就成功进行了苏云金杆菌毒蛋白(Bt)基因的转化，获得了具有较高杀虫活性的工程植株。到了1993年，研究人员通过扦插在新疆成功建立了试验林。目前，我国的林木转基因研究正专注于花粉不育、蛋白酶抑制剂等相关基因，受体也从欧洲黑杨扩展到其他杨树以及落叶松、杉木等针叶树种。国外的林木转基因研究主要集中在杨树，重点在于重要基因功能的解析。瑞典农业大学的研究小组成功将来自农杆菌的生长素合成酶基因(如 *rolc* 等)转入欧美山杨中，改变了植物的激素水平，导致解剖学结构的改变，同时也影响了木材的性质，从而为利用激素调控改良木材品质奠定了基础。研究者还通过反义RNA技术抑制杨树中木质素的合成，为改良木材性质提供了一种新的有效途径。此外，欧洲学者已经在难度较大的针叶树种中进行了基因转化研究，通过优化转化条件和筛选适宜的细胞系，成功获得了挪威云杉和落叶松等针叶树种的转基因植株。近年来，研究人员通过将植物色素转入杨树，改变了杨树对光照周期和寒冷环境的适应能力。这些成功案例激发了各国科学家的兴趣，不仅推动了林木分子生物学研究的深入开展，还通过有针对性的基因操作，实现了林木的快速生长、高质量和高抗逆性，为培育出符合经济效益和生态环境需求的林木新品种提供了希望。

8.2 林木遗传转化技术进展

林木分子育种的技术挑战主要包括遗传转化和再生，因此，遗传转化技术在林木基因工程中扮演着关键角色。目前，常用的林木转基因技术包括农杆菌介导、基因枪、花粉管途径和原生质体转化等方法。农杆菌介导的遗传转化是最为广泛采用的方法之一。它通过将外源DNA引入植物细胞，实现外源基因整合到宿主基因组中。农杆菌介导的方法操作简单、经济高效，已在多个树木品种中得到应用，如白杨、黑杨和香樟等。然而，该方法仅适用于特定物种和基因型，限制了其应用范围。此外，农杆菌残留可能导致冠状瘤的形成，对转基因植物的产量造成影响。基因枪法利用加速器将外源基因传递到受体细胞、组织或器官中，实现外源基因的整合和表达。相比农杆菌介导，基因枪法不受基因型的限制，具有更广泛的应用潜力。然而，该方法存在转化效率较低的缺点，以及可能导致多个基因拷贝的插入，引发基因沉默、表达异常或增加嵌合体比例等问题。花粉管途径和原生质体转化是新兴的林木转基因技术。花粉管途径利用授粉后自然形成的花粉管进行遗传转化，操作简单、成本低廉，但目前转化效率仍较低。原生质体转化是将外源基因导入原生质体，再整合到受体植物基因组中。虽然可应用于多种植物，包括林木，但目前转化效率仍相对较低，尤其受品种基因型的限制。

8.3 林木基因工程改良的主要性状

林木基因工程改良的目标涵盖多个方面，主要包括抗病虫、耐逆、木材品质改良等。抗虫性改良旨在提高树木对害虫的抵抗力，减少害虫对森林树木的危害，是基因工程在林木育种中取得成功的关键领域。目前，已经鉴定和应用多种抗虫基因，如苏云金杆菌毒蛋白(Bt)、蛋白酶抑制剂(PI)、夏威夷蝎虎昆虫毒素(AaIT)和几丁质酶等相关的基因。*Bt* 基因是最早用于抗虫性改良的基因，具有高度选择性，对某些害虫具有致命作用，但对非目标生物和人类无害。因此，引入 *Bt* 基因可以使树木具备对特定害虫的抵抗能力。*Bt* 基因最早在杨树中成功应用，使其具备抗虫性，而且抗虫稳定性得到了长达 10 年以上的验证。2018 年，中国也首次商业化使用了转基因树木。如今，树木抗虫性的遗传改良已在杨树、桉树、云杉、榆树、松树和白杉等不同种类的森林树木中获得成功。研究还发现，在转基因树木中组合多个抗虫基因存在相加效应，可以产生更强、更广谱的抗虫效果。尽管抗虫基因的引入对于林木害虫的控制非常有前景，但也需要关注一些潜在问题，如害虫是否会产生对这些抗虫基因的耐药性。因此，未来的研究需要确保抗虫性在长期应用中的稳定性和有效性，尤其是在多年生的树木中。

除草是树木生长早期阶段的重要管理任务之一。传统的除草方法需要大量的人力和时间，而利用除草剂除草又可能对树木的正常生长和发育产生不利影响。因此，通过基因工程培育出对除草剂具有耐受性的树木品种，既可以减少除草工作量，降低生产成本，同时也可以减少对环境的潜在影响。源自土壤中湿孢链霉菌(*Streptomyces hygroscopicus*)的 *Bar* 基因可以帮助树木对基于磷酸盐的广谱除草剂(如 Bialaphos)产生抗性，具有广泛的应用潜力。目前，*Bar* 基因已成功应用于多个树种，包括白杨树、桉树、云杉、橡树，以及各种针叶树种。

抗病基因的应用有助于提高树木对各种病原体的抵抗能力，从而改善树木的生长和生存状况，降低由病害引起的生产损失。目前，一些广谱抗病基因已成功转化到一些树木品种中，增强了它们对病原体的抗性。通过农杆菌介导的方法，一种广谱抗病毒基因 *Trichosanthin* (*TCS*)已成功转化到泡桐中，提升其抗病能力。同时，大量研究揭示了树木抗病的关键调控因子。例如，在橡胶树中已发现一种免疫负向调节因子 HbLFG1，能促进橡胶树对橡树白粉病菌(*Erysiphe quercicola*)的感染。杨树易受掌叶锈真菌的威胁而患叶锈病，在杂交杨树中，过量表达拟南芥的甘露糖合酶 3 基因(*AtGolS3*)和黄瓜的糖赖醇合酶基因(*CsRFS*)，会增加杨树对掌叶锈真菌感染的敏感性。这些发现为剖析树木的抗病分子机制以及育种改良提供了新的思路，从而可以通过调控这些关键基因的表达来降低树木对病菌感染的敏感性。此外，树木对病原体的抗性是一个复杂过程，可能涉及多个基因或代谢途径，未来的研究应集中揭示这些抗病相关的调控网络，以更好地理解树木抗病机制，开发更有效的抗病策略。

林木在生长过程中可能会面临大量的非生物胁迫，如寒冷、冰冻、干旱、盐碱、元素缺乏和重金属等。基因工程可以帮助改良树木的抗胁迫能力，使其更适应不利环境。目前，林木抗非生物胁迫的基因工程研究主要集中在耐盐性和耐旱性方面。在杨树中，研究人员通过过量表达 *WOX11/12A* 和 *ThNAC12* 等基因，成功提高了杨树的耐盐性。这些基因的过量表达可以增强植物的抗氧化酶活性，有助于清除活性氧，从而减轻盐分胁迫对植物的伤害。另外，通过干扰 *FDL* 基因的表达，增强了杨树的抗旱性，而过量表达 *JERF36s* 基因，可以改善杨树根细胞的耐盐性。研究人员通过转录组学分析，了解杨树对盐胁迫的响应机制，发现了多个与盐胁迫相关的关键基因，可以作为未来杨树育种改良的重要资源。

改善木材的性能，包括木材的结构和质量等性状，是森林树木育种的另一个关键目标。通过基因工程手段，调控木材中的化学成分，如降低木质素含量，可以改善木材的性能，提高生物质的可利用性。此外，还可以调控木材的纤维特性，以提高木材的质量。例如，通过下调与木质素合成相关的基因，如香豆酸雪片酚羟化酶（C3H）、肉桂酸羟化酶（C4H）和香豆酰辅酶A连接酶（4CL）基因，可以显著降低杂交桉树中的木质素含量。在杨树中，通过下调 *C3H*、*4CL* 和羟基肉桂酰转移酶基因（*HCT*）的表达，可以显著减少杨树的木质素含量，甚至还可以使树木的纤维细胞直径和管胞分子直径变小、细胞壁厚度降低。研究还发现，通过下调半乳糖醛酸转移酶12基因（*GAUT12*）的表达，可以减少木聚糖和半乳糖醛酸的产量，提高杨树的糖化效率，同时促进植物的生长。通过 RNA 干涉下调半乳糖醛酸转移酶4基因（*GAUT4*）的表达，可以降低半乳糖醛酸甲基酯（HG）和鼠李糖半乳糖醛酸甲基酯Ⅱ（RG-Ⅱ）的含量，并增加生物质的产量。此外，一些和信号转导有关的基因，如油菜素类固醇（BR）基因，在木材的形成和次生生长中发挥重要作用，也可作为基因工程调控的靶标。

增加树木的一些额外特性，如香气，可以提升其附加价值，进而提高林木的经济效益。这也是林木基因工程育种改良的一个重要方向。以杨树为例，它是世界上主要的速生用材造林树种之一，而我国是人造胶合板生产的第一大国，杨木是我国胶合板的主要原材料。因此，解析杨树的香气性状特征，培育具有芳香气味木材，对人类健康和生活都具有非常重要的意义。在我国东北地区，重要的乡土树种香杨（*Populus koreana* Rehd.）具有清新的香气特征，其挥发物中含有对人体健康有益的成分，这在杨树树种中极为独特。在2023年，中国林业科学研究院苏晓华团队成功破译了香杨的基因组，首次明确了香杨挥发性香气化合物的种类和关键性化合物的特征，揭示了其香气形成的遗传机制，筛选出了参与香气物质合成的重要基因，如萜烯合酶基因（*TPS*）。该研究为进一步开展林木香气相关的次生代谢物形成及遗传改良提供了宝贵资源，并为培育释放芳香气味的木材或速生林木提供了新的思路。

8.4 林木基因工程实例：杨树抗虫基因工程

杨树是全球广泛栽培的重要造林树种之一。我国拥有丰富的杨树资源，且分布广泛，从新疆到东部沿海，从黑龙江、内蒙古到长江流域都有分布，已成为世界上杨树人工林面积最大的国家。杨树备受青睐的原因在于其具备速生丰产、实用性强、分布广泛、无性繁殖能力强等特点，同时其基因组较小，使其成为研究林木生理和利用基因工程方法进行遗传改良的理想模式植物。然而，杨树的生长周期较长、树体高大，这些特点极大地限制了传统育种工作的进展。特别是在改良杨树的抗性特征方面，常规育种技术要在短时间内培育出理想的杨树新品种非常困难。因此，利用基因工程技术进行杨树抗性育种，包括抗病虫、抗寒冻、抗旱、抗盐碱等，已成为当代林木基因工程研究的重要课题。

植物抗性研究已有超过130年的历史，但林木抗性研究的起步较晚，始于20世纪30年代。真正利用基因工程技术进行杨树抗性育种则要追溯到20世纪80年代中期。自从1986年 Parson 等证实了杨树可以进行遗传转化，并能够在杨树植物细胞中表达外源基因以

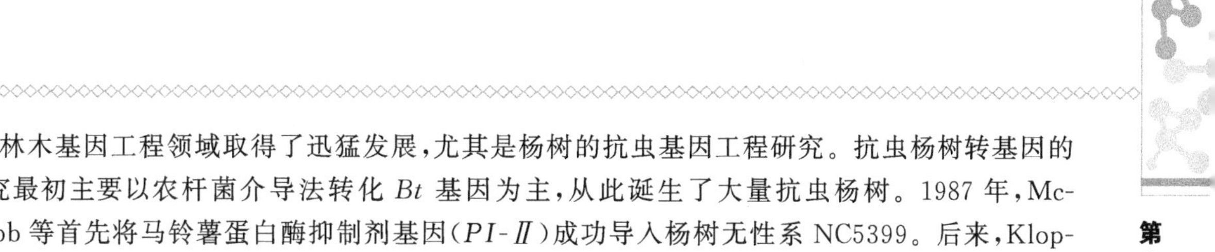

来，林木基因工程领域取得了迅猛发展，尤其是杨树的抗虫基因工程研究。抗虫杨树转基因的研究最初主要以农杆菌介导法转化 *Bt* 基因为主，从此诞生了大量抗虫杨树。1987 年，McNabb 等首先将马铃薯蛋白酶抑制剂基因（*PI-Ⅱ*）成功导入杨树无性系 NC5399。后来，Kloppeenstein 等也进行了类似的研究，将 *PI-Ⅱ* 基因与不同启动子组合，并导入杨树无性系和杂交杨中，成功获得了一些转基因植株。1994 年，Howe 使用农杆菌介导法将 *Bt* 基因导入杂交杨中，尽管只获得了含有 *Bt* 基因的愈伤组织，但这标志着 *Bt* 转基因技术在杨树中开始应用。此后，不断有人尝试不同的转化方法，在杨树中成功导入了不同的抗虫基因或抗虫基因组合，包括蛋白酶抑制剂基因、*Bt* 基因、抗菌肽基因、蝎毒素基因等，陆续获得了抗虫性增强的转基因杨树植株。值得一提的是，中国林业科学研究院在 1993—1997 年将 *Bt* 基因成功导入欧洲黑杨、欧美杨和美洲黑杨中，获得了对舞毒蛾有毒杀作用的转基因杨树植株，使中国的研究达到了国际先进水平。后来，中国科学院微生物研究所和中国林业科学研究院合作，将不同长度的 *Bt* 基因转化欧洲黑杨也获得成功。1996 年，中国林业科学研究院和北京大学合作，开展了将抗菌肽基因 *LcI* 转化杨树的研究，试图培育抵抗蛀干害虫天牛的转基因植株。

尽管杨树抗虫基因工程研究已经取得了一些重要突破，但与农作物相比，杨树基因工程研究仍然处于起步阶段，同时也面临着一些重要的挑战和局限性：①单基因抗性的局限性。目前大多数抗虫转基因杨树仅具备单一抗性，这限制了它们在抵抗不同虫害、不同毒性水平和抗虫持久性等方面的有效性。为了提高杨树抗虫的广谱性和持久性，可以考虑将多个抗虫基因导入杨树，包括双价抗性基因甚至多价抗性基因，降低害虫产生抗性的风险并提高抗虫效果。②基因资源匮乏。在杨树抗虫遗传改良中，目前能够有效利用的基因资源相对匮乏。目前在杨树中应用较成功的抗虫基因主要来自细菌，但这些基因仅涉及单一性状。未来需要更多的基础研究，以便根据林木植物自身的特点，发掘和鉴定适合杨树抗虫改良的重要基因资源。③技术挑战。抗虫基因的载体构建、转化和检测技术等都需要进一步的研究和开发。杨树的基因组结构相对复杂，包含大量重复序列，同时其基因组 DNA 提纯较困难，从而增加了分子生物学检测杨树转基因植株的难度。此外，杨树转基因常用的农杆菌介导技术的转化率相对较低，且植株的分化再生过程也较困难。尽管存在这些挑战，但随着现代分子生物学和基因工程技术的发展，以及更多基因资源的开发，杨树的抗虫性改良仍然潜力巨大。

第9章 基因工程在植物性食品上的应用

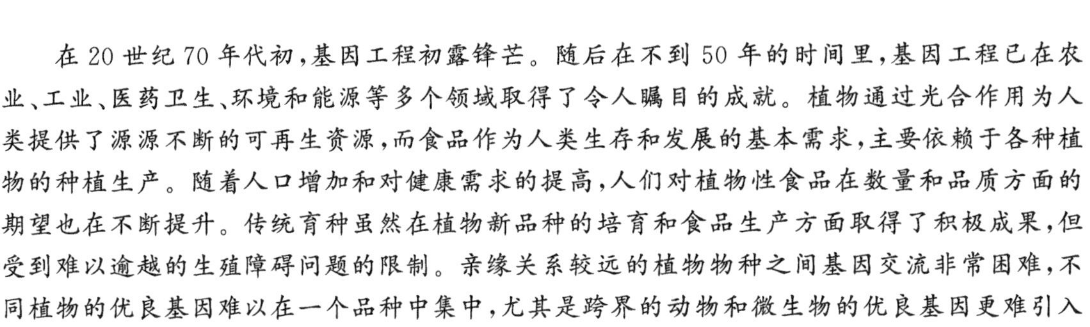

在20世纪70年代初，基因工程初露锋芒。随后在不到50年的时间里，基因工程已在农业、工业、医药卫生、环境和能源等多个领域取得了令人瞩目的成就。植物通过光合作用为人类提供了源源不断的可再生资源，而食品作为人类生存和发展的基本需求，主要依赖于各种植物的种植生产。随着人口增加和对健康需求的提高，人们对植物性食品在数量和品质方面的期望也在不断提升。传统育种虽然在植物新品种的培育和食品生产方面取得了积极成果，但受到难以逾越的生殖障碍问题的限制。亲缘关系较远的植物物种之间基因交流非常困难，不同植物的优良基因难以在一个品种中集中，尤其是跨界的动物和微生物的优良基因更难引入植物体内。基因工程技术的出现为现代生物技术带来了重大突破，尤其在食品工业方面发挥着关键作用。

目前，通过基因工程技术改良植物性食品已经取得显著成果，将食品的概念从传统的农业和工业食品发展到了基因工程或生物技术食品。植物基因工程已对植物原料中的蛋白质、淀粉、油脂、维生素的含量或组成等品质实现了改良，延长了食品货架期，改进了食品加工生产工艺，还生产了功能性食品和食品添加剂等。然而，转基因动物或微生物在食品方面的应用范围相对较窄。目前，转基因植物用作食品的对象已包括大豆、玉米、油菜、马铃薯、甜菜、茄子、草莓、番茄、生菜、哈密瓜、胡萝卜等物种，并从食品延伸到饲料、药品和疫苗等领域。基于基因工程技术在植物性食品中发挥的积极作用，下面对其在改良植物食品的营养品质及风味、改进植物食品的加工工艺、提升植物食品的耐储性和生产功能性食品等方面进行详细介绍。

9.1 改良植物食品的营养品质及风味

通过基因工程改良，我们能够优化植物的化学成分，使其成为更出色的营养来源。此外，口感和风味是食品的重要品质因素。许多传统食品尽管营养丰富，但它们的口感、风味等仍需改善。利用基因工程技术，对植物中蛋白质、淀粉、油脂和维生素等成分的代谢进行精细调控，可以创造出具有比传统食品更高营养价值、更出色口感或更佳风味以及适应不同需求的新型植物食品。

首先是植物蛋白质的改良。蛋白质是人类必需的营养物质，但许多食物存在总蛋白质成分较少、高品质蛋白质含量偏低或氨基酸组成不合理等缺陷。植物蛋白质改良的目标主要包括增加蛋白质含量、改善氨基酸组成、提高必需氨基酸的含量和提升蛋白质的性能等方面。中国科学家将牛的蛋白质基因转入小麦，获得了蛋白质含量高达16.51%的转基因植株。类似地，将云扁豆的蛋白质基因导入向日葵，获得了富含蛋白质的转基因向日葵。秘鲁科学家通过转基因技术，成功培育出了一种蛋白质含量与肉类相当的薯类作物。通过引入西非竹芋科植物中的一种甜蛋白(索马甜Ⅱ)基因到马铃薯中，使得转基因马铃薯更加甜美，提升了食用体验。在改善植物蛋白质氨基酸组成方面也取得了积极成果。豆类植物中甲硫氨酸(蛋氨酸)的含量很低，但赖氨酸的含量很高，而谷类作物与之正好相反。通过将谷类植物基因导入豆类植物，成功创造了甲硫氨酸含量高的转基因大豆。科学家从巴西坚果中分离出富含甲硫氨酸的基因，将其在大豆及油菜中成功表达。中国科学家将从玉米中克隆的富含必需氨基酸的醇溶蛋白基因导入土豆，获得的转基因土豆必需氨基酸含量显著增加。通过这些技术，我们能够生产出更具营养价值或口味更丰富的植物食品。

其次是植物淀粉的改良。利用基因工程技术，通过调控淀粉合成相关的酶，如淀粉合成酶、ADP葡萄糖焦磷酸酶(ADP-glucose pyrophosphorylase，ADPGPP)及分支酶(branching enzyme)等，可以改善植物体内淀粉的性质。例如，孟山都公司采用从大肠杆菌中克隆的 *ADPGPP* 基因，以土豆贮藏蛋白基因启动子驱动，培育出的转基因土豆中淀粉含量比普通土豆提高20%～30%，从而改善了马铃薯的油炸特性，并使得油炸产品更具马铃薯风味和较少的油味。中国科学家采用RNA干涉技术抑制土豆中淀粉分支酶基因的表达，获得的转基因土豆中直链淀粉含量提高了3.2倍。类似地，利用反义RNA技术抑制玉米中淀粉分支酶基因的表达，转基因玉米中直链淀粉的含量提高了84.3%。

再次是植物油脂的改良。通过转基因技术调控植物体内油脂合成酶基因的表达，可以改变油料作物的油脂组成和含量，使其更适合于食用或加工需要。例如，美国杜邦公司通过反义RNA和RNA干涉技术抑制大豆中油酸酯脱氢酶基因的表达，成功开发出高油酸含量的大豆。该公司还通过反义RNA技术抑制硬脂酸-ACP脱氢酶基因的表达，使转基因大豆中饱和脂肪酸的含量显著下降、不饱和脂肪酸的含量显著增加，其中不饱和脂肪酸油酸的含量达80%以上，远高于普通大豆的油酸含量(24%)，而且这种新型油具有良好的氧化稳定性，非常适合煎炸和烹调。对于油料作物油菜，通过导入硬脂酰CoA脱饱和酶基因，可使其饱和脂肪酸的含量显著下降、不饱和脂肪酸的含量显著增加，其中油酸的含量增加了7倍，实现了油脂品质的显著提升。

最后是植物维生素的改良。维生素对于人体的正常新陈代谢至关重要，但人类自身不能合成维生素。虽然部分种类的维生素可以通过化学合成，但人们更倾向于摄取天然的植物来源维生素。随着维生素合成途径的揭示及关键酶基因的分离，通过基因工程技术引入相关酶基因，为改良植物中维生素提供了新途径。例如，科学家将黄水仙的八氢番茄红素合成酶基因和番茄红素 β-环化酶基因以及细菌的八氢番茄红素脱氢酶基因共同导入水稻，创造了富含 β-胡萝卜素的金色大米"Golden Rice"，从而使其成为减轻维生素A营养不良的首选产品。类似技术也被成功应用于玉米，科学家将小麦的脱氢抗坏血酸还原酶基因导入玉米，使其叶片中维生素C含量增加了1.8倍。

9.2 改进植物食品的加工工艺

植物食品加工工艺的改进是基因工程在食品领域的重要应用之一，为食品产业带来了众多创新。由于不同植物中代谢物的种类和含量存在很大差异，采用不同植物原料进行食品加工会产生不同的影响。以啤酒酿造为例,大麦原料的醇溶蛋白含量对发酵过程有一定要求。过多的醇溶蛋白会影响发酵,导致啤酒浑浊并增加过滤难度。为了解决这一问题,通过转基因技术将关键基因导入大麦,可以显著降低其醇溶蛋白的含量,从而满足生产的需求并简化啤酒的生产工艺。这不仅提高了酿造效率,还改善了啤酒的质量。另外,通过基因工程技术增加小麦中高分子量谷蛋白亚基(high molecular weight glutenin subunit,HMW-GS)的拷贝数或引入更多的 Cys 残基,可以促进面粉中谷物蛋白形成分子间二硫键,使面团具有更好的弹性,从而赋予小麦种子蛋白更佳的烘烤加工特性,同时满足消费者对于食品口感不断提升的需求。相应地,针对马铃薯在加工中容易发生褐变的问题,采用反义 RNA 技术培育出抗褐变的马铃薯品种。这种马铃薯在切开或碰撞后仍能保持白色而不发生褐变,省去了抗氧化剂浸泡防褐变的工艺,提高了加工效率和产品质量,同时降低成本和资源消耗。总体而言,基因工程技术在植物食品加工工艺的改进中展现出巨大潜力,为食品产业的可持续发展和产品优化提供了有力的技术支持。

9.3 提升植物食品的耐储性

基因工程在提升植物食品的耐储性和保鲜性方面发挥着重要作用。在储藏和运输过程中,食品资源如番茄、香蕉、苹果等果蔬由于熟化难以控制,往往导致过熟腐烂,造成巨大损失。在果实成熟过程中,乙烯的合成与释放发挥关键作用。乙烯生物合成的关键酶包括 ACC 合成酶和 ACC 氧化酶,这两种酶在果实成熟过程中活性显著增加,导致乙烯产生急剧上升,促进果实成熟。通过基因工程技术调控这两个酶的活性,可以延长果蔬的储藏时间。例如,将 ACC 氧化酶的反义 RNA 导入番茄,转基因番茄中乙烯的合成被抑制 97%,果实成熟得以延迟,储藏期得到显著延长。同样,导入 ACC 合成酶反义 RNA 的番茄也呈现出类似的结果,转基因番茄的乙烯合成被抑制 99.5%,导致果实的自然成熟、变红和变软等过程都显著减慢。通过将与细胞壁代谢相关的多聚半乳糖醛酸酶(PG)、纤维素酶和果胶甲脂酶的反义 RNA 导入番茄,得到的转基因番茄表现出更强的抗机械损伤和真菌侵染能力,同时还具有更高的果酱产量。科学家通过将北冰洋比目鱼的抗冻基因导入草莓,成功提高了转基因草莓的抗冻能力,使其在低温下的耐储性增强。这些例子表明,通过基因工程技术可以有效地降低储藏和运输过程中的损耗,展现了其在提升植物食品耐储性方面的显著潜力。

9.4 生产功能性食品

基因工程技术的应用已延伸到生产功能性食品的领域,尤其是在生产保健食品、特殊食品和植物免疫食品方面。通过这项技术,不仅能够生产有益于人体健康的食品,还可以研发具有治疗作用的产品。以抗肝炎功能为例,通过基因工程技术可以制造抗肝炎功能的食品。例如,中国农业科学院通过重组 DNA 技术选育出抗肝炎功能的番茄,不仅具有类似于乙肝疫苗的预防效果,而且可为人类提供更安全、更营养丰富的食品资源。食品疫苗的研发已成为基因工程的一个重要方向。通过将疾病相关的蛋白(抗原)基因导入植物细胞中,并使其高效和稳定表达，这些植物就可能成为具有抵抗相关疾病的食用疫苗。目前已成功研发出转基因马铃薯、香蕉、番茄等多种植物的食用疫苗，并进入早期的临床试验阶段，包括乙肝表面抗原、链球菌突变株表面蛋白等。这些转基因植物生产的疫苗不仅保持了重组蛋白的理化特征和生物活性，甚至可以直接食用，无须提纯。由于这些重组蛋白（基因）可以长期储存于转基因植物的种子中，为疫苗的保存、生产、运输和推广提供了便利。然而，尽管植物食品疫苗的研究取得了一些进展，包括动物实验和早期阶段的临床试验，但其商业化和广泛应用仍然面临许多挑战，包括抗原稳定性、表达水平、免疫效果、安全性、生产成本、法规和道德等问题。

总的来说，基因工程技术在提升植物食品质量、改善口感或风味、优化加工工艺、增强保鲜性和推动创新食品生产等方面发挥着重要作用，为食品产业的可持续发展提供了强大动力。虽然转基因植物取得了显著成绩，但人们对于转基因食品的安全性仍心存疑虑，尤其是可能对消费者健康产生不良影响的担忧，包括短期和长期的不良效应以及可能引发的过敏反应或中毒等。然而，截至目前，毒理学研究已经明确支持了转基因食品的安全性。尽管转基因食品对身体健康的长期影响尚未完全了解，但通过更广泛的公众参与、上市后的监测以及对转基因食品的强制标签，可以增强社会对其安全性的信心。因此，在推动技术应用的同时，确保安全性、可持续性，并尊重公众的知情权和选择权至关重要。随着对转基因技术及检测技术的不断进步和安全性评估体系的完善，基因工程技术将继续在食品工业中发挥重要作用，为人类提供更多、更安全、更有营养的食品。

第10章 转基因作物研究发展与展望

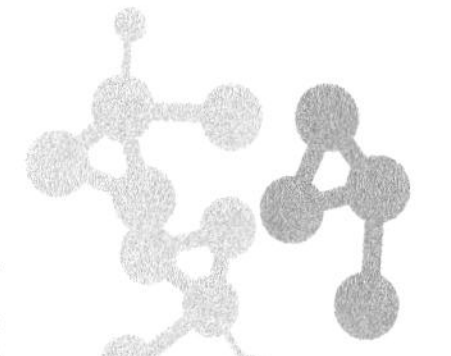

随着全球人口不断增长，农业发展面临着严峻挑战。传统育种已难以满足急剧增长的食品需求，因此转基因技术成为解决粮食危机的关键工具。通过基因工程技术，可以引入外源基因到植物基因组，或对植物基因组进行编辑，改变植物的遗传构成，使其表现出更有利的目标性状。这类植物被称为转基因植物或遗传修饰(genetically modified，GM)植物。转基因作物或GM作物通常是商业上大规模种植的作物，如大豆、玉米、棉花和油菜等，旨在通过转基因技术来获得常规育种难以实现的目标性状，包括但不限于提高作物的产量、增加抗病虫害和逆境胁迫的能力以及改善或强化营养品质等。与转基因作物相关的食品制品被称为转基因食品，如转基因大豆、转基因玉米等，还包括由转基因作物直接加工而成的食材或产品，如转基因大豆油、转基因玉米油等。目前，植物转基因技术的研发进展迅猛，已克隆出许多具有重要应用前景的基因。与此同时，以基因编辑技术为代表的新工具和新技术不断涌现，而且转基因技术也已扩展到更多作物类型，包括食用菌、果树、蔬菜等。在产业化应用方面，传统的抗虫或耐除草剂转基因作物不断应用和推广，同时新型高产、高品质、高附加值的转基因作物品种在不断涌现。随着转基因作物的发展历程，第一代技术主要关注抗病虫害、耐除草剂和抗逆境能力，第二代技术侧重于改善作物的品质，包括增加维生素、氨基酸等营养成分的含量。未来的第三代技术则主要是创造具有功能性、高附加值的转基因作物，如生物反应器等。

植物转基因技术在现代农业中扮演着重要角色，在解决当今世界所面临的粮食安全、环境恶化、资源匮乏和效益衰减等问题方面发挥着重要作用，因此受到发达国家和发展中国家的高度重视。尤其是在像中国这样拥有14亿人口的大国，粮食供应问题至关重要。据统计，中国每年进口的大豆90%以上都是转基因产品，对外依存度高达80%以上。为实现“中国人的饭碗任何时候都要牢牢端在自己手上”的目标，中国高度重视转基因技术的研究和应用，并通过政策支持和专项计划取得了显著成就。自2006年起，中国政府将转基因生物新品种培育纳入国家科技发展规划，并启动了转基因生物新品种培育重大专项，颁布了促进生物产业发展的政策，以推动中国农业的高效、安全和可持续发展。然而，转基因作物的发展也引发了一系列争议。尽管它们带来了显著的经济利益，降低了农民的生产成本，提高了产量，有望缓解全球粮食短缺问题，但有人仍担心它们对人类和环境的安全性。因此，科学家和政策制定者需要积极进行相关研究，包括检测技术和监管政策法规等，以确保转基因作物的知识产权、食品安全和环境保护。下面详细介绍转基因作物的种植情况、安全性评价、检测技术和发展前景等相关问题。

10.1 转基因作物的种植情况

转基因作物在农业领域广泛应用(详见本书第6章),尤其在提高农产品产量和质量、减少农药使用、降低环境风险以及推动农业和环境的可持续发展方面发挥积极作用。全球范围内,转基因作物的发展已成为不可逆的趋势,当前正处于关键时期,各国正在积极投入研究和商业化,为经济增长提供新的推动力。

全球转基因植物的发展可追溯到1983年,当时第一株转基因烟草植物的诞生标志着转基因时代的开始。随后,农杆菌介导的“叶盘法”和基因枪法等关键技术的创新大大简化了转基因技术体系,推动了大豆、玉米、棉花、油菜、马铃薯、水稻、大麦和小麦等作物的转化。1994年,成功实现了世界上首例商业化转基因番茄的生产。自1996年以来,全球转基因农作物开始大规模商业化种植,取得了显著的经济、社会和生态效益。目前,全球种植的转基因作物已涵盖禾谷类、纤维类、水果、油料、花卉和蔬菜等多种作物类型。其中,种植面积最大的四大类作物分别为大豆>玉米>棉花>油菜,而转基因番木瓜、甘蔗、苹果、甜菜和苜蓿等作物也逐渐进入商业化种植阶段。据国际农业生物技术应用服务组织(International Service for the Acquisition of Agri-biotech Applications,ISAAA)统计,截至2019年,全球有71个国家/地区进行了转基因作物的种植和使用,其中29个国家/地区进行了种植(表10-1),另外42个国家/地区进行了进口。全球主要的转基因作物种植国家包括美国、巴西、阿根廷、加拿大和印度,这些国家占据了全球转基因作物面积的90%以上,其转基因作物应用率分别为95%、94%、100%、90%和94%。其中,美国以7 150万 hm^2 的转基因作物种植面积居首,占全球总面积的38%,主要作物平均应用率为94%,种植的转基因作物包括大豆、玉米、棉花、油菜、甜菜、苜蓿、马铃薯、番木瓜和南瓜等。全球四大类转基因作物(大豆、玉米、棉花、油菜)的相关技术专利申请逐年增加,特别是转基因大豆和玉米。在全球转基因作物研发领域,美国和中国拥有丰富的专利数量,其中美国的孟山都公司、杜邦公司以及德国的拜耳作物科学公司是全球专利数量最多的研究机构。

表10-1 2019年全球转基因作物的种植面积及种类

国家	种植面积/10^6 hm^2	转基因作物种类
美国	71.5	大豆、玉米、棉花、油菜、苜蓿、甜菜、马铃薯、番木瓜、南瓜、苹果
巴西	52.8	大豆、玉米、棉花、甘蔗
阿根廷	24.0	大豆、玉米、棉花、苜蓿
加拿大	12.5	油菜、大豆、玉米、甜菜、苜蓿、马铃薯
印度	11.9	棉花
巴拉圭	4.1	大豆、玉米、棉花
中国	3.2	棉花、番木瓜
南非	2.7	大豆、玉米、棉花
巴基斯坦	2.5	棉花

续表10-1

国家	种植面积/10^6 hm^2	转基因作物种类
玻利维亚	1.4	大豆
乌拉圭	1.2	大豆、玉米
菲律宾	0.9	玉米
澳大利亚	0.6	棉花、油菜、红花
缅甸	0.3	棉花
苏丹	0.2	棉花
墨西哥	0.2	棉花
西班牙	0.1	玉米
哥伦比亚	0.1	玉米、棉花
越南	0.1	玉米
洪都拉斯	<0.1	玉米
智利	<0.1	玉米、油菜
马拉维	<0.1	棉花
葡萄牙	<0.1	玉米
印度尼西亚	<0.1	甘蔗
孟加拉国	<0.1	茄子
尼日利亚	<0.1	棉花
埃斯瓦蒂尼	<0.1	棉花
埃塞俄比亚	<0.1	棉花
哥斯达黎加	<0.1	棉花、凤梨

注：按种植面积从大到小排序；转基因作物的种类按国家分类

全球四大类转基因作物的种植情况分别如下：①转基因大豆。转基因大豆主要以耐除草剂为主，尤其是草甘膦。1988 年，Hinchee 首次报道成功获得了转基因大豆植株。1996 年，美国孟山都公司研发的“Roundup Ready”大豆，具有耐除草剂草甘膦的特性，成为第一种商业化转基因大豆品种。转基因大豆是全球种植的主要转基因作物之一，2019 年，其种植面积占全球转基因作物种植面积的 48%，达到 9 190 万 hm^2。“Roundup Ready”大豆的耐除草剂表现卓越，市场占有率领先。美国是最大的转基因大豆生产国，其他国家如巴西、阿根廷、加拿大也开始引入转基因大豆种植。近年来，具有复合性状的转基因大豆，如同时具有耐旱、抗虫以及改善大豆油品质等特征的商业化品种也不断涌现。②转基因玉米。1986 年，通过电击法成功将 *Pat* 基因转入玉米原生质体，为耐除草剂转基因玉米的发展奠定了基础。抗虫转基因玉米的研发始于 20 世纪 90 年代，最早由美国孟山都公司、杜邦公司等生物技术公司进行。1999 年，抗玉米螟转基因杂交种取得成功。截至 2005 年，全球种植转基因玉米的国家达到 12 个，批准转基因玉米作为加工原料的国家有 8 个。2019 年，全球种植转基因玉米的面积达到 6 090 万 hm^2，美国是主要的种植国家之一，其面积达到 3 317 万 hm^2。美国的转基因玉米以转 *Bt* 基因为主，含有苏云金杆菌杀虫蛋白基因，可以减少害虫损害。此外，美国也种植耐除草剂草甘膦的转基因玉米，允许使用草甘膦类农药来控制杂草。美国不仅是全球最大的转基因玉米生产国，也是最发达的转基因玉米研究国家，申请的田间试验数量最多，涉及抗虫、抗真菌、耐除草剂、提高品质以及改良农艺性状等领域。然而，在转基因玉米种植中，抗虫和(或)耐除草剂的转基因玉米面积最大。除美国外，其他国家也引入转基因玉米种植，包括巴西、阿根廷、加拿大等。③转基因棉花。自 *Bt* 基因应用于棉花以抗虫害后，转基因棉花的研究发展迅速。转基因棉花始于 20 世纪 90 年代，最早由美国孟山都公司开发。1996 年，美国农业部批准了第一种商业化转基因棉花品种，即孟山都公司研发的转 *Bt* 基因抗虫棉。美国一直是全球最大的转基因棉花生产国，拥有广泛的种植面积和产量。除美国外，其他国家也种植转基因棉花，包括印度、中国、巴基斯坦、阿根廷和巴西。中国在 1996 年引入孟山都公司的转 *Bt* 基因抗虫棉，成为中国首个大面积种植的转基因作物。转 *Bt* 基因抗虫棉的种植降低了对杀虫剂的需求，减少了农民的劳动成本，提高了棉花产量。目前，耐草甘膦的转基因棉花也已成功研发，并在一些国家得到广泛种植。④转基因油菜。转基因油菜的发展也始于 20 世纪 90 年代，最早由加拿大的科学家研发。加拿大一直是全球最大的转基因油菜生产国，其种植的转基因油菜具有对除草剂的耐性以及产量和质量高的主要特性。除加拿大外，其他国家如美国、澳大利亚、阿根廷等也开始种植转基因油菜。

在中国，通过“转基因专项”和其他资金的支持，转基因作物领域也取得了显著成果。2009 年，中国农业科学院研发的转植酸酶基因玉米“BVLA430101”和华中农业大学研发的转 *Bt* 基因抗虫水稻“华恢 1 号”和“汕优 63”获得了转基因作物安全证书，其中“BVLA430101”的专利已成功转让给北京奥瑞金种业股份有限公司。截至 2023 年 10 月，中国已批准了 13 个转基因玉米和 5 个转基因大豆转化体的安全证书，农业农村部官网公示了大北农、登海种业等公司的 37 个转基因玉米品种和 14 个转基因大豆品种通过了品种初审，这些成果标志着中国的转基因作物迈入了产业化阶段。然而，中国政府在推广转基因作物方面持审慎态度，采用的是逐步观察、确定效果后再推进的策略。目前，中国已获得安全证书的转基因作物有大豆、玉米和水稻，批准进口的转基因作物包括大豆、玉米、棉花、油菜、番木瓜和甜菜等。已批准商业化种植的转基因作物仅有抗虫棉和抗病毒番木瓜。中国在转基因作物领域的研究也迅速发展，尤其是中国农业科学院、中国科学院和南京农业大学等研究机构在专利数量上已进入全球前十名，而且具有完全自主知识产权的转基因玉米和大豆有望很快进入产业化应用。在中国转基因作物发展历程中，尤其值得一提的是中国抗虫棉的研发故事。在 20 世纪 90 年代，中国棉铃虫危害严重，导致棉花产业经济损失达数百亿元。过度使用化学杀虫剂不仅增加棉农的成本，还时常导致棉农中毒事件，同时棉铃虫对杀虫剂的抗药性逐年增加，从而引发环境污染和害虫滋生。中国政府为解决这一问题，积极发展生物技术产业，在国家“863”计划和农业部(现农业农村部)“转基因专项”的支持下，中国科学家通过优化苏云金杆菌杀虫蛋白的氨基酸序列，利用农杆菌介导和花粉管通道的方式，成功获得了中国具有自主知识产权的转基因抗虫棉。随后，科学家们相继研制出了双价抗虫棉，建立了抗蚜虫、耐除草剂、改良棉花纤维等优良特性的转基因棉花。中国从依赖进口抗虫棉，走向自主研发，成功推广并占领市场。据统计，2003 年，中国国产抗虫棉的种植面积首次超过国外抗虫棉，而到 2007 年，国外抗虫棉在中国的种植面积仅占 10%左右。抗虫棉的成功研发充分展示了中国科研体系的卓越性，彰显了我国科学家的聪明才智，为攻坚克难、占领科学技术制高点、造福人民树立了榜样。在中国转基因作物的推广过程中，抗虫棉的成功经验成为中国农业生物技术的典范，同时也在转基因玉米、大豆等领域取得显著成就，展现了中国在农业科技创新领域的积极态度和卓越实力。

10.2 转基因作物的安全性评价

全球范围内，转基因作物的发展为农业和环境带来了显著优势，包括提高农产品产量、减少化学农药使用、降低 CO_2 排放、增加农民收入以及改善消费者健康等。然而，随着这一技术的应用，一系列关切和担忧逐渐浮现，尤其是在转基因食品的安全性和环境影响方面。在食品安全性方面，人们对转基因作物的蛋白质可能引发人类过敏存在担忧，尽管这一点尚存在争议。因此，一些国家已经采取了谨慎措施，限制转基因食品的供应。对环境安全性的担忧涉及转基因可能对传统农作物和野生亲缘种产生不利影响。此外，抗虫和耐除草剂的转基因作物可能导致抗性虫害或超级杂草的出现，从而增加农药使用，对生态环境带来负面影响。

在转基因作物的安全性方面，*Bt* 基因的应用最受关注。*Bt* 基因在抗虫转基因作物领域已取得重要进展，但也引发了一些问题。例如，Bt 杀虫蛋白的抗虫谱较窄，仅对少数害虫有效。昆虫可能产生对 Bt 杀虫蛋白的耐受性，尤其是随着转基因抗虫作物的种植越来越广泛，这种现象可能会加剧。此外，Bt 杀虫蛋白基因在植物体内的表达水平和稳定性较低，从而影响抗虫效果。为了解决这些问题，研究人员提出了多种解决方法，如采用多种 *Bt* 基因共同转化植物，或与其他抗虫基因（如豇豆胰蛋白酶抑制剂基因 *CPTI*）联合使用，以扩大抗虫谱，降低害虫对单一蛋白的耐受性。此外，通过诱导型启动子驱动 *Bt* 基因，实现在害虫侵害时才高效表达，从而减少环境选择压，预防耐受性昆虫的产生。

在食品安全性评估中，使用动物模型进行毒理学试验是一种常见方法。截至目前，毒理学试验表明将含有 *Bt* 基因成分的作物用作饲料、食品或食品成分对哺乳动物是安全的。Bt 蛋白是苏云金杆菌产生的一种无杀虫活性的蛋白前体，它只有在昆虫肠道的碱性 pH 条件下经过加工切割才能转化为具有杀虫活性的成熟蛋白，然后与昆虫的肠细胞表面受体结合，导致肠道穿孔。然而，人类和哺乳动物的胃肠系统是酸性的环境，不满足将 Bt 蛋白前体转变为有害蛋白的 pH 条件，人和哺乳动物肠道细胞的表面也不具备与 Bt 蛋白结合的受体。此外，Bt 蛋白（基因）在胃系统中会被消化，食物或饲料中的 Bt 蛋白（基因）在进入肠道之前已经分解成碎片，迄今尚未发现植物食品中的 *Bt* 基因会传递给人体肠道细胞或肠道微生物。因此，含有转 *Bt* 基因成分的食品对人类和哺乳动物被认为是相对安全的。

对于转基因植物的环境安全性，主要关注基因漂流以及对非靶标生物的影响等问题，特别是转 *Bt* 基因的抗虫棉。棉花是一种常异花授粉作物，通常由虫媒进行授粉，导致在较近距离内有较高的异交率。然而，棉花在中国不是原产作物，其周围通常没有相关的野生种，因此 *Bt* 基因的漂流不被认为是一个重大安全问题。相反，Bt 棉田不需要频繁喷洒杀虫剂，导致有益昆虫（如瓢虫、草蛉和蜘蛛等）的数量大幅度增加，反而可以有效地控制蕾铃期棉蚜种群，并有利于生物多样性的提高。但要注意的是，需要谨慎防治少用农药而导致的次要害虫。此外，Bt 抗虫棉中 Bt 蛋白的含量通常较低，而且毒理学实验也证明，抗虫棉中产生的 Bt 蛋白对哺乳动物、鸟类和鱼类等非靶标生物通常是安全的。通过采用有效的抗性治理策略，结合“高剂量”

(使用更强效的抗性基因或更高效的表达技术)和“庇护所”(提供一定的庇护环境)的双重手段,能够有效延缓棉铃虫抗性的发展。同时,对双价抗虫基因的研发也能明显减缓棉铃虫对Bt的抗性发展速度。因此,根据当前的科学知识,*Bt* 基因的应用对于环境而言可以认为是安全的。通过对靶标昆虫的抗性进行长期跟踪,同时采取有效的抗性治理策略,可以确保转基因作物长期可持续的使用。

10.3 转基因作物检测技术的发展

目前,全球范围内广泛推广的转基因(GM)作物为农业带来了显著的经济利益。尽管GM作物在农业领域具有多方面优势,但其快速推广也引发了争议。为了确保GM食品和饲料的安全性,转基因生物的检测变得尤为关键。为了保障食品和饲料产品的可追溯性以及维护消费者的选择权和知情权,多个国家已实施了转基因生物(genetically modified organism,GMO)法规,以严格控制食品和饲料链中GM的存在。许多国家设定了GM含量的阈值(通常在5%以内),并实施了法定的标签计划。因此,GM作物的检测成为确保食品和饲料的质量以及实施标识的关键。

进行基因转化后,需要明确外源基因是否进入植物细胞、是否整合到植物染色体上以及是否表达。认定转基因需满足以下条件:提供严格的对照,包括阳性和阴性对照,并提供外源基因整合和表达的分子生物学证据及表型性状证据(如抗虫、抗病等)。此外,还需根据植物的繁殖方式(有性或无性繁殖)提供遗传证据。有性繁殖作物需要证明目的基因控制的表型性状可传递给后代,而无性繁殖作物则需要证明遗传的稳定性。为认定转基因,需要建立可靠的检测方法。转基因检测方法的选择,因应用和需求而异。例如,外源基因的整合可通过PCR、Southern杂交等方法鉴定,外源基因的转录可使用RT-PCR、qRT-PCR、Northern杂交等方法检测,而外源基因的蛋白表达可通过Western杂交、ELISA、免疫学、生物学活性等方法检测。报告基因(如 *GUS* 基因)也可用于转基因的检测,通过组织化学、荧光等手段检测GUS活性,可以对转化体初步鉴定。

目前,为确保转基因生物(GMO)的可追溯性,已经发展出多种检测技术,主要包括基于蛋白质和DNA的两大类方法,用于检测转基因(GM)作物的存在和量化转基因含量。基于蛋白质的方法主要以转基因编码的蛋白质为检测目标,但这些方法往往受蛋白质表达水平的限制,且检测过程繁杂。因此,基于DNA的方法更为广泛地被采用,尤其是对明确的转基因整合序列进行检测。尽管PCR或qPCR是GM检测的首选方法,但随着转基因作物的数量和种类增加,技术难题也逐渐增多。因此,新型更快速、多样性和精确的GM检测方法应运而生。这些方法包括更快速的单一GM目标片段的检测方法,如环介导等温扩增(loop-mediated isothermal amplification,LAMP)等,和多个GM目标片段的检测方法,如PCR毛细管凝胶电泳、微阵列和Luminex技术等,以及更准确定量GM目标片段的方法,如数字PCR等。关于PCR和qPCR技术,本书相关章节已有详述,在此不再赘述。环介导等温扩增法是在等温条件下进行的DNA扩增技术,该方法利用DNA聚合酶和一组特殊设计的引物,在恒定温度下实现目标DNA的迅速扩增,具有快速、高效和操作简便等优点,尤其适用于快速检测GM目标片段。PCR毛细管凝胶电泳法联合使用PCR和毛细管凝胶电泳技术,通过毛细管电泳对PCR产物

进行分离和检测，具有高分辨率、高灵敏度和自动化的特点，可用于高效、准确地检测 GM 目标片段及数量。微阵列是一种高通量的基因分析技术，通过在固体表面上固定的成千上万个核酸探针，同时检测多个目标片段，极大地提高了检测效率。Luminex 技术基于荧光微珠，每种微珠上固定有特定的抗体或核酸序列，通过将样品与荧光标记的探针结合，然后通过流式细胞仪等设备检测荧光信号，实现对多个目标片段的高效、灵敏检测。数字 PCR 是一种精准的 PCR 技术，通过将 PCR 分成大量微小体积的分散液滴或反应单元，确保每个单元都包含目标 DNA 序列，经 PCR 扩增后，通过荧光探针或染料检测每个单元的荧光信号，可以准确测定目标 DNA 的数量，尤其对于低拷贝的目标片段更有利。随着自动化和高通量技术的进步，未来 GM 作物的检测将更高效、精确和简单，并提供大规模筛查的可能性。

10.4 转基因作物的监管与研究展望

基因工程技术为改善农作物和满足全球食品需求提供了有效的解决方案，尤其是转基因作物已经在全球范围内产生了广泛的影响。然而，随着技术的不断进步，也伴随着一系列环境影响、标签和伦理等问题。因此，必须认真考虑公众的担忧，并进行生物安全评估以减少潜在风险。目前，各国正在加强对基因工程的监管和立法，尤其是在食品和农产品领域，GM 作物的标识和可追溯性已成为重要问题。国际上对转基因标识主要分为 4 类：①自愿标识。生产商可以自主决定是否标识其产品中含有转基因成分，如美国、加拿大、阿根廷等国家。②定量的全面强制性标识。要求在产品包装上标注含有的转基因成分具体数值或比例，并设定了强制性标准。例如，巴西规定转基因成分含量超过 1%就必须进行标识，而欧盟在 2002 年将转基因成分标识的阈值从 1%降低到 0.9%。③定量的部分强制性标识。仅针对特定类别的产品，要求含有的转基因成分必须在产品包装上标注具体的数值或比例，并设定了强制性阈值。例如，日本规定对由大豆制成的豆腐、玉米制成的小食品等多种商品必须进行转基因成分标识，且阈值为 5%。④定性标识。对转基因成分是否存在进行定性标注，不提供具体的含量数值或比例，而是明确指示产品是否含有转基因成分。中国目前属于第四类，即定性标识。定性标识按监管目录进行，凡是列入目录的产品，只要含有转基因成分或者由转基因作物加工而成，必须进行标识。为确保转基因食品的安全和可追溯性，标识系统还必须包含产品的分子特性、插入基因的信息及其在基因组中的位置等。不同国家的监管标准和标识制度存在差异，这反映了各国公众接受度、风险评估和科技创新之间的平衡，以及对生物技术产品研发、宗教、贸易等各种综合因素的考虑。

尽管转基因作物引起了广泛关注和争议，但随着技术不断进步，该领域仍然具有广泛的发展前景。未来，转基因作物有望在以下几个方面取得更多的发展：①提高农产品产量与抗逆性。科学家将致力于培育更为耐旱、抗病虫、适应极端气候的转基因品种，以满足全球不断增长的人口需求和气候变化的挑战。②创新营养价值与功能性食品。未来的研究将侧重于提高作物的营养价值，增加关键营养成分，包括培育富含维生素、矿物质或其他营养成分的作物，为人类提供更健康的食品选择。③精准基因编辑。随着基因编辑技术的不断发展，未来的转基因作物将更加精准和可控。科学家可以避免非目的的基因的改变，甚至开发出不携带外源基因的农作物，从而获得更高的消费者接受度，并更容易获得监管批准。④抗病虫害技术继续完

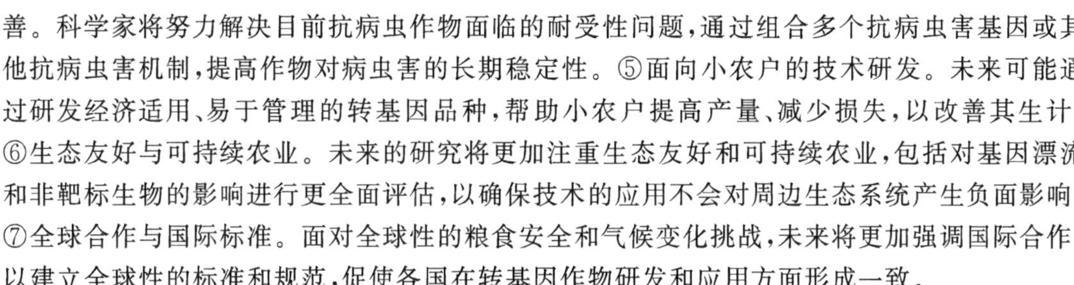

善。科学家将努力解决目前抗病虫作物面临的耐受性问题，通过组合多个抗病虫害基因或其他抗病虫害机制，提高作物对病虫害的长期稳定性。⑤面向小农户的技术研发。未来可能通过研发经济适用、易于管理的转基因品种，帮助小农户提高产量、减少损失，以改善其生计。⑥生态友好与可持续农业。未来的研究将更加注重生态友好和可持续农业，包括对基因漂流和非靶标生物的影响进行更全面评估，以确保技术的应用不会对周边生态系统产生负面影响。⑦全球合作与国际标准。面对全球性的粮食安全和气候变化挑战，未来将更加强调国际合作，以建立全球性的标准和规范，促使各国在转基因作物研发和应用方面形成一致。

然而，在推动这一领域的可持续发展时，需要继续进行科学研究，包括高效的转基因技术和检测技术研发，加强安全性评估，强化监管，并通过科普宣传提高公众对转基因技术的理解。在制定政策和法规时，需要平衡科技创新、食品安全和可持续农业发展的需求，尤其是在中国这样人口众多的国家，保障粮食供应是一项重大挑战。中国在转基因作物研发领域取得了显著成就，同时在转基因作物管理方面也采取了一系列严格措施，包括知识产权的保护、安全评价体系的完善以及公众参与机制的建设。2001 年，国务院颁布了《农业转基因生物安全管理条例》(以下简称《条例》)，并在执行过程中不断修改和完善，以强化农业转基因生物的安全管理，保障人体健康以及动植物和微生物的安全，同时注重对生态环境的保护，促进农业转基因生物技术的研究得以充分发挥作用。为配套该法规，2002 年颁布了《农业转基因生物安全评价管理办法》，规定在中国境内从事农业转基因生物的研究、试验、生产、加工、经营、进口和出口等活动的单位，需要按照《条例》规定进行相应的安全评价。该办法还明确定义了农业转基因生物，即“利用基因工程技术改变基因组构成，用于农业生产或者农产品加工的植物、动物、微生物及其产品”。此外，2002 年颁布了《农业转基因生物进口安全管理办法》，对在中国境内从事农业转基因生物进口活动的安全管理进行了相应规定，确保进口转基因生物符合安全性要求，维护国内市场和公众健康。这些法规体系为我国生物技术产品的研发和安全提供了坚实的法律基础。为增加公众对转基因的了解和关注，农业农村部还设立了专门的网站“转基因权威关注”(http://www.moa.gov.cn/ztzl/zjyqwgz/)和微信公众号“中国农业转基因管理”，通过一系列举措公开相关信息，提高公众对转基因技术的理解，增强公众信心，为可持续的转基因作物研究和应用提供有力支持。

第二部分

基因工程实验篇

[实验内容]

- 分别抽提 pSK 质粒(2.96 kb)和 MP3 质粒(6.1 kb)
- 质粒 DNA 的电泳检测及浓度测定
- pSK 质粒与 MP3 质粒的 *Hin*d Ⅲ酶切
- MP3 质粒 *Hin*dⅢ酶切条带(986 bp、830 bp)的回收
- pSK 质粒 *Hin*dⅢ酶切产物的脱磷与纯化
- DNA 连接和大肠杆菌转化
- 碱裂解法和菌落 PCR 法鉴定重组子
- 基因组 DNA 和 RNA 的抽提、pET28a 表达载体质粒的抽提
- 反转录和水稻 *OsActin1* 基因全长编码序列的 RT-PCR 扩增
- pET28a 和 *OsActin1* 基因全长编码序列的连接和转化
- 原核表达
- 原核表达蛋白的 SDS-聚丙烯酰胺凝胶电泳
- Western 杂交
- Northern 杂交
- Southern 杂交
- 外源基因真核表达技术
- 实时荧光定量 PCR
- 分子标记技术
- 设计性综合性实验

[实验准备]

✧ 分组。两人共用一套器具,包括移液器(P20、P200、P1000)、96 孔板、铝盒、枪头盒、点样板、电源线、记号笔、护目镜、电泳仪及电泳槽等。

✧ 了解实验课注意事项,包括人身安全、仪器设备的使用与爱护、课堂纪律、值日生职责等。

✧ 洗涤所需用品,包括烧杯、量筒、试剂瓶等。

✧ 实验耗材准备,包括枪头(1 盒蓝色+1 盒黄色)/组,(5 盒蓝色+5 盒黄色+1 袋蓝色+1 袋黄色)/全班;离心管(2.0 mL 和 1.5 mL,大量;0.5 mL 和 0.2 mL,少量;装满铝盒)/组;牙签(加双蒸水后用微波炉煮沸几次以去除防腐剂,滤水后将牙签装满小烧杯,10 个)/全班。

✧ 配制公用试剂

①LB 培养基(固体):600 mL,2 瓶(用 1 L 试剂瓶装)。

②LB 培养基(液体):600 mL,2 瓶(用 1 L 试剂瓶装)。

③20% SDS 溶液:500 mL,1 瓶。

④4 mol/L NaOH 溶液:500 mL,1 瓶。

⑤溶液Ⅰ和溶液Ⅲ:各 500 mL,各 2 瓶。

⑥3 mol/L 乙酸钠(NaAc)溶液:500 mL,2 瓶。

⑦70%乙醇溶液:500 mL,2 瓶。

⑧1 mol/L Tris-HCl 缓冲液(buffer)(pH 8.0):1 000 mL,2 瓶。

⑨0.5 mol/L EDTA 溶液:500 mL,1 瓶。

⑩10×TBE 缓冲液:1 000 mL,2 瓶。

⑪10×载样缓冲液(loading buffer):100 mL,1 瓶。

⑫0.1 mol/L 氯化钙溶液:200 mL,1 瓶。

⑬Amp、RNase A、IPTG 及 X-gal 若干:由教师配制。

✧ 配制各组自用试剂

①无菌水:100 mL,1 瓶。

②TE 缓冲液(pH 8.0):100 mL,1 瓶。

✧ 耗材及试剂灭菌,由值日生完成。

✧ 倒平板、划线接种。

✧ 菌液培养,包括含 pSK 质粒的菌种(200 mL,2 瓶)和含 MP3 质粒的菌种(200 mL,2 瓶)。

实验一　碱裂解法抽提质粒 DNA

一、实验目的

学习并掌握基因操作技术中最常用的载体质粒 DNA 的提取方法。

二、实验原理

质粒是携带外源基因进入细菌中扩增或表达的主要载体，在基因操作中具有重要用途。质粒 DNA 的分离纯化是最常用和最基本的实验技术。质粒的提取方法很多，一般都包括 3 个主要步骤：细菌的培养、细菌的收集和裂解、质粒 DNA 的分离纯化。质粒 DNA 的提取方法包括碱裂解法、煮沸法、SDS 法、Triton-溶菌酶法等，其中最常用的是碱裂解法。

碱裂解法提取质粒 DNA 具有产量高、操作快速等优点，其原理是：在碱性溶液中，双链 DNA 的氢键断裂，DNA 双螺旋结构遭到破坏而发生变性，但是由于质粒 DNA 的分子量相对较小，而且呈环状超螺旋结构，即使在碱裂解的高 pH 条件下，两条互补链也不会完全分离；当加入中和缓冲液时，变性的质粒 DNA 又可恢复到原来的构型，而变性的大分子量细菌染色体 DNA 则不能复性，并与细胞碎片、蛋白质、SDS 等形成不溶性复合物；通过离心，细胞碎片、染色体 DNA 及大部分蛋白质等都可被除去，而质粒 DNA 及小分子量的 RNA 留在上清液中；混杂的 RNA 可用 RNA 酶(RNase A)消除，残留的蛋白质可以用酚/氯仿处理去除。

目前大多数的科研实验室采用试剂盒法抽提质粒 DNA，其操作更为简单快速，得到的 DNA 产量和质量都很高。利用试剂盒法抽提质粒 DNA，其原理也是采用碱裂解法进行变性和复性，但是 DNA 回收是通过含有硅胶膜的纯化柱进行纯化和回收。试剂盒法采用了经典的硅胶膜吸附分离技术，其原理是：硅胶膜在高盐、低 pH 条件下能高效吸附体系中的 DNA，蛋白质等其他杂质不被吸附而被除去，而在低盐、高 pH 条件下，吸附的 DNA 可被洗脱下来，从而得到纯化。

三、实验材料

含有 pBluescript Ⅱ(pSK)质粒的大肠杆菌 DH5α 菌株、含有 MP3 质粒的大肠杆菌 DH5α 菌株。

注：MP3 质粒是一种重组质粒，由经过 *Hin*d Ⅲ部分酶切的水稻基因组片段(约 3.1 kb，该片段内部含有 4 个 *Hin*d Ⅲ酶切位点)插入到 pSK 质粒多克隆位点中的 *Hin*d Ⅲ位点而构成。因此，MP3 质粒的多克隆位点及插入片段内部共有 6 个 *Hin*d Ⅲ酶的识别位点，完全酶切后将产生 6 个酶切片段，分子量大小分别约为 2 960 bp、986 bp、830 bp、630 bp、470 bp 和 230 bp。

四、仪器设备

高压灭菌锅、超净工作台、恒温摇床、台式离心机、漩涡振荡器。

五、实验用具

培养用试管、量筒、冰盒、微量离心管、微量移液器、吸管头若干。

六、试剂(配制方法参见附录 Ⅰ)

LB培养基、氨苄青霉素(Amp, 100 mg/mL)、TE缓冲液(pH 8.0)、4 mol/L NaOH、溶液Ⅰ、溶液Ⅱ(尽量现配现用)、溶液Ⅲ(4 ℃预冷)、20% SDS、无水乙醇、RNase A(10 mg/mL)、3 mol/L NaAc(pH 5.2)、70%乙醇、酚/氯仿/异戊醇(体积比 25∶24∶1,常省略为"酚/氯仿",默认添加了异戊醇)。

七、实验步骤

1. 细菌的培养

①配制LB液体培养基和LB固体琼脂培养基,并高压灭菌。

②在含Amp(100 μg/mL)的琼脂培养基平板上划线接种,长出单菌落(37 ℃下培养 18~20 h)。

③向无菌培养管中加入含Amp(100 μg/mL)的LB液体培养基(4~5 mL/管),挑取单菌落接种至培养基中。在37 ℃摇床中摇动培养过夜(200 r/min,培养 14~16 h,一般不超过 18 h)。如需大量提取,挑取单菌落接种至含有 50 mL LB液体培养基的三角瓶中,37 ℃下摇动(200 r/min)培养 18 h。

2. 质粒DNA的抽提

如需使用冷冻离心机,设置 4 ℃预冷。

①吸取 1.5 mL 菌液至 2 mL 离心管中。

②离心(5 000 r/min,2 min),弃上清液。如需提取更多DNA,再吸取 1.5 mL 菌液至同一离心管中,离心,弃上清液。

③用移液器尽可能除去上清液。加入 150 μL 溶液Ⅰ,用漩涡振荡器充分悬浮菌体。

④加入 250 μL 溶液Ⅱ,缓慢上下翻转离心管 10 多次,温和混匀,然后室温下放置 5 min。

⑤加入 180 μL 预冷的溶液Ⅲ,缓慢上下翻转离心管 10 多次,温和混匀,然后冰浴 10 min,或放入−20 ℃冰箱 5 min(时间不能太久,以免冻结)。

⑥离心(4 ℃,12 000 r/min,5 min;离心结束后需将冷冻离心机的温度调至室温)。

⑦移取上清液。加 2/3 倍体积的酚/氯仿,充分振荡,离心(12 000 r/min,5 min)。

⑧移取上清液(500~550 μL),加 2 倍体积无水乙醇(大量提取时上清液较多,可用 2/3 倍体积异丙醇代替乙醇),混匀,室温放置 5 min。

⑨离心(室温,12 000 r/min,10 min),弃去乙醇;离心几秒钟,用移液器尽可能除尽乙醇;然后用 0.5 mL 70%乙醇洗涤DNA沉淀一次,离心 2 min,弃去乙醇。

⑩离心几秒钟,用移液器尽可能除尽乙醇,风干 10 min。

⑪加入 50~100 μL 含有 100 μg/mL RNase A 的TE缓冲液,溶解DNA沉淀,然后在 37 ℃放置数小时,最后于−20 ℃保存备用。

注:高拷贝质粒DNA的产量一般为 3~5 μg/mL 菌液;此法抽提的DNA可直接用于限制性内切酶酶切;如需更高纯度的DNA,则需要进一步纯化。

3. 质粒 DNA 的进一步纯化

①加入 TE 缓冲液使 DNA 溶液体积至 100 μL，再加入 100 μL 酚/氯仿，充分振荡。

②离心(12 000 r/min，5 min)，小心吸取上层水溶液。

③加入 1/10 体积的 3 mol/L NaAc，再加入 2 倍体积的预冷无水乙醇，混匀。

④于－70 ℃冰箱中放置 10 min 以上，或于－20 ℃冰箱放置 30 min 至数小时。

⑤离心(4 ℃，12 000 r/min，15 min)，弃去乙醇，然后离心几秒钟，用移液器尽可能除尽残留乙醇。

⑥用 0.5 mL 70%乙醇洗涤 DNA 沉淀一次，离心 2 min，弃去乙醇。

⑦离心几秒钟，用移液器尽可能除尽残留乙醇，风干。

⑧加入 50～100 μL TE 缓冲液，溶解 DNA 沉淀。

注：如需大量提取质粒 DNA，溶液Ⅰ、溶液Ⅱ、溶液Ⅲ的用量可相应增加。例如，菌液为 50 mL 时，则溶液Ⅰ、Ⅱ、Ⅲ的用量分别为 2 mL、4 mL、3 mL；此法纯化的质粒 DNA 能满足大多数常规实验要求；对于纯度要求更高的实验，如测序或制备克隆载体，必须采用质粒纯化试剂盒制备质粒 DNA。

4. 试剂盒法抽提质粒 DNA

不同公司生产的试剂盒在原理和使用方法上基本相同，只是操作步骤略有差异，具体的操作和注意事项应严格按照所购买的试剂盒说明书进行。

八、注意事项

1. 高压灭菌消毒的过程必须专人看管，以免发生安全事故。

2. 抗生素不能高压灭菌，需通过过滤除菌。培养基灭菌后，待冷却至不烫手时才加入抗生素。若是已灭菌并冷藏备用的液体培养基，则在使用前根据需要加入抗生素。

3. 为避免细菌污染环境，多余的菌液需经煮沸杀菌后方可丢弃。

4. 细菌的细胞壁成分会抑制限制性内切酶的活性，离心收集细菌时若未除尽培养液，其中残留的细菌细胞壁可能会对酶切产生影响。

5. 加入溶液Ⅱ、溶液Ⅲ后，混匀时一定要温和，以防染色体 DNA 分子断裂。

6. 酚/氯仿抽提时，离心分层后吸取上层水溶液应非常小心，避免吸入下层的酚/氯仿和中间层的沉淀。

7. 离心时应将离心管的管盖突出小柄统一朝向外侧，以保证沉淀位于离心管的外侧，便于后续操作。

九、时间安排

第一天下午配制培养基，并于下午 5:30 左右在琼脂培养基平板上划线接种，培养过夜长出单菌落；第二天下午 5:30 左右，挑取单菌落接种于液体培养基中，继续培养过夜；第三天上午 9:00 左右停止培养，将菌液置于 4 ℃备用，下午提取质粒(质粒的进一步纯化可安排在实验二中进行)。

十、思考题

1. 试述碱裂解法抽提质粒的优缺点。

2. 为什么真核生物的基因组 DNA 不能用碱裂解法抽提?

3. 用 NaAc 及无水乙醇(或异丙醇)沉淀核酸的原理是什么?异丙醇和无水乙醇沉淀各有何优缺点?

4. TE 缓冲液的主要成分是什么?各成分有什么作用?

5. 溶液Ⅱ和溶液Ⅲ的作用分别是什么?混合这些溶液时为什么操作一定要温和?

[附注]

1. pBluescript Ⅱ SK (±)和 pBluescript Ⅱ KS (±)载体

上述载体是美国 Stratagene 公司于 1990 年发布的噬菌粒载体(GenBank 登录号 X52328),它们由质粒载体和单链噬菌体的复制起点组合而成,大小约 2 960 bp,属于克隆型载体,并带有氨苄青霉素抗性筛选基因。这两种载体在多克隆位点两侧配备了通用引物,可以用于测序或 PCR 扩增,即 M13F: 5′-TGTAAAACGACGGCCAGT-3′和 M13R: 5′-CAGGAAACAGCTATGAC-3′。KS 与 SK 的主要区别在于载体上多克隆位点序列的方向不同,而+和-的区别在于载体上单链噬菌体复制起点控制复制的方向不同。

2. 大肠杆菌(*E. coli*)菌株

大肠杆菌 DH5α 菌株是基因工程研究中常用的菌株,特别适用于基因克隆,其主要特点是转化率高、稳定性好、遗传标记多,可以使质粒实现高拷贝数扩增。大肠杆菌 DH10B 菌株则更适合于大片段 DNA 的克隆和文库构建,而大肠杆菌 BL21 和 Rosseta 菌株是常用的基因表达受体菌,非常适合于基因表达研究。

3. 酚:氯仿:异戊醇

为了去除核酸样品中的蛋白质杂质,常常需用到酚:氯仿:异戊醇(体积比为 25:24:1)溶液,这种溶液一般由等体积的饱和平衡酚与等体积的氯仿:异戊醇(体积比为 24:1)混合而成。氯仿可以使蛋白质变性并有助于水相和有机相的分离,而异戊醇有助于减少抽提过程中泡沫的形成。在酸性 pH 条件下,DNA 会分配到有机相中,因此使用前必须用水饱和并用 Tris-HCl 缓冲液将 pH 平衡至 8.0 左右,以防 DNA 进入有机相。酚能有效地使蛋白质变性,但是酚微溶于水,故酚抽提后还需用酚/氯仿、氯仿各抽提一次,以便利用氯仿将微溶于水的残留酚抽提到有机相中,从而得到高纯度的 DNA 样品。如果提取的质粒只是用于简单的酶切检测,则只需用氯仿抽提 DNA 后用乙醇沉淀即可满足要求。

4. 乙醇沉淀

在 Na^+ 等阳离子存在的条件下,利用乙醇沉淀核酸是从水溶液中回收核酸的常用方法。乙醇能够夺取核酸的水化层,使带负电荷的磷酸基团暴露出来,而 Na^+ 等阳离子能够与这些带电基团结合,降低多核苷酸链之间的排斥作用。当阳离子的量足以中和暴露的磷酸基团所带电荷时,就会发生核酸沉淀。

实验二　琼脂糖凝胶电泳

一、实验目的

学习和掌握琼脂糖凝胶电泳分离 DNA 的原理，以及检测质粒 DNA 的纯度、浓度和分子量的方法。

二、实验原理

琼脂糖凝胶电泳是分离、鉴定和纯化 DNA 的重要技术，也是基因操作的重要基本技术之一。琼脂糖是一种天然的长链状聚合分子，它在沸水中溶解，当温度降至 45 ℃时开始凝固并形成多孔刚性立体网状结构，其孔径的大小取决于琼脂糖的浓度。

DNA 分子在碱性环境中带负电荷，并在外加电场的作用下向正极移动。DNA 分子在琼脂糖凝胶中移动时，存在电荷效应与分子筛效应。不同 DNA 的分子量大小及构型各不相同，因此它们在电泳中的迁移率也会有所不同，从而可分离出不同的区带。例如，质粒 DNA 主要有环状超螺旋、开环和线性 3 种构型，电泳时它们的迁移率各不相同（超螺旋 > 线性 > 开环）。如果利用电泳技术鉴定质粒 DNA 的分子量大小，必须先对质粒进行酶切使其线性化，然后才能通过电泳条带所处的位置准确判定。

凝胶中 DNA 区带的位置可以通过核酸染料染色进行观察。溴化乙锭（ethidium bromide，EB）是一种扁平状分子，在紫外光照射下能发射荧光。当 EB 与 DNA 分子形成 EB-DNA 复合物后，其发射的荧光强度比游离状态的 EB 提高 10 倍以上，且荧光强度与 DNA 的含量呈正比。EB 曾经是最常用的核酸染料，其检测的灵敏度高，若用肉眼观察，5 ng 以上的 DNA 都可被检测到。由于 EB 具有中度毒性和强烈的致癌性，目前已有多种核酸染料替代物来取代 EB。有些核酸染料替代物的化学性质和染色原理较为清楚，如 SYBR Green Ⅰ，它属于花青素类染料，能透过细胞膜进入活体细胞，易降解，且不会在人体内残留，因此安全性较高。但是，有些核酸染料替代物的化学性质和染色原理目前尚不完全清楚，使用时需了解其特性并进行有效防护。许多公司的核酸染料替代物名称中常含有“Red”或“Green”，这些产品多为独特的油性大分子，不易挥发和升华，不易被人体吸入，且不能穿透细胞膜进入活体细胞内，因此安全性也相对较高。

三、实验材料

实验一提取的质粒 DNA。

四、仪器设备

微波炉、微型电泳槽、凝胶成像仪、电泳仪、紫外透射检测仪。

五、实验用具

制胶模具、微量移液器、吸管头若干、加样板、三角瓶、量筒。

六、试剂(配制方法参见附录Ⅰ)

琼脂糖、5×TBE 缓冲液(工作浓度为 0.5×TBE)、10×载样缓冲液、核酸染料:如 EB 溶液(0.5 mg/mL)或 StarGreen DNA Dye(10 000×)(GenStar)、DNA 分子量标准(DNA marker):D2000、D2000 Plus 等(GenStar)、已知浓度的 λDNA:10、20、50、100 ng/μL(Takara)。

七、实验步骤

1. 制胶

①称取 1 g 琼脂糖,放入盛有 100 mL 0.5×TBE 缓冲液的 500 mL 三角瓶中,用电子天平称量其总重量,然后摇匀。在微波炉中加热,使琼脂糖完全溶解,放回天平上,加入蒸馏水补齐至初始的总重量。冷却至不烫手(60 ℃左右),加入 100 μL 0.5 mg/mL EB 溶液(终浓度为 0.5 μg/mL),或加入 5~10 μL StarGreen DNA Dye,摇匀。

②将凝胶溶液倒入安装好的制胶模具中,确保凝胶厚度为 4~6 mm。

③插入合适的梳子,在室温下冷却凝固。

④待凝胶充分凝固后,垂直向上小心拔出梳子,以保证点样孔完好。

⑤将凝胶置入电泳槽中,加入 0.5×TBE 缓冲液,直至液面覆盖凝胶 1~2 mm。

2. 点样

使用合适量程的微量移液器(P20)分别吸取实验一抽提的质粒 DNA 溶液、各种已知浓度的 λDNA 溶液 1~2 μL,置于点样板小孔中,再加入 7~8 μL TE 缓冲液(或用电泳缓冲液、ddH_2O 代替)及 1 μL 10×载样缓冲液,混匀,然后小心将混合的溶液全部上样到凝胶的点样孔中,样品溶液(呈蓝色)将沉入点样孔的底部。同时在凝胶两侧的点样孔中分别上样 5 μL D2000 和 D2000 Plus 作为 DNA 分子量标准。已知浓度的 λDNA 用于估测样品质粒 DNA 的浓度。

3. 电泳

打开电源,调节电压(3~5 V/cm),可见溴酚蓝条带从负极向正极移动,0.5~1 h 后即可观察电泳结果。

4. 观察

电泳结束后将凝胶置于紫外透射检测仪上,戴上防护罩,打开紫外灯,可见核酸条带发出荧光。根据 DNA 分子量标准和质粒 DNA 线性条带的相对位置,估测样品质粒的分子量。通过比较已知浓度的 λDNA 和未知样品质粒 DNA 条带的粗细和荧光强度,估测样品 DNA 的浓度。最后,将凝胶置于凝胶成像仪中进行拍照和记录。

八、注意事项

1. 用微波炉加热熔化琼脂糖时,溶液体积不能超过三角瓶容量的 1/3,以免煮沸时溶液溢出。同时,琼脂糖必须完全熔化,否则可能会导致电泳图像模糊不清。

2. 制胶时,应等待熔化的凝胶溶液冷却至 50 ℃左右再倒胶,以免制胶板变形而导致漏

胶。凝胶的厚度一般为 4～6 mm，若太厚可能会影响检测的灵敏度。待凝胶充分凝固后才能拔出梳子，以保证点样孔形状完好，防止漏样。如果将凝胶放入 4 ℃冰箱中，可以加速其凝固。

3. 上样时，须先除去点样孔中的气泡，并且加样操作需小心谨慎，以免漏样或损坏胶孔。

4. 切勿用手直接接触凝胶，废弃的凝胶应集中处理，不得随意丢弃。

5. DNA 未经过的凝胶部分，可以切割下来回收利用，但是要注意，回收的凝胶经多次熔化后，其分辨率可能会降低。

6. 电泳缓冲液经多次使用后，其离子强度会降低、pH 上升，这将导致其缓冲能力下降，从而使电泳条带变得模糊或不规则。

九、时间安排

半天。

在电泳期间，可以穿插进行实验一中的“质粒 DNA 进一步纯化”实验。

十、思考题

1. 什么是电泳的迁移率和分辨率？影响迁移率和分辨率的因素各有哪些？
2. 质粒 DNA 存在哪些主要构型？它们的迁移率有何差异？
3. 载样缓冲液(loading buffer)的主要成分是什么？各成分有何作用？

实验三　DNA 浓度测定与酶切反应

一、实验目的

学习光密度法测定 DNA 浓度、限制酶切割 DNA 以及电泳检测酶切效果的方法。

二、实验原理

DNA 的浓度、完整性和纯度的检测，一般通过琼脂糖凝胶电泳法(用于检测 DNA 的浓度和完整性)和光密度法(或称分光光度计法，用于检测核酸的纯度和含量)进行。DNA 吸收光谱的特征峰在 260 nm 处，测定此波长下 DNA 溶液的 OD(optical density)值，当 $OD_{260}=1$ 时，双链 DNA 的浓度约为 50 μg/mL，据此可以计算溶液中 DNA 的总含量。蛋白质的特征吸收峰在 280 nm 处，因此在测定 DNA 含量的同时，通常还测定 OD_{260}/OD_{280} 的值。如果该比值在 1.8～2.0 范围内，就认为 DNA 具有较高的纯度，否则表明 DNA 溶液中含杂质较多，从而可能会影响后续的酶切反应。

Ⅱ型限制性内切酶能专一识别特定的碱基序列并切断双链 DNA，因此在基因工程中得到了广泛应用。*Hin*d Ⅲ酶属于Ⅱ型限制性内切酶，其识别的特异碱基序列为 5′-AAGCTT-3′，切割后将产生如下的黏性末端。

5′-AAGCTT-3′	⟶	5′-A	5′-AGCTT-3′
3′-TTCGAA-5′		3′-TTCGA-5′	A-5′

限制性内切酶的酶切反应一般需要 Mg^{2+} 及其他一些辅助因子的参与，而且需要维持一定的盐离子强度。不同限制性内切酶对盐离子要求各不相同。如果盐离子使用不当或甘油含量过高($>5\%$)，会使限制酶的识别位点发生改变，即产生星活性(star activity)。绝大多数限制酶的反应温度为 37 ℃，也有个别酶要求 50～65 ℃。目前有些商业公司开发出可以在短时间内(5～15 min)就完成切割的快速限制性内切酶(简称快速酶)，如 Thermo 公司的 FastDigest 酶，这类酶的酶切时间很短，而且绝大多数快速酶可以使用相同的酶切缓冲液。有的公司还配备有兼具上样功能的酶切缓冲液，称为绿色酶切缓冲液，酶切完成后可以将酶切反应物直接上样电泳，从而大大简化了实验操作。

三、实验材料

前面实验中抽提的两种质粒 DNA(pSK 和 MP3)。

四、仪器设备

分光光度计、电泳仪、电泳槽、紫外透射检测仪、凝胶成像系统、恒温培养箱。

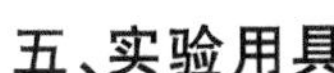

五、实验用具

微量移液器、微量离心管、吸管头、点样板。

六、试剂(配制方法参见附录 Ⅰ)

*Hin*d Ⅲ限制酶及酶切缓冲液、ddH_2O、0.5×TBE 缓冲液、琼脂糖、载样缓冲液。

七、实验步骤

1. DNA 浓度和纯度的测定

吸取 2 μL 样品 DNA 溶液(100～200 ng)至一干净的离心管,加入 98 μL ddH_2O 稀释(稀释体积依据所用的比色皿大小而定)。先加入 100 μL ddH_2O 至干净的比色杯中,进行光密度空白测定;然后弃去双蒸水,加入 100 μL 稀释好的 DNA 溶液,测定 260 nm 及 280 nm 波长下的光密度值,根据光密度值计算 DNA 的浓度及 OD_{260}/OD_{280} 值。

2. 酶切

如果酶切后要回收目的片段,则需进行大量酶切,此时反应液的总体积一般为 50～100 μL;如果实验的目的只是进行小量酶切检测,则反应液总体积一般为 20 μL。

假如酶切的反应液总体积为 100 μL,应按以下比例加入各个成分,加样的顺序为双蒸水、缓冲液、DNA 和酶。用手指轻弹离心管管壁,使其混匀,稍离心几秒钟,以便将反应液收集到管底,然后于 37 ℃保温 1.5～3 h。酶切结束后,可在 4 ℃下保存备用。如果使用快速酶,则应根据厂家的说明书来配制反应体系和设定酶切时间。

反应体系成分	用量
酶切缓冲液(10×)	10 μL
DNA	4～5 μg
酶(*Hin*d Ⅲ)	40 U
加双蒸水至总体积	100 μL

3. 电泳检测与结果观察

取 10 μL 酶切产物进行电泳检测,然后观察和记录结果。具体步骤详见实验二。

八、注意事项

1. 如果 DNA 的纯度不高,使用光密度法测定浓度往往不准确,此时选用琼脂糖凝胶电泳法则更为可靠(具体方法参考实验二)。

2. 用于酶切的 DNA 应具备较高的纯度,没有酚、氯仿、SDS 等的污染,否则可能会影响酶切效果。

3. 反应体系中,酶液的体积应小于反应总体积的 10%,以确保甘油的浓度小于 5%。

4. 配制反应液时,应在冰浴上进行,操作应迅速,并且需等到最后才将酶加入反应体系中。

5. 必须使用干净且经过灭菌的吸管头,以防止交叉污染。

九、时间安排

两个半天或一天。

十、思考题

1. 在酶切反应中应如何选择酶的用量?

2. 什么是限制酶的星活性?哪些因素可能导致限制酶的星活性?

3. 如何评价DNA的质量?

4. 对于双酶切反应,如果所使用的两种限制酶的反应缓冲液不一致,那么应如何进行操作?

[附注]

分光光度计与OD值

在基因操作过程中,分光光度计常被用于测定核酸、蛋白质及细菌的浓度。不同的物质其特征吸收峰所对应的波长是不同的。在DNA溶液中,核酸、杂质(如有机试剂、多糖)和蛋白质的特征吸收峰所对应的波长分别为260 nm、230 nm、280 nm。

根据核酸在其特征吸收峰波长下的光密度值(OD_{260}),可以计算出核酸的浓度。不同核酸类型的分子构成有所不同,因此换算浓度时使用的系数也不相同。对于双链DNA(ds DNA),1 OD_{260} 相当于50 μg/mL;对于单链DNA(ss DNA),1 OD_{260} 相当于37 μg/mL;对于RNA,1 OD_{260} 相当于40 μg/mL;而对于寡聚核苷酸(如引物),1 OD_{260} 相当于33 μg/mL。测定核酸浓度时,需要先测定空白对照,然后再测定样品。此外,换算浓度时还需考虑到样品的稀释倍数。

核酸的特征吸收峰是由其所含的嘌呤和嘧啶决定的,而核酸包括DNA和RNA,但分光光度计不能区分这两者。蛋白质的特征吸收峰在280 nm波长处,是由芳香族氨基酸决定的。对于纯度较高的核酸样品,其在260 nm与280 nm波长处的光密度比值通常应为1.8~2.0,否则表明样品中有蛋白质等污染成分的干扰。

实验四　目的片段的回收

一、实验目的

学习并掌握利用琼脂糖凝胶电泳回收目的DNA片段的方法。

二、实验原理

DNA分子经过限制性内切酶消化后，会产生不同大小的DNA片段。通过电泳分离这些片段，可以方便地回收所需的目的片段。回收目的片段的方法有很多，如冻融法、低熔点琼脂糖法、透析袋法、电泳回收法、玻璃孔回收法、试剂盒法等。在试剂盒法广泛普及之前，一般采用电泳回收法。电泳回收法是通过特制的V形电泳槽，将含有目的片段的凝胶块置于V形槽前，然后进行电泳，使凝胶块中的DNA进入V形管，最后回收V形管中的溶液即可得到目的片段。现在回收目的片段大多数采用试剂盒法，本实验也采用此方法从琼脂糖凝胶中回收目的片段。

琼脂糖凝胶是通过氢键作用形成的，因此任何能破坏氢键的方法，如过酸或过碱，都可以使凝胶裂解。例如，使用$NaClO_4$(高氯酸钠)就能裂解凝胶，这也是凝胶回收试剂盒中溶胶液的常见成分。试剂盒法回收DNA的基本原理：利用溶胶液将含有目的片段的琼脂糖凝胶溶解，然后利用硅胶膜的特性回收DNA，即在高盐和低pH条件下，硅胶膜能高效吸附DNA片段，而蛋白质和其他杂质则不被吸附，被硅胶膜吸附的DNA片段在低盐和高pH条件下可再被洗脱下来，从而实现纯化。

三、实验材料

实验三中经*Hin*d Ⅲ酶切的MP3质粒。

四、仪器设备

电泳仪、电泳槽、紫外透射检测仪、V形管回收电泳槽。

五、实验用具

微量移液器、吸管头若干、微量离心管、扁头镊子、刀片。

六、试剂(配制方法参见附录Ⅰ)

琼脂糖、0.5×TBE缓冲液、10×载样缓冲液、7 mol/L醋酸铵、无水乙醇、StarGreen核酸染料、D2000 Plus 分子量标准、DNA 凝胶回收试剂盒。

七、实验步骤

1. V 形槽法回收 DNA

①配制 1.5%琼脂糖凝胶(根据样品体积和目的片段大小,选用合适的制胶槽和梳子),在低电压下电泳,以提高分辨率。

②电泳结束后,在紫外灯下用刀片小心切割含有目的 DNA 片段的凝胶。

③把凝胶块置于特制的 V 形槽平台上,向 V 形管中加入 7 mol/L NH_4Ac(含有溴酚蓝指示剂),在 V 形槽中加入 0.5×TBE 缓冲液(使其刚好淹没胶块),接通电源进行电泳。

④电泳 15 min 左右后,在紫外灯下检测凝胶块中是否还含有 DNA,以此判断 DNA 是否已全部进入 V 形管中。

⑤当凝胶块中的 DNA 全部进入 V 形管中后,排去电泳槽中的缓冲液,将 V 形管中的 NH_4Ac 溶液吸出并转移至干净的离心管中。

⑥向溶液中加入 2 倍体积的无水乙醇,混匀,置于−70 ℃ 2 h 或−20 ℃过夜。

⑦12 000 r/min 离心 10 min,沉淀用 70%乙醇洗一次,风干,加入 10 μL TE 缓冲液溶解,然后取 1 μL 溶液进行电泳检测。

2. 试剂盒法回收 DNA(按厂家的说明书进行)

①首先利用 1.5%琼脂糖凝胶电泳分离目的片段,电泳结束后,在紫外灯下切取含有目的片段的琼脂糖凝胶,分成小块,放入一个已称重的 1.5 mL 离心管中,再次称取离心管的重量。

②按照每 100 mg 琼脂糖凝胶对应 100 μL BD 溶液的比例向离心管中加入 BD 溶液。

③在 55～65 ℃下温育 7～10 min,直至凝胶完全熔化,其间需要振荡混合数次。

④待熔化后的凝胶溶液降至室温时,将其转移至 DNA 纯化柱中,静置 2 min。

⑤12 000 r/min 离心 1 min,弃去滤液。若溶液的体积大于 DNA 纯化柱的容积(约 700 μL),可以分两次离心以吸附 DNA。

⑥向纯化柱中加入 500 μL PE 溶液,12 000 r/min 离心 1 min,弃去滤液。重复此步骤一次。

⑦12 000 r/min 离心 3 min,以便彻底去除纯化柱中的液体。

⑧将 DNA 纯化柱置于一个新的 1.5 mL 离心管中,向纯化柱的中央悬空滴加 30 μL Eluent 溶液(60 ℃预热),静置 2 min,然后 12 000 r/min 离心 1 min,滤出的溶液即为回收的目的片段 DNA 溶液,然后置于−20 ℃保存备用。

八、注意事项

1. 回收 DNA 时,电泳必须使用新鲜配制的 TBE 缓冲液和新配制的琼脂糖凝胶。

2. 切取含目的片段 DNA 的凝胶时,应尽量减少多余凝胶的切入,以节约溶胶液。

3. 切胶时最好使用长波长或中波长的紫外光,而且要尽量减少 DNA 在紫外光下的暴露时间,以防 DNA 损伤。

4. 琼脂糖凝胶必须彻底熔化,以免堵塞纯化柱,确保 DNA 片段的回收效率。

5. 为了提高 DNA 的回收效率,可以将洗脱液预热至 60 ℃,还可以将滤出液重复过柱。

九、时间安排

半天。

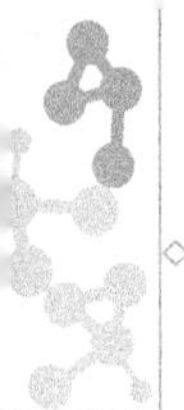

［附注］

紫外光的不同波长

根据波长的长短，紫外光分可分为短波（254 nm）、中波（302 nm）和长波（365 nm）三种。波长越短，紫外光的能量就越大。一般来说，短波长紫外线是由核酸吸收后再将能量传递给核酸染料，因此在短波长下观察灵敏度较高。但是，短波长紫外光对核酸的损害较大，可能会造成核酸链断裂或形成嘧啶二聚体，照射时间过长还会引起褪色反应。相对而言，中波长和长波长紫外线主要由核酸染料吸收，对 DNA 的伤害较小。因此，在切割凝胶时，最好在中波长或长波长紫外光下进行。当然，无论使用何种波长的紫外光，切胶时间越短越好，以减少 DNA 损伤。

实验五　DNA的体外连接

一、实验目的

学习并掌握DNA片段体外连接的方法，将回收的目的片段与载体质粒片段进行连接。

二、实验原理

DNA连接酶催化两个双链DNA片段的5′-磷酸和3′-羟基之间形成3′,5′-磷酸二酯键。DNA连接酶主要有T4噬菌体DNA连接酶和大肠杆菌DNA连接酶两种。T4 DNA连接酶可以连接双链DNA分子中一条链上的切口、两个存在互补黏性末端的双链DNA片段、两个存在平末端的DNA片段或RNA-DNA杂合体中具切口的RNA和DNA分子。大肠杆菌DNA连接酶则只能连接带切口的双链DNA分子和具有同源互补黏性末端的DNA片段，不能催化平末端DNA分子之间的连接。

T4 DNA连接酶催化DNA连接的反应分为3步：①辅助因子ATP的磷酸基团与T4 DNA连接酶蛋白中Leu残基的—NH_2结合，形成酶-AMP复合物；②酶-AMP复合物活化DNA链5′-磷酸基团，形成磷酸-磷酸酯键；③DNA链的3′-羟基活化并与5′-磷酸根形成磷酸二酯键，释放AMP，从而完成DNA链的连接。大肠杆菌DNA连接酶催化DNA分子连接的机制与T4 DNA连接酶大致相同，但是其辅助因子为NAD^+。

用于克隆的质粒载体经酶切后成为线性分子，通常需要用碱性磷酸酯酶(CIP或BAP)进行脱磷酸化处理，以防止载体自身环化，减少不含重组子的菌落产生。带有5′-磷酸基团的外源DNA片段可以与脱磷酸化的载体片段相连，产生一个带有两个切口的开环分子。当这个分子转入大肠杆菌细胞后，切口在质粒复制时可被修复。

三、实验材料

前面实验中回收的目的DNA片段、试剂盒法提取的高纯度pSK质粒DNA。

四、仪器设备

恒温培养箱、电泳仪、电泳槽、紫外透射检测仪、凝胶成像仪。

五、实验用具

微量移液器、吸管头、微量离心管。

六、试剂(配制方法参见附录Ⅰ)

限制酶*Hin*dⅢ、T4 DNA连接酶、ddH_2O、1 mol/L Tris-HCl(pH 9.0)、酚/氯仿、DNA

凝胶回收试剂盒、牛小肠碱性磷酸酶(CIAP,Takara)、EDTA(pH 8.0)。

七、实验步骤

1. pSK 质粒的 *Hin*d Ⅲ单酶切

在 1.5 mL 离心管中加入 0.5～5 μg pSK 质粒 DNA,10 μL 10×*Hin*d Ⅲ酶切缓冲液,加双蒸水至 98 μL,最后加入 20 U 限制酶 *Hin*d Ⅲ(Takara),混匀,离心几秒钟,然后在 37 ℃保温 30 min。

2. pSK 质粒 *Hin*d Ⅲ酶切片段的脱磷酸化

在上述酶切反应体系中直接加入 5 μL 1 mol/L Tris-HCl 缓冲液(pH 9.0),2 U CIAP,混匀,离心几秒钟,然后在 37 ℃保温 30～60 min。

注:加入 Tris-HCl 缓冲液(pH 9.0)的目的是将酶切缓冲液的 pH(pH 7.5～8.0)调整至适合 CIAP 作用的 pH(pH 8.5 左右)。在实际应用时,也可以用 5 μL CIAP 酶的 10×缓冲液替代 Tris-HCl 缓冲液。

3. pSK 质粒酶切片段脱磷产物的回收

①乙醇沉淀法回收:脱磷处理结束后,向脱磷反应体系中加入 EDTA(pH 8.0)至终浓度为 5 mmol/L,混匀,于 65 ℃加热 60 min(或于 75 ℃加热 10 min)。用酚/氯仿抽提 2 次,所得的上清液中加入 1/10 体积 3 mol/L NaAc,混匀,再加入 2.5 倍体积的无水乙醇,混匀,于－20 ℃放置 15 min。12 000 r/min 离心 15 min,沉淀用冷的 70%乙醇洗一次,风干,用 40 μL TE 缓冲液溶解。如果起始酶切的质粒 DNA 为 5 μg,按此法回收的 DNA 浓度为 80～100 ng/μL。

②试剂盒法回收:脱磷处理结束后,向脱磷反应体系中加入 ddH_2O 至体积为 200 μL,然后加入等体积的 BD 溶液,混匀,转移到 DNA 纯化柱中,静置 2 min,后续步骤按照 DNA 凝胶回收试剂盒说明书进行过柱纯化回收:12 000 r/min 离心 1 min,弃去滤液(若溶液体积大于 DNA 纯化柱的容积,可分两次离心以吸附 DNA);加入 500 μL PE 溶液,12 000 r/min 离心 1 min,弃去滤液,重复此步骤一次;12 000 r/min 离心 3 min,以便彻底去除纯化柱中的液体;将 DNA 纯化柱置于一个新的 1.5 mL 离心管中,向纯化柱硅胶膜的中央悬空滴加 30 μL Eluent 溶液(60 ℃预热),静置 2 min;12 000 r/min 离心 1 min,得到回收的质粒 DNA 溶液。

4. 目的片段和脱磷的质粒酶切片段的电泳检测

将实验四回收的目的片段和上述回收的 pSK 质粒酶切脱磷片段进行 1%琼脂糖凝胶电泳,根据已知浓度的 λDNA 或者参考 DNA marker 中已知浓度的条带,估测样品 DNA 的浓度。

5. 目的片段和载体的连接

①在 0.5 mL 离心管中,按以下比例加入连接反应的各个成分:

反应体系成分	用量
载体 DNA	1.0 μL(80～100 ng)
目的片段 DNA	50～100 ng
ddH_2O	补齐至 9.0 μL

②混匀后于 50 ℃加热 5 min(目的是使黏性末端分开)。

③加入10×T4 DNA连接酶缓冲液1.0 μL。

④用1×连接酶缓冲液将连接酶稀释成0.2 Weiss单位或12 NEB单位/μL。

⑤向反应体系中加入稀释了的T4 DNA连接酶1.0 μL。

⑥混匀后离心几秒钟，然后利用PCR仪控温进行连接反应(16 ℃，10～16 h)。

⑦连接程序结束后，于65 ℃加热5 min，然后将连接产物置于4 ℃或－20 ℃保存备用。

八、注意事项

1. 基因克隆对质粒的纯度要求很高，以便用最少的酶量和较短的反应时间就能完全切割DNA。如果过度酶切，将可能导致载体质粒片段末端缺失，连接转化后会产生大量的假阳性菌落(即菌落虽为白色，但并不含插入片段)。

2. 脱磷后若使用试剂盒法纯化质粒载体片段，则只需使用较少的起始质粒DNA(0.5～1 μg)进行酶切，若使用酚/氯仿抽提和乙醇沉淀法纯化回收质粒载体片段，则需要较多的起始质粒DNA(2～5 μg)。

3. 连接反应时，带有相同黏性末端的载体和外源DNA片段，都有可能发生自身环化或由几个分子串联形成寡聚物，而且外源片段插入载体的方向是随机的。进行连接时，需调整连接反应中两种DNA分子的浓度，以便使正确连接的产物数量达到最高水平。目的DNA片段与载体DNA片段之间物质的量的比例(即分子数目之比)，一般为(3～10)∶1。

4. Weiss单位，也称为ppi单位，是由Weiss于1968年提出的连接酶单位。0.01 Weiss单位的连接酶能在16 ℃、30 min内将经*Hin*d Ⅲ彻底酶切的1 μg λDNA片段(黏性末端)完全连接。1.0 Weiss单位的连接酶能在16 ℃、30 min内将经*Hae* Ⅲ彻底酶切的1 μg λDNA片段(平末端)完全连接。进行黏性末端连接时，连接酶的用量一般为0.1～2 Weiss单位；进行平末端连接时，连接酶的用量要稍高一些。若使用不同厂家的连接酶，应根据其说明书设置相应的反应体系和反应条件。

5. 连接反应的温度是影响连接效果的重要因素。温度过高或过低都会影响酶活性，而且温度太高不利于DNA末端配对结构的稳定。连接时，可以将反应混合液放入4 ℃冰箱连接1～7 d，也可以在16 ℃条件下连接过夜。若利用PCR仪将反应温度控制在一定范围内(如10 ℃—16 ℃—20 ℃—10 ℃)循环变化，则能更有效地促进DNA的连接。

九、时间安排

两个半天或一天。

十、思考题

1. pSK质粒载体经*Hin*d Ⅲ酶切后，为什么要进行脱磷酸化处理？目的片段是否也要进行脱磷？若对载体进行双酶切，是否也需要脱磷处理？

2. 有哪些措施可以提高DNA的连接效率？

[附注]

1. 载体的单酶切和双酶切

载体单酶切：酶切后需要进行脱磷处理，以防止载体自身连接。此外，外源片段插入的方向不固定，因此必须通过测序来确定其方向。

载体双酶切：外源片段插入的方向一般是固定的。在选择用于双酶切的两种酶时，应确保它们在多克隆位点中保持一定的距离，保持两种酶的识别位点不能重叠，以免造成酶切困难。

2. 目的片段酶切位点的引入

目的片段两侧的酶切位点通常是通过 PCR 方法引入的，具体做法是在两侧引物的 5′端添加适当的酶切位点序列。在设计这些引物时，除了在引物的 5′端添加酶切位点序列外，还需要在酶切位点的外侧添加保护碱基。一般来说添加 4～8 个保护碱基就能满足绝大多数限制酶的酶切要求。

3. In-Fusion 重组连接技术

传统的 DNA 重组连接技术依赖于限制性核酸内切酶，然而，由于载体上多克隆位点中限制酶位点种类有限，限制了其应用范围。近年来，基于长黏性末端互补的 DNA 重组连接技术，也称为无缝克隆(seamless cloning)技术，逐渐崭露头角。这种技术不需要特异的限制性核酸内切酶，就能轻松实现一个甚至多个目的片段在载体 DNA 的任意位点插入，因而得到广泛应用。多家公司提供了用于无缝克隆的试剂盒，其中包括 Takara Clontech 公司(日本)的 In-Fusion HD Cloning Kit、诺维赞公司(中国)的 ClonExpress Ultra One Step Cloning Kit、康润生物公司(中国)的 EZ-HiFi Seamless Cloning Kit 以及 Thermo Fisher Scientific 公司(美国)的 GeneArt Gibson Assembly Kit 等，这些试剂盒的推出使得无缝克隆技术变得更加容易操作和广泛应用。关于无缝克隆技术的原理，参见本书 4.1.2 节。

下面以 Takara Clontech 公司开发的 In-Fusion HD Cloning Kit 为例，介绍利用无缝克隆技术进行重组连接的方法。该试剂盒使用的 In-Fusion 重组酶具有独特功能，能够识别 DNA 分子的 3′末端碱基，同时具备 3′→5′外切酶活性，使目的片段的两端产生 5′黏性末端单链。随后，通过 DNA 单链结合蛋白与 5′端单链结合，稳定单链 DNA。在适当的退火条件下，目的片段与线性化的载体通过两端的重叠(或称同源)片段进行同源重组，使得目的片段整合到载体中。最后，将重组 DNA 转入细菌，通过细菌细胞内连接酶的作用，获得完整的重组 DNA 分子。利用 In-Fusion HD Cloning Kit 进行无缝克隆的具体操作步骤如下：

①线性化载体的制备：根据载体的序列特征，在多克隆位点中选择合适的目的片段插入位点，并将载体线性化。选择插入位点时，确保插入位点区域无重复序列，且插入位点上下游的 20 bp 序列中 GC 含量范围均在 40%～60%。载体线性化有两种方式：一是利用适当的限制性核酸内切酶进行切割，二是在插入位点两侧对载体 DNA 进行反向 PCR 扩增。如果选择第一种方式，可以通过延长酶切时间、使用双酶切来使载体线性化更彻底，降低环状质粒 DNA 分子残留。

②同源重组引物的设计：针对目的片段设计同源重组引物。引物设计的原则包括：在正、反向引物的 5′端，分别引入一段与线性化载体两个末端方向一致且碱基完全相同的序列(一般长度为 15～20 nt)，以便使目的片段扩增产物两端序列与线性化载体两端序列完全匹配(为了提高同源重组的特异性，引入的同源序列 GC 含量最好达到 40%～60%)；正、反向引物的 3′端必须包含常规 PCR 扩增的目的片段特异引物序列，其 T_m 值最好达到 60～65 ℃，以确保目的片段扩增的特异性；为了后续基因操作方便，有时在特异引物序列的 5′端(即同源序列与特异引物序列之间)引入适当的限制酶识别位点序列。因此，设计好的目的片段正向扩增引物序列的组成可表示为：5′-插入位点上游的载体同源序列(15～20 nt)+限制酶识别位点序列

(可选)+目的片段正向扩增特异引物序列-3′,而目的片段反向扩增引物序列的组成可表示为:5′-插入位点下游的载体同源序列(15～20 nt)+限制酶识别位点序列(可选)+目的片段反向扩增特异引物序列-3′。

③目的片段的PCR扩增:目的片段的PCR扩增对扩增产物的末端类型无特殊要求,例如产物末端是否带有突出的碱基A(或称为"A尾"),这是因为重组DNA分子上的缺口在细菌细胞内会被修复。此外,在实际扩增中,为了减少碱基突变的产生,需要使用高保真的Taq DNA聚合酶,如诺唯赞公司(中国)的Phanta Max Super-Fidelity DNA Polymerase。PCR体系的配制及程序的设置,参考常规PCR技术或本书"实验八"进行。

④目的片段扩增产物与线性化载体的重组反应:为了提高同源重组的效率,确保目的片段与线性化载体片段之间物质的量比为2∶1。各个公司通常在试剂盒说明书中提供了DNA的摩尔数与质量之间的换算公式。以诺唯赞的ClonExpress Ultra Kit为例,对于单个片段与线性化载体的重组,可按以下公式计算插入片段和线性化载体片段的DNA最适合用量:线性化载体片段DNA用量(ng)=0.02×片段长度(bp),其对应的DNA物质的量为0.03 pmol,而插入片段DNA用量(ng)=0.04×片段长度(bp),其对应的DNA物质的量为0.06 pmol。如果线性化载体片段的长度为5 kb,其DNA最适合用量计算为0.02×5 000=100 ng;如果目的片段的长度为0.5 kb,其DNA最适合用量计算为0.04×500=20 ng;如果目的片段的长度为2 kb,其DNA最适合用量则计算为0.04×2 000=80 ng……以此类推。但是,对于多个片段与线性化载体的重组,由于插入片段数量多,只需按照DNA片段用量(ng)=0.02×片段长度(bp)的公式来计算各个插入片段和线性化载体片段的DNA最适合用量,即可保证插入片段与载体片段之间摩尔数比符合2∶1(此计算方法仅适用于最多5个插入片段)。此外,还需注意的是,对于单个片段与载体的同源重组反应,当目的片段较小时,为了提高重组效率,目的片段DNA用量不能少于20 ng。为了保证加样的准确性,在配制重组反应体系时,可将目的片段及线性化载体片段DNA的浓度进行适当稀释,以减少取样误差。

计算出重组反应体系中各片段DNA的最适合用量后,按照以下比例配制反应体系。X、Y分别表示线性化载体片段和目的片段的DNA用量;$Y_1, Y_2, \cdots, Y_n$($n \leqslant 5$)表示多个插入片段中单个片段的DNA用量;阴性对照Ⅰ的目的是确认线性化载体中是否有环状质粒DNA分子残留,在实际应用中通常需要设置此对照;当目的片段的来源载体与克隆载体的抗性相同时,为了确认目的片段中是否有来源载体DNA分子污染,通常需要设置阴性对照Ⅱ;在实际应用中,最好将阴性对照Ⅰ和Ⅱ独立设置,以便分析实验失败时的原因;阳性对照的目的是确认是否有其他污染或人为操作因素的影响,其中线性化载体和目的片段选用已知的且能成功重组的DNA即可;整个过程须在冰浴上进行。

反应体系成分	重组反应	阴性对照Ⅰ	阴性对照Ⅱ	阳性对照
线性化载体片段	X μL	X μL	0	1.0 μL
n个目的片段($n \leqslant 5$)	$Y_1+Y_2+\cdots+Y_n$ μL	0	$Y_1+Y_2+\cdots+Y_n$ μL	1.0 μL
2×重组反应Mix	5.0 μL	0	0	5.0 μL
ddH_2O	补齐至10 μL	补齐至10 μL	补齐至10 μL	3.0 μL

将反应体系通过短暂离心收集至离心管底，用移液器轻轻吹打，令其温和混匀。再次通过短暂离心将溶液收集至离心管底，然后在 50 ℃条件下保温 5 min，以进行同源重组反应。反应完成后，立即将离心管放置在冰浴上冷却。最后，参照本书“实验六”中介绍的方法，使用化学法(氯化钙法)将重组产物转化至具有合适抗性的大肠杆菌中，使重组 DNA 在细菌体内得到修复和增殖。

实验六　重组 DNA 的转化

一、实验目的

学习并掌握将体外重组 DNA 导入受体细胞以及筛选重组子的方法。

二、实验原理

将外源 DNA 分子导入某一宿主细胞的过程称为转化(transformation)。当细菌处于容易吸收外源 DNA 的状态(也称为感受态)时,转化最容易发生。制备感受态常用的方法是氯化钙法,即用 $CaCl_2$ 处理受体细菌,使细胞进入一种敏感的生理状态。当细菌细胞和连接产物处于冰冷(0 ℃)的 $CaCl_2$ 溶液中,细胞膨胀成球形,连接产物中的 DNA 与氯化钙形成能抵抗 DNase 的羟基-钙磷酸复合物并黏附于细胞的表面。经 42 ℃短时间热激处理后,外源 DNA 容易被细胞吸收。转化后的细菌在丰富培养基(如 SOC 培养基)中培养数小时,球状细胞复原并分裂增殖,细菌吸收的质粒中抗生素基因会表达,然后在选择性培养基平板上培养,就可以筛选出所需的转化子。

pSK 质粒载体上带有大肠杆菌 β-半乳糖苷酶基因的调控序列和部分编码序列(也称 α 供体),而大肠杆菌基因组中含有编码该酶其余部分(α 受体)的核酸序列。一旦质粒进入宿主菌中,二者可以实现 α-互补,从而产生有活性的 β-半乳糖苷酶,在生色底物 X-gal 的存在下,菌落就会显现蓝色。在质粒载体上 β-半乳糖苷酶 α 供体的编码区内插入有一个多克隆位点,如果外源 DNA 插入多克隆位点中,会破坏 α-互补的能力,导致 X-gal 不能被分解,从而使菌落呈现其本身的颜色即白色。

三、实验材料

实验五中的连接产物、大肠杆菌 DH5α 菌株。

四、仪器设备

高压灭菌锅、超净工作台、冷冻离心机、恒温水浴锅、恒温培养箱、恒温摇床。

五、实验用具

微量移液器、离心管、培养管、锥形瓶、烧杯、培养皿、冰浴盒。

六、试剂(配制方法参见附录 Ⅰ)

LB 培养基、SOC 培养基、SOB 培养基、ddH_2O、氨苄青霉素、0.1 mol/L $CaCl_2$、20 mg/mL IPTG、2% X-gal。

七、实验步骤

1. 感受态细胞的制备

(1)小量制备

①菌种的活化:取出保存于-70 ℃冰箱的DH5α菌种,在不含抗生素的SOB培养基平板上划线接种,于37 ℃培养18~28 h,直至长出单菌落。

②种子液培养:挑取单菌落,接种于1 mL SOB液体培养基中,培养(37 ℃,200 r/min) 3~4 h,此时菌液稍浑浊($OD_{600}<0.6$);或者挑取单菌落接种于15 mL SOB液体培养基中,在相同条件下培养6~8 h。

③扩大培养:按照1/100体积比,将种子液接种到装有50 mL SOB液体培养基的250 mL锥形瓶中,培养(37 ℃,200 r/min)约2.5 h,直至$OD_{600}=0.3$~0.6,然后立即将锥形瓶置于冰浴中,摇动锥形瓶使菌液迅速冷却。

④在超净工作台内,将菌液分装于2 mL离心管中,每管1.5 mL菌液(需在冰浴上操作)。

⑤在4 ℃下5 000 r/min离心2 min收集菌体,弃上清液,尽量去除残留液体。

⑥加入300~500 μL预冷的0.1 mol/L $CaCl_2$溶液,轻弹管壁,温和悬浮菌体,然后冰浴25 min。

⑦在4 ℃下5 000 r/min离心2 min收集菌体,用移液器除尽上清液。

⑧加入50~100 μL预冷的0.1 mol/L $CaCl_2$溶液,轻弹管壁,小心温和悬浮菌体,得到感受态细胞。

注:此法制备的感受态细胞,可在4 ℃冰箱中保存1~3 d,一般24 h左右使用效果最佳。

(2)大量制备

①按照小量制备法进行种子液的培养。

②将种子液按1/100体积比接种到装有50~100 mL SOB液体培养基的500 mL锥形瓶中,培养(37 ℃,200 r/min) 2.5 h,直至OD_{600}达到0.3~0.6。

③将锥形瓶立即置于冰浴中,摇动锥形瓶使菌液迅速冷却。

④在超净工作台内将菌液倒入50 mL离心管中,然后冰浴10 min,使菌液冷却至0 ℃。

⑤离心(4 ℃,4 000 r/min)10 min收集菌体,弃上清液,尽量去除残留液体。

⑥加入10 mL预冷的0.1 mol/L $CaCl_2$溶液,小心温和悬浮菌体,冰浴25 min。

⑦离心(4 ℃,4 000 r/min)10 min收集菌体,弃上清液。

⑧加入1.5 mL预冷的0.1 mol/L $CaCl_2$溶液,小心温和悬浮菌体,将菌液分装于2 mL离心管中(每管100 μL)。

⑨将感受态细胞保存在4 ℃冰箱内备用(24 h左右使用效果最佳)。

2. 转化

①在1.5 mL离心管中,按以下比例加入各成分。

项目	感受态细胞	ddH_2O	连接产物	pSK质粒	MP3质粒
空白对照	100 μL	2 μL	0	0	0
CK^-(阴性对照)	100 μL	0	0	1 μL(10 ng)	0

续表

项目	感受态细胞	ddH_2O	连接产物	pSK 质粒	MP3 质粒
CK^+(阳性对照)	100 μL	0	0	0	1 μL(10 ng)
自我环化对照	100 μL	0	2 μL(无插入片段)	0	0
处理	100 μL	0	2 μL	0	0

②用移液器温和混匀,冰浴 30 min。

③在 42 ℃下热激 90 s,然后立即冰浴 5 min。

④加入 800 μL 已在 37 ℃预热的 SOC 液体培养基,然后用 1 000 μL 移液器将菌液移至新的培养管中,摇动培养(37 ℃,200 r/min) 45 min(此过程称为恢复培养)。

⑤恢复培养期间,在每块 LB 固体培养基平板上加入 40 μL X-gal 和 5 μL IPTG,并均匀涂布于表面,然后让其吸干。恢复培养结束后,吸取 100～200 μL 菌液涂布平板。涂布完成后,室温下将培养皿正面放置直至液体被完全吸收。

注:涂布平板时,如果菌液体积太小,易导致涂布不均匀,可以额外加入一定量的 LB 液体培养基,混合后再进行涂布。

⑥倒置培养皿,在 37 ℃培养过夜,然后观察和记录转化结果(白色菌落为阳性,蓝色菌落为阴性)。

八、注意事项

1. 为了提高转化率,要求配制培养基所用的试剂如胰蛋白胨和酵母浸出粉等的纯度很高。另外,转化过程中所使用的器具,包括玻璃器皿、微量吸管、离心管等,也必须很干净,否则微量的洗涤剂或其他污染物可能会大幅降低细胞的转化率。

2. 细菌的液体培养一般经历 4 个时期,即延缓期、对数期、稳定期和衰亡期。制备感受态细胞时,应选取处于对数生长期中期或前期的细菌,因为此时的细菌生长活性、形态以及代谢等生理指标均处于最佳状态。对数期一般出现在接种后的 3～8 h 内,此时 OD_{600} 值一般为 0.2～0.4。通过预实验,在细菌生长的不同时间取样并测定 OD_{600} 值和转化率,可以确定某个菌株的对数期对应的 OD_{600} 值。对于大肠杆菌 DH5α,可每隔 20 min 测定一次 OD_{600} 值,当 OD_{600} 达到 0.35 时收获细菌,此时的细菌处于对数生长期。

3. 制备感受态细胞时,应尽量保持低温,因此离心管和离心机等需提前预冷。此外细胞经 $CaCl_2$ 溶液处理后,细胞壁较脆弱,所以在悬浮菌体时应小心、温和操作。

4. 通过化学法制备的感受态细胞,可以满足大多数常规基因克隆实验的转化要求。一般来说,化学法制备的感受态细胞在 4 ℃下 $CaCl_2$ 溶液中保存 24 h 后,其转化率可达到最高。

5. 如果构建基因文库,对转化率则有更高的要求,这时通常需要制备适用于电激法转化的感受态细胞。在制备这类细胞时,常使用大肠杆菌 DH10B 菌株。为了达到最佳效果,应使培养的菌液 OD 值达到 0.7～0.8。在收集菌体后,需要使用 10%甘油进行 2 次洗涤,然后将洗涤后的菌体与适量的 10%甘油混匀,最后将处理好的感受态细胞分装并冻存于超低温冰箱中备用。

九、时间安排

实验前一天下午 1:00 在平板上划线接种培养单菌落；实验当天上午 8:00 培养种子液，12:00 开始扩大培养；实验当天下午 2:30 开始制备感受态细胞；实验第二天下午进行转化。

十、思考题

1. 什么是感受态细胞？DNA 转化的方法有哪些？
2. 什么是 α-互补？利用 α-互补为什么能筛选重组子？
3. 转化实验的各个对照有何目的？预期的结果如何？
4. 什么是卫星菌落？含氨苄青霉素的平板产生卫星菌落的原因是什么？
5. 什么是转化率？影响转化率的因素有哪些？
6. 什么是假阳性和假阴性？产生的原因有哪些？

[附注]

1. 大肠杆菌菌液 OD 值

通过测定 600 nm 波长下菌液的 OD 值，可以检测溶液中细胞的数量并反映细胞的生长状态。然而，当 OD_{600} 值太高时，可能无法准确反映细胞的生长情况，因为死亡的菌体可能会增多。一般来说，OD_{600} 值在 0.1～0.4 范围内能较准确地反映细胞的生长状态。在实践中，应将 OD_{600} 值控制在 0.1～1，最多不能超过 2.0。

2. 生色底物 X-gal

X-gal 溶液以 2-甲基甲酰胺为溶剂配制而成，对大肠杆菌有一定毒性，因此不能与菌液混合涂板。在菌液涂板前，一般先将 X-gal 溶液涂布于固体平板表面，待其吸干后才涂布细菌细胞。

3. 卫星菌落

氨苄青霉素能干扰细菌细胞壁的形成，但是不能杀死细菌，只抑制细菌的生长。含有 Amp 抗性基因的转化子可以分泌 β-内酰胺酶到培养基中，使得菌落周围培养基中的青霉素失活，于是培养基中“钝化”的细菌细胞得以重新生长，从而形成“卫星菌落”。当平板中细菌的密度过高、培养时间过长或 Amp 失效时，都可能导致卫星菌落出现。

实验七　重组转化子的快速鉴定

一、实验目的

学习并掌握利用碱裂解法快速鉴定重组子的方法。

二、实验原理

通过蓝白斑筛选(α-互补)法，可以有效地筛选出重组子(即白色克隆)。但是，并非所有的白色克隆都含有插入片段，这种情况被称为假阳性。假阳性产生的原因有多种，主要包括限制酶中可能存在的外切酶活性、限制酶的星活性、物理剪切力导致的片段末端破坏，以及自然突变等。鉴定假阳性菌落的方法有多种，包括限制酶酶切法、碱裂解法、PCR 法、杂交筛选法以及测序法等。

本实验选用碱裂解法鉴定假阳性和真正的重组子，即利用碱性裂解液将转化子菌体裂解，然后直接进行琼脂糖凝胶电泳，通过观察和比较白色和蓝色转化子中质粒的迁移率，判断出假阳性和重组子。碱裂解法不仅操作非常简便，而且快速，成本也低。

三、实验材料

实验六中得到的转化子(含蓝色菌落和白色菌落)。

四、仪器设备

电泳装置、紫外透射检测仪、凝胶成像仪、漩涡振荡器。

五、实验用具

96 孔培养板、牙签。

六、试剂(配制方法参见附录 Ⅰ)

10 mmol/L EDTA 溶液(pH 8.0)、1 mol/L KCl 溶液、10×载样缓冲液、1%琼脂糖凝胶。

2×碱性裂解液(按下列比例配制)：

裂解液成分	配制 50 mL 的需要量	终浓度
4 mol/L NaOH 溶液	2.5 mL	0.2 mol/L
10% SDS	2.5 mL	0.5%
蔗糖	15 g	30%

七、实验步骤

1. 从前述转化实验中得到的平板里，选取若干白色菌落和蓝色菌落，用牙签将这些菌落接种于新的 LB 平板(含 Amp)上，并在 37 ℃培养过夜。

2. 在 96 孔培养板中，每孔加入 20 μL 10 mmol/L EDTA 溶液。

3. 用牙签挑取少量菌体，并将其悬浮于各孔溶液中，其中第 1、2 孔为蓝色菌落(作为对照)，混匀。

4. 加入 20 μL 2×碱性裂解液，混匀，静置 5 min。

5. 将等量的 1 mol/L KCl 溶液和 10×载样缓冲液混合均匀，然后向每孔中加入 6 μL 该混合液，并再次混匀。

6. 按照“蓝色菌落、若干白色菌落、最后是蓝色菌落”的顺序，从每孔中各取 20～30 μL 菌体裂解混合液进行点样。

7. 电泳，然后观察并记录结果。通过与蓝色菌落的质粒迁移率进行比较，判断白色菌落的质粒中是否含有插入片段。

八、注意事项

1. 挑取菌落时要适量，既不能太多也不能太少，以免影响结果的判断。

2. 由于裂解后的菌液较黏稠，容易粘在吸管头上，所以在点样时，勿将吸管头垂直拉出，以防带出点样孔内的菌液样品。

3. 碱裂解法主要适用于高拷贝数质粒载体的检测，如 pUC 系列质粒载体，而对于拷贝数较低的质粒载体，如 pET 系列质粒载体，该方法可能不太适用。

九、时间安排

为了增加细菌细胞的数量，可以在实验前一天下午挑选克隆并将其接种到新的平板上，以促进细菌的增殖。

十、思考题

1. 重组子的鉴定方法有哪些？各有何优缺点？

2. 重组子碱裂解法快速鉴定的原理是什么？预期的电泳结果示意图如何？

实验八　聚合酶链式反应(PCR)

一、实验目的

学习并掌握聚合酶链式反应(PCR)的基本操作技术。

二、实验原理

聚合酶链式反应(polymerase chain reaction,PCR)是20世纪80年代中期发展起来的一种对特定DNA片段进行体外扩增的技术。其原理及过程如下:将反应体系(包括模板DNA、上下游引物、Mg^{2+}、4种dNTP和Taq DNA聚合酶)首先置于高温(94 ℃)下变性,使模板双链DNA解链成单链;然后在低温(37～65 ℃)下退火,使引物与变性的模板单链结合;最后在中温(72 ℃)下延伸,即在Taq DNA聚合酶的催化下使引物按5′→3′方向延伸合成新的DNA互补链,从而完成第一轮变性、退火和延伸的反应循环;通过反复进行这种反应循环,就可以使位于目的基因两侧的引物所锚定的DNA序列以指数形式扩增。PCR循环反应的次数主要取决于起始模板的浓度。从水生嗜热细菌(*Thermus aquaticus*)中分离到的DNA聚合酶,即Taq DNA聚合酶,在高温下非常稳定,因此在整个PCR过程中不需要添加新的酶,从而保证了PCR技术自动化的实现和实用性。这使得PCR技术得以迅速发展,并广泛应用于基因克隆、文库构建、序列分析、基因检测等多个领域。

三、实验材料

pSK质粒、MP3重组质粒、前述转化实验所得的转化子(包括白色菌落和蓝色菌落)。

四、仪器设备

PCR仪、电泳仪、电泳槽、紫外透射检测仪、台式离心机、凝胶成像仪。

五、实验用具

吸管头、微量移液器、0.2 mL薄壁PCR管、1.5 mL离心管。

六、试剂

Taq DNA聚合酶及缓冲液、PCR引物(上游引物和下游引物,参见附录Ⅲ)、dNTP、琼脂糖。

七、实验步骤

1. 模板DNA准备

利用碱裂解法或试剂盒法抽提质粒DNA,以此作为PCR的模板。另外,也可以挑取转化

平板中的菌落细胞直接进行 PCR,即菌落 PCR。

2. PCR

①按以下比例配制 PCR 反应液,然后向每个 PCR 管中加入 19 μL 配制好的反应液和 1 μL 稀释的质粒 DNA 模板(约 2 ng),混匀,离心几秒钟。如果是菌落细胞,可以直接用来进行 PCR,具体做法是:先用牙签挑取少量菌体,在空的 PCR 管底部轻轻摩擦几次,使细菌细胞粘在管壁上,然后加入 PCR 反应液。注意菌体不可过多,否则菌体中太多的杂质可能会抑制 Taq 酶的活性。

反应体系成分	用量	终浓度
10×Taq 酶缓冲液	2.0 μL	1×
dNTPs(2 mmol/L)	1.0 μL	一般为 0.1～0.2 mmol/L
上游引物(5 μmol/L)	1.0 μL	一般为 0.2～0.5 μmol/L
下游引物(5 μmol/L)	1.0 μL	一般为 0.2～0.5 μmol/L
Taq DNA 聚合酶	1 U	1 U/反应
ddH_2O	补齐至 19 μL	

②PCR 程序设置如下。

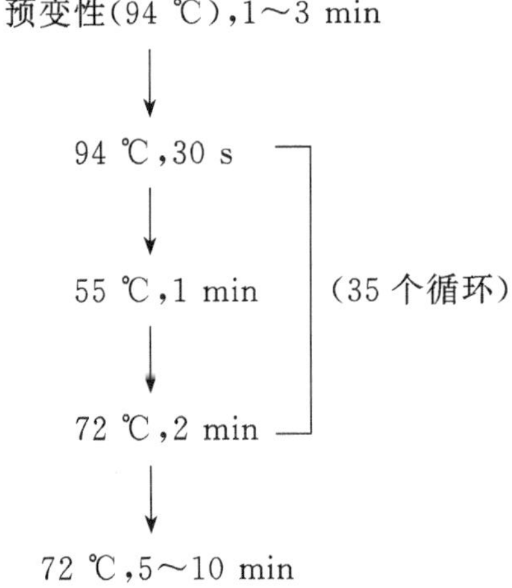

3. PCR 产物的检测

取 5 μL PCR 的反应产物进行琼脂糖凝胶电泳,观察并记录结果。

八、注意事项

1. 由于 PCR 的灵敏度非常高,必须严格防止与模板无关 DNA 的污染。
2. PCR 相关试剂应专用于 PCR 实验,不得挪作他用。
3. PCR 所用的耗材如离心管、吸管头等必须为一次性使用。
4. 必须防止引物、dNTP、Taq 酶等试剂受到其他 DNA 的交叉污染!因此建议将引物、dNTP 等试剂分装成小管,并于－20 ℃下贮存备用。
5. 选择合适的模板 DNA 用量对于 PCR 至关重要。在 20～25 μL 反应体系中,如果是基因组 DNA,模板需要量一般为 20～50 ng,而对于质粒 DNA,模板需要量一般为 1～5 ng。

6. 在溶解引物干粉时，打开离心管盖子前应先以 12 000 r/min 离心 1 min，以便将引物干粉收集到管底，然后再用 1×TE 缓冲液来配制引物母液。引物母液的浓度为 100 μmol/L，而工作浓度则一般为 5 μmol/L 或 10 μmol/L。

九、时间安排

半天。

十、思考题

1. PCR 的原理是什么？
2. PCR 的反应程序有哪些步骤？各步骤有什么作用？
3. 什么是非特异性扩增？如何提高 PCR 的特异性？

实验九　植物基因组 DNA 提取

一、实验目的

学习并掌握植物总 DNA 提取的原理和方法。

二、实验原理

植物的各个部位都可以作为总 DNA 提取的材料，但叶片或幼苗最为常用。为了获得纯度较高的 DNA，用于提取 DNA 的幼苗可以在黑暗条件下培养数天，以消除叶绿素对提取过程的影响。植物总 DNA 提取的方法有多种，包括 CTAB 法、SDS 法等，其原理基本相同。这些方法都是先利用机械力破碎植物组织，然后使用表面活性剂，如十六烷基三甲基溴化铵（hexadecyl trimethyl ammomum bromide，CTAB）、十二烷基硫酸钠（sodium dodecyl sulfate，SDS）等，使细胞膜和核膜破裂，解聚核蛋白，接着利用酚和氯仿使蛋白质变性，通过离心除去植物组织和变性的蛋白质等杂质，最后向上清液中加入无水乙醇，即可将 DNA 沉淀出来。

SDS 法提取 DNA 操作简单，且产率较高，但缺点是提取的 DNA 可能含多糖类杂质较多。SDS 法提取的 DNA 可以直接用于 Southern 杂交，但在酶切时需增加限制性内切酶的用量，并适当延长酶切时间。CTAB 也是一种有效的表面活性剂，能溶解细胞膜。在高盐（约 0.7 mol/L NaCl）条件下，CTAB 能与核酸形成溶于水的复合物，但是在低盐（约 0.3 mol/L NaCl）条件下该复合物会从水溶液中析出。通过离心，可以将“CTAB-核酸”复合物与蛋白质、多糖等杂质分离。接着，重新用高盐溶液将“CTAB-核酸”复合物溶解，最后通过乙醇沉淀就可以分离得到 DNA，而 CTAB 溶于乙醇中。与 SDS 法相比，CTAB 法的最大优点是能更有效地去除多糖类杂质，这是因为 CTAB 具有与核酸结合后发生选择性沉淀的特性。因此，利用 CTAB 法提取的 DNA，一般纯度都较高，但是得率可能较低。

DNA 分子细长，且在溶液中呈刚性。由于分离纯化过程中存在的各种物理剪切力，DNA 分子在溶液中不可避免地会发生断裂，所以利用液相法（如 CTAB 法、SDS 法等）无法分离出完整的基因组 DNA 分子，只能得到较短的 DNA 分子片段。对于 Southern 杂交实验，一般要求 DNA 片段长度不小于 50 kb，而常规的液相法提取完全能满足这一要求。在 DNA 提取过程中，有时会加入聚乙烯吡咯烷酮（polyvinyl pyrrolidone，PVP），目的是通过 PVP 与酚类物质结合来去除这些酚类物质。

三、实验材料

水稻叶片。

四、仪器设备

高速冷冻离心机、高速台式离心机、电泳装置、液氮罐、振荡器。

五、实验用具

微量离心管、离心管架、研钵、研棒、微量移液器、吸头。

六、试剂

无水乙醇、70%乙醇、氯仿、琼脂糖、TBE 缓冲液、TE 缓冲液(pH 8.0)、RNase A 溶液(10 mg/mL)、3 mol/L NaAc、氯仿∶异戊醇∶乙醇(76∶4∶20,体积比)。

SDS 法抽提缓冲液按以下比例配制:

抽提缓冲液成分	配制 1 L 所需的量	终浓度
5 mol/L NaCl	100 mL	500 mmol/L
1 mol/L Tris-HCl(pH 8.0)	100 mL	100 mmol/L
0.5 mol/L EDTA(pH 8.0)	100 mL	50 mmol/L
20% SDS	62.5 mL	1.25%
ddH_2O	637.5 mL	

七、实验步骤

1. 水稻基因组 DNA 大量提取

①称取水稻叶片 5～6 g,放入预冷的研钵中,加入液氮,利用研棒将叶片组织研磨成均匀的细小粉末,然后将粉末转入 50 mL 离心管中。注意动作要迅速,以免粉末解冻。

②向离心管中加入 25 mL 预热(65 ℃)的抽提缓冲液,混匀,放入 65 ℃恒温水浴摇床中保温摇动(50～60 r/min) 30～60 min。若无摇床,则每隔 5 min 轻轻摇动一次离心管。

③加入 15 mL 氯仿/异戊醇(24∶1),混匀,摇动 10 min,使抽提液与氯仿充分混合。

④离心(20 ℃,4 000 r/min) 15 min,将上清液转入另一新的 50 mL 离心管。

⑤加入 2 倍体积的冷冻无水乙醇,温和混匀,在−20 ℃冰箱中放置 1 h。

⑥用玻璃滴管或吸头将析出的 DNA 挑出,或通过离心收集 DNA 沉淀,然后用 5 mL 70%乙醇漂洗,在干净的吸水纸上吸干水分,将 DNA 放入 10 mL 离心管中,加入 2 mL TE 缓冲液,于 60 ℃下轻摇直至 DNA 溶解。

⑦加入 2 μL RNase A,室温下放置 15 min,然后 4 000 r/min 离心 15 min,除去未溶解的杂质。

⑧将上清液转移至新的 10 mL 离心管,加入 1/10 体积 3 mol/L NaAc 和 2 倍体积的冷冻无水乙醇,混匀,于−20 ℃放置 2 h。

⑨用玻璃滴管或吸头挑出析出的 DNA,然后用 5 mL 70%乙醇漂洗一次,在干净的吸水纸上吸干水分,将 DNA 置于 1.5 mL 离心管中,加入 0.5 mL TE 缓冲液,于 60 ℃下轻摇直至 DNA 溶解。

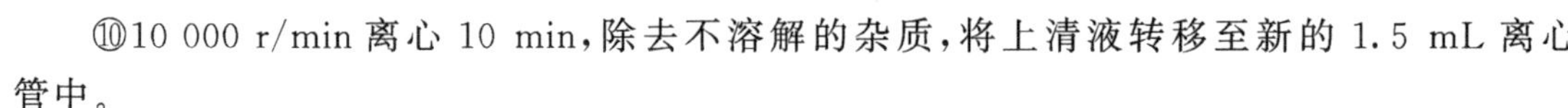

⑩10 000 r/min 离心 10 min，除去不溶解的杂质，将上清液转移至新的 1.5 mL 离心管中。

⑪取 4 μL DNA 溶液，用 0.8%琼脂糖凝胶进行电泳，检测 DNA 的质量和浓度。

2. 水稻基因组 DNA 微量提取

①取水稻叶片 0.1～0.2 g，放入预冷的研钵中，加入液氮，将叶片研磨成均匀的细小粉末，然后将粉末转入 2 mL 离心管中。注意动作要迅速，以免粉末解冻。

②向离心管中加入 0.8 mL 预热(65 ℃)的抽提缓冲液，迅速混匀，于 65 ℃保温 20～30 min (时间可延长至 1～1.5 h)，其间每隔 5 min 轻摇一次离心管。

③加入 0.8 mL 氯仿：异戊醇：乙醇(76：4：20)，混匀，温和颠倒混匀 10 min，然后室温下 12 000 r/min 离心 10～15 min，将上清液转入新的 2 mL 离心管中。

④加入 1/10 体积 3 mol/L NaAc 和等体积的冷冻异丙醇，混匀，静置 5 min。

⑤12 000 r/min 离心 5 min，弃上清液，将 DNA 沉淀用 0.5 mL 70%乙醇漂洗 2 次。每次漂洗后，需 12 000 r/min 离心 5 min，弃乙醇，然后离心几秒钟，再用移液器尽量除去残留乙醇。最后在室温下风干沉淀，也可于 50 ℃放置 1 min，以便除去残留乙醇。

⑥加入 50～100 μL TE 缓冲液，溶解沉淀(可于 65 ℃保温 10 min，其间混匀数次)，然后加入 2 μL 10 mg/mL RNase A 溶液，于 37 ℃放置 30 min。

⑦加入 TE 缓冲液至体积为 300 μL，再加入等体积的酚/氯仿/异戊醇(25：24：1)，充分混合 10 min，然后 12 000 r/min 离心 10 min。将上清液转移至新的 1.5 mL 离心管中，加入等体积的氯仿/异戊醇(24：1)，充分混合 10 min，于 12 000 r/min 离心 10 min。

⑧将上清液转移至新的 1.5 mL 离心管中，加入 1/10 体积 3 mol/L NaAc 和 2.5 倍体积的冷冻无水乙醇，混匀，于－20 ℃放置 15～30 min，然后于 4 ℃下 12 000 r/min 离心 10 min。

⑨除尽乙醇，用 500 μL 70%乙醇洗涤沉淀，然后 12 000 r/min 离心 2 min。

⑩除尽乙醇，风干沉淀(可在 50 ℃下放置 1 min，以便除去残留乙醇)，然后加入 20～30 μL TE 缓冲液，使 DNA 沉淀溶解(将 TE 缓冲液预热至 65 ℃，有利于 DNA 溶解)。

⑪取 1 μL DNA 溶液，用 0.8%琼脂糖凝胶进行电泳，检测 DNA 的质量和浓度。

八、注意事项

1. 植物细胞内含有大量的内源 DNase，除了在抽提液中加入 EDTA 以便抑制 DNase 的活性外，在加入液氮研磨组织时操作还应迅速，以免组织解冻，细胞裂解而释放出内源 DNase，导致 DNA 降解。

2. 抽提的起始材料不宜太多(最多不超过 5 g)，氯仿的加入量不能太少，否则蛋白质变性可能不彻底。

3. 如果上清液较浑浊或颜色较深，说明还有大量的残留蛋白质，此时需再次使用氯仿进行抽提。

4. 为了减少机械剪切力对 DNA 分子的损害，可将吸头尖端剪去一部分以扩大吸头的口径，在吸取 DNA 溶液时操作要轻缓。

九、时间安排

两个半天或一天。

十、思考题

1. SDS 法和 CTAB 法抽提植物 DNA 的原理分别是什么？二者各有何优缺点？
2. 抽提 DNA 过程中如何防止 DNA 降解？

［附注］

1. CTAB 提取法

DNA 提取中，CTAB 法的应用也较广泛，其优点是提取的 DNA 纯度高，多糖类杂质少，且 DNA 易于酶切。

(1)试剂

①5×CTAB 提取液：含 1.5%CTAB、75 mmol/L Tris-HCl(pH 8.0)、1 mol/L NaCl、15 mmol/L EDTA。

②沉淀液：含 1% CTAB、50 mmol/L Tris-HCl(pH 8.0)和 10 mmol/L EDTA。

③高盐 TE 溶液：含 1 mol/L NaCl、10 mmol/L Tris-HCl(pH 8.0)和 1 mmol/L EDTA。

④10% CTAB、氯仿：异戊醇(24：1)、无水乙醇、70%乙醇、TE 缓冲液、10 mg/mL RNase A 溶液。

(2)方法

以 5～8 g 水稻叶片的 DNA 提取为例(若材料较少，可适当减少提取液及氯仿的用量)。

①加入液氮将材料研磨成细小粉末，迅速转入 50 mL 离心管中，加入 20 mL CTAB 提取液(可预热至 80 ℃)，混匀，然后于 56 ℃水浴中保温 15～20 min，其间每隔 5 min 摇动一次。

②加入 15 mL 氯仿，混匀，摇动 10 min(使抽提液与氯仿充分混合)。

③室温下离心(4 000 r/min)15 min，将上清液转入新的离心管中，加入 1/10 体积的 10% CTAB 溶液，混匀。

④加入 15 mL 氯仿，混匀，摇动混合 15 min。

⑤室温下离心(4 000 r/min)15 min，将上清液转入新的离心管中，加入等量的沉淀液，混匀，室温下放置 10～15 min。

⑥室温下离心(4 000 r/min)10 min。注意避免过高转速，以免沉淀在后续步骤中难以溶解。

⑦弃上清液，用移液器将残液尽量除去。利用吸管头，将沉淀分散到管壁上，加入 3～5 mL 高盐 TE 溶液和 5 μL 10 mg/mL RNase A 溶液，于 55 ℃摇床中轻摇直至 DNA 完全溶解。

⑧加入 2 倍体积无水乙醇，混匀，用吸头挑出 DNA，或通过离心收集沉淀，然后用 70%乙醇漂洗沉淀 1～2 次。

⑨除尽乙醇，风干沉淀，加入 0.3～0.5 mL TE 缓冲液，使 DNA 溶解。

⑩取 1～2 μL DNA 溶液，用 0.8%琼脂糖凝胶进行电泳，检测 DNA 的质量和浓度。

2. 动物(包括人类)基因组 DNA 提取

(1)试剂

细胞裂解液：含 10 mmol/L Tris-HCl(pH 8.0)、0.1 mol/L EDTA(pH 8.0)、0.5% SDS 和 20 μg/mL 胰 RNA 酶；蛋白酶 K(20 mg/mL)、生理盐水等。

(2)方法

①取新鲜或冷冻的动物组织 0.1 g，用生理盐水洗去血污，尽量剪碎。置于玻璃匀浆器中，

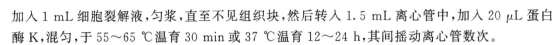

加入 1 mL 细胞裂解液，匀浆，直至不见组织块，然后转入 1.5 mL 离心管中，加入 20 μL 蛋白酶 K，混匀，于 55～65 ℃温育 30 min 或 37 ℃温育 12～24 h，其间摇动离心管数次。

②12 000 r/min 离心 5 min，转移上清液至新的离心管中。

③加入 2 倍体积无水乙醇，混匀，用吸头挑出析出的 DNA，晾干，然后用 200 μL TE 缓冲液重新溶解。

④加入等体积的酚/氯仿/异戊醇，充分混合，12 000 r/min 离心 5 min，然后将上清液转移至新的离心管，加入等体积的氯仿/异戊醇，重复抽提一次。

⑤转移上清液至新的离心管中，加入 1/10 体积 3 mol/L NaAc 和 2 倍体积的无水乙醇，混匀，室温放置 2 min，然后 12 000 r/min 离心 10 min。

⑥小心除尽乙醇，用 1 mL 70%乙醇洗涤沉淀一次，12 000 r/min 离心 5 min。

⑦小心除尽乙醇，室温风干沉淀，加入 50～100 μL TE 缓冲液，使沉淀重新溶解。

⑧取适量 DNA 溶液，用 0.8%琼脂糖凝胶进行电泳，检测 DNA 的质量和浓度。

3. 细菌（大肠杆菌）基因组 DNA 提取

（1）试剂

CTAB/NaCl 溶液：称取 5g CTAB，溶于 100 mL 0.5 mol/L NaCl 溶液中（65 ℃加热溶解，室温保存）。

LB 液体培养基、蛋白酶 K（20 mg/mL）、20% SDS 等。

（2）方法

①将大肠杆菌培养至对数生长期，吸取 1.5 mL 菌液，置于 2 mL 离心管中，5 000 r/min 离心 1 min，弃上清液，小心除尽残留液体。

②加入 190 μL TE，悬浮菌体，再加入 5 μL 20% SDS，混匀，直至溶液变黏稠。

③加入 1 μL 蛋白酶 K（20 mg/mL），混匀，于 37 ℃恒温箱中保温 1 h。

④加入 30 μL 5 mol/L NaCl 溶液，混匀，再加入 30 μL CTAB/NaCl 溶液，混匀，于 65 ℃保温 20 min。

⑤加入 300 μL 酚/氯仿/异戊醇，充分混合 10 min，5 000 r/min 离心 10 min。

⑥移取上清液至新的离心管中，加入 300 μL 氯仿/异戊醇，充分混合 10 min，5 000 r/min 离心 10 min。

⑦移取上清液至新的离心管中，加入 300 μL 异丙醇，混匀，室温下放置 10 min，然后 5 000 r/min 离心 10 min，收集 DNA 沉淀，小心除尽残留液体。

⑧加入 500 μL 70%乙醇洗沉淀一次，5 000 r/min 离心 10 min，弃上清液，小心除尽残留液体。

⑨风干沉淀，加入 30 μL TE 缓冲液，使 DNA 沉淀溶解。

⑩取适量 DNA 溶液，用 0.8%琼脂糖凝胶进行电泳，检测 DNA 的质量和浓度。

实验十　Southern 杂交

一、实验目的

学习并掌握 Southern 杂交的原理和操作方法。

二、实验原理

核酸分子杂交技术是定性或定量检测特异 DNA 或 RNA 序列片段的有力工具，其原理是基于碱基互补配对原则。在一定条件下，单链的 DNA 或 RNA 能与另一条单链 DNA 上的互补碱基形成氢键，从而形成杂交双链分子。通常利用带有某种标记的 DNA(或 RNA)片段作为探针，来探测样品 DNA 分子中是否含有与探针同源的 DNA 序列。DNA 探针标记的方法主要有随机引物法、末端标记法、切口翻译法和 PCR 法等。常用的标记物包括同位素标记(如 ^{32}P、^{35}S 等)和非同位素标记(如地高辛、生物素等)。随机引物法是最常用的探针标记方法，其原理是：DNA 双链经高温变性后，与长度为 6～9 个核苷酸的随机引物退火，然后在 DNA 聚合酶(通常是 Klenow 片段)的催化下，以 dNTP(其中一种脱氧核苷酸带有标记，如 ^{32}P 标记的 dCTP)为材料合成带有标记的互补链 DNA。

核酸分子杂交的常见类型包括 Southern 杂交、菌落原位杂交、点杂交、Northern 杂交等，前三种杂交适用于检测 DNA，而 Northern 杂交适用于检测 RNA。Southern 杂交的基本过程主要包括两大步骤：凝胶中的 DNA 在原位发生变性后转移至固相介质上(通常是尼龙膜)、膜上的 DNA 与核酸探针杂交。转移 DNA 的方法主要有毛细管法和负压转移法。负压转移法需要特定的装置，且效果不好，因此常用的 DNA 转移方法是毛细管法。毛细管法由 Southern 首创，也称 Southern blot 或 Southern 印迹，其原理是：DNA 分子片段借助毛细管作用从凝胶转移至尼龙膜上，然后 DNA 分子与尼龙膜发生不可逆结合。转移液一般是 10×SSC 或 20×SSC 溶液，适合任何种类杂交膜的转移。当使用带正电荷的尼龙膜(如 Amersham 公司的 Hybond-N^+)时，可以采用 0.4 mol/L NaOH 溶液进行转移(也即碱转移法)，具有操作简单、杂交信号强的优点。杂交液中常使用 Denhardt's 溶液和鲑鱼精子 DNA 作为封闭剂，以降低杂交的背景信号，或者采用商业公司生产的 Blocking Reagent 代替 Denhardt's 溶液和鲑鱼精子 DNA，具有成本更低、操作更简便的优点。

本实验的内容较多，包括植物基因组 DNA 的提取、酶切、电泳和 Southern 转移、探针序列的获得与标记、分子杂交及杂交信号的检测等过程。本实验的目的是检测由根癌农杆菌(含 pCambia1300 质粒)介导转化的水稻个体植株是否含有转基因成分，即通过 Southern 杂交检测转化植株中是否含有载体携带的标记基因(潮霉素磷酸转移酶基因，*hygromycin phosphotransferase*，*Hpt*)。*Hpt* 基因序列内部不存在 *Hin*d Ⅲ 酶的识别位点，因此可以选择 *Hin*d Ⅲ 对转化植株的基因组 DNA 进行酶切。

三、实验材料

具有潮霉素抗性的水稻转化植株和非转基因水稻植株。

四、仪器设备

高压灭菌锅、离心机、电泳仪、电泳槽、真空干燥器、杂交炉、凝胶成像系统。

五、实验用具

离心管、瓷盆、厚滤纸、纸巾、刀片、分子磷屏、杂交尼龙膜（Hybond-N^+）、玻璃板、暗盒、保鲜膜、X 线片、方形纸巾、杂交管。

六、试剂

1. 同位素标记法所需试剂

①*Hin*d Ⅲ、10×TBE 缓冲液、0.4 mol/L NaOH、20% SDS、DNA 聚合酶（Klenow 片段）、20×SSC、10%十二烷基肌氨酸钠（sarkosyl）、封闭试剂（blocking reagent）、随机引物、α-^{32}P-dCTP（比活度 3 000 Ci/mmol）。

②杂交液：配制 200 mL 含 5×SSC、0.1% SDS、0.1%十二烷基肌氨酸钠的溶液，置于 500 mL 三角瓶中，加热至约 90 ℃，边晃动三角瓶边加入 1.0～1.2 g 封闭试剂（终浓度为 0.5%～0.6%），然后在摇床上剧烈摇动直至完全溶解。如需增强杂交的检出信号，可以加入硫酸葡聚糖（dextran sulfate）（终浓度为 10%）。

③洗膜液：0.2×SSC（含 0.1% SDS）。

④X 线片显影所需试剂：D-76 显影液、F-7 定影液、停影液（2%冰醋酸溶液，体积比）。

2. 非同位素标记法（罗氏公司的地高辛标记法）所需试剂

①DIG High Prime DNA Labeling and Detection Starter Kit Ⅱ（Roche Applied Science）。

②脱嘌呤液：0.25 mol/L HCl。

③变性液：含 0.5 mol/L NaOH 和 1.5 mol/L NaCl。

④中和液：含 0.5 mol/L Tris-HCl 和 1.5 mol/L NaCl（pH 7.5）。

⑤洗膜液 1：2×SSC（含 0.1% SDS，低严谨度，高盐低温）。

⑥洗膜液 2：0.5×SSC（含 0.1% SDS，高严谨度，低盐高温）。

⑦免疫检测试剂如下所列。

溶液名称及配方	储存温度/℃	用途
洗涤缓冲液：含 0.1 mol/L 马来酸、0.15 mol/L NaCl、0.3%吐温（Tween）20（pH 7.5）	15～25	膜的洗涤
马来酸缓冲液：含 0.1 mol/L 马来酸、0.15 mol/L NaCl；用 NaOH 调节 pH 至 7.5	15～25	稀释封阻液
检测缓冲液：含 0.1 mol/L Tris-HCl、0.1 mol/L NaCl（pH 9.5）	15～25	碱性磷酸酶缓冲液

续表

溶液名称及配方	储存条件	用途
封阻溶液:用马来酸缓冲液将 10×封阻液稀释成 1× 工作溶液	现用现配	封阻膜上的非特异结合位点
抗体溶液:将装有抗体的原始管 10 000 r/min 离心 5 min,吸取所需用量,按照 1∶10 000 比例用封阻溶液将其稀释(终浓度为 150 mU/mL)	现用现配(2~8 ℃可保存 12 h)	与地高辛标记的探针结合

七、实验步骤

1. 同位素方法

①抽提水稻基因组 DNA(参考植物基因组 DNA 提取实验),对基因组 DNA 进行酶切(参考 DNA 酶切实验),以 0.8%琼脂糖凝胶(凝胶长度为 8~12 cm)进行电泳。酶切的基因组 DNA 电泳时所用电压为 1~2 V/cm,所需时间为 8~16 h。待溴酚蓝到达距离凝胶底端 1.5~2 cm 时停止电泳,在紫外透射检测仪上检查酶切及电泳的情况。

②探针序列的获得:利用 PCR 方法,以 pCambia1300 质粒为模板扩增出 *Hpt* 基因片段(PCR 引物见附录),然后将 PCR 产物进行电泳,切胶回收目的片段,经电泳检测和定量后用于探针标记。

③碱法转移 DNA。先将凝胶转移至一块玻璃板上,用刀片切除多余的凝胶。如果 DNA 片段大于 8 kb,可用紫外光照射 10~15 min,以便使 DNA 链断裂(小于 8 kb 的片段需用胶片遮住,阻挡紫外光),或用 0.25 mol/L HCl 处理凝胶(处理时间不能超过 15 min)。裁下一块与凝胶同样大小的尼龙膜,用铅笔在尼龙膜右上角做好标记(注意不能用裸手直接碰触尼龙膜)。按照右图所示,找一块比凝胶大的平台,放入合适的托盘中,加入转移液(0.4 mol/L NaOH)。

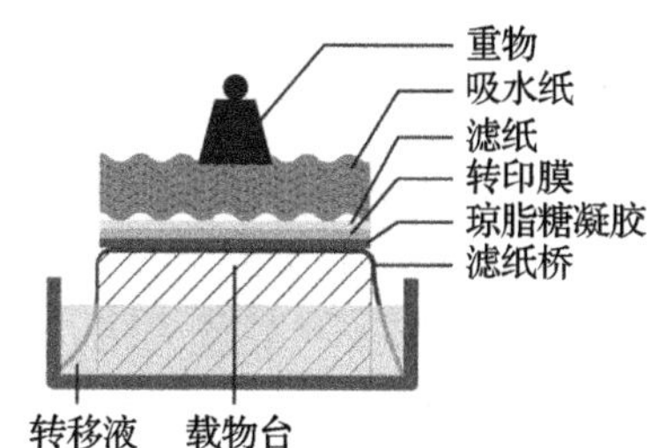

在平台上铺一层比凝胶大的厚滤纸(如 3M 公司的 Blotting Paper,或用 2~3 层普通滤纸代替,需用 0.4 mol/L NaOH 预先浸湿),滤纸的两端需接触到托盘中的 NaOH 溶液,然后用玻璃棒赶尽滤纸与平台之间的气泡。将凝胶正面朝下放于平台上湿润的滤纸中央,赶尽滤纸和凝胶之间的气泡。用保鲜膜或胶片封闭凝胶周边,以此作为屏障,防止转移液从托盘越过凝胶直接向上移动,即防止"短路"现象(液流"短路"是凝胶中 DNA 转移效率下降的主要原因)。在凝胶上方放置湿润的尼龙膜,用玻璃棒赶尽尼龙膜与凝胶之间的气泡。用蒸馏水浸湿两层比凝胶略大的滤纸,放置在尼龙膜上方,赶尽气泡。在滤纸的上方,放置一叠(高为 5~8 cm)与滤纸同样大小的吸水纸,最后压上适当重物。转移 10~12 h,其间更换吸水纸 1~2 次。转移结束后,揭去凝胶上方的纸巾和滤纸,将尼龙膜放入干净的托盘中,用少量的 2×SSC 溶液简单漂洗,再将煮沸的 0.5×SSC(含 0.5% SDS)溶液倒入,摇动数分钟。碱法转移的尼龙膜漂洗后,无须进一步固定处理,就可以直接用于杂交,也可以将其用微波炉加热 2 min 后用于杂交。转移后的凝胶,可在紫外光下检查是否残留 DNA。

④探针标记。预先准备好下列溶液:TM(250 mmol/L Tris-HCl,pH 8.0),25 mmol/L

$MgCl_2$,50 mmol/L 巯基乙醇(2-mercaptoethanol),1 mol/L HEPES(用 NaOH 将 pH 调至 6.6),DTM(将 dATP、dTTP、dGTP 溶于 TM 缓冲液,每种核苷酸的终浓度为 100 μmol/L),LS(将 HEPES 和 DTM 按 1∶1 比例混合)。

吸取待标记的探针 DNA(25～100 ng),加入 TE 缓冲液至总体积为 8 μL,于 95～98 ℃加热 5 min,然后在冰浴中迅速冷却。离心几秒钟,加入下列溶液:11 μL LS,2 μL 随机引物(0.5 μg/μL),2 U Klenow 聚合酶,2～5 μL α-^{32}P-dCTP(10 μCi/μL)(对于基因组 DNA,同位素用量一般为 10 μCi/3～8 mL 杂交液)。混匀,于 37 ℃下反应 1～3 h,最后加入 50 μL TE。

⑤预杂交和杂交。按照约 0.2 mL/cm^2 杂交盒面积的比例,将杂交液(60 ℃预热)加入放有尼龙膜(DNA 附着面朝下)的杂交盒中。如使用杂交袋,杂交液用量为 0.04～0.8 mL/cm^2 杂交袋面积。本实验使用杂交管(DNA 附着面朝向管内),杂交液的用量与使用杂交袋相近,每个杂交管约需加入杂交液 5～8 mL,于 65 ℃杂交炉中低速转动,预杂交 2～4 h。

将标记好的探针于 95～98 ℃加热 5 min 令其变性,然后放入冰浴中迅速冷却。弃去预杂交溶液,加入新的杂交液,然后将已变性的探针加入杂交液中(注意:避免直接加到膜上),混合,于 65 ℃杂交炉中低速转动,杂交过夜(14～16 h)。杂交结束后,弃去杂交液,先用少量洗膜液于室温下漂洗一次,然后用预热至 65 ℃的洗膜液在 65 ℃杂交炉中洗膜约 30 min,更换洗膜液,再次洗膜 30～60 min。洗膜结束后,用少量洗膜液冲洗杂交膜,将湿润杂交膜用保鲜膜包好,用放射性检测仪检查尼龙膜上放射性同位素的信号强度(一般为每分钟几百至几千计数)。

⑥杂交结果检测。在暗室中,按照增感屏、杂交膜、X 线片、增感屏的顺序依次放置在暗盒中,扣紧暗盒后于－70 ℃下进行曝光,一般需 5～7 d。曝光结束后,在暗室中对 X 线片进行显影、定影。若使用分子磷屏成像系统检测杂交结果,则将洗好的湿润尼龙膜用保鲜膜包好,压上分子磷屏,根据信号强弱于暗盒中曝光 3～12 h,然后用分子磷屏成像系统进行扫描检测,分析杂交结果。

注:进行 RFLP 分子标记分析时,常常需要重复使用已经杂交过的尼龙膜,则需将膜上的探针洗脱,以便杂交膜能重复利用。洗脱探针的方法,一般按如下步骤:显影结束后,将膜从保鲜膜中取出,放入 0.4 mol/L NaOH 溶液中轻摇 15～20 min。如果膜上的放射信号较强,可将 NaOH 溶液加热至约 50 ℃进行洗脱,或者直接放入 0.5% SDS 溶液中煮沸数分钟进行洗脱。将膜取出,放入 0.2 mol/L Tris-HCl(pH 7.5)/2×SSC 溶液中,轻摇 15 min。将膜取出放在滤纸上,使 DNA 结合面朝上,晾干,然后用保鲜膜包好,置于冰箱中保存备用。注意:杂交后至放射自显影期间,必须使杂交膜一直保持湿润的状态,不能干燥,否则探针不能被洗脱下来。

2. 非同位素方法(地高辛标记法)

基因组 DNA 的提取、酶切和转移方法与 Southern 杂交实验基本相同。杂交和杂交信号的检测根据厂家的试剂盒说明书进行。

八、注意事项

1. 电泳所用的凝胶应采用强度较高的类型,否则操作过程中容易发生断裂。
2. 电泳时电压不宜太高,以降低电荷效应的影响。
3. 所有与杂交膜接触的器具必须保持干净,以免污染杂交膜而产生较高的背景信号。
4. 若用 0.25 mol/L HCl 处理凝胶,时间不能超过 15 min,否则会使 DNA 片段过小。小片段 DNA 与尼龙膜的结合能力较弱，可能会影响 DNA 转移效果。

5. 杂交液的用量应尽可能少，以提高信号强度并减少放射性同位素的用量。

6. 如需重复使用杂交过的膜，在洗脱探针前务必保持膜湿润，否则探针与膜会发生不可逆结合。

7. 放射性同位素的操作必须严格按照放射安全防护守则进行，以防止放射性物质对人体和环境造成危害。

8. Southern 转移 DNA 的方法主要有两种：盐转移法（以 20×SSC 为转移液，转移后 DNA 不能与尼龙膜共价结合，需通过紫外交联仪进行交联）和碱转移法（以 0.4 mol/L NaOH 为转移液，转移后 DNA 能与带正电荷的尼龙膜共价结合）。

九、时间安排

第一天上午开始电泳，下午进行探针标记和 Southern 转移，晚上进行杂交；第二天上午进行洗膜和压片，若使用分子磷屏，下午即可检测杂交结果。

十、思考题

1. 什么是探针？常用的探针标记方法有哪些，其原理分别如何？

2. Southern 杂交中，为什么要进行预杂交？

[附注]

盐转移法脱嘌呤步骤

①加入 0.25 mol/L HCl，在室温下用摇床摇动（50 r/min）漂洗凝胶，直至溴酚蓝的颜色由蓝色变成黄色（时间约需 15 min）。注：HCl 的作用是破坏嘌呤与脱氧核糖间的糖苷键，以便打断 DNA 分子。

②用灭菌双蒸水漂洗，除去凝胶表面的 HCl 溶液（约 5 min）。

③用变性液（含 0.5 mol/L NaOH、1.5 mol/L NaCl）在室温下漂洗凝胶 2 次，使 DNA 变性（每次 15 min），然后用蒸馏水漂洗凝胶。

④用中和液（含 1.5 mol/L NaCl、0.5 mol/L Tris-HCl，pH 7.5）在室温下漂洗凝胶 2 次，每次 15 min，然后用蒸馏水漂洗。

⑤在 20×SSC 溶液中平衡凝胶 10 min，等待转膜。

⑥剪好的尼龙膜先用灭菌蒸馏水润湿，然后在 2×SSC 溶液中平衡，滤纸也需用 2×SSC 溶液润湿。

实验十一　植物总 RNA 提取

一、实验目的

学习并掌握植物总 RNA 提取的原理和方法。

二、实验原理

细胞内的 RNA 主要有 3 类,它们的功能各不相同:核糖体 RNA(rRNA)的含量最丰富,约占细胞内总 RNA 的 75%,它是核糖体的主要构成成分,并在蛋白质的合成中发挥重要作用;转运 RNA(tRNA)占细胞内 RNA 的 15%～20%,它负责将特异的氨基酸运送到核糖体上,在蛋白质翻译中具有重要作用;信使 RNA(mRNA)是蛋白质翻译的模板,但其在细胞内的含量较低,仅占细胞内总 RNA 的 1%～5%。

从植物组织中提取纯度高、完整性好的总 RNA,对于 Northern 杂交、mRNA 分离、cDNA 合成和体外翻译等后续实验至关重要。由于细胞内的 RNA 大部分都是以核蛋白复合体的形式存在,故提取 RNA 的关键步骤在于使用蛋白质变性剂去除与 RNA 结合的蛋白质。蛋白质被除去后,为了防止释放出来的 RNA 被降解,必须使用 RNase 抑制剂,如异硫氰酸胍、焦碳酸二乙酯(DEPC)等,来抑制细胞内源或外源的 RNase 活性。RNA 提取的质量主要取决于是否成功抑制了 RNase 的活性。

植物组织总 RNA 的提取方法有多种,包括苯酚法、异硫氰酸胍法和氯化锂沉淀法等。本实验采用 Trizol 试剂提取植物组织的总 RNA,其原理在于 Trizol 试剂中含有的苯酚和异硫氰酸胍能迅速裂解细胞,使蛋白质变性并使核酸物质得到释放,核酸酶的活性也被抑制,从而保证 RNA 完整性。加入氯仿抽提,溶液可分为水相和有机相,RNA 保留在上层水相中。通过离心分离后,可以用异丙醇沉淀回收 RNA,而 DNA 处于中间层,可以用乙醇沉淀回收,留在下层有机相中的蛋白质则可以用异丙醇沉淀回收。苯酚的作用是裂解细胞并使蛋白质变性,从而解聚并释放核酸物质。异硫氰酸胍是一种强力的蛋白质变性剂和解偶联剂,可溶解蛋白质并消除其二级结构,导致细胞结构降解,使核蛋白迅速与核酸分离。利用 Trizol 试剂提取 RNA 操作简便、快捷,此方法广泛适用于动植物细胞和组织、酵母以及细菌的总 RNA 提取。

三、实验材料

转基因水稻(带有潮霉素抗性)和非转基因水稻植株的幼嫩叶片。

四、仪器设备

微波炉、电泳仪、微型电泳槽、紫外透射检测仪、凝胶成像仪、冷冻离心机、超低温冰箱。

五、实验用具

微量移液器、吸头、研钵、一次性 PE 手套、乳胶手套、量筒、三角瓶、制胶模具。

六、试剂(配制方法参见附录 Ⅰ)

Trizol 试剂、氯仿、异丙醇、无水乙醇、琼脂糖、TBE 缓冲液、DEPC 水(DEPC-H_2O)(向双蒸水中加入 0.05%～0.1% DEPC,摇床振荡过夜,然后高压灭菌 2 次)、75%乙醇(RNA 专用;在一新的 50 mL 离心管中加入 10 mL DEPC 水,然后加入 30 mL 新开封的或 RNA 抽提专用的无水乙醇,混匀)。

七、实验步骤

按照 Trizol 试剂说明书进行。

1. 取适量新鲜的植物组织,放入预冷的研钵中,加入液氮,迅速研磨成粉末。

2. 取 0.1 g 粉末,迅速移入预冷的 1.5 mL 离心管中,加入 1 mL Trizol 试剂,迅速混匀,放置 10 min(期间颠倒离心管混匀数次)。

3. 在 4 ℃下离心(12 000 r/min) 5 min,转移上清液至新的 1.5 mL 离心管中,加入 0.2 mL 氯仿,混匀,放置 5 min,然后在 4 ℃下离心(12 000 r/min) 5 min。

4. 将上清液转移至新的 1.5 mL 离心管中,加入 2/3 体积的异丙醇,混匀,放置 5 min,然后在 4 ℃下离心(12 000 r/min) 15 min。

5. 除去上清液,沉淀用 0.5 mL 75%乙醇洗 2 次,弃去乙醇溶液。离心几秒钟,用移液器除尽残留的 75%乙醇溶液。稍微晾干,加入适量体积(15～30 μL)的 DEPC 水。

6. 待 RNA 沉淀完全溶解后,分装成小份,于−70 ℃下保存备用。

注:如果 RNA 暂时不用,可在沉淀漂洗后,加入 75%乙醇,于−70 ℃下长期保存。

八、注意事项

1. 必须防止外源 RNase 的污染。操作时必须戴手套,并尽量少说话;离心管和吸头等耗材需经过高压灭菌 1～2 次,或使用无 RNase 的耗材;尽量使用新开封的试剂和耗材,不可使用配制时间过长的试剂。

2. DEPC 具有致癌性和挥发性,操作时必须在通风橱中进行;DEPC 水需经过高压灭菌 2 次,以确保未溶解的 DEPC 完全分解。

3. 起始材料不宜过多,因为材料过多反而可能降低 RNA 的纯度和质量。

4. RNA 沉淀漂洗后,必须彻底除去乙醇,风干 RNA 的时间不宜过长,否则 RNA 完全干燥后较难溶于水中。

5. Trizol 对人体有毒并具有腐蚀性,操作时需要小心并做好防护。

九、时间安排

半天。

十、思考题

1. 提取 RNA 时应如何保证 RNA 的完整性？
2. 利用 Trizol 试剂提取 RNA 的原理是什么？
3. 如何有效防止内源和外源的 RNase 对 RNA 造成破坏？

实验十二　RNA 质量的检测

一、实验目的

学习并掌握检测 RNA 质量的原理和方法。

二、实验原理

提取总 RNA 后，需要对 RNA 的纯度和浓度进行检测。检测 RNA 的方法主要有两种，即光密度法和电泳法。光密度法是利用分光光度计测定 RNA 的紫外吸收值，即 OD_{230}、OD_{260} 和 OD_{280}。对于高纯度的 RNA 样品，OD_{260} 与 OD_{280} 的比值应介于 1.8～2.0 之间。如果比值偏低，表明 RNA 样品中可能存在蛋白质或苯酚的污染；OD_{260} 与 OD_{230} 的比值应大于 2.0，否则表明 RNA 可能存在异硫氰酸胍的污染。依据 OD_{260} 值大小可以计算出 RNA 的浓度。一般来说，1 OD_{260} 相当于 RNA 浓度为 40 μg/mL。

对于 RNA 的完整性，可以通过电泳进行检测。RNA 分子在凝胶中的迁移速度与其长度密切相关，一般情况下，较长的 RNA 片段移动较慢。但是，单链 RNA 分子极易通过分子内碱基配对形成复杂的二级结构，从而影响其在凝胶中的迁移率。因此，在大多数情况下，应在变性条件下进行 RNA 电泳，以阻止 RNA 形成二级结构，这样才能保证 RNA 的迁移率与其分子量大小呈正相关。植物的总 RNA 中富含 28S 和 18S 两种核糖体 RNA(rRNA)，二者在变性电泳中的迁移率分别对应于 5.1 kb 和 2.0 kb 的片段。在紫外透射检测仪上观察时，若 28S rRNA 条带的亮度是 18S rRNA 的 2 倍，则表明 RNA 保持完整且未发生降解，否则表明 28S rRNA 可能已部分降解为与 18S rRNA 相似大小的片段，或者 RNA 已发生严重降解，即 RNA 的完整性已受损。

如果只需要对 RNA 的完整性进行快速鉴定，有时可以利用 1.5%～2%普通琼脂糖凝胶进行常规电泳检测。但是，如果要测定 RNA 的分子量，则必须使用变性凝胶电泳，并借助适当的 RNA 分子量标准来预测样品 RNA 的分子量大小。Northern 杂交分析通常是根据 RNA 的分子量大小来进行 RNA 分子表征，因此在 RNA 电泳时必须采用变性凝胶电泳。常用的 RNA 变性剂有甲酰胺和甲醛等，这些试剂都具有一定的毒性，操作时需小心谨慎。

三、实验材料

前述实验中提取的水稻叶片总 RNA。

四、仪器设备

微型电泳槽、微波炉、电泳仪、紫外透射检测仪、分光光度计。

五、实验用具

微量移液器、吸管头、加样板、500 mL 三角瓶、制胶模具。

六、试剂(配制方法参见附录 Ⅰ)

0.5×TBE 缓冲液、琼脂糖、10×载样缓冲液、DEPC 水、10×MOPS 缓冲液、甲醛、去离子甲酰胺、StarGreen DNA Dye(10 000×)。

七、实验步骤

RNA 电泳所需的电泳槽、制胶槽和梳子等用具必须专用,每次使用前只需清洗干净、晾干即可。如果不能专用,必须采用下列方法对电泳槽、制胶槽和梳子等用具进行清洗,然后才能用于 RNA 电泳。

清洗方法:用 0.5% SDS(可抑制 RNase 活性)浸泡过夜,或用 0.5 mol/L NaOH 浸泡 0.5 h,或用 3%过氧化氢浸泡 20 min,然后用灭菌 ddH_2O 或 DEPC 水冲洗干净,晾干备用。

1. 普通琼脂糖凝胶电泳检测 RNA

配制 1.5%～2%琼脂糖凝胶(非变性凝胶),在低电压下电泳检测。具体方法可参考本书实验二。

2. 甲醛变性凝胶电泳检测 RNA

①配制 1%甲醛变性凝胶(100 mL):称取 1 g 琼脂糖,放入锥形瓶中,加入 74 mL 蒸馏水,用微波炉加热将琼脂糖完全熔化。待溶液冷却至 65 ℃左右,在通风橱中依次加入 10 mL 10×MOPS 缓冲液、8 mL 甲醛和 1 μL StarGreen DNA Dye 染料,混匀,在制胶槽上制胶。

②预电泳:待凝胶充分凝固,放入含有 10×MOPS 缓冲液的电泳槽中,按 5 V/cm 预电泳 5 min。

③准备 RNA 电泳样品(20 μL):向一个 0.5 mL 离心管中依次加入 2 μL 10×MOPS 缓冲液、3.5 μL 甲醛、10 μL 去离子甲酰胺和 4.5 μL RNA 样品(RNA 样品溶液不足 4.5 μL 时,可以加入 DEPC 水补齐),混匀,于 60 ℃保温 5 min,然后冰浴 3 min。

④向 RNA 电泳样品中加入 10×载样缓冲液 3 μL,混匀,上样,然后按 3～5 V/cm 电泳,待染料指示剂距离凝胶底端 1～1.5 cm 时停止电泳,然后在紫外灯下观察电泳结果。

八、注意事项

1. 为了防止 RNase 污染,所有用具必须去除 RNase 活性,而且操作过程中必须佩戴手套。
2. 在观察 RNA 样品电泳结果时,若在高分子量区域发现有条带,这通常是由基因组 DNA 污染所致。
3. 甲醛具有致癌性、挥发性和强刺激性,因此操作时必须在通风橱中进行,而且必须佩戴口罩进行防护。

九、时间安排

半天。

十、思考题

1. 如何评估 RNA 质量的高低?
2. 为了防止 RNase 对 RNA 的破坏,需采取哪些预防措施?

实验十三　Northern 杂交

一、实验目的

学习并掌握 Northern 杂交技术的原理和方法。

二、实验原理

Northern 杂交技术由斯坦福大学的 Alwine 等于 1977 年发明，该技术主要用于分析细胞内特定的 RNA 或 mRNA 分子的大小和丰度，以此对特定基因的表达进行检测。虽然基因表达检测的方法有很多，如 RT-PCR、qRT-PCR、基因芯片、RNA-seq 等，但是 Northern 杂交技术检测的特异性好，假阳性低，结果准确，故经常被用来检测目的基因在组织细胞中的表达水平。

与 Southern 杂交类似，Northern 杂交也需先进行琼脂糖凝胶电泳，使分子量大小不同的 RNA 在凝胶中分离开来，然后将 RNA 原位转移到固相介质(如尼龙膜、硝酸纤维素膜)上，再用放射性(或非放射性)标记的 DNA 或 RNA 探针进行杂交，最后通过放射自显影(或化学显影)确定目的 RNA 所在的位置(即分子量大小)及样品中目的 RNA 的相对含量(即目的基因的表达丰度)。与 Southern 杂交不同的是，Northern 杂交时 RNA 不需要酶切，但是必须在变性条件下电泳。RNA 在偏酸性条件下较稳定，但在碱性条件下易降解，因此 RNA 变性电泳时不采用碱变性，而是采用甲醛等变性剂进行变性电泳。

本实验的内容包括 RNA 甲醛变性凝胶电泳、Northern 印迹(blot)、探针制备与标记、探针与 RNA 杂交、杂交信号检测，其中杂交探针的制备与标记以及杂交信号检测等步骤与 Southern 杂交相似。本实验的目的是检测根癌农杆菌(含 pCambia1300 质粒)介导转化的水稻转基因植株中潮霉素磷酸转移酶(hygromycin phosphotransferase，Hpt)基因是否表达。

三、实验材料

前述实验中提取的转基因水稻(抗潮霉素)和非转基因水稻植株叶片的总 RNA。

四、仪器设备

电泳仪、电泳槽、杂交炉、紫外透射检测仪、紫外交联仪。

五、实验用具

离心管、瓷盆、厚滤纸、纸巾、分子磷屏、刀片、暗盒、X 线片、玻璃板、保鲜膜、方形纸巾、杂交管、杂交用尼龙膜(Hybond-NX，GE Healthcare)。

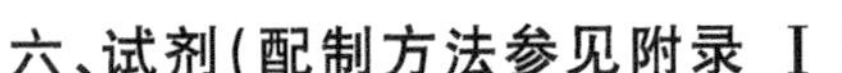

六、试剂(配制方法参见附录 Ⅰ)

1. 杂交液:含 5×SSC(pH 7.0)、1% SDS、50 mmol/L Tris-HCl(pH 7.5)和 1%封闭试剂(blocking reagent),搅拌溶解,然后再加入等体积的去离子甲酰胺(终浓度为 50%)。

2. 洗膜液 1:含 1×SSC、0.1% SDS;洗膜液 2:含 0.1×SSC、0.1% SDS。

3. 10×MOPS 缓冲液:称取 20.6 g MOPS[3-(N-吗啡啉)丙磺酸],加入 400 mL 50 mmol/L NaAc 溶解,用 2 mol/L NaOH 调其 pH 为 7.0,再加入 10 mL 0.5 mol/L EDTA,最后加入 ddH_2O 至总体积为 500 mL。抽滤除菌,室温下避光保存。

4. 20×SSC:称取 175.3 g NaCl 和 88.2 g 柠檬酸三钠,加入 ddH_2O 至 800 mL,用 2 mol/L NaOH 调其 pH 为 7.0,最后用 ddH_2O 定容至 1 000 mL,高压灭菌。

5. 10% SDS、10×载样缓冲液、甲醛、去离子甲酰胺、DEPC 水。

七、实验步骤

1. 制胶和预电泳:洗净制胶盒和梳子,晾干备用。称取 1.2 g 琼脂糖,加入 74 mL 双蒸水,用微波炉加热至完全熔化,冷却至 65 ℃左右,然后在通风橱中依次加入 10 mL 10×MOPS 缓冲液、17 mL 甲醛和 1 μL 核酸染料,混匀,制胶。待凝胶充分凝固后,将凝胶放入含有 1×MOPS 缓冲液的电泳槽中,按 5 V/cm 预电泳 5 min。

2. 准备 RNA 电泳样品:向一个 0.5 mL 离心管中依次加入 2 μL 10×MOPS 缓冲液、3.5 μL 甲醛、10 μL 去离子甲酰胺和 4.5 μL RNA 样品(RNA 总量需 20~30 μg,RNA 样品溶液体积不足 4.5 μL 时,可加入 DEPC 水补齐),混匀,于 60 ℃保温 5 min,然后冰浴 3 min。(注:若样品中 RNA 的浓度较低,配制 RNA 电泳样品时可以将体积扩大至 40 μL,制胶时应使用较大孔的梳子。)

3. 向 RNA 电泳样品中加入 3 μL 载样缓冲液,混匀,上样,然后按 3~5 V/cm 电泳,待染料指示剂距离凝胶底端 1~1.5 cm 时停止电泳,将凝胶取出放置在紫外灯上观察结果。

4. 将凝胶放入 300 mL 10×SSC 溶液中漂洗 3 次,每次 20~30 min。

5. Northern 转移:转移方法与 Southern 转移相似。将一个比凝胶大的平台放入合适的托盘中,再将一张合适大小的 Whatman 3MM 滤纸(或用普通滤纸代替)用 10×SSC 溶液浸湿后平铺在平台上,使滤纸两端垂下浸入托盘内溶液中,用玻璃棒赶尽气泡,然后重复此步骤铺放 Whatman 3MM 滤纸 3~4 层。将凝胶不含 RNA 的边缘切去,然后将凝胶正面朝下放置在滤纸上,赶尽气泡。剪取合适大小的不带正电荷的 Hybond-NX 尼龙膜,用铅笔做好标记,将尼龙膜用 10×SSC 浸湿后平铺在凝胶上,赶尽气泡。剪取一张同样大小的 Whatman 3MM 滤纸,浸湿后平铺在尼龙膜上,赶尽气泡。在滤纸上放置 5~8 cm 厚的吸水纸,压上适当的重物。通过毛细管作用,RNA 就会从凝胶中转移到尼龙膜上,转移的时间需 14~16 h(其间更换吸水纸 1~3 次)。

6. 转移结束后,移去吸水纸和滤纸,将尼龙膜放置在一张 Whatman 3MM 滤纸上(RNA 结合面朝上),利用紫外交联仪进行交联,以便使 RNA 与尼龙膜产生共价结合。

7. 预杂交和杂交:将尼龙膜放入杂交管中(RNA 结合面朝向管内),加入 3~4 mL 杂交液,然后在 42 ℃杂交炉中摇动,预杂交 2~4 h。弃去预杂交的杂交液,加入新的杂交液,并加入变性的标记探针,混匀,然后在 42 ℃杂交炉中摇动,杂交 12 h 以上。

8. 洗膜：弃去杂交液，加入适量的洗膜液 1，在 42 ℃摇动，洗膜 2 次，每次 15 min。弃去洗膜液 1，加入适量的洗膜液 2，在 42 ℃摇动，洗膜 5～15 min。

9. 曝光和检测：将尼龙膜取出，置于 Whatman 3MM 滤纸上，吸干水分，将湿润的杂交膜用保鲜膜包好，用盖革计数器测定膜上的放射性强度，在暗室中压上 X 线胶片，然后于 −70 ℃曝光，一般需 5～7 d（曝光时间需根据膜上的放射性强度进行调整）。

八、注意事项

1. RNA 电泳样品准备和 RNA 变性凝胶电泳的操作与实验十二的内容相同，而 Northern 转移、杂交、洗膜和信号检测的过程与 Southern 杂交实验的内容基本相同。

2. 杂交液用量应尽可能少，以提高信号强度并减少放射性同位素的用量。

3. 如果需要重复使用杂交过的膜，在洗脱探针前不能使其干燥，否则探针与膜会发生不可逆的结合。

4. 放射性同位素的操作须严格按照放射安全防护守则进行，以防止放射性物质的危害和污染环境。

九、时间安排

第一天上午进行 RNA 电泳和 Northern 转移，晚上进行 Northern 杂交；第二天上午进行洗膜和压片。

十、思考题

1. Northern 杂交的原理和目的是什么？与 Southern 杂交相比，二者有什么不同？

2. 预杂交的目的是什么？为什么要进行预杂交？

3. Northern 杂交时，为什么要进行 RNA 变性电泳？

实验十四　反转录 PCR(RT-PCR)

一、实验目的

学习并掌握反转录(RT)和反转录 PCR(RT-PCR)技术的原理及操作方法。

二、实验原理

为了研究基因或 RNA 的功能,通常需要将 RNA 转化为更稳定的 cDNA,以便能用于克隆、PCR、测序和文库构建等实验。在反转录酶(或称逆转录酶)的作用下,以 RNA(mRNA)为模板合成单链互补 DNA(complementary DNA, cDNA)的过程称为反转录(reverse transcription, RT);然后以单链 cDNA 为模板进行 PCR,扩增目的基因全长或部分片段的过程则称为反转录 PCR,也即 RT-PCR。RT-PCR 是检测基因的时空表达特性和表达水平最常用和最灵敏的方法,是基因功能研究的一项很重要技术。如果是利用 RT-PCR 扩增基因片段来构建表达载体,那么必须使用保真性很强的 Taq DNA 聚合酶来进行 PCR,以减少 PCR 过程中突变的产生。

常用的反转录酶主要有两种:一种是来源于莫罗尼小鼠白血病病毒(Moloney murine leukemia virus,MMLV)的反转录酶,另一种是来源于禽成髓细胞瘤病毒(avian myeloblastosis virus,AMV)的反转录酶。MMLV 具有很强的聚合酶活性,其 RNase H 活性较弱,最适反应温度为 37 ℃,而 AMV 的聚合酶活性和 RNase H 活性均很强,最适反应温度为 42 ℃,因此 MMLV 适用于合成较长的片段,但是其反应温度较低,对于含有复杂二级结构的 RNA 反转录存在困难。相对而言,AMV 的反应温度较高,更适合具有复杂结构的 RNA 反转录,其聚合酶活性也很强,往往能反转录得到较多的 cDNA 分子,但是其 RNase H 活性也较强,导致其合成的片段一般较短。现在有很多公司对两种反转录酶都进行了基因工程改良,使其具有较高的聚合酶活性和反应温度,同时 RNase H 活性也降低,从而能合成更长的 cDNA 片段。例如,对于长链或具有复杂二级结构的 RNA 反转录,选择 Invitrogen 公司改良的 SuperScript 反转录酶往往效果良好。反转录所用的引物,一般是根据 mRNA 的 3′端含有一段 polyA“尾巴”的特性,合成一段寡聚 T 如 oligo $(dT)_{15\sim18}$ 作为反转录的起始引物。此外,也可以利用长度为 6 nt 的随机引物进行反转录。如果已知目的基因的序列,还可以根据基因序列设计基因特异引物。

本实验以水稻肌动蛋白的编码基因 *OsActin1*(GenBank 登录号为 X15865,引物序列见附录Ⅲ)为例,进行反转录和 RT-PCR 分析。在水稻基因表达研究中,*OsActin1* 基因通常作为内参基因。

三、实验材料

前面实验中提取的水稻叶片基因组 DNA 和叶片总 RNA。

四、仪器设备

PCR 仪、电泳仪、电泳槽、紫外透射检测仪、台式离心机、凝胶成像仪。

五、实验用具

0.2 mL 薄壁 PCR 管、吸管头、微量移液器、1.5 mL 离心管、离心管架。

六、试剂(配制方法参见附录 Ⅰ)

1. StarScript Ⅱ First-strand cDNA Synthesis Mix With gDNA Remover[StarScript Ⅱ 可除去基因组 DNA 污染的 cDNA 第一链合成预混试剂(GenStar 公司)]。

2. Phanta Max Super-Fidelity DNA Polymerase[高保真 Taq DNA 聚合酶(Vazyme 公司)]。

3. 普通 Taq DNA 聚合酶、dNTPs、PCR 引物、DEPC 水、琼脂糖、0.5×TBE。

七、实验步骤

1. 利用光密度法测定水稻 RNA 样品的浓度,然后用 DEPC 水将其稀释成浓度为 0.5～1 μg/μL 的 RNA 溶液。

2. 去除总 RNA 中的基因组 DNA 污染:按以下比例配制反应液(在冰浴上操作),混匀,于 37 ℃保温 5 min。

反应成分	用量/μL
稀释的 RNA	1～2
gDNA remover	2.0
5×gDNA Remover Reaction Mix	2.0
DEPC 水	补齐至 9.0

3. 反转录:按以下比例配制反应液(在冰浴上操作),混匀,于 42 ℃保温 30 min。

反应成分	用量/μL
已去除基因组 DNA 污染的 RNA 样品	9.0
2×RT Reaction Mix(With Primer)	10.0
StarScript Ⅱ RT Mix	2.0
DEPC 水	补齐至 20.0

4. 反转录结束后,将反应液于 85 ℃加热 5 min 使 StarScript Ⅱ RT Mix 失活,然后置于冰浴上,或于－20 ℃冷冻保存备用。

5. RT-PCR:以反转录得到的单链 cDNA 为模板,利用高保真的 Taq DNA 聚合酶进行 PCR。反应体系和反应程序参考本书前述 PCR 实验的内容。对基因组 DNA 也进行同样的扩增,以此作为检测 cDNA 样品中是否含有基因组 DNA 污染的对照。以基因特异引物进行 PCR,程序一般为:94 ℃预变性 4 min;然后 94 ℃变性 30 s、55～58 ℃退火 30 s、72 ℃延伸 60～90 s,循环 30～35 次;最后于 72 ℃保温 10 min。按以下比例配制反应液,混匀后进行 PCR。

反应成分	用量/μL
cDNA	1.0～5.0（不超过 PCR 总体积的 1/10）
2×Phanta Max Buffer	25.0
dNTP mix(10 mmol/L each)	1.0
上游引物(10 μmol/L)	2.0
下游引物(10 μmol/L)	2.0
Phanta Max Super-Fidelity DNA Polymerase	1.0
ddH_2O	补齐至 50.0

6. PCR 结束后，取 5～8 μL 反应产物进行琼脂糖凝胶电泳，检测扩增的结果。

八、注意事项

1. 反转录时必须避免 RNase 的污染。在合成 cDNA 第一链时，应使用 RNase 抑制剂(反转录试剂盒中一般都包含此试剂)。进行 RT-PCR 时，虽然合成 cDNA 第一链的 RNA 模板一般不会对 PCR 有较大影响，但是如果扩增的片段较长，建议使用 RNase H 消化掉 RNA/cDNA 杂交链中的 RNA，以减少 RNA 的干扰。

2. 基因表达具有时空特异性，因此，确认所用材料中是否含有待检测的目标 mRNA 非常关键。

3. 合成 cDNA 第一链时，针对核基因 mRNA 的反转录，可以使用 6 nt 的随机引物或 15～18 nt 的 oligo(dT)引物，但是，对于线粒体或叶绿体基因的 mRNA，由于没有 polyA 结构，因此只能使用随机引物进行反转录。

4. 对于具有复杂结构的 RNA 反转录，可以适当提高反转录反应的温度或增加酶量，以减少 RNA 二级结构对反转录的影响。

九、时间安排

半天。

十、思考题

1. RT-PCR 的原理是什么？与普通 PCR 有何不同？

2. RT-PCR 过程中，为什么要去除基因组 DNA 的污染？

实验十五　实时荧光定量 PCR

一、实验目的

利用实时荧光定量 PCR(quantitative real-time PCR)技术，检测水稻幼苗期一个编码核酮糖-1,5-二磷酸羧化/加氧酶(Rubisco)小亚基的基因 *OsRBCS*4(Os12g0292400)的表达水平，学习和掌握该技术的原理和方法。

二、实验原理

实时荧光定量 PCR，又称定量 PCR、qRT-PCR、RT-qPCR 或 qPCR，是生命科学研究中极为重要的技术，也是快速检测目的基因表达水平的首选方法。该技术基于常规 PCR 技术，旨在实现对核酸的绝对或相对定量。其基本原理如下：在 PCR 体系中添加与 DNA 产物特异结合的荧光染料或带有荧光标记的特异性探针，随着 PCR 的进行，扩增产物逐渐累积，荧光信号强度与其数量成比例增加。每一轮 PCR 循环后记录一次荧光强度信号，通过监测荧光信号强度的变化，实时追踪 PCR 中产物的动态变化，并获得能够反映扩增产物实时变化的荧光曲线。根据荧光曲线和已知浓度的 DNA 扩增或呈组成性表达的内源基因扩增，对待测样品中目的基因的初始模板数量进行绝对或相对定量。相比于常规 PCR 技术，qPCR 技术不仅能够实现目的基因的准确定量，而且具有高灵敏性、高特异性和高度自动化等优点。

三、实验材料

在前述实验中，使用水稻幼叶材料中抽提 RNA 并反转录得到的 cDNA。

四、仪器设备

实时荧光定量 PCR 仪(如美国伯乐公司的 CFX96、德国耶拿公司的 qTOWER3G)、离心机、涡旋振荡器。

五、实验用具

0.1 mL 规格的 96 孔 PCR 板(无裙边)及透明封板膜(GenStar 公司，中国)、RNase-free 离心管、RNase-free 吸管头、微量移液器。

六、试剂

2×RealStar Green Fast Mixture(GenStar 公司，中国)、RNase-free H_2O、检测水稻中目的基因 *OsRBCS4* (Os12g0292400)和内参基因 *OsActin1* (Os03g0718100)表达水平的定量 PCR 引物(参见附录Ⅲ)。

七、实验步骤

1. 准备水稻组织材料的 cDNA

根据研究目的，选择水稻不同发育时期的组织材料，如叶片、根、茎、小穗等(确保每个样品材料质量相同)。迅速将这些组织样本冷冻在液氮中，并存储在－70 ℃冰箱中备用。参考前述实验中的方法，从样本组织中提取总 RNA，并将 RNA 反转录成 cDNA。得到 cDNA 后，使用内参基因(*OsActin1*)引物，以 cDNA 为模板进行常规 PCR 扩增。然后，将 PCR 产物进行琼脂糖凝胶电泳，根据产物条带的带型及亮度来判断各样品 cDNA 模板的质量和浓度是否符合定量 PCR 的要求。根据产物条带的亮度，对各样品 cDNA 模板的浓度进行适当调整，以确保各样品间定量 PCR 的起始模板量基本一致，以减少实验误差。

2. 设计引物

定量 PCR 对引物的特异性要求极高，通常需要使用 NCBI 网站提供的 Primer-BLAST 工具(https://www.ncbi.nlm.nih.gov/tools/primer-blast/)来设计引物。Primer-BLAST 工具结合了引物设计和特异性评估，能够为目的基因设计高度特异的引物，以确保获得高质量和准确的定量 PCR 结果。此外，在设计定量 PCR 引物时，还需注意以下几点：①一般来说，扩增片段的长度以 80～200 bp 为宜。较短的片段通常扩增效率更高，但小于 80 bp 的片段可能会导致扩增产物与引物二聚体难以区分。②扩增片段的序列应尽可能避免包含连续的单碱基重复和容易形成二级结构的区域，以免降低扩增效率。③引物的长度一般在 18～30 bp，且 GC 含量应控制在 50%～60%。④引物中碱基应随机分布，而且引物自身、引物之间不应出现连续 4 个碱基互补的情况。⑤引物必须具有高度特异性，通常应设计在基因的 3′端，且最好设计在外显子拼接区。

3. 检测引物的扩增效率

引物设计好后，必须对引物的扩增效率进行检测，因为只有当扩增效率接近 100%(至少≥95%)时，才能确保定量 PCR 的可靠性和可重复性。引物扩增效率的检测可按照以下步骤进行。

①制作标准曲线：从待检测的样品 cDNA 中随机选择一个样本，按照一系列梯度进行稀释，例如可以稀释为 5 倍、25 倍、125 倍、625 倍等不同浓度，然后进行定量 PCR(每个稀释浓度都需设置 3 个技术重复)，获得相应的 *Ct* 值，并利用 Excel 软件绘制标准曲线。

②计算引物的扩增效率：从标准曲线中得到曲线的方程式及斜率，由于扩增效率(E)与标准曲线的斜率相关，可由斜率计算出引物的扩增效率(E)。计算扩增效率(E)的公式为：$E=10^{(-1/\text{斜率})}$。在实际应用中，扩增效率通常用百分率来表示，即每轮 PCR 循环中模板得到有效扩增的百分比，故将 E 值转换成百分率，即扩增效率(%)＝$(E-1)\times100\%$。在理想情况下，PCR 每轮循环中目的片段的模板数量以 2 的倍数呈指数增加，故扩增效率的 E 值为 2，那么扩增效率的百分率(%)则为$(2-1)\times100\%=100\%$。然而，在实际应用中，扩增效率(%)通常不会达到 100%。假设在某次实验中获得的标准曲线的斜率为－3.436，通过计算得到的扩增效率$(E)=10^{(-1/-3.436)}=1.954$，那么扩增效率的百分率(%)为$(1.954-1)\times100\%=95.4\%$。此结果说明，在每轮 PCR 循环结束时，目的片段模板的拷贝数增加了 1.95 倍，也即每轮 PCR 中有 95.4%的目的片段模板得到了扩增。

4. 定量 PCR

本实验采用 GenStar 公司的 RealStar Fast SYBR qPCR Mix 体系，对水稻 cDNA 样品中

目的基因 *OsRBCS4* 进行定量 PCR 检测。具体步骤如下：

①按照如下所列规定的用量，向定量 PCR 管中加入各反应成分，以配制定量 PCR 的反应体系（注：每个样品都需分别配制针对目的基因和内参基因的反应体系，且每种反应体系都需设置 3 个技术重复）。

cDNA 或 DNA 模板	1.0 μL
正向引物（10 μmol/L）	0.5 μL
反向引物（10 μmol/L）	0.5 μL
2×RealStar Fast SYBR qPCR Mix	10 μL
RNase-free H_2O	补齐至 20 μL

注：关于模板的参考用量，如果使用基因组 DNA 作为模板，通常每个反应加入 10～100 ng 的 DNA；如果使用 cDNA 作为模板，通常每个反应加入 1～10 ng 的 cDNA。另外，不同物种的模板中所含目的基因的拷贝数可能不同，因此建议先将模板浓度进行梯度稀释，然后分别进行定量 PCR，通过对检测结果的分析，确定反应所需的模板最佳用量。关于引物的参考用量，反应体系中引物的终浓度通常设置在 0.1～1.0 μmol/L。在实际应用中，当引物终浓度为 0.2 μmol/L 时，通常都可以获得很好的结果。此外，如果扩增效率不理想，可以适当提高引物浓度；如果容易发生非特异性扩增，应适当降低引物浓度。

②配制好反应体系后，轻弹 PCR 管，使反应溶液混匀，然后通过短暂离心将溶液收集到管底部。

③将 PCR 管放入定量 PCR 仪中，根据下列程序，设置 PCR 的反应参数，开始 PCR。

反应步骤	反应温度	反应时间	
预变性	95 ℃	2 min	
变性	95 ℃	15 s	40 循环
退火	58 ℃	15～30 s	
延伸	72 ℃	15 s	

④PCR 结束后，立即进行熔解曲线分析（注：此步骤可在荧光定量 PCR 仪上进行）。通过在荧光定量 PCR 仪上设置程序，使温度从 60 ℃开始，每次升温 0.5 ℃，一直升温到 95 ℃，利用荧光定量 PCR 仪记录荧光信号的变化并绘制熔解曲线，以便分析扩增产物的特异性。

5. 结果分析

①根据扩增产物的熔解曲线，对扩增产物的特异性进行分析。如果熔解曲线仅显示单一峰（图 15-1A），一般认为 PCR 扩增合格，扩增产物具有很好的特异性；如果熔解曲线显示非单一峰（如出现双峰）（图 15-1B），则表明 PCR 过程中可能存在非特异产物的扩增，或者出现大量引物二聚体。在发现非单一峰的情况下，可以尝试通过降低引物浓度、优化 PCR 程序或重新设计引物来提高扩增的特异性。

②根据荧光定量 PCR 仪中产生的扩增曲线，获得样品中与目的基因和内参基因扩增对应的 *Ct* 值（图实 15-1）。*Ct* 值是定量 PCR 的关键参数，它表示在 PCR 循环中达到指定荧光信号阈值的循环周期数，是评估基因表达水平的关键指标。在定量 PCR 仪的分析软件中，可以选择合适的阈值。通常将阈值设定在 PCR 的指数增长阶段，以确保 *Ct* 值在有效范围内。

③以内参基因为参照，采用相对定量法对处理或对照样品中目的基因的相对表达水平进

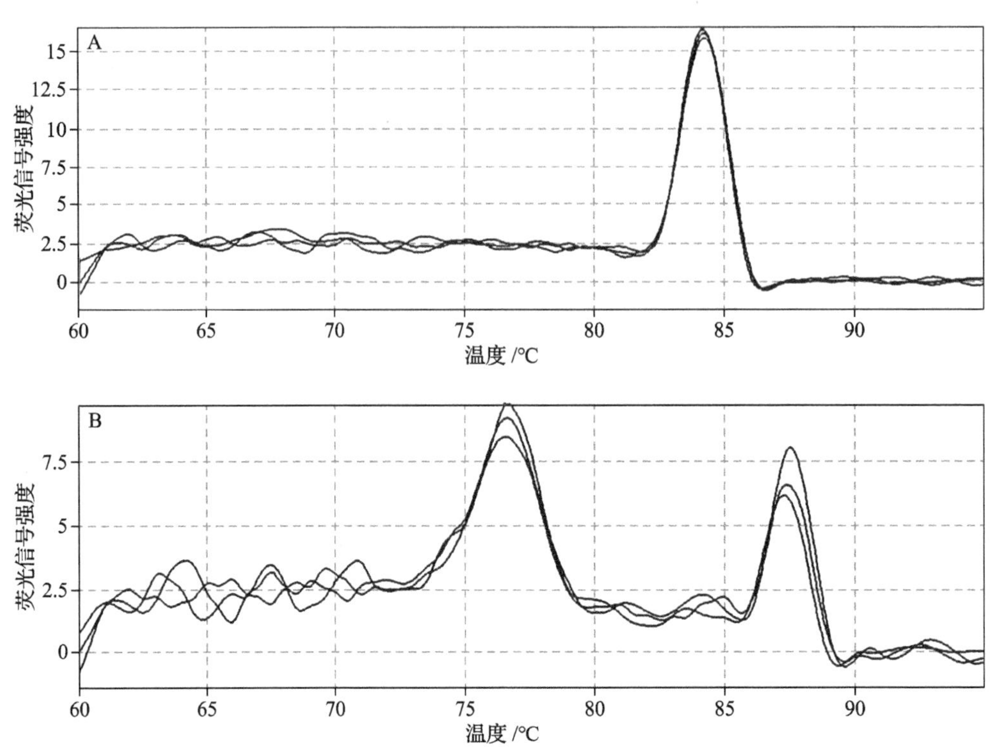

图实 15-1　定量 PCR 扩增产物的熔解曲线分析

（A. 特异扩增产物；B. 非特异扩增产物）

行定量计算。目的基因相对表达量的计算方法通常采用 $2^{-\Delta\Delta Ct}$ 法。具体方法如下：首先，将目的基因的 Ct 值减去内参基因的 Ct 值，以获得均一化的目的基因的 ΔCt 值，即 ΔCt（目的基因）$=Ct$（目的基因）$-Ct$（内参基因）；其次，将处理样品的 ΔCt 值减去对照样品的 ΔCt 值，以获得处理样品与对照样品之间目的基因的 $\Delta\Delta Ct$ 值，即 $\Delta\Delta Ct=\Delta Ct$（处理样品）$-\Delta Ct$（对照样品）；最后，计算出目的基因在处理样品中相对于对照样品的相对表达量，即相对表达量$=2^{-\Delta\Delta Ct}$。

八、注意事项

1. 由于定量 PCR 的高灵敏性，有时需要对样品 cDNA 模板进行适当稀释，以减少系统误差。注意，稀释样品 cDNA 时应确保模板用量仍在定量 PCR 检测所需的浓度范围内。

2. 选择表达量稳定的内参基因，如 *OsActin*1、*Ubiquitin* 等，以确保能准确评估目的基因的相对表达量。

3. 不同公司的定量 PCR 的反应体系可能存在性能和适用性差异，操作前务必仔细阅读公司提供的使用说明书。

4. 为了减少技术重复间存在的误差，应定期校准移液器，最好选择专用于定量 PCR 的移液器。

5. 目的基因的 Ct 值通常应在 20～35。较大的 Ct 值表示基因表达量较低，可能导致分析不准确，此时需要适当提高模板的浓度。

6. 为了降低使用成本，可以适当缩减反应体系的总体积，但需确保各反应组分的浓度仍

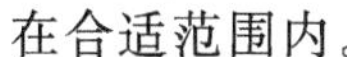

在合适范围内。

7. 避免人为操作因素的干扰。例如，保持 PCR 板的洁净，不在 PCR 管或 PCR 板侧壁上做标记，避免在 PCR 仪附近打开有荧光特性的物质，实验时务必佩戴手套和口罩以防污染。

8. 在进行定量 PCR 分析前，通过常规 PCR 扩增验证引物的特异性，确保引物只扩增目的基因。

九、时间安排

半天。

十、思考题

1. 实时荧光定量 PCR 与常规 PCR 的主要区别是什么?

2. 当实时荧光定量 PCR 扩增出现无信号、扩增曲线起峰晚或者仅产生引物二聚体等现象时，可能原因是什么?

3. 在实际应用中，可以从哪些方面对实时荧光定量 PCR 进行优化?

[附注]

实时荧光定量 PCR 的应用

实时荧光定量 PCR(qPCR)作为一种强大的分子生物学工具，在分子诊断、临床检验和基础生物医学研究中扮演着关键角色。其应用范围广泛，尤其在传染病、肿瘤和遗传病的分子诊断、药物研发以及个体化医学等领域广受青睐。qPCR 技术的高灵敏度、高特异性和高准确性进一步强化了其在当前分子生物学研究中的地位。以下详述几个 qPCR 应用的常见实例(拓展阅读一)。

拓展阅读一　qPCR 应用的常见实例

实验十六　外源基因在原核生物细菌中的表达

一、实验目的

学习并掌握原核生物细菌（大肠杆菌）中高效表达外源基因的原理和方法。

二、实验原理

外源基因的表达是指将目的基因与表达载体重组后，导入合适的宿主细胞，并能在其中有效表达，产生目的基因产物。在宿主细胞中大量表达目的蛋白质，可为研究基因的功能和表达调控方式，以及探索蛋白质结构与功能的关系提供有力帮助，也是生产新型蛋白质药物或诊断试剂必不可少的手段。

原核表达是指发生在原核生物细胞内的基因表达。与真核生物基因表达相比，原核表达有以下特点：原核生物只有一种 RNA 聚合酶，它识别原核启动子，能催化所有 RNA 转录；原核表达以操纵子为单位，转录产物为多顺反子；原核细胞的 mRNA 降解快，其 5′端含有的核糖体结合位点及 SD 序列能够与核糖体 16S rRNA 的 3′端互补，从而使得 mRNA 迅速被翻译，因此原核的转录和翻译过程紧密偶联，即边转录边翻译；原核基因一般不含内含子，故原核细胞中缺乏真核 mRNA 的剪接加工系统；原核生物基因表达的调控主要发生在转录水平，一种是起始控制的方式，即通过启动子强度调控（如乳糖操纵子），另一种是终止控制的方式，即通过衰减子调控（如色氨酸操纵子）。外源基因能否在原核细胞中高效表达，需要考虑表达载体和宿主细胞的特性、外源基因的性质，以及原核细胞的启动子、SD 序列、阅读框和调控系统等多方面因素。

pET 系列载体是常用的原核表达载体，它携带 λ 噬菌体 T7 启动子，但是大肠杆菌本身缺乏识别 T7 启动子的 RNA 聚合酶。大肠杆菌 BL21(DE3)菌株是在野生型大肠杆菌 BL21 菌株的基因组内整合了一段来源于 λ 噬菌体基因组的 DE3 片段，该片段包含编码 T7 RNA 聚合酶的基因。BL21(DE3)可作为表达菌株，在 IPTG 或乳糖的诱导下，T7 RNA 聚合酶表达并与 T7 启动子结合，驱动下游的外源基因转录。大肠杆菌 Rosetta(DE3)菌株来源于 BL21，含有 pRARE 质粒，该质粒上携带了大肠杆菌中稀少的 6 种真核密码子（AUA、AGG、AGA、CUA、CCC、GGA）的 tRNA 基因，从而可以大大提高真核基因在 Rosetta(DE3)菌株中的表达水平。

聚丙烯酰胺凝胶（polyacrylamide gel，PAG）是由丙烯酰胺单体和交联剂 N，N′-甲叉双丙烯酰胺在催化剂过硫酸铵和加速剂四甲基乙二胺（TEMED）的作用下聚合形成的立体网状结构。利用 PAG 进行电泳（PAGE），具有机械性能好、化学性能稳定、灵敏度好和分辨率高的优点，适合于蛋白质和核酸的分离、定性和定量检测以及少量制备，还可以用于蛋白质分子量及等电点的测定。根据有无浓缩效应，PAGE 可分为连续和不连续两种系统，在连续系统中凝胶的浓度相同，带电粒子主要基于电荷效应和分子筛效应而分离，而不连续系统中凝胶的浓度不同，该系统分为浓缩胶和分离胶，二者的缓冲液离子强度、pH、凝胶浓度及电位梯度不相同，因此带电粒子的泳动除了电荷效应和分子筛效应之外，还有浓缩效应。由于浓缩胶的浓度低（孔径大）而分离胶的浓度高（孔径小），电场中的蛋白质粒子在浓缩胶中泳动遇到的阻力小、移动快，而在分离胶中泳动遇到的阻力大、移动慢，由于凝胶孔径的这种不连续性导致蛋白质分子在两种凝胶的交界处迁移受阻而被压缩成很窄的区带。进入分离胶后，不同的蛋白质分子因为所带电荷差异和分子量大小不同而分离。不连续的PAGE，由于具有电荷效应、分子筛效应和浓缩效应，所以分辨率更高。蛋白质电泳后一般采用考马斯亮蓝染色，不仅灵敏度高，操作简便，还可以对蛋白质进行定量。

本实验通过构建水稻*OsActin1*基因的原核表达载体，并将其导入大肠杆菌表达菌株中，利用IPTG诱导外源基因表达，然后提取细菌的总蛋白，通过SDS-PAGE对诱导前后的差异表达蛋白质进行检测。

三、实验材料

前面实验中得到的水稻叶片cDNA、原核表达载体pET28a（+）、大肠杆菌DH5α感受态细胞、Rosetta(DE3)感受态细胞（全式金公司）。

四、仪器设备

水平电泳槽、垂直电泳槽、紫外透射检测仪、离心机、培养摇床、恒温培养箱、漩涡振荡器、凝胶成像仪、PCR仪。

五、实验用具

微量移液器、各式离心管、冰浴保温盒、培养管、锥形瓶、培养皿、烧杯。

六、试剂(配制方法参见附录Ⅰ)

1. 限制酶*Sal* Ⅰ和*Eco*RⅠ(Thermo Fast Digest)、LB液体培养基、SOB液体培养基、质粒小量抽提试剂盒、DNA凝胶回收试剂盒、0.5 mmol/L IPTG、Kan、10%过硫酸铵(AP)、考马斯亮蓝R-250、β-巯基乙醇、10% SDS、甘氨酸、异丙醇、冰醋酸、四甲基乙二胺(TEMED)。

2. 30%丙烯酰胺溶液：含30%丙烯酰胺(Acr)和0.8%甲叉双丙烯酰胺(Bis)。

3. 4×分离胶缓冲液：1.5 mol/L Tris-HCl(pH 8.8)。

4. 4×浓缩胶缓冲液：1.0 mol/L Tris-HCl(pH 6.8)。

5. 蛋白质分子量标准：彩色预染的蛋白质分子量标准(10～180 ku)(GenStar公司)。

6. SDS-PAGE缓冲液(1 L)：含18.8 g甘氨酸、3.02 g Tris和1 g SDS。

7. 考马斯亮蓝染色液：含考马斯亮蓝0.25 g、异丙醇62.5 mL、冰醋酸25 mL和ddH_2O 162.5 mL。

8. 凝胶脱色液：含冰醋酸100 mL、乙醇50 mL和ddH_2O 850 mL。

9. 4×蛋白质载样缓冲液(1 mL)：含40 mmol/L Tris-HCl(pH 8.0)、40%甘油和0.032%溴酚蓝，使用前加入25～50 μL巯基乙醇。

不同浓度的分离胶最佳分辨范围如下所列。

分离胶浓度/%	最佳分辨范围/ku
6	50～150
8	30～90
10	20～80
12	12～60
15	10～40

不同浓度的SDS-PAGE胶配方如下所列。

成分	5%缩胶	10%分离胶	12%分离胶	15%分离胶
ddH_2O/mL	2.82	4.0	3.3	2.3
30%丙烯酰胺/mL	0.83	3.3	4.0	5.0
分离胶缓冲液/mL	—	2.5	2.5	2.5
浓缩胶缓冲液/mL	1.25	—	—	—
10% SDS/mL	0.05	0.1	0.1	0.1
10% AP/mL	0.05	0.1	0.1	0.1
TEMED/mL	0.001～0.005	0.004	0.004	0.004
总体积/mL	5	10	10	10

七、实验步骤

1. 表达载体的构建、转化和重组子鉴定

①pET28a质粒DNA的提取：将－70 ℃保存的含有该质粒(携带 Kan^r 基因)的DH5α菌种活化，挑单菌落接种，并进行液体培养，然后用试剂盒法提取质粒DNA，最后利用电泳检测质粒DNA的质量和浓度。

②制备水稻*OsActin1*基因编码区片段：对*OsActin1*基因编码区及pET28a载体多克隆位点中的酶切位点进行分析，选择基因编码区中不存在而多克隆位点中存在酶切位点的两种酶，即*Sal* Ⅰ和*Eco*RⅠ，将其识别序列分别添加到基因两侧PCR引物的5′端，并添加保护碱基(注意：在酶切位点后面需根据目的基因的序列适当添加1～2个碱基，以防止移码)。合成引物后，以水稻叶片cDNA为模板，利用高保真的Taq DNA聚合酶进行RT-PCR，扩增出目的基因的编码区全长片段，然后进行电泳和切胶回收，最后对目的片段定量检测，于－20 ℃保存备用。

③将载体和目的片段分别用*Sal* Ⅰ和*Eco*RⅠ进行双酶切，然后回收酶切产物，利用电泳进行定量检测。

④将回收的载体片段和目的片段进行连接，然后转化至大肠杆菌DH5α感受态细胞中。

⑤重组子鉴定：利用多克隆位点两侧的通用引物进行菌落PCR，筛选出重组子，然后将重

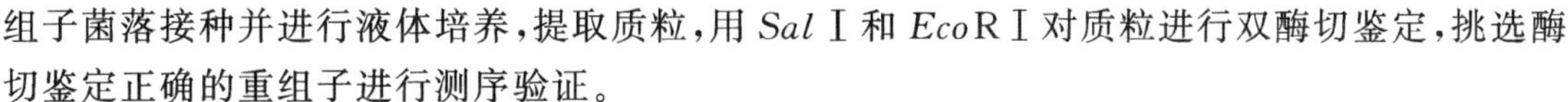

组子菌落接种并进行液体培养，提取质粒，用 *Sal* Ⅰ 和 *Eco*R Ⅰ 对质粒进行双酶切鉴定，挑选酶切鉴定正确的重组子进行测序验证。

2. 含有重组质粒的表达菌的培养和诱导

①重组子质粒转化表达菌：选取经测序验证正确的克隆，提取质粒，将其转化至大肠杆菌 Rosetta (DE3)表达菌株中，然后通过菌落 PCR 筛选出转化成功的克隆并接种于少量的液体培养基中，培养得到种子液(以空载体质粒转化表达菌作为对照)。

②扩大培养和蛋白质诱导表达：按照 1/100 体积比将种子液接种到 20 mL SOB(含 Kan)中进行扩大培养，直至 OD_{600} 达到 0.5～0.6，从中吸取 1.5 mL 菌液到一新的离心管(必须在超净工作台内操作)，以此作为不加 IPTG 诱导的对照，置于 4 ℃冰箱保存备用；向剩余的菌液中添加 IPTG(终浓度为 1 mmol/L)，于 37 ℃继续培养，诱导蛋白质表达。

③为了确定蛋白质诱导表达的最佳时间，可间隔 0.5～1 h 吸取 1 mL 菌液到一新的离心管(必须在超净工作台内操作)，并测定其 OD_{600} 值，置于 4 ℃冰箱保存备用。重复此步骤，直至诱导培养的时间达到 4 h。

④离心(12 000 r/min)30 s，分别收集所有菌液样品中的菌体，弃上清液。若不需要立即进行电泳分析，可将样品置于－20 ℃冰箱中保存备用。

3. 大肠杆菌蛋白质的 SDS-PAGE

①SDS-PAGE 凝胶配制：准备好 5%浓缩胶溶液和 10%分离胶溶液。制胶玻璃板必须先用 ddH_2O 洗净，晾干，然后安装在胶架上(注意：玻璃板与胶架的胶条之间存在间隙，为保证密封性，需用琼脂糖凝胶进行封闭)。用 1 mL 移液器将准备好的分离胶注入两块玻璃板之间，但是不要注满，需留出 2～3 cm 的距离，然后加 ddH_2O 或异丙醇等溶液进行密封。待分离胶充分凝固后，倒去密封液，并用吸水纸吸干。注入浓缩胶，赶尽气泡，插入齿孔大小合适的梳子，于室温下放置，直至浓缩胶充分凝固。制好的胶若不需要立即使用，可以密封好后置于 4 ℃保存一段时间(制胶过程约需 3 h)。

②向离心收集的菌体样品中加入 75 μL 无菌水和 15 μL 5×蛋白质载样缓冲液，然后煮沸 15 min。

③低速离心，吸取上清液 20～40 μL 进行点样，先在 60～70 V 下进行浓缩胶电泳，待溴酚蓝指示剂到达浓缩胶与分离胶的交界处，再将电压调至 100 V 继续进行分离胶电泳，直至溴酚蓝指示剂到达凝胶的底部(电泳过程约需 3 h)。

④染色：拆去胶条，剥离凝胶，将凝胶置于考马斯亮蓝染色液中染色 2 h。

⑤脱色：利用脱色液对凝胶进行脱色，其间更换脱色液数次，直至背景干净(脱色过程约需 24 h)。脱色完成后，利用凝胶成像仪在白光背景下拍照，分析实验结果。

4. 大肠杆菌蛋白质的 Western 杂交

大肠杆菌细胞中的蛋白质经 SDS-PAGE 分离，可以将其转移到杂交膜上，然后利用 His 标签抗体进行 Western 杂交，检测融合蛋白的表达(具体参见 Western 杂交实验)。

八、注意事项

1. 若不清楚蛋白质诱导表达的合适条件，则必须进行预实验，摸索诱导表达的最优条件。诱导表达条件的摸索，一般包括诱导温度(如 37 ℃、28 ℃、20 ℃)、诱导时间(如 3 h、4 h、6 h、8 h)、诱导剂 IPTG 的浓度(如 0.1 mmol/L、0.5 mmol/L、1 mmol/L)以及菌体加热裂解后的离心速度(如 1 000 r/min,2～3 min;12 000 r/min,3 min)等内容。

2. 菌体加热裂解后的离心速度,取决于表达的蛋白质是否可溶。可溶性蛋白溶于上清液中,需要选择高速离心以便更好地分离,而不可溶性蛋白的离心速度则不能太高,否则容易使这类蛋白质进入到菌体沉淀中,导致上清液中目的蛋白太少。

3. 分子量较大的蛋白质,需要延长诱导时间,以保证合成的蛋白质足够多。

4. 对凝胶染色时,可以将凝胶和染色液一起放置在微波炉中适当加热,以便加快染色速度,但是加热时务必小心,不能使溶液沸腾,以免凝胶碎裂。

5. 对凝胶脱色时,在脱色液中加入一张吸水纸,能吸附部分染料,可以加快脱色,但是脱色过度会使蛋白质条带的颜色变浅。如果希望染色的背景降低,以便获得更加清晰的条带,可以在脱色后加入适量的蒸馏水对凝胶进行漂洗。

九、时间安排

表达菌种子液培养和 SDS-PAGE 凝胶配制需半天;表达菌扩大培养需半天;表达菌诱导表达和 SDS-PAGE 需半天;凝胶染色需一晚;凝胶脱色需一天。

十、思考题

1. 加入 IPTG 诱导表达的菌液 OD_{600} 值大约处于什么范围？否则会有什么不利的影响？

2. SDS-PAGE 凝胶中的分离胶和浓缩胶的 pH 分别是多少,为什么不同？为什么会有浓缩效应？

3. 制备 SDS-PAGE 凝胶时,为什么最后才加入 AP 和 TEMED？

4. SDS-PAGE 的分离胶常常看起来凹凸不平,可能原因是什么？

[附注]

1. SDS-PAGE 凝胶的常规染色和脱色方法

①电泳结束后取出凝胶,放入适量的考马斯亮蓝染色液中,确保染色液充分覆盖凝胶。

②置于水平摇床上缓慢摇动,室温染色 1 h 或更长时间。具体的染色时间取决于凝胶的厚度和染色液的温度,如果凝胶较厚、温度较低时,需要适当延长染色时间,反之则可以缩短染色的时间。通常的做法是当凝胶的颜色与染色液的颜色接近,几乎看不清染色液中凝胶的时候即可停止染色,此过程一般需要 2～4 h。

③倒掉染色液(注:染色液一般可以重复使用 2～3 次)。

④加入适量脱色液,确保脱色液充分覆盖凝胶,于水平摇床上缓慢摇动,室温下脱色 4～24 h,其间更换脱色液 2～4 次,直至凝胶背景中的蓝色几乎全部消失,而且蛋白质条带的染色达到预期效果。通常脱色 1～2 h 后即可观察到蛋白质条带出现。脱色液的配方一般含 40% 乙醇、10%乙酸和 50%蒸馏水。

⑤脱色完成后,可以将凝胶放在水中短时间内保存。

2. SDS-PAGE 凝胶的快速染色和脱色方法

①电泳结束后,取出凝胶,放入适量的考马斯亮蓝染色液中。

②利用微波炉加热染色液,在染色液温度较高的情况下进行染色(放置在水平摇床上,室温摇动 5～10 min)。

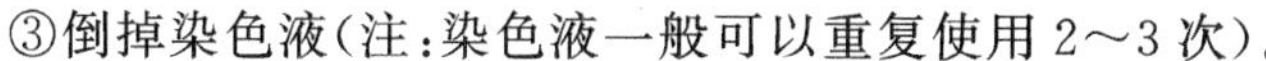

③倒掉染色液(注:染色液一般可以重复使用 2～3 次)。

④加入适量脱色液,使液面充分覆盖凝胶。利用微波炉加热,在脱色液温度较高的情况下进行脱色(放置在水平摇床上,室温摇动 5～10 min),通常很快就可以观察到较清楚的蛋白质条带。其余内容与常规方法相同。

实验十七　外源基因在真核生物毕赤酵母中的表达

一、实验目的

学习并掌握真核生物酵母中外源基因表达及表达产物纯化的原理和方法。

二、实验原理

酵母是最简单的单细胞真核生物，与大肠杆菌有诸多类似之处，如遗传背景简单、研究深入、操作方便。酵母作为真核表达系统，具有许多优点，如培养容易、生长速度快、操作简便、成本低廉，而且蛋白质翻译后能进行正确的加工和修饰以及合理的空间折叠，使得蛋白质的可溶性大幅度提高，从而可以大规模发酵生产外源蛋白质，是理想的重组真核蛋白制备工具。利用大肠杆菌表达系统生产基因工程重组药物时，外源蛋白质往往残留有大肠杆菌的蛋白质，有可能对人体产生毒性和免疫反应，而利用真核表达系统则可以避免此类问题。

用于真核表达的酵母主要是酿酒酵母和巴斯德毕赤酵母，二者具有相似的分子和遗传特征。利用巴斯德毕赤酵母，既可以进行胞内表达也可以进行分泌表达，而且其蛋白质产量比酿酒酵母提高数十甚至上百倍。酵母表达系统有一个缺点，就是外源蛋白质容易被过度糖基化。毕赤酵母中表达的外源蛋白质，其糖基化水平也比酿酒酵母的低。

毕赤酵母是甲基营养菌，能在甲醇培养基上生长。甲醇可以诱导酵母中利用甲醇的第一个关键基因 *AOX1* 的表达，使得 AOX1 蛋白的含量达到酵母总蛋白的 30%，利用此特性，在毕赤酵母表达系统中常用 *AOX1* 基因的启动子来驱动外源基因的表达。一个典型的毕赤酵母表达载体，主要包括 *AOX1* 基因的启动子和终止子、多克隆位点、适合酵母的筛选标记以及大肠杆菌的复制起始位点和选择标记等元件。

三、实验材料

含有 pPICZαA 与绿色荧光蛋白(GFP)基因融合的表达载体、毕赤酵母菌株 X-33。

四、仪器设备

高压灭菌锅、超净工作台、恒温摇床、台式离心机、旋涡振荡器。

五、实验用具

培养管、量筒、冰盒、微量离心管、微量移液器、吸管头。

六、试剂(配制方法参见附录 Ⅰ)

①13.4%酵母基础氮源(10×):称取 13.4 g YNB(含硫酸铵,无氨基酸),或称取 3.4 g YNB(不含硫酸铵,无氨基酸)和 10 g 硫酸铵,加适量 ddH_2O 溶解,定容至 100 mL,过滤除菌或高压灭菌。

②0.02%生物素(500×B):称取 2 mg 生物素,加适量 ddH_2O 溶解(≤50 ℃水浴可以帮助溶解),定容至 10 mL,过滤除菌。

③20%葡萄糖(10×D):称取 20 g 葡萄糖,加适量 ddH_2O 溶解,定容至 100 mL,过滤除菌或高压灭菌。

④10%甘油(10×G):取 10 mL 甘油,加 ddH_2O 定容至 100 mL,高压灭菌。

⑤5%甲醇(10×M):取 5 mL 甲醇,加 ddH_2O 定容至 100 mL,过滤除菌。

⑥1 mol/L 山梨醇:称取 1.822 g 山梨醇,用适量 ddH_2O 溶解,定容至 10 mL,高压灭菌。

⑦低盐 LB Zeocin 培养基(LLB):称取 0.5 g 酵母提取物、1 g 蛋白胨和 0.5 g 氯化钠,加入 100 mL ddH_2O 溶解,高压灭菌。使用时需加入抗生素 Zeocin(终浓度为 25 μg/mL)作为筛选压,固体培养基还需要加入琼脂粉(终浓度为 10 g/L),避光保存。

⑧YPD 培养基:称取 1 g 酵母提取物和 2 g 蛋白胨,溶于 90 mL ddH_2O 中(若配制固体培养基,还需加入 1 g 琼脂粉),高压灭菌,冷却至 60 ℃左右,加入 10 mL 10×D。使用前加入抗生素 Zeocin(终浓度为 100 μg/mL)。固体培养基需待培养基温度降至不烫手时加入抗生素 Zeocin(终浓度为 100 μg/mL,或 1 500 μg/mL)。

⑨YPDS-Z 培养基(含 100 μg/mL Zecocin):称取 1 g 酵母提取物、2 g 蛋白胨和 18.22 g 山梨醇,溶于 90 mL ddH_2O 中(若配制固体培养基,还需加入 1 g 琼脂粉),高压灭菌,冷却至 60 ℃左右,加入 10 mL 10×D。待培养基温度降至不烫手,加入 100 μL 100 mg/mL 抗生素 Zeocin。

⑩BMGY 和 BMMY 培养基:称取 1 g 酵母提取物和 2 g 蛋白胨,溶于 70 mL 双蒸水中,高压灭菌,待温度降至不烫手,加入 10 mL 1 mol/L 磷酸钾缓冲液(KPB,pH 6.0)、10 mL 10×YNB 和 200 μL 500×B。若配制 BMGY 培养基,还需添加 10 mL 10×G。若配制 BMMY 培养基,需再添加 10 mL 10×M。

⑪MM 和 MD 培养基(含 40 mmol/L 草酸):向 80 mL ddH_2O 中加入 1 g 琼脂粉,高压灭菌,待温度降至不烫手,加入 10 mL 10×YNB、200 μL 500×B 和 10 mL 10×草酸(400 mmol/L)。若配制 MM 培养基,需再添加 10 mL 10×M。若配制 MD 培养基,需再添加 10 mL 10×D。

七、实验步骤

1. 毕赤酵母感受态细胞制备

①第一天:将保存的毕赤酵母菌株 X-33 在 YPD 平板(不含 Zeocin)上划线接种,于 30 ℃倒置培养 2~3 d,直至菌落长至直径为 2~3 mm。

②第四天:挑取 2~3 个单菌落,接种于 10 mL YPD 培养基(不含 Zeocin)中,然后于 30 ℃振荡(200 r/min)培养过夜。

③第五天:取 100 μL 培养的菌液,加入 900 μL 不含 Zeocin 的 YPD,混匀,测定 OD_{600}。按照 $V = 50/(20\times OD_{600}-1)$ 求出 V 值,然后取 V mL 菌液加到 50 mL 新鲜的不含 Zeocin 的

YPD 中，于 30 ℃振荡（200 r/min）培养 2 h，直至 OD_{600} 为 1.0～1.3。将菌液离心（4 ℃、1 500g）5 min，收集菌体，用 50 mL 预冷的无菌水将菌体重悬，重复此操作步骤一次，弃上清液，用 25 mL 预冷的无菌水将菌体重悬。离心（4 ℃、1 500g）5 min，弃上清液，用 5 mL 预冷的 1 mol/L 山梨醇溶液将菌体重悬，重复此步骤，弃上清液，用 300 μL 冰浴预冷的 1 mol/L 山梨醇溶液将菌体重悬，即得到毕赤酵母 X-33 的感受态细胞。将感受态细胞分装，每管 80 μL，置于冰上保存。感受态细胞最好现做现用。

2. 转化感受态细胞（第五天）

①利用 *Sac* Ⅰ、*Pme* Ⅰ或 *Bst*X Ⅰ等限制性内切酶，将 pPICZαA 与 GFP 融合的表达载体 pPICZαA-GFP 和 pPICZαA 空载体酶切，使质粒 DNA 线性化。

②将 10 μL 线性化的 DNA（浓度 0.5～1 μg/μL）与 80 μL 毕赤酵母 X-33 的感受态细胞混匀，转入预冷的电激杯（规格为 0.2 cm）中，冰浴 5 min。

③利用电激仪进行电激转化，参数为 1 500 V、25 μF、200 Ω。

④电激结束后，加入 1 mL 预冷的山梨醇溶液和菌体混匀，然后转入培养管中，于 30 ℃静止培养 1 h，再加入 1 mL YPD，振荡（80 r/min）培养 1 h。

⑤取 100 μL 菌液，均匀涂布于含 100 μg/mL Zeocin 的 YPDS-Z 平板上。

⑥将平板倒置，于 30 ℃避光培养 2～3 d，直至长出可以挑取的单菌落。

3. 重组子鉴定（第八天）

①挑取单菌落接种于 2 mL 含 100 μg/mL Zeocin 的 YPD 液体培养基中，于 30 ℃振荡（200 r/min）培养过夜。

②取 1 mL 菌液离心（2 500 r/min）5 min，收集菌体。

③加入 500 μL PBS（pH 6.0）重悬菌体，离心（2 500 r/min）5 min，收集菌体。重复此操作步骤一次。

④加入 100 μL TE（pH 8.0）重悬菌体，沸水浴 10 min，接着于－80 ℃冷冻 30 min，然后再次沸水浴 10 min。

⑤离心（12 000 r/min）5 min，收集上清液，取适量上清液进行 PCR 鉴定。将 PCR 鉴定到的重组表达菌株 X-33-pPICZαA-GFP 及空载体转化菌株 X-33-pPICZαA 的菌液各 200 μL，分别与 50%甘油等体积混合，保存于－80 ℃。

4. 耐高浓度 Zeocin 的高拷贝菌株的筛选（第八天）

取重组表达菌株 X-33-pPICZαA-GFP 及空载体转化菌株 X-33-pPICZαA 的阳性转化子菌液 1 μL，分别接种于含 1 500 μg/mL Zeocin 的 YPD 固体培养基上，于 30 ℃避光倒置培养 2～3 d，观察各转化子在高浓度 Zeocin 平板上的生长情况，筛选高拷贝转化子。

5. 毕赤酵母表达（第十一、第十二天）

①挑取鉴定到的单克隆菌落，接种到含 25 mL BMGY 培养基的 250 mL 三角瓶中，于 30 ℃摇床振荡（200 r/min）培养约 20 h。

②将培养液离心（5 000 r/min）5 min，收集菌体。

③用 25 mL BMMY 培养基重悬酵母菌，于 30 ℃摇床振荡（200 r/min）培养。每隔 24 h 向培养基中添加甲醇（终浓度为 5 g/L），诱导表达培养 72 h。离心（5 000 r/min）5 min，如果是分泌型表达，则收集上清液；如果是胞内表达，则收集酵母菌，用于后续分析。

④蛋白质的电泳检测：参考原核表达实验的方法进行。

八、注意事项

1. 酵母菌中外源基因的高效表达与外源基因密码子的选用有关，因此需要预先了解宿主酵母细胞在密码子使用上的偏好性情况。

2. 酵母菌经多次传代培养会影响转化率和蛋白质的表达量，因此原始酵母菌菌株要保存好，最好分装成多管保存。

3. 诱导物甲醇易燃易爆，操作时必须非常小心，尤其是不能接触到酒精灯。

九、时间安排

整个实验需要 2 周左右，部分实验内容可以在其他实验中穿插进行，以便节省时间。

十、思考题

1. 酵母作为宿主表达外源基因，有何优点和缺点？

2. 甲醇有什么作用？其作用原理如何？

实验十八 外源基因在无细胞表达系统麦胚提取物中的表达

一、实验目的

学习并掌握利用无细胞表达系统麦胚提取物进行外源基因表达的原理和方法。

二、实验原理

外源基因的无细胞表达系统，也称体外翻译系统，它是模拟生物细胞的生命现象，重现胞内蛋白质的转录和翻译过程，此系统不受细胞核、线粒体和细胞骨架等因素的干扰，能够实现外源基因在体外快速大量的表达。无细胞表达系统可以分为原核系统和真核系统两大类，其中原核系统以细菌裂解物为基础，如大肠杆菌系统，而真核系统以真核细胞裂解物为基础。目前常用的真核无细胞表达系统有 3 种，即麦胚提取物、兔网织红细胞裂解物和 HeLa 细胞裂解物，而且都已商业化生产。

麦胚提取物表达系统是利用麦胚提取物中的蛋白质翻译机器进行体外蛋白质合成，该系统可以用于病毒、酵母、高等植物以及哺乳动物蛋白质的合成。麦胚提取物的优点很多，它可以表达细胞系中不易表达的各种有毒蛋白质和膜蛋白，还可以极大地缩短实验周期、提高工作效率。作为一个开放的系统，可以改变反应的条件，从而有利于调控基因的转录、蛋白质的合成和修饰，避免包涵体的形成，还可以添加非天然氨基酸或标记的氨基酸，以表达一些特殊的蛋白质。麦胚提取物表达系统的缺点，主要是表达的效率较低，而且待表达的 mRNA 需要有“帽子”结构，否则表达产物会较少。

三、实验材料

含 *GFP* 基因的 pEASY-T3 载体。

四、仪器设备

高压灭菌锅、台式离心机。

五、实验用具

微量离心管、量筒、冰盒、微量移液器、吸管头。

六、试剂(配制方法参见附录 Ⅰ)

麦胚提取物试剂盒(Promega)、T7 RNA 聚合酶。

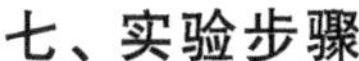

七、实验步骤

①利用 *Hin*d Ⅲ酶对含有 *GFP* 基因的 pEASY-T3 载体进行酶切，使质粒线性化，然后利用试剂盒纯化回收酶切后的质粒。

②按下列比例配制麦胚提取物中 RNA 体外转录的反应液，轻轻混匀，然后于 37 ℃保温 1 h。如果转录出的 RNA 浓度较低，可以再加入 40 U T7 RNA 聚合酶，于 37 ℃继续保温 1 h。

反应成分	体积/μL
5×转录缓冲液	10.0
DTT(100 mmol/L)	5.0
RNA 酶抑制剂	1.0
rNTP capping mix	5.0
m^7G 帽子类似物(5 mmol/L)	5.0
含 *GFP* 基因的 pEASY-T3 线性化质粒(1 μg/μL)	2.0～5.0
T7 RNA 聚合酶	40 U
DEPC 水	补齐至 50.0

③按下列比例配制麦胚提取物中外源基因表达的反应液，轻轻混匀，然后于 20 ℃保温 2 h。RNA 的最适终浓度一般为 0.1～0.2 mmol/L，醋酸钾的最适终浓度一般为 50～200 mmol/L。

反应成分	体积/μL
麦胚提取物	25.0
1 mmol/L 氨基酸混合液(无甲硫氨酸)	2.0
1 mmol/L 氨基酸混合液(无亮氨酸)	2.0
RNA 底物(1 μg/μL)	10.0
1 mol/L 醋酸钾	0～7.0
RNA 酶抑制剂	1.0
Transcend™ tRNA	1.0～2.0
DEPC 水	补齐至 50

④通过 SDS-PAGE 分析表达的外源蛋白质，具体方法参考原核表达实验的内容。

八、注意事项

1. 不含 RNA 等其他杂质污染的高纯度质粒 DNA 是利用该系统成功表达外源蛋白质的关键。

2. 麦胚提取物表达系统较适合表达分子量较小的蛋白质。此外，由于麦胚提取物缺乏兔网织红细胞表达系统含有的许多翻译所需的转录因子，从而可以减少内源性转录因子的干扰，因此对于真核转录因子的表达研究，麦胚提取物表达系统也是一个不错的选择。

九、时间安排

两个半天或一天。

十、思考题

1. 利用无细胞表达系统麦胚提取物表达外源基因，有何优点和缺点？
2. 利用麦胚提取物系统表达外源基因，为什么不能有 RNA 的污染？

实验十九 Western 杂交

一、实验目的

学习并掌握 Western 杂交分析的基本原理和方法。

二、实验原理

Western 杂交的方法和过程与 Southern 杂交和 Northern 杂交都基本类似，不同的是 Western 杂交中采用的是聚丙烯酰胺凝胶电泳，被检测的对象是蛋白质，所用的“探针”是抗体，检测(或称显色)用的是带标记的二抗。目前，Western 杂交已广泛应用于蛋白质表达特性、蛋白质互作、蛋白质组织定位等各方面的分析。

Western 杂交的基本过程如下：首先利用 PAGE 分离蛋白质样品，再将凝胶中的蛋白质转移到固相介质(如硝酸纤维素膜)上，固相介质以非共价键形式吸附蛋白质，而且保持电泳分离的多肽类型及生物学活性不变。固相介质上的蛋白质或多肽作为抗原，与对应的抗体(即“一抗”)发生免疫反应，随后再与酶或同位素标记的“二抗”发生反应，最终通过显色或放射自显影就可以对特定的蛋白质成分进行检测。

PVDF 膜或硝酸纤维素(NC)膜是蛋白质印迹中常用的固相介质。PVDF 膜具有疏水性，不同孔径大小的膜对不同分子量蛋白质的结合能力不一样。分子量大于 20 000 u 的蛋白质转移，一般选用 0.45 μm 孔径的膜，而分子量小于 20 000 u 的蛋白质转移一般选用 0.2 μm 孔径的膜。PVDF 膜在使用时需用甲醇作预处理，目的是活化膜上的正电基团，使其更容易结合带负电的蛋白质。由于 PVDF 膜的机械强度较高，所以它是蛋白质印迹中一种理想的固相支持物材料。硝酸纤维素(NC)膜的性能比 PVDF 膜更优越，它对蛋白质有很强的结合能力，并且具有背景低、信噪比高的优点，适用于各种信号检测，如同位素、化学发光、常规显色和荧光显色等，因此它是目前蛋白质印迹中最广泛使用的固相介质。

在研究蛋白质互作及进行蛋白质的表达、纯化、鉴定和大量生产中，常常需将目的基因与特殊的标签序列重组在一起，以融合蛋白的形式进行表达。常用的标签序列主要有 GST(谷胱甘肽巯基转移酶)、六聚组氨酸(6×His)标签、Flag 标签、GFP 标签等，这些标签蛋白的抗体目前都已商业化生产，它们能够高度特异地识别带有标签的融合蛋白。因此，通过 Western 杂交就能对融合蛋白进行检测。其中，Flag 标签是一种由 8 个氨基酸组成的亲水性多肽(DYKDDDDK)，而 His 标签是由 6 个组氨酸组成的短肽，它们都可以融合到目的蛋白的 C 端或 N 端。这两种标签蛋白的分子量都很小，不影响目的蛋白的功能，因而得到了广泛应用。通过 pET 系列原核表达载体构建的融合蛋白一般带有 His 标签，因此可以利用抗 His 标签的抗体通过 Western 杂交来检测融合蛋白的表达。

本实验的基本流程包括蛋白质样品制备、SDS-PAGE、转膜、封闭、一抗杂交、二抗杂交和显色等步骤，其中 SDS-PAGE 可参考前面的实验。

三、实验材料

水稻转基因植株(过量表达的目的蛋白带有 Flag 标签)、大肠杆菌表达菌(表达的目的蛋白带有 His 标签)。

四、仪器设备

台式离心机、分光光度计、电泳仪、垂直式电泳槽、硝酸纤维素膜电转系统。

五、实验用具

硝酸纤维素膜(NC 膜，BioTrace NT Nitrocellulose Transfer Membrane，0.2 μm，Pall Life Sciences)、滤纸、镊子、切胶板、培养皿、研钵。

六、试剂(配制方法参见附录 Ⅰ)

①Anti-Flag 标签抗体(Abmart)、6×His Tag Antibody(Thermo Fisher)。

②二抗：HRP-羊抗兔 IgG(辣根过氧化物酶标记的羊抗兔 IgG，BOSTER)。

③水稻叶片总蛋白提取缓冲液：含 50 mmol/L Tris-HCl(pH 7.5)、150 mmol/L NaCl、0.1% NP-40 和 4 mmol/L $MgCl_2$。

④转移缓冲液(1 000 mL)：含 Tris 5.8 g、甘氨酸 2.9 g 和甲醇 200 mL(使用前加入)。

⑤10×TBS：含 0.2 mol/L Tris-HCl(pH 7.5)和 1.5 mol/L NaCl。

⑥1×TTBS：含 1×TBS 和 0.05% Tween 20(500 μL)。

⑦封闭缓冲液：5%脱脂奶粉(按 1 g 脱脂奶粉用 20 mL 1×TBS 溶解的比例配制)。

⑧5×SDS-PAGE 载样缓冲液(Takara)、ECL 化学发光试剂盒(碧云天公司)。

⑨AP buffer：含 0.1 mol/L Tris-HCl(pH 9.5)、0.1 mol/L NaCl 和 5 mmol/L $MgCl_2$。

⑩NBT(100×)：50 mg/mL(用 70% DMF 溶解)。

⑪BCIP(100×)：50 mg/mL(用 100% DMF 溶解)。

七、实验步骤

1. 水稻叶片总蛋白的提取和 SDS-PAGE

①取水稻叶片 0.1～0.2 g，加入液氮研磨，直至成为细粉状，待液氮挥发后，迅速转入冷冻小研钵，加入 3 倍体积的抽提液(300～600 μL，抽提液可适量多加)，然后在冰浴条件下研磨匀浆 30 min，将匀浆液转入 1.5 mL 或 2 mL 离心管中。

②离心(13 000 r/min，4 ℃)10 min，取上清液。将上清液分装至 1.5 mL 离心管中，每管 50 μL，然后置于－70 ℃长期保存，或置于－20 ℃短期保存。

③电泳上样前，向分装好的 50 μL 蛋白质样品中加入 10 μL 5×Loading Buffer，混匀，于 100 ℃温育 10 min，使蛋白质变性，然后取 30 μL 上样。取 5 μL 蛋白质预染 Marker 上样，作为分子量标准。

注：SDS-PAGE 凝胶的配制、上样及电泳等操作与前面实验中的方法相同。

④待溴酚蓝指示剂跑至胶的底端，而且蛋白质 Marker 的条带也已分开，停止电泳，准备

下一步转膜。如果同时电泳了用于考马斯亮蓝染色的对照胶，将对照胶在考马斯亮蓝溶液中染色约 1.5 h，然后脱色（每 30 min 更换一次脱色液），拍照记录染色的结果。

2. 转膜

①将凝胶从胶板上小心剥离，切去浓缩胶，并将未跑过蛋白质的多余凝胶切去，测量胶的大小，在凝胶右上角剪去一角作为标记，然后置于转移缓冲液中平衡 15 min。

（注：除了凝胶，所有转膜的用具都需要置于转移缓冲液中预先充分浸泡。）

②剪取与凝胶大小相同或略大的 NC 膜及 4 张滤纸。在转移缓冲液中按照从负极（黑色板）到正极（红色板）的顺序组装电转移装置：海绵垫—两层滤纸—凝胶—NC 膜—两层滤纸—海绵垫（必须赶尽各层之间的气泡），然后夹紧，置于电转仪中，加入转移缓冲液覆盖，接通电源并保持恒流 200 mA，转移过程需要 1～2 h。

3. 杂交

①转膜结束后，从电转装置中取出 NC 膜，用 1×TBS 漂洗 5 min。

②将膜转入封闭缓冲液中进行封闭，一般 37 ℃下封闭 0.5 h，或室温下封闭 1～2 h，或 4 ℃下封闭过夜。

③封闭后的膜用 1×TBS 漂洗 5 次，每次 5 min。

④按照 1∶(1 000～5 000)比例，向 5%脱脂奶粉中加入一抗（需要通过预实验确定一抗的最佳稀释倍数），然后将膜浸入其中，37 ℃孵育 1 h。

⑤将杂交膜用 1×TTBS 漂洗 5 次，每次 5 min。

⑥按照 1∶(5 000～10 000)比例，向 5%脱脂奶粉中加入二抗（辣根过氧化物酶标记的羊抗兔 IgG），然后将膜浸入其中，37 ℃孵育 0.5～1 h。

⑦将膜用 1×TTBS 漂洗 5 次，每次 5 min。

（注：以上步骤在摇床上进行。）

⑧将膜转入含有底物 NBT/BCIP 的 AP Buffer 中进行化学显色反应，直至有清晰条带出现，然后加入蒸馏水终止反应；或者利用 ECL 化学发光试剂盒（碧云天公司）进行化学发光反应，在暗室中压上胶片（柯达），然后通过显影和定影观察记录结果。

⑨将膜在室温下自然风干，于阴凉处保存。

八、注意事项

1. 在电转移中，缓冲液的 pH 对于蛋白质组分能否有效转移到膜上非常重要。有些分子量并不是很大的蛋白质，即使延长转移时间也难以有效转移，这可能是因为转移缓冲液的 pH 恰好处于该蛋白质的等电点，此情况下应适当调整转移缓冲液的 pH。

2. 在转移缓冲液中通常都添加了适量的甲醇，因为甲醇能够促进较小分子量的蛋白质固定在膜上。对于较大分子量的蛋白质，尤其是碱性蛋白质，转移缓冲液中不宜加入甲醇，这是因为甲醇会使凝胶的孔径缩小，不利于分子量较大的蛋白质分子从凝胶中转移出来。此外，甲醇还会将结合在碱性蛋白质上的 SDS 解离，导致蛋白质分子带正电或呈中性，从而使其更难从凝胶中转移出来。

九、时间安排

两个半天或一天。

十、思考题

1. Western 杂交的原理是什么？与 Southern 杂交和 Northern 杂交有什么不同？
2. Western 杂交过程中，封闭的目的是什么？
3. 一抗和二抗的作用是什么？

实验二十　微卫星(SSR)标记分析

一、实验目的

学习并掌握微卫星标记(SSR)分析的原理和方法。

二、实验原理

微卫星(microsatellite)又称简单序列重复(simple sequence repeat,SSR),是一类由几个碱基(如 1～4 bp)为重复单位组成的长达几十 bp 的串联重复序列,这些串联重复序列由于重复次数的不同而造成序列长度的多态性。微卫星标记是一种以 PCR 技术为基础的分子标记,具有操作简便、成本低等优点。SSR 标记主要通过两种方法获得,一种是通过生物信息学手段搜索数据库中的核酸序列获得,另一种是通过分子杂交技术筛选基因组文库获得。在找到一段重复序列后,可根据重复序列两侧保守的基因组序列设计引物并进行 PCR 扩增,通过多态性分析和定位,确认是否为新的微卫星标记。虽然开发新的 SSR 标记比较困难,然而一旦开发成功,它就能广泛用于基因定位、QTL 分析、种间杂交分析、品种鉴定和分子标记辅助选择等多个领域。

聚丙烯酰胺凝胶电泳(PAGE)的分辨率非常高,对 DNA 的分辨率理论上可以达到 1 bp,因此 PAGE 是检测 SSR 分子标记的最好方法。聚丙烯酰胺凝胶孔径的大小由丙烯酰胺的浓度决定,不同的浓度与 DNA 分子有效分辨范围之间的关系如下所示。大多数 SSR 分子标记引物扩增的片段长度都在 60～200 bp 之间,因此 8%～15%的凝胶浓度能满足绝大多数分子标记的检测需求。

丙烯酰胺浓度/%	DNA 分子有效分辨范围/bp
3.5	100～2 000
5	80～500
8	60～400
12	40～200
15	25～150
20	10～100

三、实验材料

水稻(如籼稻品种安农、粳稻品种中花 11)植株的叶片。

四、仪器设备

垂直电泳槽、电泳仪、PCR 仪、凝胶成像仪。

五、实验用具

微量离心管、离心管、吸管头、微量移液器、白瓷盘。

六、试剂

①Taq DNA 聚合酶、dNTP mix(10 mmol/L each)、SSR 标记引物(见附录)。

②40%丙烯酰胺溶液：含 38 g 丙烯酰胺和 2 g N,N′-亚甲基双丙烯酰胺，加水溶解，定容至 100 mL。

③显影液：含 6 g NaOH、0.076 g 四硼酸钠和 1.6 mL 甲醛，加水定容至 400 mL。

④载样缓冲液、10×TBE 缓冲液、尿素、TEMED、10%过硫酸铵、0.1% $AgNO_3$。

七、实验步骤

1. SSR 标记引物的 PCR 扩增

①提取不同水稻(如籼稻品种安农、粳稻品种中花 11)植株叶片的基因组 DNA。

②用 0.8%琼脂糖凝胶进行电泳，检测基因组 DNA 的质量和浓度。

③以基因组 DNA 为模板，利用 SSR 标记引物进行 PCR。PCR 操作参考前面实验中的方法。

2. PCR 产物的 PAGE 分析

(1)配制 80 mL 6%聚丙烯酰胺凝胶(可用来制备两块 PAGE 胶)

①将玻璃板洗净晾干，用橡胶框架安装好制胶玻璃板。

②利用熔化的 1%琼脂糖凝胶溶液，将玻璃板与橡胶框结合处边缘密封，以防制备 PAGE 凝胶时溶液泄漏。

③称取 9.6 g 尿素，加入 45 mL ddH_2O 和 8 mL 10×TBE 缓冲液，完全溶解后加入 12 mL 40%丙烯酰胺溶液，混匀。注胶前加入 0.8 mL 10%过硫酸铵和 20～35 μL TEMED，迅速混匀。

④将玻璃板呈 30°角左右放置在水平桌面上，小心缓慢注入配制好的凝胶溶液，避免产生气泡。注满后，将玻璃板与桌面呈 10°角左右放置，插入齿孔大小合适的梳子。

⑤静置 30～60 min，以确保凝胶充分凝固。

(2)聚丙烯酰胺凝胶电泳

待凝胶充分凝固后小心拔出梳子，用蒸馏水将点样孔冲洗干净。将玻璃板固定在垂直电泳槽中，加入适量的 0.5×TBE 缓冲液。PCR 结束后，向每管加入 3 μL 10×上样缓冲液(含有溴酚兰和二甲苯青 FF 两种指示剂)，混匀，然后取 3 μL 上样。电泳的电压为 120～150 V，时间为 2～3 h。

(3)银染分析

①电泳结束后，小心剥离凝胶，然后将凝胶用蒸馏水漂洗 2 次，每次 1 min。

②将凝胶转入 0.1% $AgNO_3$ 溶液中，轻轻摇动进行染色，持续 10～15 min。

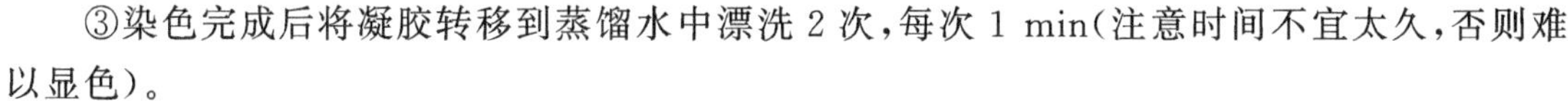

③染色完成后将凝胶转移到蒸馏水中漂洗 2 次,每次 1 min(注意时间不宜太久,否则难以显色)。

④将凝胶转入显影液中进行显色,直至条带表现清晰。

⑤用蒸馏水漂洗凝胶数次,置于水中保存,拍照记录结果。

八、注意事项

1. SSR 标记引物 PCR 扩增的片段一般都较小,因此对模板基因组 DNA 质量的要求并不高。若需进行大规模的 SSR 分子标记分析,可以适当简化基因组 DNA 纯化的步骤,以便节省时间和劳力。

2. 对于某个分子标记,不同品种间不一定存在多态性,因此需要尽量选择亲缘关系较远的品种,以便更容易筛选出亲本间具有多态性的分子标记。

九、时间安排

SSR 标记引物的 PCR 扩增,半天;聚丙烯酰胺凝胶电泳分析,半天。

十、思考题

1. SSR 标记的原理是什么? SSR 分子标记有什么优点?

2. 进行分子标记分析,品种的选择应注意什么?

3. SSR 标记分析中,为何要用聚丙烯酰胺凝胶而不能用琼脂糖凝胶来进行 PCR 产物的电泳检测?

[附注]

InDel 标记的引物设计与实验方法

1. *InDel 标记的原理*

InDel 标记也称插入/缺失(insertion/deletion)标记,它是指两个品种间的基因组差异,也就是说,相对于一个品种的基因组,另一个品种的基因组中会有一定数量的核苷酸插入或缺失。根据基因组间的插入/缺失位点,设计能够扩增这些位点的 PCR 引物,这样的引物就是用于 InDel 标记分析的引物。InDel 标记检测的一般是单拷贝序列,通过 DNA 测序和序列比对来开发设计。与 SSR 标记一样,InDel 标记也是以 PCR 技术为基础,通过 PCR 产物的大小区分不同的基因型,而且呈共显性遗传,也是通过 PAGE 检测,其条带清晰、带型简单、稳定可靠,故在分子标记基因定位中也常被应用。

2. *InDel 标记的设计(以水稻为例)*

栽培稻分为籼稻和粳稻两个亚种,在长期驯化过程中它们形成了独特的表型性状和生理生化特征。通过对粳稻品种日本晴和籼稻品种 93-11 的全基因组进行测序和比对,发现这两个品种的基因组间平均每 268 bp 就包含一个 SNP(单核苷酸多态性),每 953 bp 就包含一个 InDel,表明籼粳亚种间存在着广泛的基因组序列变异。

根据公共数据库中粳稻日本晴和籼稻 93-11 的基因组序列差异,选择适当的基因组区域进行序列比对,设计 InDel 标记引物。InDel 标记引物设计的原则如下:考虑到聚丙烯酰胺凝胶电泳的分辨率以及需要准确判断不同基因型差异,一般选择缺失 5～20 bp 的区段作为

InDel 位点，然后依据缺失区段两侧高度保守的序列设计 InDel 标记引物（T_m 值为 55～60 ℃）。为了方便 PAGE 分析，预期的扩增片段长度应小于 200 bp，一般以 100～160 bp 为宜。如果插入/缺失的序列较短，则需要进一步降低扩增片段的长度，以便能清晰分辨 PAGE 条带的差异。

综合性设计性实验一
大肠杆菌 DNA 转化方法探索

一、实验目的

培养学生利用所学的理论知识和查阅的文献来分析问题、设计方案，并运用所掌握的基因操作技术来解决问题的能力。要求学生查阅文献资料，综合运用掌握的基因工程理论知识和操作技能，设计和探索大肠杆菌 DNA 的转化方法，比较不同转化方法的效率，并分析影响细菌转化的可能因素。

二、实验原理

在基因克隆操作中，需要将载体与目的基因片段的连接产物转化到细菌中，以便获得转化子，从而筛选出含有目的基因片段的重组子克隆，这也是获得单个基因片段分子克隆的唯一办法。连接产物成功转化到细菌中是基因克隆操作成功的关键步骤之一。质粒 DNA 转化到细菌中的方法有多种，受到的影响因素也很多，通过对细菌转化过程影响因素的摸索及条件优化，建立一个质粒 DNA 转化细菌的最优方案。

三、实验材料

空载体 pSK 质粒、含有插入片段的重组载体 MP3 质粒、大肠杆菌 DH5α 菌株。

四、仪器设备和实验用具

基因工程实验室配备的恒温摇床、恒温培养箱、超净工作台、PCR 仪、离心机、电泳装置、高压自动灭菌锅、紫外透射检测仪等设备及各种实验器皿和耗材。

五、试剂

基因克隆操作所需的各种分子生物学试剂。

六、实验步骤

将学生分组，每组 5 人。学生需以小组为单位，共同制定实验方案和详细的实验步骤，并提交给老师审阅。待方案通过后，以小组为单位进行实验。

七、结果与分析

探索并优化各种可能影响细菌转化过程的因素，以建立一种切实可行的细菌质粒转化方案。

以小组为单位，提交一份详细的实验报告，并进行小组间的交流。

八、时间安排

两个半天或一天。

综合性设计性实验二
重组子鉴定方法探索

一、实验目的

培养学生利用所学的理论知识和查阅的文献来分析问题、设计方案，并运用所掌握的基因操作技术来解决问题的能力。要求学生查阅文献资料，综合运用掌握的基因工程理论知识和操作技能，设计两种以上的重组子鉴定方法进行实验，以便相互比较和验证。

二、实验原理

重组子的鉴定是基因克隆中非常关键的一个环节。在基因操作中，由于多方面因素可能会导致假阳性或非目标 DNA 的污染，所以需要对初步筛选出来的重组子进行进一步鉴定，以确认是否真正含有目的基因插入片段，为后续研究奠定基础。重组子鉴定的方法有多种，所依据的原理也各不相同。学生将设计并使用各种重组子鉴定方法，对转化的阳性克隆进行分析，比较这些方法的优缺点并对其进行优化。

三、实验材料

将 pSK 质粒用 *Hin*d Ⅲ酶切，与经过同样酶切的 MP3 质粒回收的目的片段进行连接，然后将连接产物转入大肠杆菌 DH5α 感受态细胞，获得阳性和阴性转化子克隆（具体操作参见本书前述的实验）。

四、仪器设备和实验用具

基因工程实验室配备的恒温摇床、恒温培养箱、超净工作台、PCR 仪、离心机、电泳装置、高压自动灭菌锅、紫外透射检测仪等设备及各种实验器皿和耗材。

五、试剂

基因克隆操作所需的各种分子生物学试剂。

六、实验步骤

将学生分组，每组 5 人。学生需以小组为单位，共同制定实验方案和详细的实验步骤，并提交给老师审阅。待方案通过后，以小组为单位进行实验。

七、结果与分析

对同样的阳性克隆使用不同的重组子鉴定方法进行实验。对各种鉴定方法的结果进行比

较分析，总结各种方法的优缺点。

以小组为单位，提交一份详细的实验报告，并进行小组间的交流。

八、时间安排

一天。

综合性设计性实验三
大米转基因成分检测

一、实验目的

培养学生利用所掌握的基因工程理论知识和操作技能来解决实际问题的能力。要求学生查阅文献资料，设计大米 DNA 的提取方法，查找大米转基因成分检测中常用的内参基因和外源基因，根据这些基因的序列设计引物，优化 PCR 的反应条件，以此来检验大米是否含有转基因成分。

二、实验原理

转基因水稻中通常含有特定的外源基因，这些基因多与抗虫性状相关。利用 PCR 技术，针对大米基因组中的外源成分(如抗虫基因、表达载体上的特异元件)进行扩增，然后通过电泳检测来判断大米是否含有转基因成分。

三、实验材料

每个小组自备大米样品 3～5 份。

四、仪器设备和实验用具

基因工程实验室配备的恒温摇床、恒温培养箱、超净工作台、PCR 仪、离心机、电泳装置、高压自动灭菌锅、紫外透射检测仪等设备及各种实验器皿和耗材。

五、试剂

基因克隆操作所需的各种分子生物学试剂。

六、实验步骤

将学生分组，每组 5 人。学生需以小组为单位，共同制定实验方案和详细的实验步骤，并提交给老师审阅。待方案通过后，以小组为单位进行实验。

七、结果与分析

1. 通过比较空白对照(ddH_2O)、阴性对照(非转基因水稻)、阳性对照(转基因抗虫水稻)和样品大米的 PCR 扩增结果，来判断样品大米是否含有转基因成分。

2. 以小组为单位，提交一份详细的实验报告，并进行小组间的交流。

八、时间安排

一天。

［附注］

1. 抗虫转基因水稻的背景资料

拓展阅读二　抗虫转基因水稻的背景资料

2. 大米基因组 DNA 的提取

①称取 200 mg 经预处理的试样，充分研磨后装入 1.5 mL 或 2 mL 离心管中。加入 1 mL 预冷至 4 ℃的抽提液，剧烈摇动混匀，在冰上静置 5 min，4 ℃条件下 12 000 r/min 离心 15 min，弃上清液。加入 600 μL 预热到 65 ℃的裂解液，充分重悬沉淀，在 65 ℃恒温保持 40 min，其间颠倒混匀 5 次。室温条件下 12 000 r/min 离心 10 min，取上清液转至另一新离心管中。加入 5 μL RNase A，37 ℃恒温保持 30 min。分别用等体积苯酚/氯仿/异戊醇溶液和氯仿/异戊醇溶液各抽提一次。室温条件下 12 000 r/min 离心 10 min，取上清液转至另一新离心管中。加入 2/3 体积异丙醇和 1/10 体积 3 mol/L NaAc 溶液(pH 5.6)，室温放置 5 min。12 000 r/min 离心 15 min，弃上清液，用 70%乙醇洗涤沉淀一次，倒出乙醇，晾干沉淀。加入 100 μL TE(pH 8.0)溶解沉淀，所得溶液即为样品 DNA 溶液。

②抽提液配方(1 000 mL)：在 600 mL 水中加入 69.3 g 葡萄糖、20 g 聚乙烯吡咯烷酮 K30 (PVP K30)和 1 g 二乙基二硫代氨基甲酸(diethyldithiocarbamic acid，DIECA)，充分溶解，然后加入 1 mol/L Tris-HCl(pH 7.5)缓冲液 100 mL 和 0.5 mol/L EDTA(pH 8.0)10 mL，加水定容至 1 000 mL，于 4 ℃保存。使用前需加入 0.2%的 β-巯基乙醇。

③裂解液配方(1 000 mL)：在 600 mL 水中加入 81.7 g 氯化钠、20 g 十六烷基三甲基溴化铵(CTAB)、20 g 聚乙烯吡咯烷酮 K30(PVP K30)和 1 g DIECA，充分溶解，然后加入 1 mol/L Tris-HCl(pH 7.5)缓冲液 100 mL 和 0.5 mol/L EDTA(pH 8.0)溶液 4 mL，加水定容至 1 000 mL，室温保存，使用前需加入 β-巯基乙醇(体积分数 0.2%)。

注：此方法根据农业农村部转基因检测中心关于大米 DNA 提取的方法进行了改良。

综合性设计性实验四
大豆转基因成分检测

一、实验目的

培养学生利用所掌握的基因工程理论知识和操作技能来解决实际问题的能力。要求学生查阅文献资料，设计大豆 DNA 的提取方法，查找大豆转基因成分检测中常用的内参基因和外源基因，根据这些基因的序列设计引物，优化 PCR 的反应条件，以此来检测大豆是否含有转基因成分。

二、实验原理

转基因大豆中通常含有特定的外源基因，这些基因多与抗除草剂性状相关。利用 PCR 技术，针对大豆基因组中的外源成分（如抗除草剂基因、表达载体上的特异元件）进行扩增，然后通过电泳检测来判断大豆是否含有转基因成分。

三、实验材料

转基因大豆和非转基因大豆。

四、仪器设备和实验用具

基因工程实验室配备的恒温摇床、恒温培养箱、超净工作台、PCR 仪、离心机、电泳装置、高压自动灭菌锅、紫外透射检测仪等设备及各种实验器皿和耗材。

五、试剂

基因克隆操作所需的各种分子生物学试剂。

六、实验步骤

将学生分组，每组 5 人。学生需以小组为单位，共同制定实验方案和详细的实验步骤，并提交给老师审阅。待方案通过后，以小组为单位进行实验。

七、结果与分析

1. 通过比较空白对照（ddH_2O）、阴性对照（非转基因大豆）、阳性对照（转基因抗除草剂大豆）和样品大豆的 PCR 扩增结果，来判断样品大豆是否含有转基因成分。

2. 以小组为单位，提交一份详细的实验报告，并进行小组间的交流。

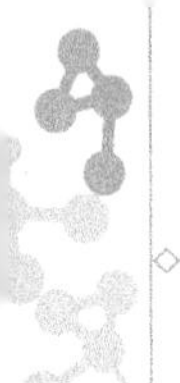

八、时间安排

一天。

[附注]

1. 转基因大豆背景资料

拓展阅读三　转基因大豆背景资料

2. CTAB法提取DNA

称取0.2 g材料，充分研磨或粉碎后转移至灭菌的2.0 mL离心管中。加入1.2 mL CTAB提取缓冲液和10 μL RNase A(10 mg/mL)溶液，充分混合、悬浮试样，65 ℃加热60 min，其间不时颠倒混匀。13 000 r/min离心10 min，转移上清液至另一已灭菌的2.0 mL离心管中。加入1倍体积酚/氯仿/异戊醇(25∶24∶1)，颠倒混匀10 min，13 000 r/min离心15 min，转移上层水相至另一灭菌的2.0 mL离心管中。加入1倍体积氯仿/异戊醇(24∶1)，轻缓颠倒混匀10 min，13 000 r/min离心15 min，转移上层水相至另一灭菌的2.0 mL离心管中。重复此步骤直到相间界面清洁。转移上层水相至另一灭菌的离心管中，加入1/10体积3 mol/L NaAc溶液(pH 5.2)和2/3倍体积－20 ℃预冷的异丙醇，4 ℃静置10 min。13 000 r/min离心10 min并小心倾倒上清液。用600 μL 70%乙醇溶液洗涤DNA沉淀，13 000 r/min离心10 min，小心倾倒上清液，短暂离心，用移液器小心去除剩余上清液。室温或37 ℃干燥沉淀。加入50～100 μL TE溶解沉淀即得DNA溶液。

注：此方法根据“农业部1485号公告-4-2010转基因植物及其产品检测DNA提取和纯化”方法进行了改良。

附录Ⅰ　溶液配方

• LB 培养基

称取胰蛋白胨(tryptone) 3 g,酵母提取物(yeast extract) 1.5 g,NaCl(分析纯) 3 g,用双蒸水溶解至 300 mL。用 10 mol/L NaOH 溶液调 pH 至 7.0～7.2。固体培养基需加入琼脂(1.5%)。高压灭菌。

• SOB 和 SOC 培养基

SOB:称取高纯度胰蛋白胨(tryptone) 2 g 和酵母提取物(yeast extract)0.5 g,分析纯 NaCl 0.058 4 g,分析纯 KCl 0.018 6 g,用双蒸水溶解至 100 mL。用 10 mol/L NaOH 调 pH 至 7.0。高压灭菌。

SOC:先配制 100×葡萄糖溶液(2 mol/L),100×Mg^{2+} 溶液(1 mol/L $MgCl_2$ + 1 mol/L $MgSO_4$),高压灭菌。使用前取适量的 SOB 溶液,按 1/100 体积比,分别加入葡萄糖溶液和 Mg^{2+} 溶液。

• 氨苄青霉素(Amp,100 mg/mL):氨苄青霉素 100 mg,加 1 mL 双蒸水溶解。

• RNase A 溶液(10 mg/mL)

取 10 mg RNase A,于 1 mL 10 mmol/L Tris-HCl(pH 7.5)(含 15 mmol/L NaCl)溶液中溶解。为了破坏混杂的脱氧核糖核酸酶,在 100 ℃水浴加热 15 min,于－20 ℃贮存。

• 20% SDS 溶液

称取 SDS(十二烷基硫酸钠)40 g,加 150 mL 双蒸水,用微波炉加热约 1 min 溶解,定容至 200 mL。

• 1 mol/L Tris 母液:称取 Tris(三羟甲基氨基甲烷)242.2 g,加双蒸水至 1 600 mL,加热搅拌溶解,最后定容至 2 000 mL(用于配制下列溶液)。

1 mol/L Tris-HCl(pH 8.0)溶液:量取 Tris 母液 160 mL,用盐酸调 pH 至 8.0(大约加入盐酸 8.5 mL),加双蒸水定容至 200 mL。

1 mol/L Tris-HCl(pH 7.6)溶液:量取 Tris 母液 80 mL,用盐酸调 pH 至 7.6(大约加入盐酸 6 mL),加双蒸水定容至 100 mL。

1 mol/L Tris-HCl(pH 7.5)溶液:量取 Tris 母液 80 mL,用盐酸调 pH 至 7.5(大约加入盐酸 6.5 mL),加双蒸水定容至 100 mL。

1 mol/L Tris-HCl(pH 7.4)溶液:量取 Tris 母液 800 mL,用盐酸调 pH 至 7.4(大约加入盐酸 70 mL),加双蒸水定容至 1 000 mL。

1 mol/L Tris-HCl(pH 7.0)溶液:量取 Tris 母液 400 mL,用盐酸调 pH 至 7.0(大约加入盐酸 44 mL),加双蒸水定容至 500 mL。

1 mol/L Tris-HCl(pH 6.8)溶液:量取 Tris 母液 80 mL,用盐酸调 pH 至 6.8(大约加入盐酸 9 mL),加双蒸水定容至 100 mL。

• 0.5 mol/L EDTA(pH 8.0)溶液

称取 EDTA-Na_2(乙二胺四乙酸二钠,分子量 372.24)37.2 g,先加 140 mL 双蒸水、14 mL 10 mol/L NaOH 溶液,搅拌溶解后,再用 10 mol/L NaOH 溶液调 pH 至 8.0,加双蒸水定容至 200 mL。

• 溶液Ⅰ(含 50 mmol/L 葡萄糖、10 mmol/L EDTA 和 25 mmol/L Tris-HCl,pH 8.0)

吸取 4 mL 500 mmol/L EDTA,5 mL 1 mol/L Tris-HCl(pH 8.0),加入 1 g 葡萄糖,溶解,加双蒸水定容至 200 mL。

• 溶液Ⅱ(含 0.2 mol/L NaOH 和 1% SDS)

吸取 0.5 mL 4 mol/L NaOH 溶液和 0.5 mL 20% SDS 溶液,然后加双蒸水定容至 10 mL。最好现配现用。

• 溶液Ⅲ(200 mL):含 5 mol/L 乙酸钾 120 mL、冰乙酸 23 mL 和双蒸水 57 mL。

• 3 mol/L NaAc 溶液

称取无水乙酸钠 123.04 g,先加入双蒸水 400 mL,搅拌溶解,用冰乙酸调至 pH 5.2,再加双蒸水定容至 500 mL。

• Tris-HCl 饱和重蒸酚溶液(pH 8.0)

将苯酚(分析纯,分子量为 94.11)瓶塞取出,拧松瓶盖,置于 65 ℃水浴中溶解。将酚重新进行蒸馏,当温度升至 183 ℃时开始收集,装入棕色瓶中,于−20 ℃贮存。使用前取一瓶重蒸酚置于分液漏斗中,加入 0.1%抗氧化剂 8-羟基喹啉、等体积的 1 mol/L Tris-HCl(pH 8.0)缓冲液,立即加盖,激烈振荡,并加入固体 Tris(一般 100 mL 苯酚约加入 1 g 固体 Tris),摇匀,调 pH 直至分层后上层水相的 pH 达到 7.6~8.0。从分液漏斗中放出下层酚相,装入棕色瓶中,并加入一定体积 0.1 mol/L Tris-HCl(pH 8.0)和 0.2% β-巯基乙醇覆盖在酚相上,于 4 ℃冰箱保存备用。若贮藏时间太久,酚可能会氧化变红则不能使用(酚具有腐蚀性,操作时需要戴手套)。

• 100×TE(含 1 mol/L Tris-HCl 和 100 mmol/L EDTA)

称取 Tris 121.1 g,EDTA-Na_2 37.22 g,先用 800 mL 双蒸水加热搅拌溶解,用盐酸调 pH 值至 8.0(大约需盐酸 20 mL),再加双蒸水定容至 1 000 mL。

• 10 mol/L NaOH 溶液

称取氢氧化钠 80 g,先用 160 mL 双蒸水搅拌溶解后,再加双蒸水定容至 200 mL。

• TBE 缓冲液

工作液(0.5×):含 0.045 mol/L Tris-硼酸和 0.001 mol/L EDTA。

母液(5×):含 54 g Tris、27.5 g 硼酸和 20 mL 0.5 mol/L EDTA(pH 8.0)。

• 载样缓冲液(6×):含 0.25%溴酚蓝和 40%蔗糖溶液

称取溴酚蓝 250 mg,加双蒸水 10 mL,在室温下放置过夜使其溶解;称取蔗糖 40 g,用双蒸水溶解后加入溴酚蓝溶液中,摇匀,加双蒸水定容至 100 mL,加 10 mol/L NaOH 1~2 滴,将颜色调至蓝色。

• 溴化乙锭(EB)溶液

10 mg/mL EB 溶液:小心称取溴化乙锭(分子量 394.33)200 mg,置于棕色试剂瓶内,按 10 mg/mL 的浓度加双蒸水,溶解,于 4 ℃冰箱保存备用(EB 是 DNA 诱变剂,是极强的致癌物,必须戴手套操作;如有液体溅出外面,可加少量漂白粉,使 EB 分解)。

0.5 mg/ mL EB溶液(1 000×)：吸取 500 μL 10 mg/mL EB溶液于棕色小瓶内，加入 9.5 mL 双蒸水，轻轻摇匀，于 4 ℃冰箱保存备用。

• 7 mol/L NH_4Ac 溶液：

称取乙酸铵(分子量 77.08)54 g，溶于 80 mL 双蒸水中，再定容至 100 mL，过滤去菌。

• 0.1 mol/L $CaCl_2$ 溶液

称取无水氯化钙(分子量 110.99)2.77 g，加 100 mL 双蒸水溶解，再定容至 250 mL。

• 1 mol/L KCl 溶液

称取氯化钾(分子量 74.55)37.28 g，加入双蒸水 400 mL 溶解，再定容至 500 mL。

• 20×SSC(3 mol/L NaCl，0.3 mol/L 柠檬酸钠，pH 7.0)

称取 175.3 g NaCl 和 88.2 g 柠檬酸钠，加入双蒸水 800 mL 溶解，用 10 mol/L NaOH 调至 pH 7.0，再定容至 1 000 mL。

• 1 mol/L $MgCl_2$ 溶液

称取氯化镁(分子量 203.30)4.06 g，加双蒸水 16 mL，加热搅拌溶解，用双蒸水定容至 20 mL。

• 1 mol/L $MgSO_4$ 溶液

称取硫酸镁(分子量 246.48)4.93 g，加双蒸水 16 mL，加热搅拌溶解，用双蒸水定容至 20 mL。

• 5 mol/L NaCl 溶液

称取氯化钠 292.2 g，先加 800 mL 双蒸水(注：氯化钠的溶解度为 36 g/100 mL 水，此浓度已接近氯化钠的饱和度，较难溶解)。搅拌溶解后，加双蒸水定容至 1 000 mL。

• X-gal 溶液(20 mg/mL)

利用二甲基甲酰胺溶解 X-gal，配制成 20 mg/mL 的储存液。需用铝箔包裹，于－20 ℃避光保存，以防 X-gal 分解。无须过滤除菌。

• IPTG(200 mg/mL)

用 8 mL 双蒸水溶解 2 g IPTG，再定容至 10 mL，然后用 0.22 μm 过滤器过滤除菌。分装成小份(每份 1 mL)，于－20 ℃贮存备用。

附录Ⅱ 常用器皿的清洗

1. 新购置的器皿、长时间未用的器皿以及使用过的器皿，都需要清洗干净后才能使用。

2. 清洗实验器皿前先用肥皂洗手。

3. 用自来水可将大部分污物或灰尘冲洗掉。盛过糖、盐、酒精等物质的器皿，用自来水冲洗即可达到清洗目的。若附着污物已干硬，可将器皿在水中浸泡一段时间，再用毛刷洗净。

4. 不能用自来水冲洗干净的器皿，需用毛刷蘸洗涤剂，仔细刷净内外表面，然后用自来水反复冲洗，直至无洗涤剂残留。

5. 如果使用洗涤剂也难以洗净，可将器皿放入稀 NaOH 或稀 HCl 中浸泡一段时间，再进行洗涤。

6. 洗净的器皿应光洁、无残留物，内壁能被水润湿而不挂水珠。

7. 使用酸碱清洗时，应特别注意安全，操作者应戴手套和防护镜，操作时要使用镊子、夹子等工具，以防酸碱溅到皮肤或眼睛

8. 一般的玻璃器皿，洗净后倒置晾干即可。如需要快速干燥，可以放入烘箱内进行烘干。带刻度的玻璃器皿不能使用烘箱干燥，可以用无水乙醇等进行淋洗并晾干。

9. 带刻度的玻璃器皿不能用硬毛刷和去污粉擦洗内壁，以免损坏刻度。

附录Ⅲ　实验所用引物

引物名称	引物序列(5′→3′)	用途
M13F	TGTAAAACGACGGCCAGT	pSK 载体多克隆位点两侧通用引物,可用于菌落 PCR,以鉴定重组子。
M13R	CAGGAAACAGCTATGAC	
HptF	TAGGAGGGCGTGGATATGTC	扩增潮霉素磷酸转移酶基因(*Hpt*)部分片段,以获得 Southern 杂交探针序列。
HptR	TACACAGCCATCGGTCCAGA	
ActF1	CGTCTGCGATA ATGGAACTG	扩增水稻 *OsActin1* 基因片段(gDNA 和 cDNA 的扩增片段长度分别为 811 bp 和 477 bp)
ActR1	TCATAGATGGGGACAGTGTG	
Act-28aF	aaaaGAATTCgctgacgccgaggatatccag	扩增水稻 *OsActin1* 基因编码区全长序列,用于 pET28a-*OsActin1* 表达载体构建(aaaa 表示保护碱基,大写正体字母序列表示酶切位点,添加大写斜体字母碱基是为了防止移码)
Act-28aR	aaaaGTCGAC*G*gaagcatttcctgtgcacaatg	
OsRBCS4QF	AACGTTAGGCAGGTGCAGTT	水稻目的基因 *OsRBCS4* 的 qPCR 检测引物
OsRBCS4QR	TGCAGCTTAACACGGACACA	
OsActinQF	CACATTCCAGCAGATGTGGA	水稻内参基因 *OsActin1* 的 qPCR 检测引物
OsActinQR	GCGATAACAGCTCCTCTTGG	
RM21396F	AAGTCGACGACGACAACAGAGG	水稻 SSR 标记引物(扩增片段长度 353 bp,位于第 7 染色体)
RM21396R	GATGCCTCTTCCTTCCATCTTCC	
RM21397F	TTAAGCGCTTTGGTGCTAATCC	水稻 SSR 标记引物(扩增片段长度 233 bp,位于第 7 染色体)
RM21397R	CGGGTAGGGTCTCAAGGTAAGG	
RM21398F	ATGAACCTACGTGCGGAATAGGC	水稻 SSR 标记引物(扩增片段长度 314 bp,位于第 7 染色体)
RM21398R	GAAGCTCCTCCAAGCTACATAGTGC	
RM21399F	CTTCCACCGCTGCCATCTCC	水稻 SSR 标记引物(扩增片段长度 387 bp,位于第 7 染色体)
RM21399R	CCCGGCCACATCGATCTTATCC	
RM21401F	ACTCCCTCCCTAACTCCAATTCC	水稻 SSR 标记引物(扩增片段长度 316 bp,位于第 7 染色体)
RM21401R	CAACGCCATATGGGATAAGACC	
RM21403F	CTTCTCTCCTTCTCCTGTGTTGG	水稻 SSR 标记引物(扩增片段长度 205 bp,位于第 7 染色体)
RM21403R	TTCATCGGAATCGGATCTATGG	
311555F	CCGCATTGCTTCTGGAGTCCCA	水稻 InDel 标记引物(位于第 3 染色体)
311555R	GGACATCTATCAACAAAGAACG	

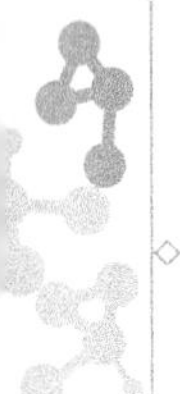

续表

引物名称	引物序列(5′→3′)	用途
312645F	CTCCATCCATCTTTGGGTTGGA	水稻 InDel 标记引物(位于第 3 染色体)
312645R	GCGTTTTTCTGATTGTCACAAGA	
315346F	GAGTTGGGCTGCTGTAATATCC	水稻 InDel 标记引物(位于第 3 染色体)
315346R	CGTGAAGCAGCATATCCTCCAA	
317900F	TCAGCATACCATCATGACCCTA	水稻 InDel 标记引物(位于第 3 染色体)
317900R	CAGAGATGAGGAAGAAAGGTGA	
319564F	GAGTCATTTCTGTACTTCTAG	水稻 InDel 标记引物(位于第 3 染色体)
319564R	TGGTGTGGGTACTTCTCCGTA	
T7-F	TAATACGACTCACTATAGG	pET 系列载体多克隆位点两侧通用引物,可用于菌落 PCR,以鉴定重组子
T7-R	GCTAGTTATTGCTCAGCGG	
LE-F	GCCCTCTACTCCACCCCCATCC	扩增大豆内参基因(扩增片段长度 118 bp)
LE-R	GCCCATCTGCAAGCCTTTTTGTG	
EPS-F	CCTTCATGTTCGGCGGTCTCG	扩增转基因大豆外源的抗除草剂基因 *CP4-EPSPS*(扩增片段长度 266 bp)
EPS-R	GTCGCCGATGAAGGTGCTGTC	
SPS-F2	ATCTGTTTACTCGTCAAGTGTCATCTC	扩增水稻内参基因 *SPS*(扩增片段长度 287 bp)
SPS-R2	GCCATGGATTACATATGGCAAGA	
Bt-F1	GAAGGTTTGAGCAATCTCTAC	扩增水稻外源的抗虫基因 *Bt*(扩增片段长度 301 bp)
Bt-R1	CGATCAGCCTAGTAAGGTCGT	
35S-F1	GCTCCTACAAATGCCATCATTGC	扩增 CaMV 35S 启动子序列引物(扩增片段长度 195 bp)
35S-R1	GATAGTGGGATTGTGCGTCATCCC	
NOS-F1	GAATCCTGTTGCCGGTCTTG	扩增 NOS 终止子序列引物(扩增片段长度 180 bp)
NOS-R1	TTATCCTAGTTTGCGCGCTA	

附录Ⅳ　移液器使用与维护

＊**移液器使用方法**

1. 设定移液体积:从大体积调节至小体积为正常的调节方法,按顺时针方向旋转活塞旋钮,调至所需刻度即可;若需从小体积调节至大体积,必须先按逆时针方向调至超过设定体积的刻度,再按顺时针回调至设定的体积刻度,以保证取样体积的精确度。

2. 装配移液器吸头:在移液器末端装上合适的吸头,左右微微转动旋紧即可。

3. 吸液和放液:使吸头垂直并保证吸头尖端浸入液面以下,控制好弹簧的伸缩速度,缓慢吸入液体。放液时,使吸头尖端靠在容器内壁,小心释放液体。

注:不同量程的移液器其吸头尖端浸入液面的深度如下所示。

移液器量程/μL	吸头尖端浸入液面的深度/mm
2～10	1
20～100	2～3
200～1 000	3～6
5 000～10 000	6～10

＊**移液器日常养护方法**

1. 移液器若长时间不用,必须把量程调至最大刻度,使弹簧处于松弛状态,以延长弹簧使用寿命。

2. 定期清洁移液器外表面,可以使用95%乙醇或60%异丙醇进行擦拭,再用蒸馏水擦净,然后自然晾干。

3. 使用前必须检查密封性:吸取液体后悬空垂直放置15 s,观察吸头中的液面是否下降。若发现液面下降或有漏液现象,则表明密封性不好,应检查吸头是否匹配或移液器活塞的密封圈是否需要更换。

4. 吸取液体后,严禁将移液器颠倒或水平放置,以防溶液流入移液器内部腐蚀活塞。

5. 安装吸头时需确保操作正确,并避免用力过猛。

附录Ⅴ　实验守则

1. 实验课前必须预习实验指导，预先熟悉实验的原理和操作过程。

2. 不得无故缺席、迟到或早退。非课时规定时间内的实验，遵从老师安排。

3. 自觉遵守课堂纪律，保持实验室安静和清洁，不准大声谈笑，禁止吸烟、乱丢纸屑和随地吐痰。

4. 实验前清点好仪器、用具和试剂，随时保持实验台面整洁，仪器和药品需摆放整齐。公用试剂用完后，应立即盖严并放回原处。小心操作，勿将试剂、药品洒在实验台面和地板上。

5. 严格遵守实验操作规程，细心观察实验现象，如实记录结果，详细撰写实验报告。

6. 实验结束后，清洗当天所用器皿和用具，整理好仪器与实验台面，征得老师同意后方可离开。

7. 节约使用试剂和耗材，爱护仪器。

8. 普通废液可倒入水槽并用自来水冲走。对于强酸、强碱等腐蚀性液体，应先进行中和处理至中性，再用水稀释后，方可倒入水槽并冲走。废纸等其他固体废物，不得倒入水槽，应倒入废物桶内。

9. 严禁动用非当次实验所需的仪器和物品。严格遵守各种仪器设备的操作规程，操作时需小心谨慎，贵重仪器需在老师指导下操作。仪器使用过程中如出现故障，需立即向老师报告。若因违反规定而造成仪器损坏，使用者需承担相应的修理或赔偿责任。

10. 每次实验需安排学生值日，值日生负责当天实验室的卫生清洁、安全检查以及一切必要的服务性工作。课程结束后，由值日生关好水电和门窗，征得老师同意后方可离开。

参考文献

[1] Brown T A. 基因克隆和DNA分析(影印版). 北京：高等教育出版社，2002.
[2] 陈宏．基因工程．北京：中国农业出版社，2003.
[3] 冯斌，谢先芝．基因工程技术．北京：化学工业出版社，2000.
[4] 贺淹才．简明基因工程原理．北京：科学出版社，1998.
[5] 静国忠．基因工程及其分子生物学基础．北京：北京大学出版社，1999.
[6] 莱斯克．基因组学概论．薛庆中，胡松年，译．2版．北京：科学出版社，2016.
[7] 李德葆，徐平．重组DNA的原理和方法．杭州：浙江科学出版社，1994.
[8] 林荣呈，杨文强，王柏臣，等．光合作用研究若干前沿进展与展望．中国科学：生命科学，2021，51(10)：1376-1384.
[9] 楼士林，杨盛昌，龙敏南，等．基因工程．北京：科学出版社，2002.
[10] 卢圣栋．现代分子生物学实验技术．北京：中国协和医科大学出版社，1999.
[11] 陆德如，陆永青．基因工程．北京：化学工业出版社，2002.
[12] 罗云波．食品生物技术导论．4版．北京：中国农业大学出版社，2021.
[13] 马兴亮，刘耀光．植物CRISPR/Cas9基因组编辑系统与突变分析．遗传，2016，38(2)：118-125.
[14] 牛丽芳，路铁刚，林浩．水稻高光效育种研究进展．生物技术进展，2014，4(3)：153-157.
[15] 彭秀玲，袁汉英．基因工程实验技术．长沙：湖南科学技术出版社，1987.
[16] Primrose S，Twyman R，Old B. 基因操作原理(影印版). 北京：高等教育出版社，2002.
[17] 宋志红，孟庆忠，张涛，等．抗除草剂基因在作物育种中的应用．湖北农业科学，2015，54(24)：6120-6123.
[18] 孙明．基因工程．北京：高等教育出版社，2006.
[19] 孙书汉．基因工程原理与方法．北京：人民军医出版社，2002.
[20] 孙卓婧，张安红，叶纪明．转基因作物研发现状及展望．中国农业科技导报，2018，20(7)：11-18.
[21] 王木桂，朱健康．化繁为简——植物多基因编辑体系的优化．生命科学，2018，30(9)：980-986.
[22] 吴乃虎．基因工程原理．北京：高等教育出版社，1989.
[23] 谢友菊，王国英，林爱星．遗传工程概论．北京：中国农业大学出版社，2005.
[24] 于亚军，夏新莉，尹伟伦．果树抗虫基因工程研究进展．北方园艺，2008(7)：102-104.
[25] 张惠展．基因工程概论．上海：华东理工大学出版社，1999.
[26] 张文英，陈绍莉．蔬菜雄性不育基因工程．上海蔬菜，2010(2)：26-28.
[27] Ahuja M R，Fladung M. Integration and inheritance of transgenes in crop plants and trees. Tree Genetics & Genomes，2014，10 (4)：779-790.
[28] Allen J F，De Paula W B M，Puthiyaveetil S，et al. A structural phylogenetic map for chloroplast photosynthesis. Trends Plant Sci，2011，16 (12)：645-655.
[29] Aslanidis C，De Jong P J. Ligation-independent cloning of PCR products (LIC-PCR). Nucleic Acids Res，1990，18(20)：6069-6074.
[30] Bawa A S，Anilakumar K R. Genetically modified foods：Safety，risks and public concerns-a review. J

Food Sci Technol, 2013, 50(6): 1035-1046.

[31] Bibikova M, Golic M, Golic K G, et al. Targeted chromosomal cleavage and mutagenesis in *Drosophila* using zinc-finger nucleases. Genetics, 2002, 161 (3): 1169-1175.

[32] Bitinaite J, Wah D A, Aggarwal A K, et al. Fok I dimerization is required for DNA cleavage. Proc Natl Acad Sci U S A, 1998, 95(18): 10570-10575.

[33] Blankenship R E, Tiede D M, Barber J, et al. Comparing photosynthetic and photovoltaic efficiencies and recognizing the potential for improvement. Science, 2011, 332: 805-809.

[34] Cardona T, Shao S, Nixon P J. Enhancing photosynthesis in plants: The light reactions. Essays Biochem, 2018, 62: 85-94.

[35] Cerri M R, Wang Q, Stolz P, et al. The ern1 transcription factor gene is a target of the ccamk/cyclops complex and controls rhizobial infection in lotus japonicus. New Phytol, 2017, 215(1): 323-337.

[36] Chen L, Wang F, Wang X, et al. Robust one-tube-PCR strategy accelerates precise sequence modification of plasmids for functional genomics. Plant Cell Physiol, 2013, 54(4): 634-642.

[37] Cho S W, Kim S, Kim J M, et al. Targeted genome engineering in human cells with the Cas9 RNA-guided endonuclease. Nat Biotechnol, 2012, 31: 230-232.

[38] Cong L, Ran F A, Cox D, et al. Multiplex genome engineering using CRISPR/Cas systems. Science, 2013, 339(6121): 819-823.

[39] De Lepeleire J, Strobbe S, Verstraete J, et al. Folate biofortification of potato by tuber-specific expression of four folate biosynthesis genes. Mol Plant, 2018, 11(1): 175-188.

[40] Deplancke B, Dupuy D, Vidal M, et al. A gateway-compatible yeast one-hybrid system. Genome Res, 2004, 14: 2093-2101.

[41] Doudna J A, Charpentier E. Genome editing: The new frontier of genome engineering with CRISPR-Cas9. Science, 2014, 346(6213): 1258096.

[42] Fang Y, Macool D J, Xue Z, et al. Development of a high-throughput yeast two-hybrid screening system to study protein-protein interactions in plants. Mol Genet Genomics, 2002, 267: 142-153.

[43] Fauser F, Schiml S, Puchta H. Both CRISPR/Cas-based nucleases and nickases can be used efficiently for genomic engineering in *Arabidopsis thaliana*. Plant J, 2014, 79: 348-359.

[44] Fields S, Song O. A novel genetic system to detect protein-protein interactions. Nature, 1989, 340 (6230): 245-246.

[45] Fu D W, Chen Y H, Gao F. Yeast one-hybrid screening for transcription factors of IbbHLH2 in purple-fleshed sweet potato. Genes (Basel), 2023, 14 (5): 1042.

[46] Gibson D G, Young L, Chuang R Y, et al. Enzymatic assembly of DNA molecules up to several hundred kilobases. Nat Methods, 2009, 6(5): 343-345.

[47] Irwin C R, Farmer A, Willer D O, et al. In-Fusion® cloning with vaccinia virus DNA polymerase. Methods Mol Biol, 2012, 890: 23-35.

[48] Jiang Y, Wang W, Xie Q, et al. Plants transfer lipids to sustain colonization by mutualistic mycorrhizal and parasitic fungi. Science, 2017, 356(6343): 1172-1175.

[49] Jinek M, Chylinski K, Fonfara I, et al. A programmable dual-RNA-guided DNA endonuclease in adaptive bacterial immunity. Science, 2012, 337(6096): 816-821.

[50] Kamthan A, Chaudhuri A, Kamthan M, et al. Genetically modified (GM) crops: Milestones and new advances in crop improvement. Theor Appl Genet, 2016, 129(9): 1639-1655.

[51] Kumar K, Gambhir G, Dass A, et al. Genetically modified crops: Current status and future prospects. Planta, 2020, 251(4): 91.

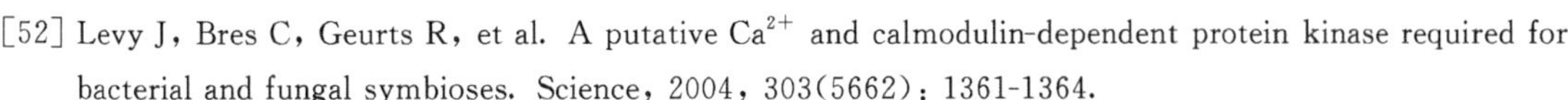

[52] Levy J, Bres C, Geurts R, et al. A putative Ca^{2+} and calmodulin-dependent protein kinase required for bacterial and fungal symbioses. Science, 2004, 303(5662): 1361-1364.

[53] Li K T, Moulin M, Mangel N, et al. Increased bioavailable vitamin B_6 in field-grown transgenic cassava for dietary sufficiency. Nat Biotechnol, 2015, 33(10): 1029-1032.

[54] Li Q, Zhang H, Song Y, et al. Alanine synthesized by alanine dehydrogenase enables ammonium-tolerant nitrogen fixation in paenibacillus sabinae t27. Proc Natl Acad Sci U S A, 2022, 119 (49): e2215855119.

[55] Lin J, Li X, Luo Z, et al. Nin interacts with NLPs to mediate nitrate inhibition of nodulation in medicago truncatula. Nat Plants, 2018, 4(11): 942-952.

[56] Liu H, Lin J S, Luo Z, et al. Constitutive activation of a nuclear-localized calcium channel complex in medicago truncatula. Proc Natl Acad Sci U S A, 2022, 119(34): e2205920119.

[57] Liu J, Liu M X, Qiu L P, et al. Spike1 activates the GTPase rop6 to guide the polarized growth of infection threads in *Lotus japonicus*. *Plant Cell*, 2020, 32(12): 3774-3791.

[58] Liu W, Xie X, Ma X, et al. DSDecode: a web-based tool for decoding of sequencing chromatograms for genotyping of targeted mutations. Mol Plant, 2015, 8: 1431-1433.

[59] Liu Z P, Chen G, Gao F, et al. Transcriptional repression of the APC/C activator genes CCS52A1/A2 by the mediator complex subunit MED16 controls endoreduplication and cell growth in *Arabidopsis*. Plant Cell, 2019, 31 (8): 1899-1912.

[60] Ma X, Chen L, Zhu Q, et al. Rapid decoding of sequence-specific nuclease-induced heterozygous and biallelic mutations by direct sequencing of PCR products. Mol Plant, 2015, 8: 1285-1287.

[61] Ma X, Zhang Q, Zhu Q, et al. A robust CRISPR/Cas9 system for convenient, high-efficiency multiplex genome editing in monocot and dicot plants. Mol Plant, 2015, 8: 1274-1284.

[62] Moresco J J, Carvalho P C, Yates J R. Identifying components of protein complexes in *C. elegans* using co-immunoprecipitation and mass spectrometry. J Proteomics, 2010, 73: 2198-2204.

[63] Nakano S, Nagao Y, Kobayashi T, et al. Problems with methods used to screen estrogenic chemicals by yeast two-hybrid assays. J Health Sci, 2002, 48: 83-88.

[64] Naqvi S, Zhu C F, Farre G, et al. Transgenic multivitamin corn through biofortification of endosperm with three vitamins representing three distinct metabolic pathways. Proc Natl Acad Sci U S A, 2009, 106(19): 7762-7767.

[65] Nekrasov V, Staskawicz B, Weigel D, et al. Targeted mutagenesis in the model plant *Nicotiana benthamiana* using Cas9 RNA-guided endonuclease. Nat Biotechnol, 2013, 31: 691-693.

[66] Ouwerkerk P B, Meijer A H. Yeast one-hybrid screening for DNA-protein interactions. Curr Protoc Mol Biol, 2001, 12: 245-265.

[67] Paine J A, Shipton C A, Chaggar S, et al. Improving the nutritional value of Golden Rice through increased pro-vitamin A content. Nat Biotechnol, 2005, 23(4): 482-487.

[68] Peck M C, Fisher R F, Long S R. Diverse flavonoids stimulate NODD1 binding to NOD gene promoters in sinorhizobium meliloti. J Bacteriol, 2006, 188(15): 5417-5427.

[69] Qu Y, Sakoda K, Fukayama H, et al. Overexpression of both Rubisco and Rubisco activase rescues rice photosynthesis and biomass under heat stress. Plant Cell Environ, 2021, 44(7): 2308-2320.

[70] Raman R. The impact of genetically modified (GM) crops in modern agriculture: A review. GM Crops Food, 2017, 8(4): 195-208.

[71] Sambrook J, Fritsch E F, Maniatis T. Molecular Cloning-A Laboratory Manual. 2nd ed. New York: Cold Spring Harbor Laboratory Press, 1989.

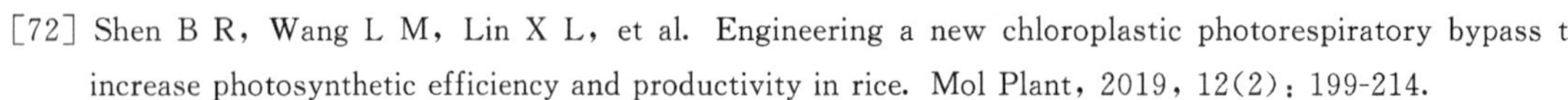

[72] Shen B R, Wang L M, Lin X L, et al. Engineering a new chloroplastic photorespiratory bypass to increase photosynthetic efficiency and productivity in rice. Mol Plant, 2019, 12(2): 199-214.

[73] Smit P, Limpens E, Geurts R, et al. Medicago LYK3, an entry receptor in rhizobial nodulation factor signaling. Plant Physiol, 2007, 145(1): 183-191.

[74] Strobbe S, De Lepeleire J, Van Der Straeten D. From in planta function to vitamin-rich food crops: The ACE of biofortification. Front Plant Sci, 2018, 9: 1862.

[75] Sudhagar A, Kumar G, El-Matbouli M. Transcriptome analysis based on RNA-seq in understanding pathogenic mechanisms of diseases and the immune system of fish: A comprehensive review. Int J Mol Sci, 2018, 19(1): E245.

[76] Varberg J M, Gardner J M, McCroskey S, et al. High-throughput identification of nuclear envelope protein interactions in schizosaccharomyces pombe using an arrayed membrane yeast-two hybrid library. G3-Genes Genom Genet, 2020, 10(12): 4649-4663.

[77] Vaucheret H, Béclin C, Elmayan T, et al. Transgene-induced gene silencing in plants. Plant J, 1998, 16 (6): 651-659.

[78] von Caemmerer S, Quick W P, and Furbank R T. The development of C_4 rice: Current progress and future challenges. Science, 2012, 336: 1671-1672.

[79] Wang L, Shen B, Li B, et al. A synthetic photorespiratory shortcut enhances photosynthesis to boost biomass and grain yield in rice. Mol Plant, 2020, 13: 1802-1815.

[80] Wang X L, Xia Z, Chen C, et al. The international Human Genome Project (HGP) and China's contribution. Protein Cell, 2018, 9(4): 317-321.

[81] Wang Z B, Li N, Jiang S, et al. SCFSAP controls organ size by targeting PPD proteins for degradation in *Arabidopsis thaliana*. Nat Commun, 2016, 7: 11192.

[82] Xiang D J, Liang S, Wang H X, et al. Application of co-immunoprecipitation coupled LC-MS/MS for identification of sperm immunogenic membrane antigens. Int J Clin Exp Patho, 2017, 10(4): 4198-4209.

[83] Xie X R, Ma X L, Zhu Q L, et al. CRISPR-GE: a convenient software tool kit for CRISPR-based genome editing. Mol Plant, 2017, 10: 1246-1249.

[84] Ye X, Al-Babili S, Klöti A, et al. Engineering the provitamin A (β-carotene) biosynthetic pathway into (carotenoid-free) rice endosperm. Science, 2000, 287(5451): 303-305.

[85] Yu C, Zhang Y, Yao S H, et al. A PCR based protocol for detecting indel mutations induced by TALENs and CRISPR/Cas9 in zebrafish. PLoS ONE, 2014, 9: e98282.

[86] Zhang B, Wang M, Sun Y, et al. Glycine max nnl1 restricts symbiotic compatibility with widely distributed bradyrhizobia via root hair infection. Nat Plants, 2021, 7(1): 73-86.

[87] Zhang L P, Shi J N, Jiang D M, et al. Expression and characterization of recombinant human alpha-antitrypsin in transgenic rice seed. J Biotechnol, 2012, 164(2): 300-308.

[88] Zhao Z, Xie X, Liu W, et al. STI PCR: an efficient method for amplification and *de novo* synthesis of long DNA sequences. Mol Plant, 2022, 15(4): 620-629.

[89] Zhu Q L, Tan J T, Liu Y G. Molecular farming using transgenic rice endosperm. Trends Biotechnol, 2022, 40(10): 1248-1260.

[90] Zhu Q L, Yu S Z, Zeng D C, et al. Development of "Purple Endosperm Rice" by engineering anthocyanin biosynthesis in the endosperm with a high-efficiency transgene stacking system. Mol Plant, 2017, 10(7): 918-929.

[91] Zhu Q L, Zeng D C, Yu S Z, et al. From Golden Rice to a STARice: Bioengineering astaxanthin biosynthesis in rice endosperm. Mol Plant, 2018, 11(12): 1440-1448.